普利兹克建筑奖

特征 · 趋势与实例

张娟　张勃　著

中国电力出版社
CHINA ELECTRIC POWER PRESS

内 容 提 要

本书通过多元统计分析法预测普利兹克建筑奖获奖趋势。全书共分 6 章，包括普利兹克建筑奖获奖者特征分析、评委特征分析、与其他国际建筑奖关联性分析、获奖趋势分析与候选人确立、多元统计分析法评价体系，实例解析。可为建筑师、设计师等深入了解普利兹克建筑奖奖项情况与获奖趋势提供参考。高等院校建筑学专业及相关学科领域以大数据思维训练为导向，以解决专业交叉人才培养的教学问题为研究，将课堂学习成果转化应用于专业学习和科研工作，具有参考借鉴意义。

本书为北方工业大学 2022 年教育教学改革课题成果。

图书在版编目（CIP）数据

普利兹克建筑奖：特征 · 趋势与实例 / 张娟，张勃著. —北京：中国电力出版社，2023.7

ISBN 978-7-5198-8029-3

Ⅰ. ①普… Ⅱ. ①张… ②张… Ⅲ. ①建筑学—教学研究 Ⅳ. ① TU-4

中国国家版本馆 CIP 数据核字（2023）第 142811 号

出版发行：中国电力出版社
地　　址：北京市东城区北京站西街 19 号（邮政编码 100005）
网　　址：http://www.cepp.sgcc.com.cn
责任编辑：王　倩（010-63412607）
责任校对：黄　蓓　王海南
装帧设计：张俊霞
责任印制：杨晓东

印　　刷：北京九天鸿程印刷有限责任公司
版　　次：2023 年 7 月第一版
印　　次：2023 年 7 月北京第一次印刷
开　　本：700 毫米 ×1600 毫米　16 开本
印　　张：15
字　　数：251 千字
定　　价：88.00 元

前言

普利兹克建筑奖是1979年由美国芝加哥普利兹克家族通过凯悦基金会创立，每年评选一次，至2022年已有44届来自22个国家的51位获奖者。与该奖项创立目的和宗旨相一致的每位获奖者的建筑作品能够表现出其才智、想象力和责任感等优秀品质，通过建筑艺术对人文科学和建筑环境做出持久而杰出的贡献。

本书研究是以大数据思维训练为导向，以建筑学专业研究生“当代建筑批评”课程建设为载体，通过“运用大数据、统计学、经济学研究思维及方法，预测普利兹克建筑获奖趋势”教学研究主线设置，培养建筑学研究生能够掌握借助统计分析方法（SPSS），将具有感性认知的建筑特征评价，转化为一种“可量化”的客观评断；并借助数据可视化方法，将各类特征信息数据作进一步分析表达。

北方工业大学作为一所工科类为主的应用型高校，高度重视构建适应时代发展的新工科创新交叉人才培养模式。我们提出并试图解决现阶段课程教学中存在的三大问题：如何优化大数据思维训练为导向的课程体系？如何有效激发学生学习兴趣，提高课堂实际参与度？如何强化新工科创新交叉人才培养目标？探讨以促进学生自主学习、提高专业间知识互通、增强教学成果创新应用为目标的现代教学体系构建，结合教学研究主线的目标性设置，邀请统计学、经济学等专业师生参与课堂学习研讨。在解决相关教学问题中取得了使“教”与“学”者满意的实际效果。独具特色地将建筑学研究生专业课程学习与统计分析、数据集成与分析、数据可视化分析等专业领域知识建立有机联系。

本书所采用的多元统计分析是一种综合分析方法，用以研究客观事物中多个变量（或多个因素）之间相互依赖的统计规律性。从解决问题方式的角度，通常将多元统计分析方法分为两大类。其一，是用于解决“降维问题”，通过综合性变量代替有重叠信息的多个原始变量，用少量因素代替大量因素，使变量总数最少化的分析方法，主要包括：主成分分析、因子分析、对应分析、最优尺度分析、多维标度法；其二，是用于解决“分类问题”，是指根据研究对象之间特征变量的相似程度，对其所属类型进行判断聚合，主要包括：判别分析和聚类分析。本书中提及的“变量”主要指用于评价建筑师或其建筑作品特征的相关影响因素。此外，综合运用了数字可视化、机器学习及NLP打分系统等方法。

本书研究写作过程中，要特别感谢北方工业大学建筑与艺术学院各位领导给予的工作条件及经费支持，以及同事在教学工作中的大力支持与帮助；感谢北方工业大学理学院赵桂梅教授近10年来在课堂教学、交叉人才培养教学体系构建中，给予的宝贵建议及学术支持；感谢教学研究中每位参与其中并付出大量工作时间与努力的相关专业研究生同学，以及在本书撰写过程中参与大量图文修编核对工作的建筑学研究生吴润奇、牟子怡、叶根、艾鑫、张仁伟、张佳华、张静怡等同学。本项教学研究在2021年北方工业大学高等教育教学成果奖评选中获一等奖。

自2011年北方工业大学此教学项目实施以来，已有建筑大类（建筑、规划、风景园林）、统计学、工商管理等多个专业300余名（63组）研究生参与其中，并能够将课堂学习成果进一步转化应用于相关学习、科研工作中，受益面、受益深度不断提高，教学成果得到了更普遍认可和关注。这在大数据思维训练为导向、多专业融合方式解决问题的教学研究思路方面，对于人文类相关学科领域同样具有一定的参考借鉴意义。

注：书中所涉及的图表中，“普奖”均指普利兹克建筑奖。

目录

1

普利兹克建筑奖获奖者特征分析

1979—2022年，普利兹克建筑奖连续举办44届，有来自22个国家的51位建筑师获奖。在获奖者基本信息、设计理念、作品特征、评审辞关键词、获奖趋势等方面均已形成可量化信息积累，为本书获奖趋势预测提供客观的数据分析与评价依据。

表1-1 普奖已获奖者基本信息统计表（1979—2022年，以表格填充标注“担任过评委的获奖者”）

获奖年份	获奖者	出生年	获奖年龄	国籍	就读院校	学位	获奖代表作所属时代
1979	菲利普·约翰逊	1906	73岁	美国	哈佛大学	建筑硕士	20世纪 40～70年代
1980	路易斯·巴拉干	1902	78岁	墨西哥	La Escuecia Libre de Ingenieoros 大学	工程学士	20世纪 30～60年代
1981	詹姆斯·斯特林	1926	55岁	英国	利物浦大学	建筑学士	20世纪 50～80年代
1982	凯文·洛奇	1922	60岁	爱尔兰	都柏林国家大学	建筑学士	20世纪 60～80年代
1983	贝聿铭	1917	66岁	美国	马萨诸塞理工学院 哈佛大学	建筑学士 建筑硕士	20世纪 60～80年代
1984	理查德·迈耶	1934	50岁	美国	康乃尔大学	建筑学士	20世纪 60～80年代
1985	汉斯·荷莱茵	1934	51岁	奥地利	维也纳大学 加州大学伯利克分校	建筑学士 建筑进修	20世纪 60～70年代
1986	戈特弗里德·玻姆	1920	66岁	德国	慕尼黑大学	建筑与雕塑学士	20世纪 60～70年代
1987	丹下健三	1913	74岁	日本	东京大学	建筑硕士	20世纪 40～80年代
1988	戈登·邦夏	1909	79岁	美国	马萨诸塞理工学院	建筑硕士	20世纪 50～80年代
	奥斯卡·尼迈耶	1907	81岁	巴西	里约热内卢美术学院	建筑学士	20世纪 40～80年代
1989	弗兰克·盖里	1929	60岁	美国	南加利福尼亚大学 哈佛大学	建筑学士 建筑进修	20世纪 70～80年代
1990	阿尔多·罗西	1931	59岁	意大利	米兰理工学院	建筑学士	20世纪 60～90年代
1991	罗伯特·文丘里	1925	66岁	美国	普林斯顿大学	建筑硕士	20世纪 60～90年代
1992	阿尔瓦罗·西扎	1933	59岁	葡萄牙	奥波托建筑学校	建筑学士	20世纪 60～90年代
1993	槙文彦	1928	65岁	日本	东京大学 哈佛大学	建筑学士 建筑硕士	20世纪 60～80年代
1994	克里斯蒂安·德·波特赞姆巴克	1944	50岁	法国	巴黎美术学院	建筑、绘画双学士	20世纪 80～90年代

续表

获奖年份	获奖者	出生年	获奖年龄	国籍	就读院校	学位	获奖代表作所属时代
1995	安藤忠雄	1941	54岁	日本	自学	—	20世纪70～80年代
1996	拉斐尔·莫内欧	1937	59岁	西班牙	马德里大学	建筑学士	20世纪80～90年代
1997	斯维尔·费恩	1924	73岁	挪威	奥斯陆建筑学院	建筑学士	20世纪50～80年代
1998	伦佐·皮亚诺	1937	61岁	意大利	米兰工学院	建筑学士	20世纪70～90年代
1999	诺曼·福斯特	1935	64岁	英国	曼彻斯特大学	建筑、城规双学士	20世纪70～90年代
					耶鲁大学	建筑硕士	
2000	雷姆·库哈斯	1944	56岁	荷兰	伦敦建筑学校	建筑学士	20世纪70～90年代
					康乃尔大学	建筑进修	
2001	雅克·赫尔佐格	1950	51岁	瑞士	瑞士联邦工业学院	建筑学士	20世纪90年代
	皮埃尔·德·梅隆	1950	51岁	瑞士	瑞士联邦工业学院	建筑学士	
2002	格伦·马库特	1936	66岁	澳大利亚	新南威尔士大学	建筑学士	20世纪80～90年代
2003	约翰·伍重	1918	85岁	丹麦	丹麦皇家建筑艺术学院	建筑学士	20世纪50～90年代
2004	扎哈·哈迪德	1950	54岁	英国	贝鲁特美国大学	建筑学士	20世纪90年代～21世纪初
					伦敦建筑学校	建筑硕士	
2005	汤姆·梅恩	1944	61岁	美国	南加州大学	建筑学士	20世纪90年代～21世纪初
					哈佛大学	建筑硕士	
2006	保罗·门德斯·达·洛查	1928	78岁	巴西	麦克肯兹建筑学院	建筑学士	20世纪70年代～90年代
2007	理查德·罗杰斯	1933	74岁	英国	耶鲁大学	建筑学士	20世纪70年代～21世纪初
2008	让·努维尔	1945	63岁	法国	巴黎国家高等艺术研究学院	建筑学士	20世纪70年代～21世纪初
2009	彼得·卒姆托	1943	66岁	瑞士	巴塞尔艺术与工艺学校	建筑学士	20世纪80年代～21世纪初
2010	妹岛和世	1956	54岁	日本	日本女子大学	建筑硕士	20世纪90年代～21世纪初
	西泽立卫	1966	44岁	日本	横滨国立大学	建筑硕士	20世纪90年代～21世纪初
2011	艾德瓦尔多·索托·德·莫拉	1952	59岁	葡萄牙	波尔图美术学院	建筑学士	20世纪80年代～21世纪初
2012	王澍	1963	49岁	中国	东南大学、同济大学	建筑博士	20世纪90年代～21世纪初

续表

获奖年份	获奖者	出生年	获奖年龄	国籍	就读院校	学位	获奖代表作所属时代
2013	伊东丰雄	1941	72岁	日本	东京大学	建筑学士	20世纪80年代~21世纪初
2014	坂茂	1957	57岁	日本	南加州建筑学院、库柏联盟建筑学院	建筑学士	20世纪90年代~21世纪初
2015	弗雷·奥托	1925	90岁	德国	柏林工业大学、弗吉尼亚大学、柏林科技大学	土木工程博士	20世纪60年代~70年代
2016	亚历杭德罗·阿拉维纳	1967	49岁	智利	智利天主教大学	建筑学士	20世纪90年代~21世纪初
2017	拉斐尔·阿兰达	1961	56岁	西班牙	加泰罗尼亚理工大学–巴莱建筑学院	建筑学士	20世纪90年代~21世纪初
	卡莫·皮格姆	1962	55岁	西班牙		建筑学士	
	拉蒙·比拉尔塔	1960	57岁	西班牙		建筑学士	
2018	巴克里希纳·多西	1927	91岁	印度	Sir J. J. 建筑学院	建筑学士	20世纪60年代~90年代
2019	矶崎新	1931	88岁	日本	东京大学	建筑博士	20世纪60年代~21世纪初
2020	伊冯·法雷尔	1951	69岁	爱尔兰	都柏林大学	建筑学士	21世纪初
	谢莉·麦克纳马拉	1952	68岁				
2021	安妮·拉卡顿	1955	66岁	法国	波尔多国立建筑景观设计学院	建筑学士	20世纪90年代~21世纪初
					波尔多蒙田大学	城规硕士	
	让·菲利普·瓦萨尔	1954	67岁	摩洛哥	波尔多国立建筑景观设计学院	建筑学士	
2022	迪埃贝多·弗朗西斯·凯雷	1965	57岁	布基纳法索	柏林工业大学	建筑学士	21世纪初至今

1.1 历届获奖者基本信息

由表1–1历届获奖者（51位）基本信息统计显示，在获奖者获奖年龄分布方面，获奖时年龄最大为91岁（2018年获奖者巴克里希纳·多西），年龄最小为44岁（2010年获奖者西泽立卫）。其中各年龄段人数为：40~45岁（1人）、46~50岁（4人）、51~55岁（8人）、56~60岁（11人）、61~65岁（5人）、66~70岁（9人）、71~75岁（5人）、76~80岁（3人）、81~85岁（2人）、86~90岁（2人）、91~95岁（1人）（图1–1）。由此可知，获奖时年龄在51~60岁的获奖者最多，为19人，占比37.3%；其次是年龄在61~70岁的获奖者，为14人，占比27.5%。

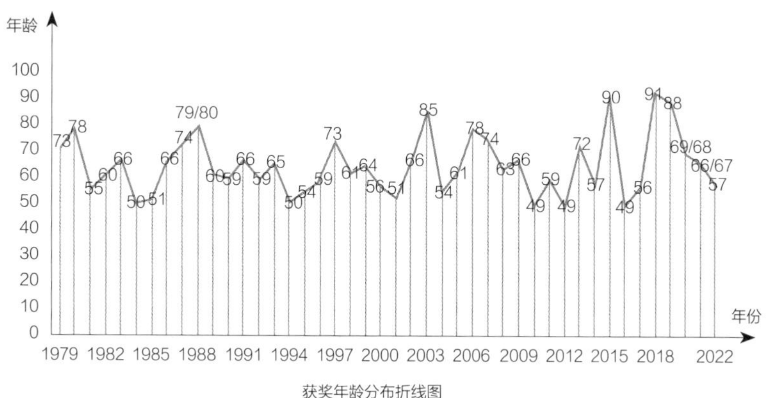

获奖年龄分布折线图

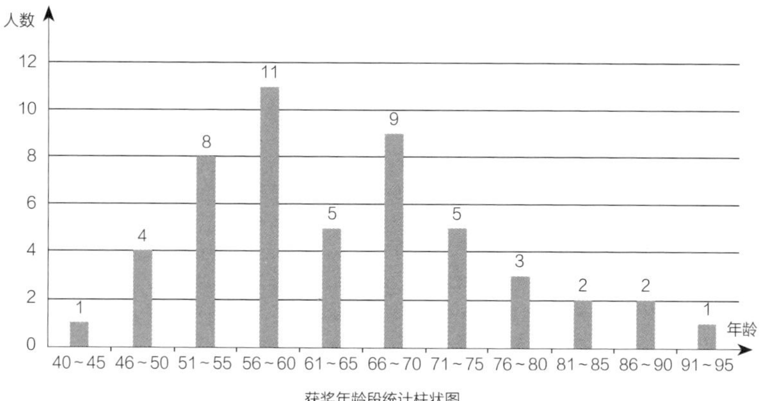

获奖年龄段统计柱状图

图1-1　普奖已获奖者获奖年龄分析图（1979—2022年）

在国籍分布方面，目前获奖者分别来自：日本（8人）、美国（7人）、西班牙（4人）、英国（4人）、爱尔兰（3人）、瑞士（3人）、法国（3人）、德国（2人）、巴西（2人）、意大利（2人）、葡萄牙（2人）、中国（1人）、墨西哥（1人）、奥地利（1人）、挪威（1人）、澳大利亚（1人）、印度（1人）、智利（1人）、丹麦（1人）、荷兰（1人）、摩洛哥（1人）、布基纳法索（1人）。其中，日本获奖者最多，其次是美国（图1-2）。

在教育背景方面，目前已获奖者（除1995年获奖者外）均是接受过建筑学专业、城市规划、土木工程等相关专业教育，并以建筑学专业本科和硕士研究生学历为主。此外，获奖者的建筑生涯受到其导师或建筑大师影响颇多。

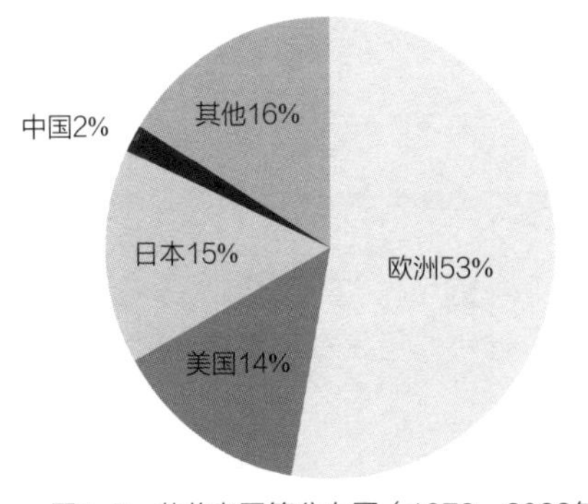

图1-2　获奖者国籍分布图（1979—2022年）

在获奖者获奖时代表作所属年代（时间跨度）方面，1979—1992年间获奖者的代表作时间跨度以30～40年居多，1993—2000年间获奖者的代表作时间跨度以20～30年居多，2001—2010年间获奖者的代表作时间跨度以20～40年居多，2011—2022年间获奖者的代表作时间跨度以20年居多。

总体而言，51位已获奖者均具有长期、大量的建筑设计实践积累；同时，其设计理念及作品能够处于学科前沿并推动建筑行业发展。

1.2　历届获奖者特征关键词提取

以获奖趋势预测为出发点，本书对历届普利兹克建筑奖已获奖者相关特征信息进行系统分析、提炼。首先获取并全面了解每位已获奖者个人基本信息、设计理念、作品特征、获奖评审辞等信息资料，分析总结其重要特征因素及相关联性，找出获奖者的共性与差异；进而，结合当代建筑发展背景探讨，初步推测出可能影响获奖的特征变量（即“评价因子”）。

如表1-2所示，通过提炼历届获奖者高频特征关键词，总结其中重要特征变量，并归为五大类：①回应历史传统和场所环境——地域性、对话传统、尊重文脉、顺应自然、场所精神、尊重遗产等；②可持续性——绿色建筑、重视生态环境、包容性、有机建筑、环保与节能、可持续、能源效率等；③社会人文关怀——社会责任感、

表1-2　获奖者特征关键词提取列表（1979—2022年）

届数	获奖年份	获奖者	国籍	关键词					
				回应历史传统和场所环境	可持续性	社会人文关怀	空间场所营造	材料与技术	其他
1	1979	菲利普·约翰逊	美国				空间排列		现代主义、新古典主义、后现代主义、变化审美
2	1980	路易斯·巴拉甘	墨西哥	地域性、对话传统、尊重文脉		人文关怀	空间体验	光影运用	色彩大胆、建筑与景观
3	1981	詹姆斯·斯特林	英国	地域性、对话传统、尊重文脉、					功能主义、多样性、创新、融合、后现代主义
4	1982	凯文·洛奇	美国	建筑与自然共生、环境关系、地域性	绿色	以人为本		传统材料	时代性
5	1983	贝聿铭	美国	地域性、与自然共生、对话传统		人文关怀	几何构成	材料运用、光影运用	现代主义、时代性
6	1984	理查德·迈耶	美国	顺应自然			雕塑感、立体主义构图	光影变化	白色派、比例关系、抽象化、纯净简练、个性化
7	1985	汉斯·霍莱因	奥地利	建筑与环境、尊重文脉		人性化		材料运用	后现代主义、功能主义、艺术
8	1986	戈特弗里德·玻姆	德国	建筑与环境			简单几何、雕塑感	新材料新技术、材料与形式的统一	城市规划、艺术
9	1987	丹下健三	日本	地域性			建筑结构		现代主义、新陈代谢派、简洁美、城市规划
10	1988	戈登·邦夏	美国			人文关怀	建筑结构	功能与材料相统一	国际风格、工业化、摩天大厦开创者
		奥斯卡·尼迈耶	巴西	地域性、民族风格			自由曲线、雕塑化、混凝土曲线美学理论		现代主义
11	1989	弗兰克·盖里	美国				自由曲线、雕塑化建筑		解构主义、立体派、感性表达、运动感
12	1990	阿尔多·罗西	意大利	尊重历史文化、地域性					类型学、相似性城市、新理性主义、符号学

续表

届数	获奖年份	获奖者	国籍	关键词					
				回应历史传统和场所环境	可持续性	社会人文关怀	空间场所营造	材料与技术	其他
13	1991	罗伯特·文丘里	美国				建筑复杂化与矛盾性		后现代主义、建筑多元化、空间符号、重视细部、文脉性
14	1992	阿尔瓦罗·西扎	葡萄牙	尊重历史文化、地域性、场所精神		建筑归属感	几何构图		类型学、相似性城市、现代主义、时代性
15	1993	槙文彦	日本	尊重文脉		人文性	场所的形成、开放性结构		后现代主义、新陈代谢派（巨构＋群构）、集群形态、时代性
16	1994	克里斯蒂安·德·波特赞姆巴克	法国	地域性		社会性			个人特征、开放街区、多元性
17	1995	安藤忠雄	日本	地域性、场所精神			半封闭半开放的都市观、简洁外观与丰富空间	重视材料	抽象自然、反机能主义
18	1996	拉斐尔·莫内欧	西班牙	尊重历史文脉、兼具本土与国际特色					现代主义、建筑类型学、坚持功能延续
19	1997	斯维勒·费恩	挪威	地域性、尊重历史文脉、自然的隐喻				重视材料、柔性结构	现代主义
20	1998	伦佐·皮亚诺	意大利	场所精神、传统与现代共存	建筑可持续性	人文城市		高技术与材料的碰撞	现代主义
21	1999	诺曼·福斯特	英国	场所精神、尊重历史文脉	重视生态环境		弹性空间		高技派、时代建筑
22	2000	雷姆·库哈斯	荷兰				空间的矛盾性	玻璃幕墙	未来风格、超现实主义、现代化、反文脉、哲学家、艺术家、大都会、争议性、普通城市、怪异之美
23	2001	雅克·赫尔佐格 皮埃尔·德·梅	瑞士		再生性改造			表皮、材料、建构	诗意、极少主义／极简主义、现象学
24	2002	格伦·马库特	澳大利亚	环境友好型、地域性	被动技术、生态学、可持续		线性空间		现代主义、轻型建筑、景观、小型住宅

续表

届数	获奖年份	获奖者	国籍	关键词					
				回应历史传统和场所环境	可持续性	社会人文关怀	空间场所营造	材料与技术	其他
25	2003	约翰·伍重	丹麦	自然、地域文化	有机建筑				现代主义、加法建筑、跨文化、标志性建筑
26	2004	扎哈·哈迪德	英国					大胆运用空间和几何结构	现代主义、玩弄形式、动态构成、表达运动的效果、解构主义、充满幻想和超现实主义
27	2005	汤姆·梅恩	美国	水与自然相结合	生态性		建筑间连接关系	清水混凝土	可塑性、纹理丰富、趣味性、解构性
28	2006	保罗·门德斯·达·洛查	巴西	尊重遗产、设计粗犷开放与环境融为一体		社会参与	空间诗意	钢筋混凝土形式力量和优雅简单的材料	教堂野性主义的创始者
29	2007	理查德·罗杰斯	英国		能源效率和倡导可持续性	人文主义者、建筑是最具社会性的艺术		建筑材料与技术结合	建筑表现主义、相信城市具有社会变革的潜能、城市生活的拥护者、创新精神
30	2008	让·努维尔	法国	与环境和谐的建筑				新方法解决传统问题、光线的处理	时代的现代性、非物质性、创造性
31	2009	彼得·卒姆托	瑞士	尊重历史遗产、地域主义			场所体验		存在感、尊重场地、极少主义
32	2010	妹岛和世 西泽立卫	日本	与环境自然联系			精致构图、空间对等		轻盈透明、模糊边界、“不确定性”、趣味性
33	2011	艾德瓦尔多·苏托·德·莫拉	葡萄牙	呼应传统、适应环境				熟练节制使用建筑材料	极简主义、新密斯主义者
34	2012	王澍	中国	地域性、对话传统、尊重文脉、民族风格、中国文化、传统文化记忆		人与自然的联系		传统材料运用	传统与现代结合

续表

届数	获奖年份	获奖者	国籍	关键词					
				回应历史传统和场所环境	可持续性	社会人文关怀	空间场所营造	材料与技术	其他
35	2013	伊东丰雄	日本	融合自然		社会责任感	形式轻盈、空间流动	衍生结构	概念创新、现代性
36	2014	坂茂	日本		环保型设计、可持续发展	社会责任感、造价低廉		纸管结构	创造性
37	2015	弗雷·奥托	德国		可持续发展、环保主义	社会责任感、人道主义		轻质结构、索网结构	
38	2016	亚历杭德罗·阿拉维纳	智利	回应周边环境	环保与节能	社会责任感、人道主义			
39	2017	拉斐尔·阿兰达 卡莫·皮格姆 拉蒙·比拉尔塔	西班牙	本土精神、协调自然、地方特色、尊重历史		服务社会		极简现代材料	国际特色
40	2018	巴克里希纳·多西	印度	地域性	包容性设计、可持续性	奉献社会			务实性建筑
41	2019	矶崎新	日本				迷宫式空间、自由空间		后现代主义、作品类型多样
42	2020	伊冯·法雷尔 谢莉·麦克纳马拉	爱尔兰	场所精神	可持续性、建筑包容性		建筑内外部对话		
43	2021	安妮·拉卡顿 菲利普·瓦萨尔	法国		包容性、可持续发展	经济性			建筑民主精神、修复性建筑设计、新现代主义
44	2022	迪埃贝多·弗朗西斯·凯雷	布基纳法索	本土精神、尊重历史	可持续性、适应气候	社会责任感、社区服务、人文主义		技术革新	

人文城市、人性化、社会参与、人道主义、服务社会等；④空间场所营造——空间流动、精致构图、雕塑感、自由曲线、场所体验、半封闭半开放、弹性空间、线性空间、空间诗意、形式轻盈、建筑内外对话等；⑤材料与技术——传统材料运用、材料与形式的统一、高技派、技术革新、功能和材料相统一、光影运用、现代材料等。

此外，在建筑类型上，目前已获奖者典型代表作品中博物馆、体育馆、展览馆等公共地标性建筑所占比率最大；企业、学校、公司等企业地标性建筑所占比率其次；私人建筑所占比率最小。

1.3 特征关键词权重及可视化分析

1.3.1 特征关键词可视化分析

进一步，通过对上述可能影响获奖的已获奖者特征关键词总结提取，选出“自然与生态”“空间场所”“地域与乡土”“历史与传统”“时代性”“精神与感知”“社会人文关怀”“形态与风格”“材料与技术”9个重要代表性关键词。以时间顺序为轴，形成1979—2022年历届普利兹克建筑奖获奖者特征关键词可视化分析。

如图1–3所示，当各圆点所表示的关键词在某些年份呈连续分布，则反映出普利兹克建筑奖价值观在该时间段对该价值倾向的持续关注。其中，自我生成状态的环境概念（如：自然与生态、历史与生态）和人为制造的环境概念（如：空间场所、时代性）作为两大价值体系，几乎始终保持着均衡、共生的关系。

又如图1–4所示，通过圆点大小表示各个特征关键词在不同年份出现频次的高低，可以更清晰地表达特定时间段已获奖者之间的共

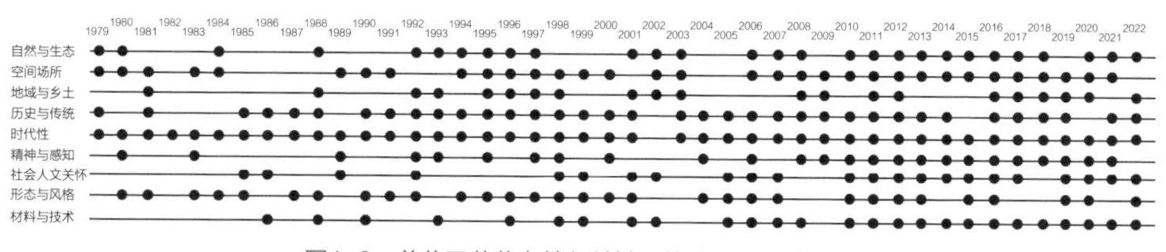

图1–3 普奖已获奖者特征关键词统计分析图（1979—2022年）

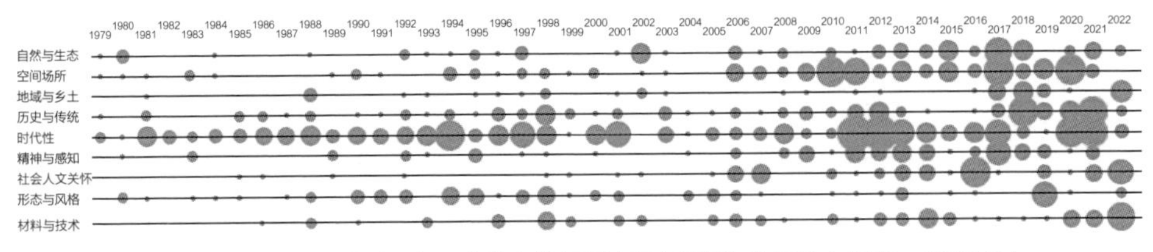

图1-4　普奖历年已获奖者特征关键词出现频次分析图（1979—2022年）

性或个性、建筑时代发展特征及趋势。

1.3.2　特征关键词权重分析

通过对历年已获奖者特征关键词在逐年出现频次的统计，可进一步形成关键词权重可视化，在一定程度上能够较清晰地反映出普利兹克建筑奖发展势态。即呈现出“逐步多元”和“重心偏移”两大主要发展趋势，分析如下：

1. 逐步多元

如图1–5所示，随着社会环境及建筑时代更替，获奖者特征在逐步多元化发展过程中呈现三种具有显著区分度的状态。第一阶段（1979—1987年）中，普利兹克建筑奖已获奖者特征因素（此处亦可称其为“普利兹克建筑奖价值观”）并未表现出多元化特征，“时代性”特征主调最为突出，对其他特征因素的关注状态则呈现散乱而无规律；第二阶段（1988—2004年）中，普利兹克建筑奖已获奖者特征因素“多元化”特征已逐步显现，虽然“时代性”特征在此阶段的比重仍占据首要位置，但对其他特征因素的关注度已有大比

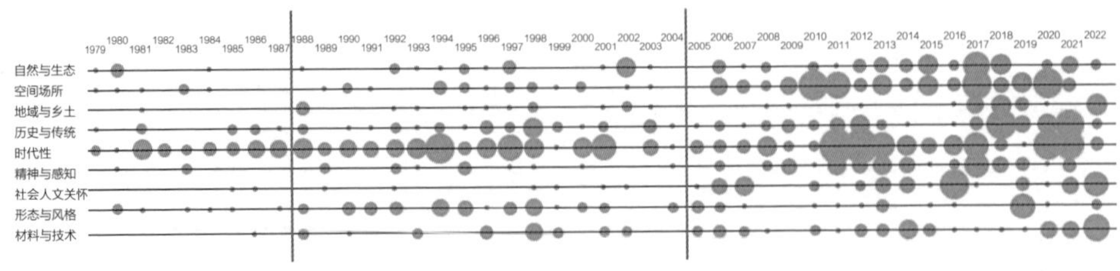

图1–5　“逐步多元”特征分析示意图

例提高；第三阶段（2005—2022年）中，普利兹克建筑奖已获奖者特征因素“多元化”特征更加显著，形成“自然与生态”“空间场所”“时代性”“精神与感知”“社会人文关怀”“材料与技术”等多个特征因素共存的多元化形态，此阶段“时代性”与其他特征因素的比重已趋于平均。

整体来看，44届已获奖者特征因素倾向呈多元化特征并交替出现，体现出普利兹克建筑奖价值观的多变性及大跨度特征。例如：以伦佐·皮亚诺（1998年获奖者）、诺曼·福斯特（1999年获奖者）、理查德·罗杰斯（2007年获奖者）、弗雷·奥托（2015年获奖者）为代表，主要反映了重视技术应用与表现的价值倾向；以阿尔多·罗西（1990年获奖者）、拉斐尔·莫尼奥（1996年获奖者）、槙文彦（1993年获奖者）为代表，主要反映了重视城市整体环境的价值倾向；以弗兰克·盖里（1989年获奖者）、扎哈·哈迪德（2004年获奖者）为代表，主要反映了重视形体艺术表现的价值倾向；以路易斯·巴拉干（1980年获奖者）、安藤忠雄（1995年获奖者）、彼得·卒姆托（2009年获奖者）为代表，主要反映了重视场所体验与精神感知的价值倾向；以保罗·门德斯·达·洛查（2006年获奖者）、让·努维尔（2008年获奖者）、王澍（2012年获奖者）为代表，主要反映了重视地域乡土的价值倾向。

此外，一些已获奖者的作品在结构选型及材料运用上，也呈现明显多元化特征。例如：弗兰克·盖里（1989年获奖者）、弗雷·奥托（2015年获奖者）等，在其建筑作品中常常运用金属板、轻型拉膜、再生金属等新型材料；坂茂（2014年获奖者）、格伦·马库特（2002年获奖者）等，致力于采用低成本、质朴性材料。

2. 重心偏移

如图1-6所示，在1979—2002年间，普利兹克建筑奖已获奖者特征因素中与“时代性”相关联因素占比近1/3，时代性特征成为这一阶段普利兹克建筑奖价值倾向的主旋律，此外，“历史与传统”“形态与风格”也表现出较高占比及连续度。2002—2004年间，各特征

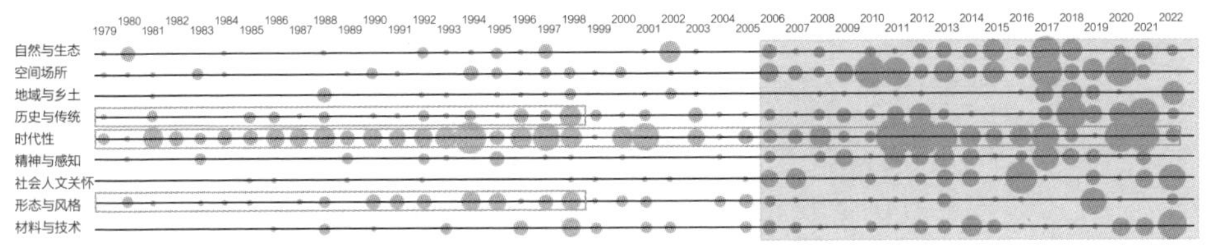

图1-6 “重心偏移”特征分析示意图

因素的占比分布波动较大。2004年至今，各特征因素的占比分布及走向呈现出新态势，一方面“时代性”占比明显下降，逐渐与其他因素的占比趋于平衡；另一方面“自然与生态”“空间场所”“精神与感知”“社会人文关怀”“材料与技术”等因素的占比较2002年之前有显著提升，且仍保持逐步增加趋势，使得普利兹克建筑奖价值倾向呈“重心偏移”。

综上，44年中已获奖者特征因素倾向以反映时代特征为主旋律。其中，“空间场所”“历史与生态”“时代性”“形态与风格”四个因素几乎存在于每一年的评判体系中；而在历经了近30年的探索发展，特别是在2000年之后，形成了由“自然与生态”“精神与感知”“社会人文关怀”“材料与技术”等特征因素为主的多元化倾向，并对社会行动给予更多关注。

小结

本章通过对普利兹克建筑奖历届已获奖者及其作品特征的系统梳理可知，随着社会及建筑行业的不断发展，反映在他们所关注的建筑问题及建筑作品表达上，具有多样性，且在不同层面有交叉，很难形成明确的分类。除了经典现代主义、解构主义、古典主义、高技派、新陈代谢派之外，还有一众被赋予各种标签的建筑师。他们当中既有专注于本国内进行设计创作的建筑师，主张建筑应具有地方意义，与所处环境、氛围有机结合，并注重自然元素的运用；又有讲求在历史环境与现代模式中建立社会文化的场所精神，注重表达建筑与人、自然的内在联系；也有擅长于广泛、多样地将建筑基本原则与创新的艺术性、地域性、新技术材料相融合的设计运用。

普利兹克建筑奖获奖趋势，也由最初被人们所熟知的经典现代主义、解构主义、古典主义等学说流派，向更能体现建筑营造本质、更具时代侵染力的建筑理念发展，如创新性、当地环境、社会贡献、人文精神等。尤其在近些年，更加强调建筑的本土化、地域性，关注社会问题和城市规划，注重文化融合、历史传承、资源保护。

同时，无论是将现代主义引进美国的菲利普·约翰逊、崇尚自然色彩的路易斯·巴拉干、受几何抽象主义影响的雷姆·库哈斯、扎哈·哈迪德，还是关注可持续发展的理查德·罗杰斯，从这些不同时代、不同类型的已获奖者的设计理念及作品中，我们都可以找出一些共同的特征关键词，如建筑理念、创新性、当地环境、社会贡献、人文精神、踏实态度等。这些由建筑设计思维及营造过程所反映出重要的特征，也正是为普利兹克建筑奖宗旨的积极阐述与表达。

2

普利兹克建筑奖评委特征分析

2.1　评委会基本构成

普利兹克建筑奖评审委员会由5～9人组成，包括1名评委会主席、1名评委会秘书（自1988年改为“执行总监”，评审过程中不参与投票）、1名顾问（自1988年取消此职位）及若干名评委。通常于每年1月份进行普利兹克建筑奖评审，在此期间不允许外人，包括普利兹克家族成员参加。

历届评委会成员中，评委会主席、常务理事及工作人员基本保持不变。评委成员是在相对稳定基础上不断更新，每位成员任期数年（不少于3年），且基本每年将会有“新鲜血液”输入，以保持评委会活力的同时，新旧成员比例均衡。

在专业背景方面，普利兹克建筑奖评审委员会中并非只有建筑师，他们来自建筑、商业、教育、出版和文化等领域，是各自领域公认的专业人士。通常以企业家、文化界人士（文学、艺术管理、教育）、建筑师三个领域人士为主要构成。其中建筑师的任职期较短，为4～6年；企业家和文化界人士任职期较长，可达20年之久。

2.2　历届评委会成员基本信息

将已有44届普利兹克建筑奖评委会以1979—1990年、1991—2000年、2001—2011年、2012—2022年四个时间段划分，包括：各届评委会成员构成、人数、各成员任职年限、国籍、职业、是否在担任评委之前或之后获奖等，形成对各时间段中各年评委会成员组成的进一步对比分析（图2-1～图2-4）。

2.2.1　1979—1990年评委会成员

1. 1979年评委会成员（7人）

约翰·卡特·布朗（1979—2002）（主席）
——美国，华盛顿特区美国国家艺术馆馆长。

图2-1　1979—1990年普奖评委构成示意图

（下划线标注为“女性成员”，倾斜字体标注为“本届新增成员”）

矶崎新（1979—1984）

——日本，建筑师、评论家，2019年普利兹克建筑奖获奖者。

J. 埃尔文·米勒（1979—1984）

——美国，康明斯工程公司执行委员会主席，建筑赞助人。

肯尼斯·克拉克爵士（1979—1982）

——英国，作家和艺术史学家。

西萨·佩里（1979—1982）

——阿根廷裔美国人，建筑师，耶鲁大学建筑学院院长。

卡尔顿·史密斯（1979—1986）（评委会秘书）

——国际奖项基金会主席。

阿瑟·德雷克斯勒（1979—1986）（评委会顾问）

——美国，纽约现代艺术博物馆建筑与设计部主任。

2. 1980年评委会成员（7人）

约翰·卡特·布朗（1979—2002）（主席）

——美国，华盛顿特区美国国家艺术馆馆长。

矶崎新（1979—1984）

——日本，建筑师、评论家，2019年普利兹克建筑奖获奖者。

J. 埃尔文·米勒（1979—1984）

——美国，康明斯工程公司执行委员会主席，建筑赞助人。

肯尼斯·克拉克爵士（1979—1982）

——英国，作家和艺术史学家。

西萨·佩里（1979—1982）

——阿根廷裔美国人，建筑师，耶鲁大学建筑学院院长。

卡尔顿·史密斯（1979—1986）（评委会秘书）

——国际奖项基金会主席。

阿瑟·德雷克斯勒（1979—1986）（评委会顾问）
——美国，纽约现代艺术博物馆建筑与设计部主任。

3. 1981年评委会成员（8人）

约翰·卡特·布朗（1979—2002）（主席）
——美国，华盛顿特区美国国家艺术馆馆长。

矶崎新（1979—1984）
——日本，建筑师、评论家，2019年普利兹克建筑奖获奖者。

J. 埃尔文·米勒（1979—1984）
——美国，康明斯工程公司执行委员会主席，建筑赞助人。

菲利普·约翰逊（1981—1985）
——美国，建筑师和评论家，现代艺术博物馆首任建筑系主任，1979年普利兹克建筑奖获奖者。

肯尼斯·克拉克爵士（1979—1982）
——英国，作家和艺术史学家。

西萨·佩里（1979—1982）
——阿根廷裔美国人，建筑师，耶鲁大学建筑学院院长。

卡尔顿·史密斯（1979—1986）（评委会秘书）
——国际奖项基金会主席。

阿瑟·德雷克斯勒（1979—1986）（评委会顾问）
——美国，纽约现代艺术博物馆建筑与设计部主任。

4. 1982年评委会成员（9人）

约翰·卡特·布朗（1979—2002）（主席）
——美国，华盛顿特区美国国家艺术馆馆长。

矶崎新（1979—1984）
——日本，建筑师、评论家，2019年普利兹克建筑奖获奖者。

J. 埃尔文·米勒（1979—1984）
——美国，康明斯工程公司执行委员会主席，建筑赞助人。

菲利普·约翰逊（1981—1985）
——美国，建筑师和评论家，现代艺术博物馆首任建筑系主任，1979年普利兹克建筑奖获奖者。

小托马斯·约翰·沃森（1982—1986）
——美国，IBM名誉主席。

肯尼斯·克拉克爵士（1979—1982）
——英国，作家和艺术史学家。

西萨·佩里（1979—1982）
——阿根廷裔美国人，建筑师，耶鲁大学建筑学院院长。

卡尔顿·史密斯（1979—1986）（评委会秘书）
——国际奖项基金会主席。

阿瑟·德雷克斯勒（1979—1986）（评委会顾问）
——美国，纽约现代艺术博物馆建筑与设计部主任。

5. 1983年评委会成员（8人）

约翰·卡特·布朗（1979—2002）（主席）
——美国，华盛顿特区美国国家艺术馆馆长。

矶崎新（1979—1984）
——日本，建筑师、评论家，2019年普利兹克建筑奖获奖者。

J. 埃尔文·米勒（1979—1984）
——美国，康明斯工程公司执行委员会主席，建筑赞助人。

菲利普·约翰逊（1981—1985）
——美国，建筑师和评论家，现代艺术博物馆首任建筑系主任，1979年普利兹克建筑奖获奖者。

小托马斯·约翰·沃森（1982—1986）
——美国，IBM名誉主席。

凯文·洛奇（1983—1991）
——出生于爱尔兰都柏林，1948年移民到美国，建筑师，1982年普利兹克建筑奖获奖者。

卡尔顿·史密斯（1979—1986）（评委会秘书）
——国际奖项基金会主席。

阿瑟·德雷克斯勒（1979—1986）（评委会顾问）
——美国，纽约现代艺术博物馆建筑与设计部主任。

6. 1984年评委会成员（9人）

约翰·卡特·布朗（1979—2002）（主席）
——美国，华盛顿特区美国国家艺术馆馆长。

矶崎新（1979—1984）
——日本，建筑师、评论家，2019年普利兹克建筑奖获奖者。

J. 埃尔文·米勒（1979—1984）
——美国，康明斯工程公司执行委员会主席，建筑赞助人。

乔瓦尼·阿涅利（1984—2003）
——意大利，意大利菲亚特汽车集团主席。

菲利普·约翰逊（1981—1985）
——美国，建筑师和评论家，现代艺术博物馆首任建筑系主任，1979年普利兹克建筑奖获奖者。

小托马斯·约翰·沃森（1982—1986）
——美国，IBM名誉主席。

凯文·洛奇（1983—1991）
——出生于爱尔兰都柏林，1948年移民到美国，建筑师，1982年普利兹克建筑奖获奖者。

卡尔顿·史密斯（1979—1986）（评委会秘书）
——国际奖项基金会主席。

阿瑟·德雷克斯勒（1979—1986）（评委会顾问）
——美国，纽约现代艺术博物馆建筑与设计部主任。

7. 1985年评委会成员（9人）

约翰·卡特·布朗（1979—2002）（主席）
——美国，华盛顿特区美国国家艺术馆馆长。

乔瓦尼·阿涅利（1984—2003）
——意大利，意大利菲亚特汽车集团主席。

槙文彦（1985—1988）
——日本，建筑师，1993年普利兹克建筑奖获奖者。

瑞卡多·雷可瑞塔（1985—1993）
——墨西哥，建筑师。

菲利普·约翰逊（1981—1985）
——美国，建筑师和评论家，现代艺术博物馆首任建筑系主任，1979年普利兹克建筑奖获奖者。

小托马斯·约翰·沃森（1982—1986）
——美国，IBM名誉主席。

凯文·洛奇（1983—1991）
——出生于爱尔兰都柏林，1948年移民到美国，建筑师，1982年普利兹克建筑奖获奖者。

布伦达·吉尔（1985—1987）（评委会秘书）
——《纽约客》作家和评论家。

阿瑟·德雷克斯勒（1979—1986）（评委会顾问）
——美国，纽约现代艺术博物馆建筑与设计部主任。

8. 1986年评委会成员（8人）

约翰·卡特·布朗（1979—2002）（主席）
——美国，华盛顿特区美国国家艺术馆馆长。

乔瓦尼·阿涅利（1984—2003）
——意大利，意大利菲亚特汽车集团主席。

槙文彦（1985—1988）
——日本，建筑师，1993年普利兹克建筑奖获奖者。

小托马斯·约翰·沃森（1982—1986）
——美国，IBM名誉主席。

瑞卡多·雷可瑞塔（1985—1993）
——墨西哥，建筑师。

凯文·洛奇（1983—1991）
——出生于爱尔兰都柏林，1948年移民到美国，建筑师，1982年普利兹克建筑奖获奖者。

布伦达·吉尔（1985—1987）（评委会秘书）
——《纽约客》作家和评论家。

阿瑟·德雷克斯勒（1979—1986）（评委会顾问）
——美国，纽约现代艺术博物馆建筑与设计部主任。

9. 1987年评委会成员（9人）

约翰 · 卡特 · 布朗（1979—2002）（主席）
——美国，华盛顿特区美国国家艺术馆馆长。

乔瓦尼 · 阿涅利（1984—2003）
——意大利，意大利菲亚特汽车集团主席。

艾达 · 路易斯 · 哈斯特帕（1987—2005年）
——美国，作家和建筑评论家。

槙文彦（1985—1988）
——日本，建筑师，1993年普利兹克建筑奖获奖者。

罗斯柴尔德爵士（1987—2004、2003—2004担任主席）
——英国，英国艺术博物馆馆长、董事会主席。

瑞卡多 · 雷可瑞塔（1985—1993）
——墨西哥，建筑师。

凯文 · 洛奇（1983—1991）
——出生于爱尔兰都柏林，1948年移民到美国，建筑师，1982年普利兹克建筑奖获奖者。

布伦达 · 吉尔（1985—1987）（评委会秘书）
——《纽约客》作家和评论家。

斯图尔特 · 雷德（1987—1988）（评委会代理顾问）
——美国，纽约现代艺术博物馆建筑与设计部代理主任。

10. 1988年评委会成员（9人）

约翰 · 卡特 · 布朗（1979—2002）（主席）
——美国，华盛顿特区美国国家艺术馆馆长。

乔瓦尼 · 阿涅利（1984—2003）
——意大利，意大利菲亚特汽车集团主席。

艾达 · 路易斯 · 哈斯特帕（1987—2005）
——美国，作家和建筑评论家。

槙文彦（1985—1988）
——日本，建筑师，1993年普利兹克建筑奖获奖者。

罗斯柴尔德爵士（1987—2004、2003—2004担任主席）
——英国，英国艺术博物馆馆长、董事会主席。

瑞卡多 · 雷可瑞塔（1985—1993）
——墨西哥，建筑师。

凯文 · 洛奇（1983—1991）
——出生于爱尔兰都柏林，1948年移民到美国，建筑师，1982年普利兹克建筑奖获奖者。

斯图尔特 · 雷德（1987—1988）（评委会代理顾问）
——美国，纽约现代艺术博物馆建筑与设计部代理主任。

比尔 · N. 莱西（1988—2005）（常务理事）
——美国，纽约州立大学帕切斯建筑学院院长。

11. 1989 / 1990年评委会成员（7人）

约翰·卡特·布朗（1979—2002）（主席）
——美国，华盛顿特区美国国家艺术馆馆长。

乔瓦尼·阿涅利（1984—2003）
——意大利，意大利菲亚特汽车集团主席。

艾达·路易斯·哈斯特帕（1987—2005）
——美国，作家和建筑评论家。

罗斯柴尔德爵士（1987—2004、2003—2004担任主席）
——英国，英国艺术博物馆馆长、董事会主席。

瑞卡多·雷可瑞塔（1985—1993）
——墨西哥，建筑师。

凯文·洛奇（1983—1991）
——出生于爱尔兰都柏林，1948年移民到美国，建筑师，1982年普利兹克建筑奖获奖者。

比尔·N. 莱西（1988—2005）（常务理事）
——美国，纽约州立大学帕切斯建筑学院院长。

2.2.2 1991—2000年评委会成员

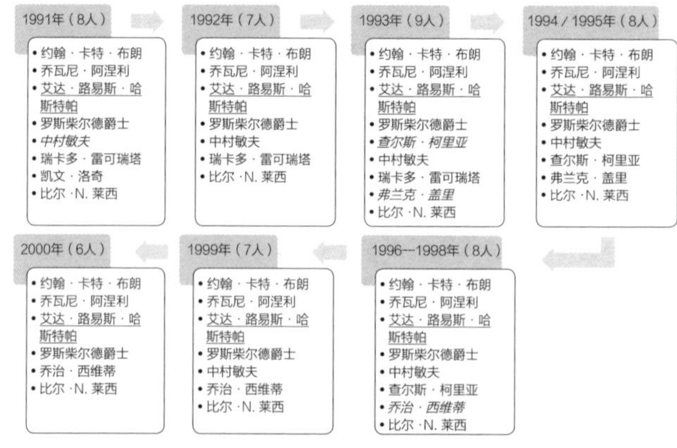

图2-2 1991—2000年普奖评委构成示意图

（下划线标注为“女性成员”，倾斜字体标注为“本届新增成员”）

1. 1991年评委会成员（8人）

约翰·卡特·布朗（1979—2002）（主席）
——美国，华盛顿特区美国国家艺术馆馆长。

乔瓦尼·阿涅利（1984—2003）
——意大利，意大利菲亚特汽车集团主席。

艾达·路易斯·哈斯特帕（1987—2005）
——美国，作家和建筑评论家。

罗斯柴尔德爵士（1987—2004、2003—2004担任主席）
——英国，英国艺术博物馆馆长、董事会主席。

中村敏夫（1991—1999）
——日本，日本《A+U》杂志前主编。

瑞卡多·雷可瑞塔（1985—1993）
——墨西哥，建筑师。

凯文·洛奇（1983—1991）
——出生于爱尔兰都柏林，1948年移民到美国，建筑师，1982年普利兹克建筑奖获奖者。

比尔·N. 莱西（1988—2005）（常务理事）
——美国，纽约州立大学帕切斯建筑学院院长。

2. 1992年评委会成员（7人）

约翰·卡特·布朗（1979—2002）（主席）
——美国，华盛顿特区美国国家艺术馆馆长。

乔瓦尼·阿涅利（1984—2003）
——意大利，意大利菲亚特汽车集团主席。

艾达·路易斯·哈斯特帕（1987—2005）
——美国，作家和建筑评论家。

罗斯柴尔德爵士（1987—2004、2003—2004担任主席）
——英国，英国艺术博物馆馆长、董事会主席。

中村敏夫（1991—1999）
——日本，日本《A+U》杂志前主编。

瑞卡多·雷可瑞塔（1985—1993）
——墨西哥，建筑师。

比尔·N. 莱西（1988—2005）（常务理事）
——美国，纽约州立大学帕切斯建筑学院院长。

3. 1993年评委会成员（9人）

约翰·卡特·布朗（1979—2002）（主席）
——美国，华盛顿特区美国国家艺术馆馆长。

乔瓦尼·阿涅利（1984—2003）
——意大利，意大利菲亚特汽车集团主席。

艾达·路易斯·哈斯特帕（1987—2005）
——美国，作家和建筑评论家。

罗斯柴尔德爵士（1987—2004、2003—2004担任主席）
——英国，英国艺术博物馆馆长、董事会主席。

查尔斯·柯里亚（1993—1998）
——印度，建筑师。

中村敏夫（1991—1999）
——日本，日本《A+U》杂志前主编。

瑞卡多·雷可瑞塔（1985—1993）
——墨西哥，建筑师。

弗兰克·盖里（1993—1995、2003—2006）
——加拿大，建筑师，1989年普利兹克建筑奖获奖者。

比尔·N. 莱西（1988—2005）（常务理事）
——美国，纽约州立大学帕切斯建筑学院院长。

4. 1994年评委会成员（8人）

约翰·卡特·布朗（1979—2002）（主席）
——美国，华盛顿特区美国国家艺术馆馆长。

乔瓦尼·阿涅利（1984—2003）
——意大利，意大利菲亚特汽车集团主席。

艾达·路易斯·哈斯特帕（1987—2005）
——美国，作家和建筑评论家。

罗斯柴尔德爵士（1987—2004、2003—2004担任主席）
——英国，英国艺术博物馆馆长、董事会主席。

中村敏夫（1991—1999）
——日本，日本《A＋U》杂志前主编。

查尔斯·柯里亚（1993—1998）
——印度，建筑师。

弗兰克·盖里（1993—1995、2003—2006）
——加拿大，建筑师，1989年普利兹克建筑奖获奖者。

比尔·N. 莱西（1988—2005）（常务理事）
——美国，纽约州立大学帕切斯建筑学院院长。

5. 1995年评委会成员（8人）

约翰·卡特·布朗（1979—2002）（主席）
——美国，华盛顿特区美国国家艺术馆馆长。

乔瓦尼·阿涅利（1984—2003）
——意大利，意大利菲亚特汽车集团主席。

艾达·路易斯·哈斯特帕（1987—2005）
——美国，作家和建筑评论家。

罗斯柴尔德爵士（1987—2004、2003—2004担任主席）
——英国，英国艺术博物馆馆长、董事会主席。

中村敏夫（1991—1999）
——日本，日本《A＋U》杂志前主编。

查尔斯·柯里亚（1993—1998）
——印度，建筑师。

弗兰克·盖里（1993—1995、2003—2006）
——加拿大，建筑师，1989年普利兹克建筑奖获奖者。

比尔·N. 莱西（1988—2005）（常务理事）
——美国，纽约州立大学帕切斯建筑学院院长。

6. 1996—1998年评委会成员（8人）

约翰·卡特·布朗（1979—2002）（主席）
——美国，华盛顿特区美国国家艺术馆馆长。

乔瓦尼·阿涅利（1984—2003）
——意大利，意大利菲亚特汽车集团主席。

艾达·路易斯·哈斯特帕（1987—2005）
——美国，作家和建筑评论家。

罗斯柴尔德爵士（1987—2004、2003—2004担任主席）
——英国，英国艺术博物馆馆长、董事会主席。

中村敏夫（1991—1999）
——日本，日本《A+U》杂志前主编。

查尔斯·柯里亚（1993—1998）
——印度，建筑师。

乔治·西维蒂（1996—2004）
——美国，建筑师，哈佛大学设计研究院建筑系主任。

比尔·N. 莱西（1988—2005）（常务理事）
——美国，纽约州立大学帕切斯建筑学院院长。

7. 1999年评委会成员（7人）

约翰·卡特·布朗（1979—2002）（主席）
——美国，华盛顿特区美国国家艺术馆馆长。

乔瓦尼·阿涅利（1984—2003）
——意大利，意大利菲亚特汽车集团主席。

艾达·路易斯·哈斯特帕（1987—2005）
——美国，作家和建筑评论家。

罗斯柴尔德爵士（1987—2004、2003—2004担任主席）
——英国，英国艺术博物馆馆长、董事会主席。

中村敏夫（1991—1999）
——日本，日本《A+U》杂志前主编。

乔治·西维蒂（1996—2004）
——美国，建筑师，哈佛大学设计研究院建筑系主任。

比尔·N. 莱西（1988—2005）（常务理事）
——美国，纽约州立大学帕切斯建筑学院院长。

8. 2000年评委会成员（6人）

约翰·卡特·布朗（1979—2002）（主席）
——美国，华盛顿特区美国国家艺术馆馆长。

乔瓦尼·阿涅利（1984—2003）
——意大利，意大利菲亚特汽车集团主席。

艾达·路易斯·哈斯特帕（1987—2005）
——美国，作家和建筑评论家。

罗斯柴尔德爵士（1987—2004、2003—2004担任主席）
——英国，英国艺术博物馆馆长、董事会主席。

乔治·西维蒂（1996—2004）
——美国，建筑师，哈佛大学设计研究院建筑系主任。

比尔·N. 莱西（1988—2005）（常务理事）
——美国，纽约州立大学帕切斯建筑学院院长。

2.2.3 2001—2011年评委会成员

1. 2001／2002年评委会成员（7人）

图2-3 2001—2011年普奖评委构成示意图

（下划线标注为“女性成员”，倾斜字体标注为“本届新增成员”）

约翰·卡特·布朗（1979—2002）（主席）
——美国，华盛顿特区美国国家艺术馆馆长。

乔瓦尼·阿涅利（1984—2003）
——意大利，意大利菲亚特汽车集团主席。

艾达·路易斯·哈斯特帕（1987—2005）
——美国，作家和建筑评论家。

罗斯柴尔德爵士（1987—2004、2003—2004担任主席）
——英国，英国艺术博物馆馆长、董事会主席。

乔治·西维蒂（1996—2004）
——美国，建筑师，哈佛大学设计研究院建筑系主任。

卡洛斯·希门尼斯（2001—2011）
——美国，建筑师，美国莱斯大学鲁思·卡特·史蒂芬森基金会主席。

比尔·N. 莱西（1988—2005）（常务理事）
——美国，纽约州立大学帕切斯建筑学院院长。

2. 2003年评委会成员（7人）

罗斯柴尔德爵士（1987—2004、2003—2004担任主席）（主席）
——英国，英国艺术博物馆馆长、董事会主席。

艾达·路易斯·哈斯特帕（1987—2005）
——美国，作家和建筑评论家。

乔治·西维蒂（1996—2004）
——美国，建筑师，哈佛大学设计研究院建筑系主任。

卡洛斯·希门尼斯（2001—2011）
——美国，建筑师，美国莱斯大学鲁思·卡特·史蒂芬森基金会主席。

乔瓦尼·阿涅利（1984—2003）
——意大利，意大利菲亚特汽车集团主席。

弗兰克·盖里（1993—1995、2003—2006）
——加拿大，建筑师，1989年普利兹克建筑奖获奖者。

比尔·N. 莱西（1988—2005）（常务理事）
——美国，纽约州立大学帕切斯建筑学院院长。

3. 2004年评委会成员（8人）

罗斯柴尔德爵士（1987—2004、2003—2004担任主席）（主席）
——英国，英国艺术博物馆馆长、董事会主席。

艾达·路易斯·哈斯特帕（1987—2005）
——美国，作家和建筑评论家。

乔治·西维蒂（1996—2004）
——美国，建筑师，哈佛大学设计研究院建筑系主任。

卡洛斯·希门尼斯（2001—2011）
——美国，建筑师，美国莱斯大学鲁思·卡特·史蒂芬森基金会主席。

弗兰克·盖里（1993—1995、2003—2006）
——加拿大，建筑师，1989年普利兹克建筑奖获奖者。

凯伦·斯坦（2004—2012）
——美国，作家、编辑，资深建筑媒体人。

罗尔夫·费赫尔鲍姆（2004—2010）
——瑞士，维特拉（Vitra）公司董事会主席。

比尔·N. 莱西（1988—2005）（常务理事）
——美国，纽约州立大学帕切斯建筑学院院长。

4. 2005年评委会成员（10人）

帕伦博勋爵（2005—2018、2005—2016担任主席）（主席）
——英国，艺术及建筑资助人蛇形画廊信托公司现任董事长（任职至2015年）。

弗兰克·盖里（1993—1995、2003—2006）
——加拿大，建筑师，1989年普利兹克建筑奖获奖者。

巴克里希纳·多西（2005—2007）
——印度，建筑师和规划师，建筑学教授，2018年普利兹克建筑奖获奖者。

艾达·路易斯·哈斯特帕（1987—2005）
——美国，作家和建筑评论家。

维多利亚·纽豪斯（2005—2008）
——美国，建筑历史学家、作家，建筑历史基金会创始人及主席。

凯伦·斯坦（2004—2012）
——美国，作家、编辑，资深建筑媒体人。

罗尔夫·费赫尔鲍姆（2004—2010）
——瑞士，维特拉（Vitra）公司董事会主席。

卡洛斯·希门尼斯（2001—2011）
——美国，建筑师，美国莱斯大学鲁思·卡特·史蒂芬森基金会主席。

比尔·N. 莱西（1988—2005）（常务理事）
——美国，纽约州立大学帕切斯建筑学院院长。

玛莎·索恩（2005—2021）（常务理事）
——美国，芝加哥艺术学院建筑系担任副主任。

5. 2006年评委会成员（10人）

帕伦博勋爵（2005—2018、2005—2016担任主席）（主席）
——英国，艺术及建筑资助人蛇形画廊信托公司现任董事长（任职至2015年）。

弗兰克·盖里（1993—1995、2003—2006）
——加拿大，建筑师，1989年普利兹克建筑奖获奖者。

巴克里希纳·多西（2005—2007）
——印度，建筑师和规划师，建筑学教授，2018年普利兹克建筑奖获奖者。

凯伦·斯坦（2004—2012）
——美国，作家、编辑，资深建筑媒体人。

罗尔夫·费赫尔鲍姆（2004—2010）
——瑞士，维特拉（Vitra）公司董事会主席。

维多利亚·纽豪斯（2005—2008）
——美国，建筑历史学家、作家，建筑历史基金会创始人及主席。

卡洛斯·希门尼斯（2001—2011）
——美国，建筑师，美国莱斯大学鲁思·卡特·史蒂芬森基金会主席。

坂茂（2006—2009）
——日本，建筑师，建筑学教授，2014年普利兹克建筑奖获奖者。

伦佐·皮亚诺（2006—2011）
——意大利，建筑师，1998年普利兹克建筑奖获奖者。

玛莎·索恩（2005—2021）（常务理事）
——美国，芝加哥艺术学院建筑系担任副主任。

6. 2007年评委会成员（9人）

帕伦博勋爵（2005—2018、2005—2016担任主席）（主席）
——英国，艺术及建筑资助人蛇形画廊信托公司现任董事长（任职至2015年）。

巴克里希纳·多西（2005—2007）
——印度，建筑师和规划师，建筑学教授，2018年普利兹克建筑奖获奖者。

凯伦·斯坦（2004—2012）
——美国，作家、编辑，资深建筑媒体人。

罗尔夫·费赫尔鲍姆（2004—2010）
——瑞士，维特拉（Vitra）公司董事会主席。

维多利亚·纽豪斯（2005—2008）
——美国，建筑历史学家、作家，建筑历史基金会创始人及主席。

卡洛斯·希门尼斯（2001—2011）
——美国，建筑师，美国莱斯大学鲁思·卡特·史蒂芬森基金会主席。

坂茂（2006—2009）
——日本，建筑师，建筑学教授，2014年普利兹克建筑奖获奖者。

伦佐·皮亚诺（2006—2011）
——意大利，建筑师，1998年普利兹克建筑奖获奖者。

玛莎·索恩（2005—2021）（常务理事）
——美国，芝加哥艺术学院建筑系担任副主任。

7. 2008年评委会成员（8人）

帕伦博勋爵（2005—2018、2005—2016担任主席）（主席）
——英国，艺术及建筑资助人蛇形画廊信托公司现任董事长（任职至2015年）。

凯伦·斯坦（2004—2012）
——美国，作家、编辑，资深建筑媒体人。

罗尔夫·费赫尔鲍姆（2004—2010）
——瑞士，维特拉（Vitra）公司董事会主席。

维多利亚·纽豪斯（2005—2008）
——美国，建筑历史学家、作家，建筑历史基金会创始人及主席。

卡洛斯·希门尼斯（2001—2011）
——美国，建筑师，美国莱斯大学鲁思·卡特·史蒂芬森基金会主席。

坂茂（2006—2009）
——日本，建筑师，建筑学教授，2014年普利兹克建筑奖获奖者。

伦佐·皮亚诺（2006—2011）
——意大利，建筑师，1998年普利兹克建筑奖获奖者。

玛莎·索恩（2005—2021）（常务理事）
——美国，芝加哥艺术学院建筑系担任副主任。

8. 2009年评委会成员（9人）

帕伦博勋爵（2005—2018、2005—2016担任主席）（主席）
——英国，艺术及建筑资助人蛇形画廊信托公司现任董事长（任职至2015年）。

凯伦·斯坦（2004—2012）
——美国，作家、编辑，资深建筑媒体人。

罗尔夫·费赫尔鲍姆（2004—2010）
——瑞士，维特拉（Vitra）公司董事会主席。

卡洛斯·希门尼斯（2001—2011）
——美国，建筑师，美国莱斯大学鲁思·卡特·史蒂芬森基金会主席。

坂茂（2006—2009）
——日本，建筑师，建筑学教授，2014年普利兹克建筑奖获奖者。

伦佐 · 皮亚诺（2006—2011）
——意大利，建筑师，1998年普利兹克建筑奖获奖者。

亚历杭德罗 · 阿拉维纳（2009—2015、2021—2022担任主席）
——智利，建筑师和Elemental S. A. 事务所执行董事，2016年普利兹克建筑奖获奖者。

尤哈尼 · 帕拉斯马（2009—2014）
——芬兰，建筑师。

玛莎 · 索恩（2005—2021）（常务理事）
——美国，芝加哥艺术学院建筑系担任副主任。

9. 2010年评委会成员（8人）

帕伦博勋爵（2005—2018、2005—2016担任主席）（主席）
——英国，艺术及建筑资助人蛇形画廊信托公司现任董事长（任职至2015年）。

凯伦 · 斯坦（2004—2012）
——美国，作家、编辑，资深建筑媒体人。

罗尔夫 · 费赫尔鲍姆（2004—2010）
——瑞士，维特拉（Vitra）公司董事会主席。

卡洛斯 · 希门尼斯（2001—2011）
——美国，建筑师，美国莱斯大学鲁思 · 卡特 · 史蒂芬森基金会主席。

伦佐 · 皮亚诺（2006—2011）
——意大利，建筑师，1998年普利兹克建筑奖获奖者。

亚历杭德罗 · 阿拉维纳（2009—2015、2021—2022担任主席）
——智利，建筑师和Elemental S. A. 事务所执行董事，2016年普利兹克建筑奖获奖者。

尤哈尼 · 帕拉斯马（2009—2014）
——芬兰，建筑师。

玛莎 · 索恩（2005—2021）（常务理事）
——美国，芝加哥艺术学院建筑系担任副主任。

10. 2011年评委会成员（8人）

帕伦博勋爵（2005—2018、2005—2016担任主席）（主席）
——英国，艺术及建筑资助。人蛇形画廊信托公司现任董事长（任职至2015年）。

凯伦 · 斯坦（2004—2012）
——美国，作家、编辑，资深建筑媒体人。

卡洛斯 · 希门尼斯（2001—2011）
——美国，建筑师，美国莱斯大学鲁思 · 卡特 · 史蒂芬森基金会主席。

伦佐 · 皮亚诺（2006—2011）
——意大利，建筑师，1998年普利兹克建筑奖获奖者。

亚历杭德罗 · 阿拉维纳（2009—2015、2021—2022担任主席）
——智利，建筑师和Elemental S. A. 事务所执行董事，2016年普利兹克建筑奖获奖者。

尤哈尼·帕拉斯马（2009—2014）
——芬兰，建筑师。

格伦·马库特（2011—2018、2017—2018担任主席）
——澳大利亚，建筑师，2002年普利兹克奖获奖者。

玛莎·索恩（2005—2021）（常务理事）
——美国，芝加哥艺术学院建筑系担任副主任。

2.2.4 2012—2022年评委会成员

图2-4 2012—2022年普奖评委构成示意图

（下划线标注为“女性成员”，倾斜字体标注为“本届新增成员”）

1. 2012年评委会成员（9人）

帕伦博勋爵（2005—2018、2005—2016担任主席）（主席）
——英国，艺术及建筑资助人、蛇形画廊信托公司现任董事长（任职至2015年）。

凯伦·斯坦（2004—2012）
——美国，作家、编辑，资深建筑媒体人。

亚历杭德罗·阿拉维纳（2009—2015、2021—2022担任主席）
——智利，建筑师和Elemental S. A. 事务所执行董事，2016年普利兹克建筑奖获奖者。

斯蒂芬·布雷耶（2012—2018、2022、2019—2020担任主席）
——美国，最高法院大法官。

张永和（2012—2017）
——中国，建筑师和教育家。

扎哈·哈迪德（2012）
——英国，建筑师，2004年普利兹克建筑奖获奖者。

尤哈尼·帕拉斯马（2009—2014）
——芬兰，建筑师。

格伦·马库特（2011—2018、2017—2018担任主席）
——澳大利亚，建筑师，2002年普利兹克建筑奖获奖者。

玛莎·索恩（2005—2021）（常务理事）
——美国，芝加哥艺术学院建筑系担任副主任。

2. 2013年评委会成员（8人）

帕伦博勋爵（2005—2018、2005—2016担任主席）（主席）
——英国，艺术及建筑资助人蛇形画廊信托公司现任董事长（任职至2015年）。

亚历杭德罗·阿拉维纳（2009—2015、2021—2022担任主席）
——智利，建筑师和Elemental S. A. 事务所执行董事，2016年普利兹克建筑奖获奖者。

斯蒂芬·布雷耶（2012—2018、2022、2019—2020担任主席）
——美国，最高法院大法官。

张永和（2012—2017）
——中国，建筑师和教育家。

尤哈尼·帕拉斯马（2009—2014）
——芬兰，建筑师。

格伦·马库特（2011—2018、2017—2018担任主席）
——澳大利亚，建筑师，2002年普利兹克建筑奖获奖者。

克里斯汀·费雷思（2013—2017）
——德国，建筑策展人、作家兼编辑。

玛莎·索恩（2005—2021）（常务理事）
——美国，芝加哥艺术学院建筑系担任副主任。

3. 2014年评委会成员（10人）

帕伦博勋爵（2005—2018、2005—2016担任主席）（主席）
——英国，艺术及建筑资助人蛇形画廊信托公司现任董事长（任职至2015年）。

亚历杭德罗·阿拉维纳（2009—2015、2021—2022担任主席）
——智利，建筑师和Elemental S. A. 事务所执行董事，2016年普利兹克建筑奖获奖者。

斯蒂芬·布雷耶（2012—2018、2022、2019—2020担任主席）
——美国，最高法院大法官。

张永和（2012—2017）
——中国，建筑师和教育家。

尤哈尼·帕拉斯马（2009—2014）
——芬兰，建筑师。

格伦·马库特（2011—2018、2017—2018担任主席）
——澳大利亚，建筑师，2002年普利兹克建筑奖获奖者。

拉丹·塔塔（2014—2019）
——印度，塔塔集团控股公司Tata Sons荣誉主席。

克里斯汀 · 费雷思（2013—2017）
——德国，建筑策展人、作家兼编辑。

本妮德塔 · 塔利亚布（2014—2022）
——西班牙，建筑师，“EMBT米拉莱斯—塔利亚布”建筑事务所董事。

玛莎 · 索恩（2005—2021）（常务理事）
——美国，芝加哥艺术学院建筑系担任副主任。

4. 2015年评委会成员（10人）

帕伦博勋爵（2005—2018、2005—2016担任主席）（主席）
——英国，艺术及建筑资助人蛇形画廊信托公司现任董事长（任职至2015年）。

亚历杭德罗 · 阿拉维纳（2009—2015、2021—2022担任主席）
——智利，建筑师和Elemental S. A. 事务所执行董事，2016年普利兹克建筑奖获奖者。

斯蒂芬 · 布雷耶（2012—2018、2022、2019—2020担任主席）
——美国，最高法院大法官。

张永和（2012—2017）
——中国，建筑师和教育家。

格伦 · 马库特（2011—2018、2017—2018担任主席）
——澳大利亚，建筑师，2002年普利兹克建筑奖获奖者。

拉丹 · 塔塔（2014—2019）
——印度孟买，塔塔集团控股公司Tata Sons荣誉主席。

克里斯汀 · 费雷思（2013—2017）
——德国，建筑策展人、作家兼编辑。

理查德 · 罗杰斯（2015—2019）
——英国，建筑师，2007年普利兹克建筑奖获奖者。

本妮德塔 · 塔利亚布（2014—2022）
——西班牙，建筑师，“EMBT米拉莱斯—塔利亚布”建筑事务所董事。

玛莎 · 索恩（2005—2021）（常务理事）
——美国，芝加哥艺术学院建筑系担任副主任。

5. 2016年评委会成员（9人）

帕伦博勋爵（2005—2018、2005—2016担任主席）（主席）
——英国，艺术及建筑资助人蛇形画廊信托公司现任董事长（任职至2015年）。

斯蒂芬 · 布雷耶（2012—2018、2022、2019—2020担任主席）
——美国，最高法院大法官。

张永和（2012—2017）
——中国，建筑师和教育家。

格伦 · 马库特（2011—2018、2017—2018担任主席）
——澳大利亚，建筑师，2002年普利兹克建筑奖获奖者。

拉丹 · 塔塔（2014—2019）
——印度孟买，塔塔集团控股公司Tata Sons荣誉主席。

克里斯汀 · 费雷思（2013—2017）
——建筑策展人、作家兼编辑。

理查德 · 罗杰斯（2015—2019）
——英国，建筑师，2007年普利兹克建筑奖获奖者。
本妮德塔 · 塔利亚布（2014—2022）
——西班牙，建筑师，"EMBT米拉莱斯—塔利亚布"建筑事务所董事。
玛莎 · 索恩（2005—2021）（常务理事）
——美国，芝加哥艺术学院建筑系担任副主任。

6. 2017年评委会成员（9人）

格伦 · 马库特（2011—2018、2017—2018担任主席）（主席）
——澳大利亚，建筑师，2002年普利兹克建筑奖获奖者。
帕伦博勋爵（2005—2018、2005—2016担任主席）
——英国，艺术及建筑资助人蛇形画廊信托公司现任董事长（任职至2015年）。
斯蒂芬 · 布雷耶（2012—2018、2022、2019—2020担任主席）
——美国，最高法院大法官。
张永和（2012—2017）
——中国，建筑师和教育家。
拉丹 · 塔塔（2014—2019）
——印度孟买，塔塔集团控股公司Tata Sons荣誉主席。
克里斯汀 · 费雷思（2013—2017）
——德国，建筑策展人、作家兼编辑。
理查德 · 罗杰斯（2015—2019）
——英国，建筑师，2007年普利兹克建筑奖获奖者。
本妮德塔 · 塔利亚布（2014—2022）
——西班牙，建筑师，"EMBT米拉莱斯—塔利亚布"建筑事务所董事。
玛莎 · 索恩（2005—2021）（常务理事）
——美国，芝加哥艺术学院建筑系担任副主任。

7. 2018年评委会成员（10人）

格伦 · 马库特（2011—2018、2017—2018担任主席）（主席）
——澳大利亚，建筑师，2002年普利兹克建筑奖获奖者。
帕伦博勋爵（2005—2018、2005—2016担任主席）
——英国，艺术及建筑资助人蛇形画廊信托公司现任董事长（任职至2015年）。
斯蒂芬 · 布雷耶（2012—2018、2022、2019—2020担任主席）
——美国，最高法院大法官。
拉丹 · 塔塔（2014—2019）
——印度孟买，塔塔集团控股公司Tata Sons荣誉主席。
理查德 · 罗杰斯（2015—2019）
——英国，建筑师，2007年普利兹克建筑奖获奖者。
本妮德塔 · 塔利亚布（2014—2022）
——西班牙，建筑师，"EMBT米拉莱斯—塔利亚布"建筑事务所董事。
玛莎 · 索恩（2005—2021）（常务理事）
——美国，芝加哥艺术学院建筑系担任副主任。

安德烈·阿拉尼亚·科雷亚·杜·拉戈（2018—2022）
——巴西，巴西驻日本大使，建筑评论家，策展人。

妹岛和世（2018—2022）
——日本，建筑师，2010年普利兹克建筑奖获奖者（与西泽立卫）。

王澍（2018—2022）
——中国，建筑师、建筑教育工作者，2012年普利兹克建筑奖获奖者。

8. 2019年评委会成员（8人）

斯蒂芬·布雷耶（2012—2018、2022、2019—2020担任主席）（主席）
——美国，最高法院大法官。

拉丹·塔塔（2014—2019）
——印度孟买，塔塔集团控股公司Tata Sons荣誉主席。

理查德·罗杰斯（2015—2019）
——英国，建筑师，2007年普利兹克建筑奖获奖者。

本妮德塔·塔利亚布（2014—2022）
——西班牙，建筑师，“EMBT米拉莱斯—塔利亚布”建筑事务所董事。

玛莎·索恩（2005—2021）（常务理事）
——美国，芝加哥艺术学院建筑系担任副主任。

安德烈·阿拉尼亚·科雷亚·杜·拉戈（2018—2022）
——巴西，巴西驻日本大使，建筑评论家，策展人。

妹岛和世（2018—2022）
——日本，建筑师，2010年普利兹克建筑奖获奖者（与西泽立卫）。

王澍（2018—2022）
——中国，建筑师、建筑教育工作者，2012年普利兹克建筑奖获奖者。

9. 2020年评委会成员（8人）

斯蒂芬·布雷耶（2012—2018、2022、2019—2020担任主席）（主席）
——美国，最高法院大法官。

巴里·伯格多尔（2020—2022）
——美国，哥伦比亚大学艺术史和考古学教授，策展人。

德博拉·伯克（2020—2022）
——美国，教育家，耶鲁大学建筑学院院长。

本妮德塔·塔利亚布（2014—2022）
——西班牙，建筑师，“EMBT米拉莱斯—塔利亚布”建筑事务所董事。

玛莎·索恩（2005—2021）（常务理事）
——美国，芝加哥艺术学院建筑系担任副主任。

安德烈·阿拉尼亚·科雷亚·杜·拉戈（2018—2022）
——巴西，巴西驻日本大使，建筑评论家，策展人。

妹岛和世（2018—2022）
——日本，建筑师，2010年普利兹克建筑奖获奖者（与西泽立卫）。

王澍（2018—2022）
——中国，建筑师、建筑教育工作者，2012年普利兹克建筑奖获奖者。

10. 2021年评委会成员（9人）

亚历杭德罗·阿拉维纳（2009—2015、2021—2022担任主席）（主席）
——智利，建筑师，2016年普利兹克建筑奖获奖者。

巴里·伯格多尔（2020—2022）
——美国，哥伦比亚大学艺术史和考古学教授，策展人。

德博拉·伯克（2020—2022）
——美国，教育家，耶鲁大学建筑学院院长。

本妮德塔·塔利亚布（2014—2022）
——西班牙，建筑师，“EMBT米拉莱斯—塔利亚布”建筑事务所董事。

玛莎·索恩（2005—2021）（常务理事）
——美国，芝加哥艺术学院建筑系担任副主任。

安德烈·阿拉尼亚·科雷亚·杜·拉戈（2018—2022）
——巴西，巴西驻日本大使，建筑评论家，策展人。

妹岛和世（2018—2022）
——日本，建筑师，2010年普利兹克建筑奖获奖者（与西泽立卫）。

王澍（2018—2022）
——中国，建筑师、建筑教育工作者，2012年普利兹克建筑奖获奖者。

曼努埃拉·卢盖·达祖（2021—2022）（顾问）
——意大利，威尼斯双年展视觉艺术与建筑分展执行总监。

11. 2022年评委会成员（9人）

亚历杭德罗·阿拉维纳（2009—2015、2021—2022担任主席）（主席）
——智利，建筑师，2016年普利兹克建筑奖获奖者。

巴里·伯格多尔（2020—2022）
——美国，哥伦比亚大学艺术史和考古学教授，策展人。

德博拉·伯克（2020—2022）
——美国，教育家，耶鲁大学建筑学院院长。

斯蒂芬·布雷耶（2012—2018、2022、2019—2020担任主席）
——美国，最高法院大法官。

安德烈·阿拉尼亚·科雷亚·杜·拉戈（2018—2022）
——巴西，巴西驻日本大使，建筑评论家，策展人。

妹岛和世（2018—2022）
——日本，建筑师，2010年普利兹克建筑奖获奖者（与西泽立卫）。

本妮德塔·塔利亚布（2014—2022）
——西班牙，建筑师，“EMBT米拉莱斯—塔利亚布”建筑事务所董事。

王澍（2018—2022）
——中国，建筑师、建筑教育工作者，2012年普利兹克建筑奖获奖者。

曼努埃拉·卢盖·达祖（2021—2022）（常务理事）
——意大利，威尼斯双年展视觉艺术与建筑分展执行总监。

2.3 获奖者与评委关联性分析

本章节主要从国籍、教育、工作、人脉经历、理念特征，五个与学业经历及职业生涯相关联方面，对历届普利兹克建筑奖获奖者与评委进行关联性分析，以更全面地发掘影响获奖的可能性因素。

（1）1979年获奖者菲利普·约翰逊（美国），1981—1985年普利兹克建筑奖评委会成员。与阿瑟·德雷克斯勒（1979—1985年普利兹克建筑奖评委会成员）都曾在纽约现代艺术博物馆（MOMA）工作过，菲利普·约翰逊曾被纽约现代艺术博物馆聘为建筑学系的首任系主任（图2-5）。

姓名	国籍	教育	工作	人脉经历	理念特征
约翰·卡特·布朗	1	1	0	0	0
卡尔顿·史密斯	1	0	0	0	0
阿瑟·德雷克斯勒	1	0	1	0	0
肯尼斯·克拉克爵士	0	0	0	0	0
矶崎新	0	0	0	0	1
J. 埃尔文·米勒	1	0	0	0	0
西萨·佩里	1	0	0	0	1
相关度	0.11	0.03	0.02	0.00	0.07

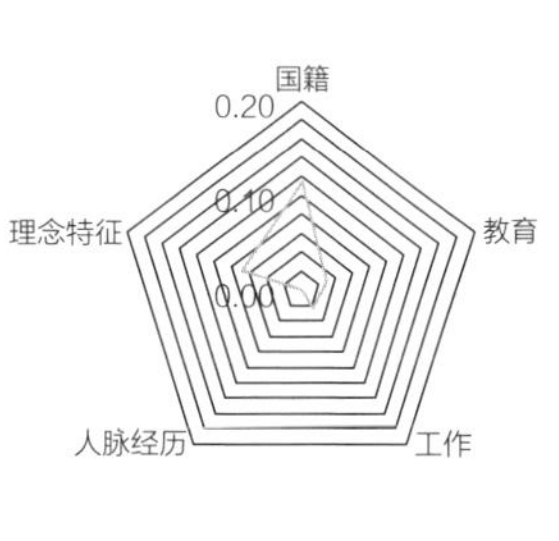

图2-5　1979年普奖获奖者与评委关联性分析图

（2）1980年获奖者路易斯·巴拉干（墨西哥）。1976年其作品在纽约现代美术馆展出，阿瑟·德雷克斯勒（1979—1985年普利兹克建筑奖评委会成员）是纽约现代艺术博物馆建筑与设计部主任（图2-6）。

（3）1981年获奖者詹姆斯·斯特林（英国）。与诺曼·福斯特（1999年普利兹克建筑奖获奖者）和理查德·罗杰斯（2007年普利兹克建筑奖获奖者，2015—2019年普利兹克建筑奖评委会成员）并称为“英国建筑三巨头”；与理查德·罗杰斯、克里斯蒂安·德·波特赞姆巴克（1994年普利兹克建筑奖获奖者）都是美国建筑师协会成员（图2-7）。

姓名	国籍	教育	工作	人脉经历	理念特征
约翰·卡特·布朗	0	0	0	0	0
卡尔顿·史密斯	0	0	0	0	0
阿瑟·德雷克斯勒	0	0	0	1	0
肯尼斯·克拉克爵士	0	0	0	0	0
矶崎新	0	0	0	0	0
J. 埃尔文·米勒	0	0	0	0	0
西萨·佩里	0	0	0	0	0
菲利普·约翰逊	0	0	0	1	1
相关度	0.00	0.00	0.00	0.07	0.03

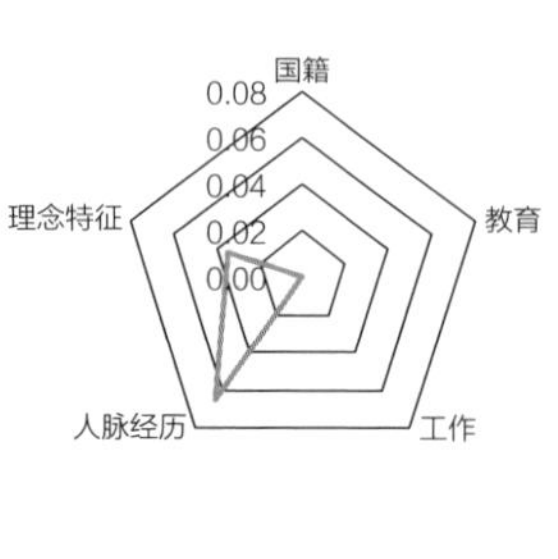

图2-6　1980年普奖获奖者与评委关联性分析图

姓名	国籍	教育	工作	人脉经历	理念特征
约翰·卡特·布朗	0	0	0	0	0
卡尔顿·史密斯	0	0	0	0	0
阿瑟·德雷克斯勒	0	0	0	0	0
肯尼斯·克拉克爵士	1	0	0	0	0
矶崎新	0	0	0	0	0
J. 埃尔文·米勒	0	0	0	0	0
西萨·佩里	0	0	0	0	1
菲利普·约翰逊	0	0	0	1	1
相关度	0.02	0.00	0.00	0.03	0.07

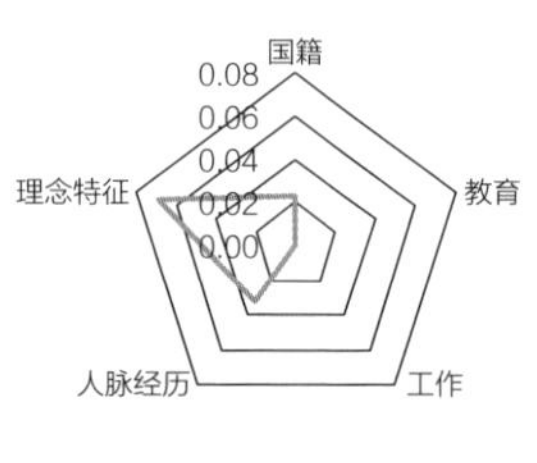

图2-7　1981年普奖获奖者与评委关联性分析图

（4）1982年获奖者凯文·洛奇（美国），1983—1991年普利兹克建筑奖评委会成员。曾在伊利诺伊州州立工学院读研究生，师从于密斯。与约翰逊（1979年普利兹克建筑奖获奖者，1981—1985年普利兹克建筑奖评委会成员）都曾向密斯学习（图2–8）。

（5）1983年获奖者贝聿铭（美籍华裔）。曾与菲利普·约翰逊（1979年普利兹克建筑奖获奖者，1981—1985年普利兹克建筑奖评委会成员）、凯文·洛奇（1982年普利兹克建筑奖获奖者，1983—1991年普利兹克建筑奖评委会成员）一同竞标1978年美国国家美术馆东馆的设计，最终贝聿铭成功入选。贝聿铭与菲利普·约翰逊都曾就读于哈佛大学（图2–9）。

（6）1984年获奖者理查德·迈耶（美国）。早年曾在纽约的SOM建筑事务所和布劳耶事务所任职，而布劳耶曾是菲利普·约翰逊

姓名	国籍	教育	工作	人脉经历	理念特征
约翰·卡特·布朗	1	0	0	0	0
卡尔顿·史密斯	1	0	0	0	0
阿瑟·德雷克斯勒	1	0	0	0	0
肯尼斯·克拉克爵士	1	0	0	0	0
矶崎新	0	0	0	0	1
J. 埃尔文·米勒	1	0	0	0	0
西萨·佩里	0	0	0	0	1
菲利普·约翰逊	1	0	0	1	1
小托马斯·约翰·沃森	1	0	0	0	0
相关度	0.11	0.00	0.00	0.03	0.10

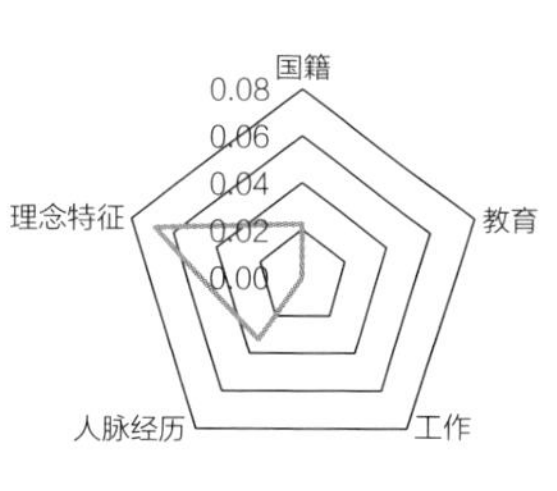

图2-8　1982年普奖获奖者与评委关联性分析图

姓名	国籍	教育	工作	人脉经历	理念特征
约翰·卡特·布朗	1	1	0	0	0
矶崎新	0	0	1	0	0
J. 埃尔文·米勒	1	0	0	0	0
菲利普·约翰逊	1	1	1	1	0
小托马斯·约翰·沃森	1	0	0	0	0
凯文·洛奇	1	0	1	1	0
卡尔顿·史密斯	1	0	0	0	0
阿瑟·德雷克斯勒	1	0	0	0	0
相关度	0.16	0.04	0.05	0.08	0.00

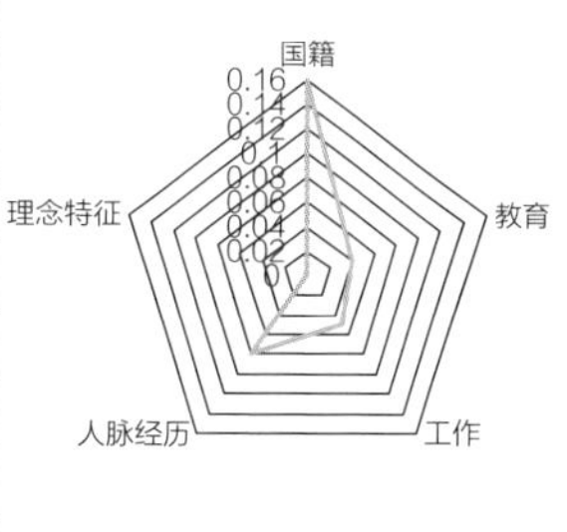

图2-9　1983年普奖获奖者与评委关联性分析图

（1979年普利兹克建筑奖获奖者，1981—1985年普利兹克建筑奖评委会成员）的老师（图2-10）。

（7）1985年获奖者汉斯·霍莱因（奥地利）。与凯文·洛奇（1982年普利兹克建筑奖获奖者，1983—1991年普利兹克建筑奖评委会成员）都曾就读于美国芝加哥伊利诺理工学院；与菲利普·约翰逊（1979年普利兹克建筑奖获奖者，1981—1985年普利兹克建筑奖评委会成员）都曾向密斯学习过（图2-11）。

（8）1986年获奖者戈特弗里德·玻姆（德国）。在游历美国期间，与凯文·洛奇（1982年普利兹克建筑奖获奖者，1983—1991年普利兹克建筑奖评委会成员）、菲利普·约翰逊（1979年普利兹克建筑奖获奖者，1981—1985年普利兹克建筑奖评委会成员）都曾向密斯学习过（图2-12）。

姓名	国籍	教育	工作	人脉经历	理念特征
约翰·卡特·布朗	1	0	0	0	0
矶崎新	0	0	1	0	0
J. 埃尔文·米勒	1	0	0	0	0
乔瓦尼·阿涅利	0	0	0	0	0
菲利普·约翰逊	1	0	1	1	0
小托马斯·约翰·沃森	1	0	0	0	0
凯文·洛奇	1	0	1	1	0
卡尔顿·史密斯	1	0	0	0	0
阿瑟·德雷克斯勒	1	0	0	0	0
相关度	0.16	0.00	0.06	0.09	0.00

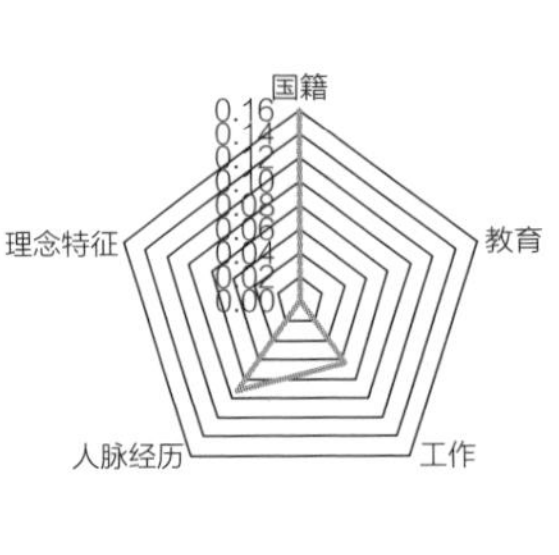

图2-10　1984年普奖获奖者与评委关联性分析图

姓名	国籍	教育	工作	人脉经历	理念特征
约翰·卡特·布朗	0	0	0	0	0
槙文彦	0	0	1	1	0
瑞卡多·雷可瑞塔	0	0	1	0	0
乔瓦尼·阿涅利	0	0	0	0	0
菲利普·约翰逊	0	0	1	1	0
小托马斯·约翰·沃森	0	0	0	0	0
凯文·洛奇	0	0	1	1	0
布伦达·吉尔	0	0	0	0	0
阿瑟·德雷克斯勒	0	0	0	0	0
相关度	0.00	0.00	0.06	0.09	0.00

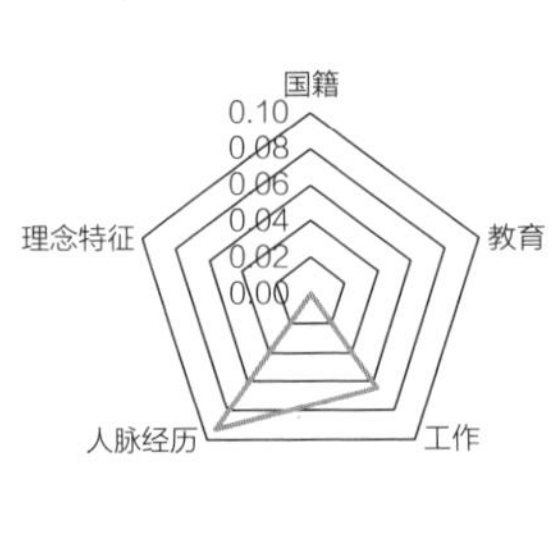

图2-11　1985年普奖获奖者与评委关联性分析图

姓名	国籍	教育	工作	人脉经历	理念特征
约翰·卡特·布朗	0	0	0	0	0
槙文彦	0	0	1	1	0
瑞卡多·雷可瑞塔	0	0	1	0	0
乔瓦尼·阿涅利	0	0	0	0	0
小托马斯·约翰·沃森	0	0	0	0	0
凯文·洛奇	0	0	1	1	0
布伦达·吉尔	0	0	0	0	0
阿瑟·德雷克斯勒	0	0	0	0	0
相关度	0.00	0.00	0.03	0.05	0.00

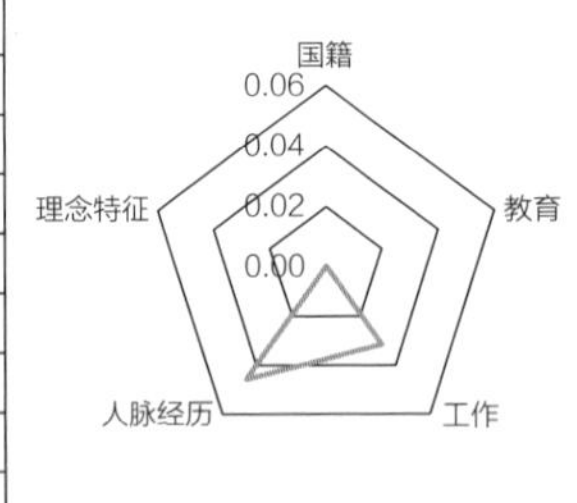

图2-12　1986年普奖获奖者与评委关联性分析图

（9）1987年获奖者丹下健三（日本），亚洲第一位普利兹克建筑奖获奖者。日本建筑师矶崎新（1979—1984年普利兹克建筑奖评委会成员，2019年普利兹克建筑奖获奖者）、槙文彦（1985—1988年普利兹克建筑奖评委会成员，1993年普利兹克建筑奖获奖者）、黑川纪章等人都曾师从于丹下健三（图2-13）。

（10）1988年获奖者戈登·邦夏（美国）、奥斯卡·尼迈耶（巴西）。戈登·邦夏与槙文彦（1985—1988年普利兹克建筑奖评委会成员，1993年普利兹克建筑奖获奖者）曾同一时间在哈佛大学任教；奥斯卡·尼迈耶与凯文·洛奇（1982年普利兹克建筑奖获奖者，1983—1991年普利兹克建筑奖评委会成员）、菲利普·约翰逊（1979年普利兹克建筑奖获奖者，1981—1985年普利兹克建筑奖评委会成员）都曾向密斯学习过（图2-14）。

姓名	国籍	教育	工作	人脉经历	理念特征
约翰·卡特·布朗	0	0	0	0	0
艾达·路易斯·哈斯特帕	0	0	0	0	1
乔瓦尼·阿涅利	0	0	0	0	0
瑞卡多·雷可瑞塔	0	0	0	0	1
槙文彦	1	1	2	1	1
凯文·洛奇	0	0	0	0	0
罗斯柴尔德爵士	0	0	0	0	0
布伦达·吉尔	0	0	0	0	0
斯图尔特·雷德	0	0	0	0	0
相关度	0.11	0.11	0.22	0.11	0.33

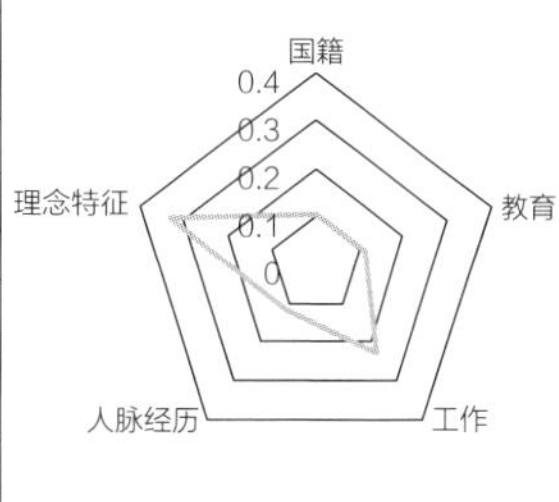

图2-13　1987年普奖获奖者与评委关联性分析图

姓名	国籍	教育	工作	人脉经历	理念特征
约翰·卡特·布朗	0	0	0	0	0
艾达·路易斯·哈斯特帕	0	0	0	0	0
乔瓦尼·阿涅利	0	0	0	0	0
瑞卡多·雷可瑞塔	0	0	0	0	1
槙文彦	0	0	0	0	1
凯文·洛奇	0	0	0	0	0
罗斯柴尔德爵士	0	0	0	0	0
斯图尔特·雷德	0	0	0	0	0
比尔·N. 莱西	0	0	0	0	1
相关度	0.00	0.00	0.00	0.00	0.10

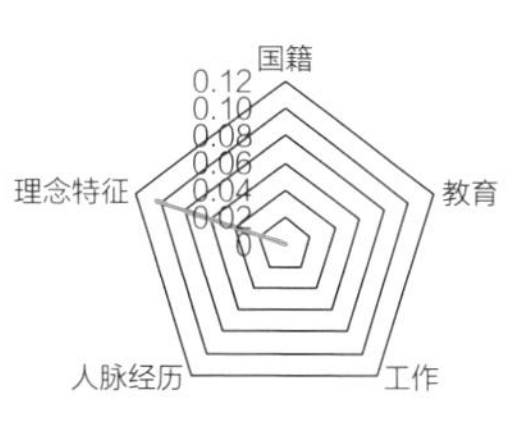

（a）奥斯卡·尼迈耶

姓名	国籍	教育	工作	人脉经历	理念特征
约翰·卡特·布朗	1	0	0	0	0
艾达·路易斯·哈斯特帕	1	0	0	0	0
乔瓦尼·阿涅利	0	0	0	0	0
瑞卡多·雷可瑞塔	0	0	0	0	0
槙文彦	0	0	1	0	0
凯文·洛奇	1	0	0	1	0
罗斯柴尔德爵士	0	0	0	0	0
斯图尔特·雷德	1	0	0	0	0
比尔·N. 莱西	1	0	0	0	1
相关度	0.07	0.00	0.02	0.03	0.03

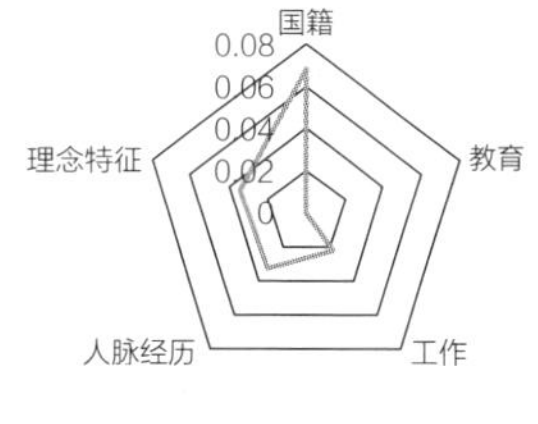

（b）戈登·邦夏

图2-14　1988年普奖获奖者与评委关联性分析图

（11）1989年获奖者弗兰克·盖里（美国）。1980—1985、2003—2007年普利兹克建筑奖评委会成员。与菲利普·约翰逊（1979年普利兹克建筑奖获奖者，1981—1985年普利兹克建筑奖评委会成员）、雷姆·库哈斯（2000年普利兹克建筑奖获奖者）同是解构七人组成员（图2-15）。

（12）1990年获奖者阿尔多·罗西（意大利）。与伦佐·皮亚诺（1998年普利兹克建筑奖获奖者，2008—2011年普利兹克建筑奖评委会成员）都毕业于米兰理工大学（图2-16）。

姓名	国籍	教育	工作	人脉经历	理念特征
约翰·卡特·布朗	1	1	0	0	0
艾达·路易斯·哈斯特帕	1	0	0	1	1
乔瓦尼·阿涅利	0	0	0	0	0
瑞卡多·雷可瑞塔	0	0	0	0	0
凯文·洛奇	1	0	0	1	1
罗斯柴尔德爵士	0	0	0	0	0
比尔·N. 莱西	1	0	0	0	0
相关度	0.09	0.03	0.00	0.07	0.07

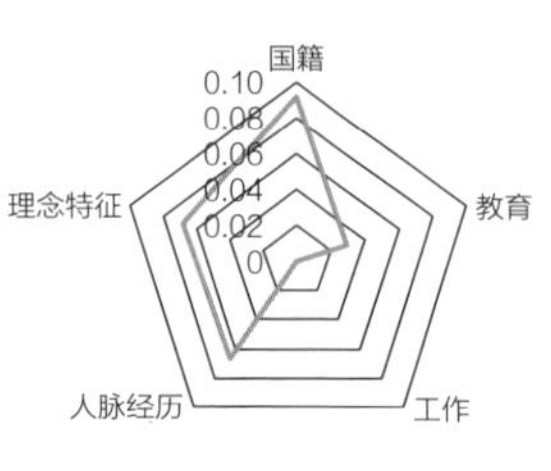

图2-15　1989年普奖获奖者与评委关联性分析图

姓名	国籍	教育	工作	人脉经历	理念特征
约翰·卡特·布朗	0	0	0	0	0
艾达·路易斯·哈斯特帕	0	0	0	0	1
乔瓦尼·阿涅利	0	0	0	0	0
瑞卡多·雷可瑞塔	0	0	0	0	1
凯文·洛奇	0	0	0	0	0
罗斯柴尔德爵士	0	0	0	0	0
比尔·N. 莱西	0	0	0	0	1
相关度	0.00	0.00	0.00	0.00	0.10

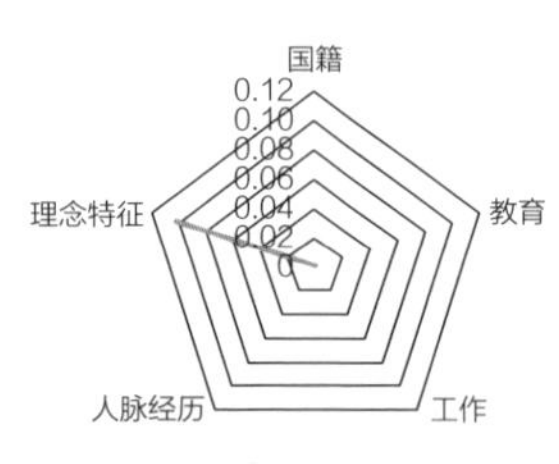

图2-16　1990年普奖获奖者与评委关联性分析图

（13）1991年获奖者罗伯特·文丘里（美国）。与凯文·洛奇（1982年普利兹克建筑奖获奖者，1983—1991年普利兹克建筑奖评委会成员）都曾在沙里宁事务所任职（图2-17）。

（14）1992年获奖者阿尔巴多·西萨（葡萄牙）。与詹姆斯·斯特林（1981年普利兹克建筑奖获奖者）、安藤忠雄（1995年普利兹克建筑奖获奖者）、格伦·马库特（2002年普利兹克建筑奖获奖者，

2011—2018年普利兹克建筑奖评委会成员）、约翰·伍重（2003年普利兹克建筑奖获奖者）等都曾获得过阿尔瓦·阿尔托奖（图2-18）。

姓名	国籍	教育	工作	人脉经历	理念特征
约翰·卡特·布朗	1	0	0	1	0
艾达·路易斯·哈斯特帕	1	0	0	0	0
乔瓦尼·阿涅利	0	0	0	0	0
瑞卡多·雷可瑞塔	0	0	0	0	1
中村敏夫	0	0	0	0	0
凯文·洛奇	0	0	0	1	0
罗斯柴尔德爵士	0	0	0	0	0
比尔·N. 莱西	1	0	0	0	0
相关度	0.05	0.00	0.00	0.03	0.03

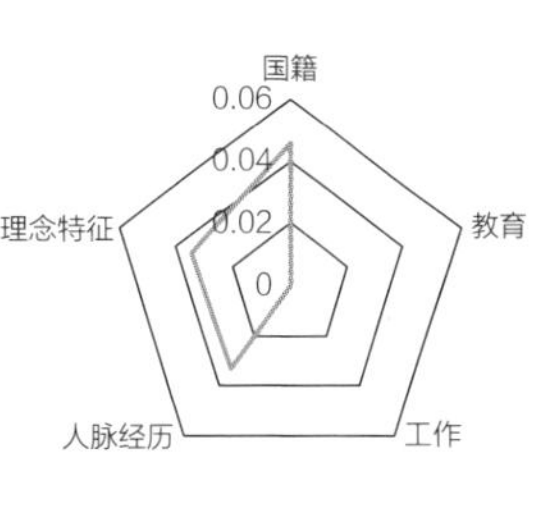

图2-17　1991年普奖获奖者与评委关联性分析图

姓名	国籍	教育	工作	人脉经历	理念特征
约翰·卡特·布朗	0	0	1	1	0
艾达·路易斯·哈斯特帕	0	0	0	0	1
乔瓦尼·阿涅利	0	0	0	0	0
瑞卡多·雷可瑞塔	0	0	0	0	0
中村敏夫	0	0	0	0	0
罗斯柴尔德爵士	0	0	0	0	0
比尔·N. 莱西	0	0	0	0	0
相关度	0.00	0.00	0.02	0.03	0.03

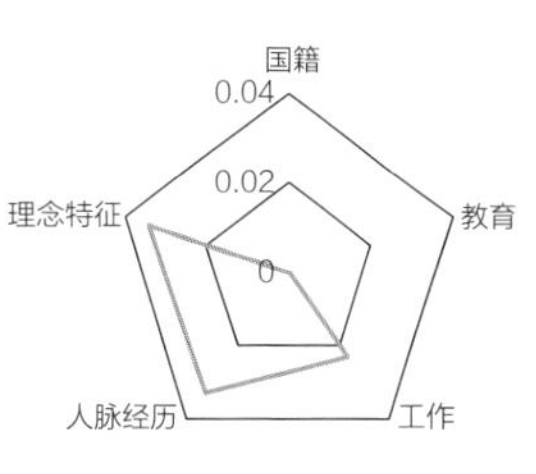

图2-18　1992年普奖获奖者与评委关联性分析图

（15）1993年获奖者槙文彦（日本），1985—1988年普利兹克建筑奖评委会的成员。与矶崎新（1979—1984年普利兹克建筑奖评委会成员，2019年普利兹克建筑奖获奖者）、黑川纪章等人都师从于丹下健三（1987年普利兹克建筑奖获奖者）（图2-19）。

（16）1994年获奖者克里斯蒂安·德·波特赞姆巴克（法国）。与理查德·罗杰斯（2007年普利兹克建筑奖获奖者，2015—2019年普利兹克建筑奖评委会成员）均为美国建筑师协会成员；与贝聿铭（1983年普利兹克建筑奖获奖者）都曾获得法国建筑学院建筑学奖（图2-20）。

（17）1995年获奖者安藤忠雄（日本）。与丹下健三（1987年普利兹克建筑奖获奖者）、槙文彦（1979—1984年普利兹克建筑奖评委会成员，2019年普利兹克建筑奖获奖者）、矶崎新（1979—1984年普利兹克建筑奖评委会成员，2019年普利兹克建筑奖获奖者）都曾在东京大学任教；与理查德·罗杰斯（2007年普利兹克建筑奖获奖者，2015—2019年普利兹克建筑奖评委会成员）都曾获得美国建筑师协会年度金奖（图2-21）。

姓名	国籍	教育	工作	人脉经历	理念特征
约翰·卡特·布朗	0	1	0	0	0
艾达·路易斯·哈斯特帕	0	0	0	0	1
乔瓦尼·阿涅利	0	0	0	0	0
瑞卡多·雷可瑞塔	0	0	0	0	0
中村敏夫	1	0	0	0	0
查尔斯·柯里亚	0	0	0	0	0
罗斯柴尔德爵士	0	0	0	0	0
比尔·N. 莱西	0	0	0	0	1
相关度	0.02	0.03	0.00	0.00	0.06

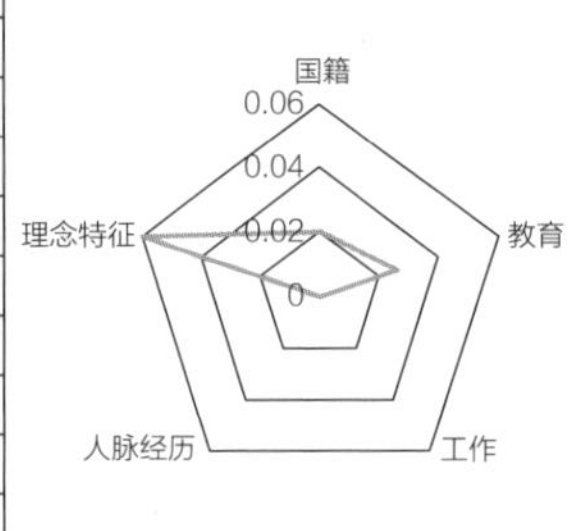

图2-19　1993年普奖获奖者与评委关联性分析图

姓名	国籍	教育	工作	人脉经历	理念特征
约翰·卡特·布朗	0	0	0	0	0
艾达·路易斯·哈斯特帕	0	0	0	0	0
乔瓦尼·阿涅利	0	0	0	0	0
弗兰克·盖里	0	0	0	0	1
中村敏夫	0	0	0	0	0
查尔斯·柯里亚	0	0	0	0	0
罗斯柴尔德爵士	0	0	0	0	0
比尔·N. 莱西	0	0	0	0	0
相关度	0.00	0.00	0.00	0.00	0.03

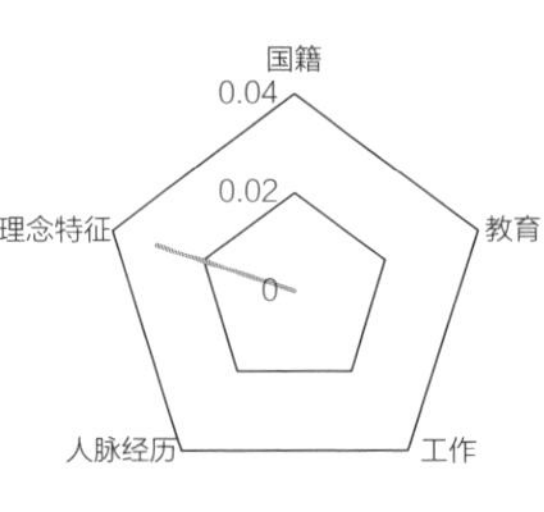

图2-20　1994年普奖获奖者与评委关联性分析图

姓名	国籍	教育	工作	人脉经历	理念特征
约翰·卡特·布朗	0	0	0	0	0
乔瓦尼·阿涅利	0	0	0	0	0
艾达·路易斯·哈斯特帕	0	0	0	0	0
罗斯柴尔德爵士	0	0	0	0	0
中村敏夫	1	0	0	0	0
弗兰克·盖里	0	0	1	0	0
查尔斯·柯里亚	0	0	0	0	0
比尔·N. 莱西	0	0	0	0	0
相关度	0.02	0.00	0.02	0.00	0.00

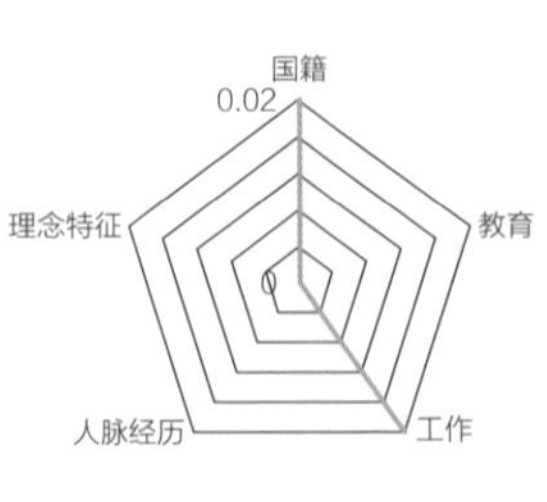

图2-21　1995年普奖获奖者与评委关联性分析图

（18）1996年获奖者乔斯·拉法尔·莫内欧（西班牙）。曾就职于约翰·伍重（1989年普利兹克建筑奖获奖者）的事务所；与弗兰克·盖里（1989年普利兹克建筑奖获奖者，1980—1985、2003—2007年普利兹克建筑奖评委会成员）、戈登·邦夏（1988年普利兹克建筑奖获奖者）、贝聿铭（1983年普利兹克建筑奖获奖者）都曾在哈佛大学任教（图2-22）。

姓名	国籍	教育	工作	人脉经历	理念特征
约翰·卡特·布朗	0	0	0	0	0
乔瓦尼·阿涅利	0	0	0	0	0
艾达·路易斯·哈斯特帕	0	0	0	0	0
罗斯柴尔德爵士	0	0	0	0	0
中村敏夫	0	0	0	0	0
乔治·西维蒂	0	0	1	0	0
查尔斯·柯里亚	0	0	1	0	0
比尔·N. 莱西	0	0	0	0	0
相关度	0.00	0.00	0.04	0.00	0.00

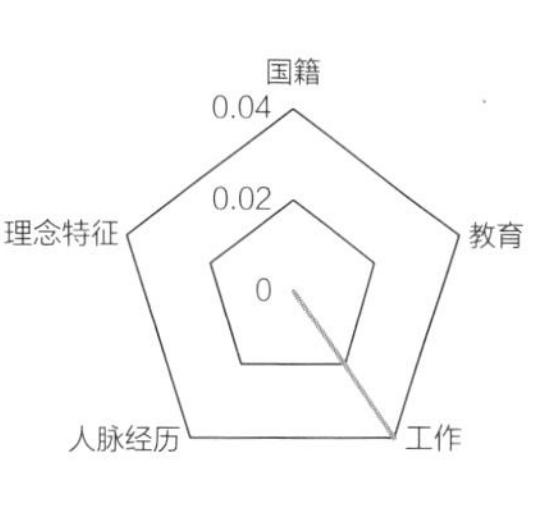

图2-22　1996年普奖获奖者与评委关联性分析图

（19）1997年获奖者斯维勒·费恩（挪威）。与理查德·罗杰斯（2007年普利兹克建筑奖获奖者，2015—2019年普利兹克建筑奖评委会成员）、克里斯蒂安·德·波特赞姆巴克（1994年普利兹克建筑奖获奖者）都是美国建筑师协会成员；与贝聿铭（1983年普利兹克建筑奖获奖者）、克里斯蒂安·德·波特赞姆巴克（1994年普利兹克建筑奖获奖者）都曾获得法国建筑学院建筑学奖（图2-23）。

姓名	国籍	教育	工作	人脉经历	理念特征
约翰·卡特·布朗	0	0	0	0	0
乔瓦尼·阿涅利	0	0	0	0	0
艾达·路易斯·哈斯特帕	0	0	0	0	0
罗斯柴尔德爵士	0	0	0	0	0
中村敏夫	0	0	0	0	0
乔治·西维蒂	0	0	0	0	0
查尔斯·柯里亚	0	0	0	0	0
比尔·N. 莱西	0	0	0	0	0
相关度	0.00	0.00	0.00	0.00	0.00

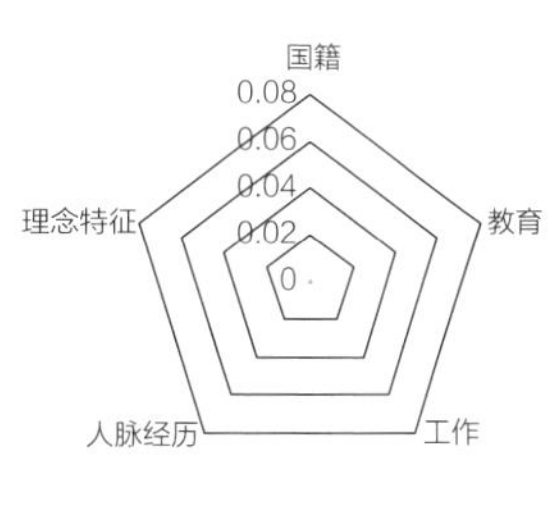

图2-23　1997年普奖获奖者与评委关联性分析图

（20）1998年获奖者伦佐·皮亚诺（意大利）。2008—2011年普利兹克建筑奖评委会的成员。与阿尔多·罗西（1990年普利兹克建筑奖获奖者）都毕业于米兰理工大学；1971—1977年曾与理查德·罗杰斯（2007年普利兹克建筑奖获奖者，2015—2019年普利兹克建筑奖评委会成员）共事，期间最著名的作品为巴黎蓬皮杜艺术文化中心设计（1977）（图2-24）。

（21）1999年获奖者诺曼·福斯特（英国）。与贝聿铭（1983年普利兹克建筑奖获奖者）、克里斯蒂安·德·波特赞姆巴克（1994年普利兹克建筑奖获奖者）都曾获得法国建筑学院建筑学奖；与弗兰克·盖里（1989年普利兹克建筑奖获奖者，1980—1985、2003—2007年普利兹克建筑奖评委会成员）、理查德·罗杰斯（2007年普利兹克建筑奖获奖者，2015—2019年普利兹克建筑奖评委会成员）都曾在耶鲁大学学习；与理查德·罗杰斯合作设计了香港汇丰银行（图2-25）。

姓名	国籍	教育	工作	人脉经历	理念特征
约翰·卡特·布朗	0	0	0	0	0
乔瓦尼·阿涅利	1	0	0	0	0
艾达·路易斯·哈斯特帕	0	0	0	0	0
罗斯柴尔德爵士	0	0	0	0	0
中村敏夫	0	0	0	0	0
乔治·西维蒂	0	0	0	0	0
查尔斯·柯里亚	0	0	0	0	0
比尔·N. 莱西	0	0	0	0	0
相关度	0.02	0.00	0.00	0.00	0.00

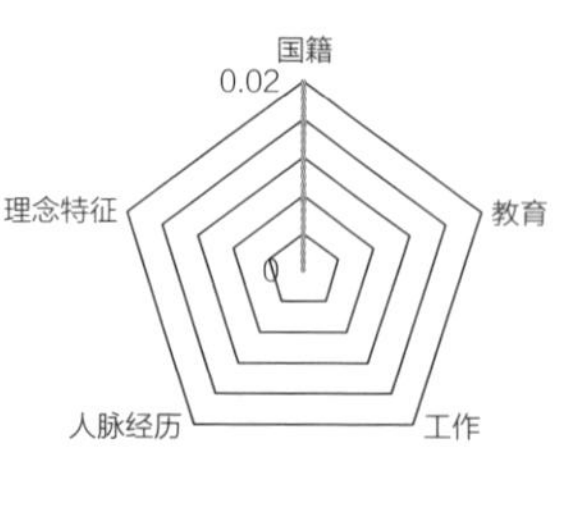

图2-24　1998年普奖获奖者与评委关联性分析图

姓名	国籍	教育	工作	人脉经历	理念特征
约翰·卡特·布朗	0	0	0	0	0
乔瓦尼·阿涅利	0	0	0	0	0
艾达·路易斯·哈斯特帕	0	0	0	0	0
罗斯柴尔德爵士	1	0	0	0	0
中村敏夫	0	0	0	0	0
乔治·西维蒂	0	0	0	0	0
比尔·N. 莱西	0	0	0	0	0
相关度	0.02	0.00	0.00	0.00	0.00

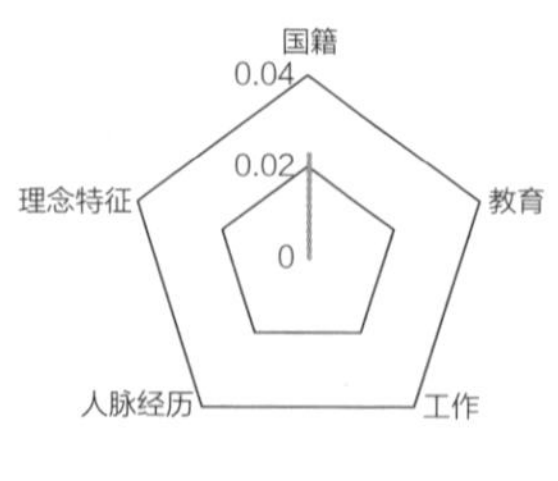

图2-25　1999年普奖获奖者与评委关联性分析图

（22）2000年获奖者雷姆·库哈斯（荷兰）。与戈登·邦夏（1988年普利兹克建筑奖获奖者）、槙文彦（1985—1988年普利兹克建筑奖评委会成员，1993年普利兹克建筑奖获奖者）都曾在哈佛大学任教；与菲利普·约翰逊（1979年普利兹克建筑奖获奖者，1980—1985年普利兹克建筑奖评委会成员）、弗兰克·盖里（1989年普利兹克建筑奖获奖者，1980—1985、2003—2007年普利兹克建筑奖评委会成员）同是解构七人组成员（图2-26）。

姓名	国籍	教育	工作	人脉经历	理念特征
约翰·卡特·布朗	0	0	0	0	1
乔瓦尼·阿涅利	0	0	0	0	0
艾达·路易斯·哈斯特帕	0	0	0	0	1
罗斯柴尔德爵士	0	0	0	0	0
比尔·N. 莱西	0	0	0	0	0
乔治·西维蒂	0	0	0	1	0
相关度	0.00	0.00	0.00	0.09	0.06

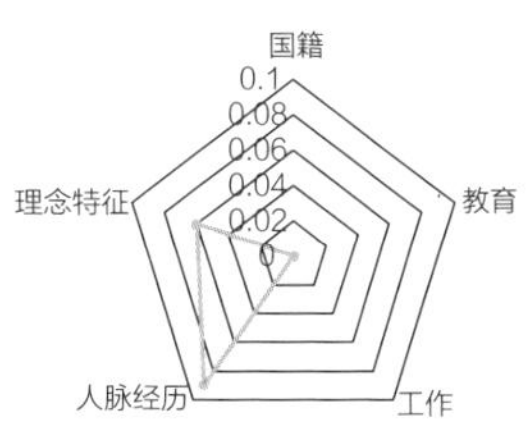

图2-26　2000年普奖获奖者与评委关联性分析图

（23）2001年获奖者雅克·赫尔佐格（瑞士）、皮埃尔·德·梅隆（瑞士）。他们设计建成的LABAN舞蹈中心获得2003年斯特林奖大奖，这是以建筑师詹姆斯·斯特林（1981年普利兹克建筑奖获奖者）命名的；与贝聿铭（1983年普利兹克建筑奖获奖者）、约翰·伍重（2003年普利兹克建筑奖获奖者）都曾获得英国皇家建筑学会金奖（图2-27）。

姓名	国籍	教育	工作	人脉经历	理念特征
约翰·卡特·布朗	0	0	1	0	0
乔瓦尼·阿涅利	0	0	0	0	0
卡洛斯·希门尼斯	0	0	0	0	0
罗斯柴尔德爵士	0	0	0	0	0
比尔·N. 莱西	0	0	0	0	0
乔治·西维蒂	0	0	1	0	0
艾达·路易斯·哈斯特帕	0	0	0	0	0
相关度	0.00	0.00	0.06	0.00	0.00

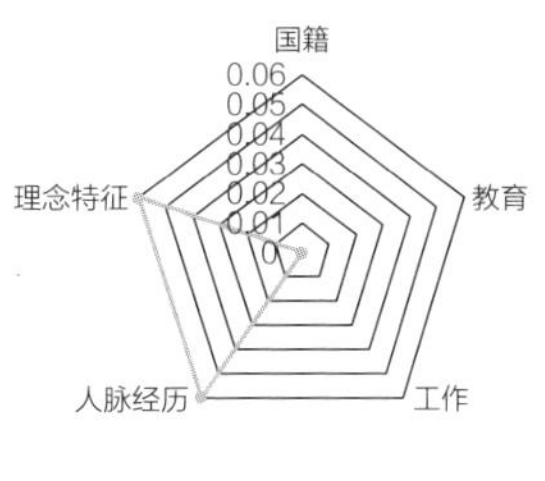

图2-27　2001年普奖获奖者与评委关联性分析图

（24）2002年获奖者格伦·马库特（澳大利亚），2011—2018年普利兹克建筑奖评委会成员。与阿尔瓦罗·西扎（1992年普利兹克建筑奖获奖者）、詹姆斯·斯特林（1981年普利兹克建筑奖获奖者）、约翰·伍重（2003年普利兹克建筑奖获奖者）、安藤忠雄（1995年普利兹克建筑奖获奖者）等都曾获得阿尔瓦·阿尔托奖（图2-28）。

姓名	国籍	教育	工作	人脉经历	理念特征
约翰·卡特·布朗	0	0	0	0	0
乔瓦尼·阿涅利	0	0	0	0	0
艾达·路易斯·哈斯特帕	0	0	0	0	1
罗斯柴尔德爵士	0	0	0	0	0
比尔·N. 莱西	0	0	0	0	1
乔治·西维蒂	0	0	0	0	0
相关度	0.00	0.00	0.00	0.00	0.06

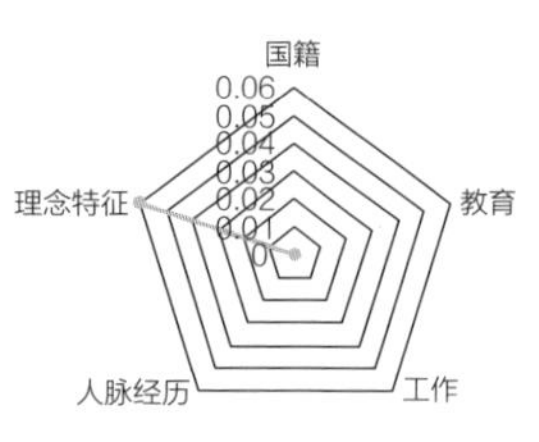

图2-28　2002年普奖获奖者与评委关联性分析图

（25）2003年获奖者约翰·伍重（丹麦）。与贝聿铭（1983年普利兹克建筑奖获奖者）都曾获得英国皇家建筑学会金奖（图2-29）。

姓名	国籍	教育	工作	人脉经历	理念特征
罗斯柴尔德爵士	0	0	0	0	0
乔瓦尼·阿涅利	0	0	0	0	0
卡洛斯·希门尼斯	0	0	0	0	0
艾达·路易斯·哈斯特帕	0	0	0	0	0
比尔·N. 莱西	0	0	0	0	0
乔治·西维蒂	0	0	0	0	0
弗兰克·盖里	0	0	0	0	1
相关度	0.00	0.00	0.00	0.00	0.06

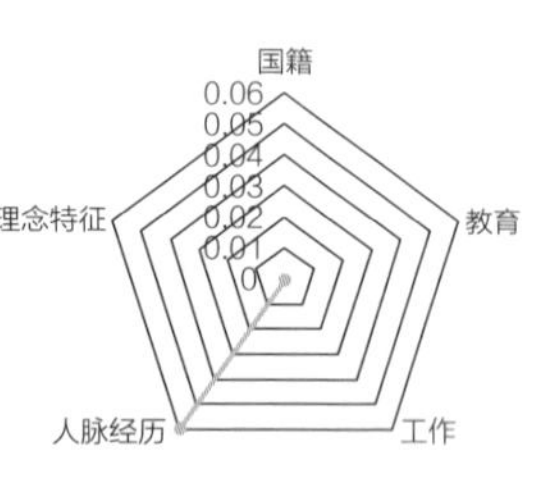

图2-29　2003年普奖获奖者与评委关联性分析图

（26）2004年获奖者扎哈·哈迪德（英国），2012年普利兹克建筑奖评委会成员。她是普利兹克建筑奖授予的第一位女性建筑师。扎哈·哈迪德曾在英国建筑联盟学院学习，其导师是荷兰著名建筑师雷姆·库哈斯（2000年普利兹克建筑奖获奖者）；与雷姆·库哈斯、弗兰克·盖里（1989年普利兹克建筑奖获奖者，1980—1985、

2003—2007年普利兹克建筑奖评委会成员）同是解构七人组成员（图2–30）。

（27）2005年获奖者汤姆·梅恩（美国）。与理查德·罗杰斯（2007年普利兹克建筑奖获奖者，2015—2019年普利兹克建筑奖评委会成员）、安藤忠雄（1995年普利兹克建筑奖获奖者）都曾获得美国建筑师协会年度金奖；与贝聿铭（1983年普利兹克建筑奖获奖者）都曾在哈佛大学学习（图2–31）。

（28）2006年获奖者保罗·门德斯·达·洛查（巴西）。与诺曼·福斯特（1999年普利兹克建筑奖获奖者）、雷姆·库哈斯（2000年普利兹克建筑奖获奖者）都曾获得密斯·凡·德·罗奖；与贝聿铭（1983年普利兹克建筑奖获奖者）、约翰·伍重（2003年普利兹克建筑奖获奖者）都曾获得英国皇家建筑学会金奖（图2–32）。

姓名	国籍	教育	工作	人脉经历	理念特征
罗斯柴尔德爵士	1	0	0	0	0
乔瓦尼·阿涅利	0	0	0	0	0
卡洛斯·希门尼斯	0	0	0	0	0
艾达·路易斯·哈斯特帕	0	0	0	0	0
比尔·N. 莱西	0	0	0	0	1
乔治·西维蒂	0	0	1	0	0
弗兰克·盖里	0	0	0	0	0
凯伦·斯坦	0	0	0	0	0
相关度	0.03	0.00	0.06	0.00	0.03

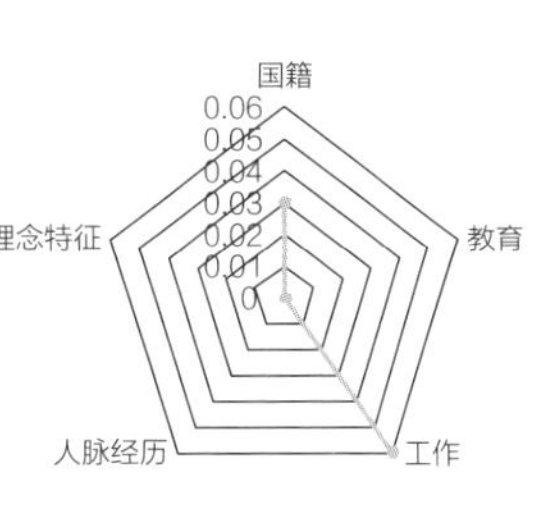

图2–30　2004年普奖获奖者与评委关联性分析图

姓名	国籍	教育	工作	人脉经历	理念特征
帕伦博勋爵	1	0	0	0	0
弗兰克·盖里	0	1	0	0	1
巴克里希纳·多西	0	0	0	0	0
艾达·路易斯·哈斯特帕	1	0	0	0	0
维多利亚·纽豪斯	1	0	0	0	1
凯伦·斯坦	1	0	1	0	0
罗尔夫·费赫尔鲍姆	0	0	0	0	0
卡洛斯·希门尼斯	1	0	0	0	0
比尔·N. 莱西	1	0	0	0	0
相关度	0.12	0.03	0.03	0.00	0.06

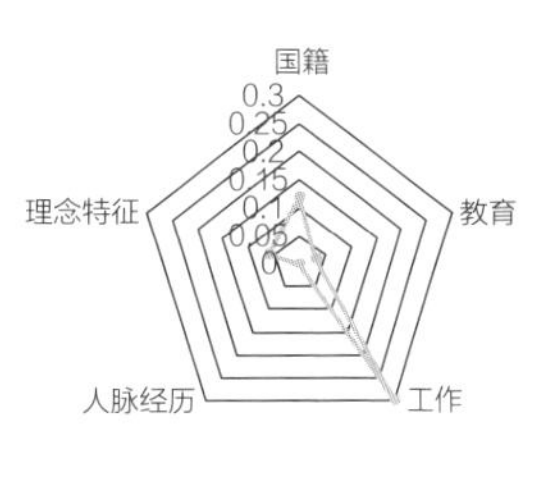

图2–31　2005年普奖获奖者与评委关联性分析图

姓名	国籍	教育	工作	人脉经历	理念特征
帕伦博勋爵	0	0	0	0	0
弗兰克·盖里	0	0	0	0	0
巴克里希纳·多西	0	0	0	0	1
坂茂	0	0	0	0	0
维多利亚·纽豪斯	0	0	0	0	0
凯伦·斯坦	0	0	0	0	0
罗尔夫·费赫尔鲍姆	0	0	0	0	0
卡洛斯·希门尼斯	0	0	0	0	0
玛莎·索恩	0	0	0	0	0
相关度	0.00	0.03	0.00	0.00	0.06

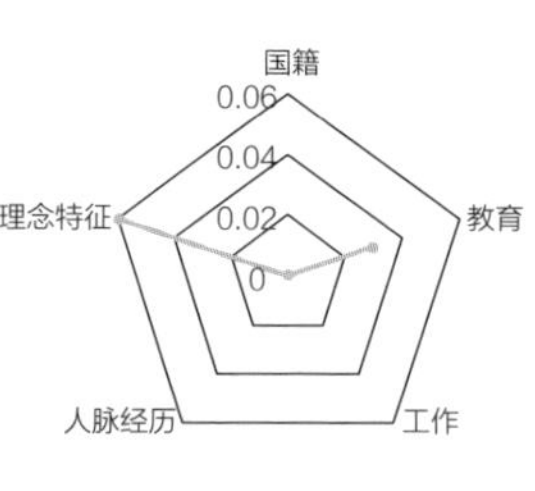

图2-32　2006年普奖获奖者与评委关联性分析图

（29）2007年获奖者理查德·罗杰斯（英国），2015—2019年普利兹克建筑奖评委会成员。与诺曼·福斯特（1999年普利兹克建筑奖获奖者）合作设计了香港汇丰银行；曾与伦佐·皮亚诺（1998年普利兹克建筑奖获奖者，2008—2011年普利兹克建筑奖评委会成员）共事过，期间最著名的作品为巴黎蓬皮杜艺术文化中心设计（1977）（图2-33）。

姓名	国籍	教育	工作	人脉经历	理念特征
帕伦博勋爵	1	0	0	0	0
玛莎·索恩	0	0	1	0	0
巴克里希纳·多西	0	0	0	0	0
坂茂	0	0	0	0	1
维多利亚·纽豪斯	0	0	1	0	0
凯伦·斯坦	0	0	0	0	0
罗尔夫·费赫尔鲍姆	0	0	0	0	0
卡洛斯·希门尼斯	0	0	0	0	0
弗兰克·盖里	0	0	0	0	0
相关度	0.03	0.00	0.06	0.00	0.03

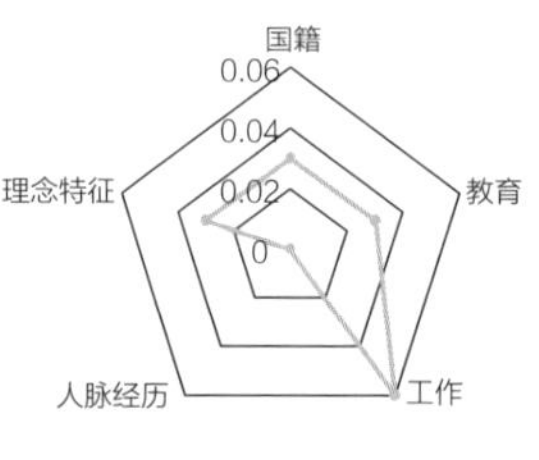

图2-33　2007年普奖获奖者与评委关联性分析图

（30）2008年获奖者让·努维尔（法国）。与贝聿铭（1983年普利兹克建筑奖获奖者）都是英国皇家建筑学会的荣誉院士；与保罗·门德斯·达·洛查（2006年普利兹克建筑奖获奖者）都曾获得威尼斯双年展终身成就金狮奖（图2-34）。

（31）2009年获奖者彼得·卒姆托（瑞士）。与诺曼·福斯特（1999年普利兹克建筑奖获奖者）、雷姆·库哈斯（2000年普利兹克建筑奖获奖者）都曾获得密斯·凡·德·罗奖；2011年设计了伦敦的蛇形画廊，得·帕伦博（2005—2016年普利兹克建筑奖评委会主席）正是英国伦敦蛇形画廊信托基金荣誉主席（图2-35）。

姓名	国籍	教育	工作	人脉经历	理念特征
帕伦博勋爵	0	0	0	0	0
玛莎·索恩	0	0	0	0	0
伦佐·皮亚诺	0	0	0	0	0
坂茂	0	0	0	0	1
维多利亚·纽豪斯	0	0	0	0	0
凯伦·斯坦	0	0	0	0	0
罗尔夫·费赫尔鲍姆	0	0	0	0	0
卡洛斯·希门尼斯	0	0	0	0	0
相关度	0.00	0.00	0.00	0.00	0.03

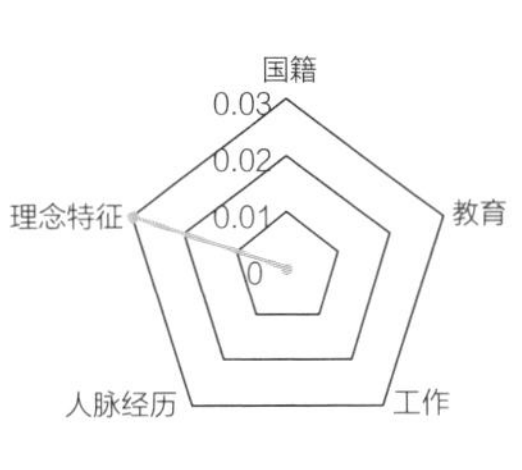

图2-34　2008年普奖获奖者与评委关联性分析图

姓名	国籍	教育	工作	人脉经历	理念特征
帕伦博勋爵	0	0	0	0	0
玛莎·索恩	0	0	0	0	0
伦佐·皮亚诺	0	0	0	0	1
坂茂	0	0	1	0	1
尤哈尼·帕拉斯马	0	0	0	0	1
凯伦·斯坦	0	0	0	0	0
罗尔夫·费赫尔鲍姆	1	0	0	0	0
卡洛斯·希门尼斯	0	0	0	1	0
亚历杭德罗·阿拉维纳	0	0	1	0	0
相关度	0.03	0.00	0.03	0.03	0.09

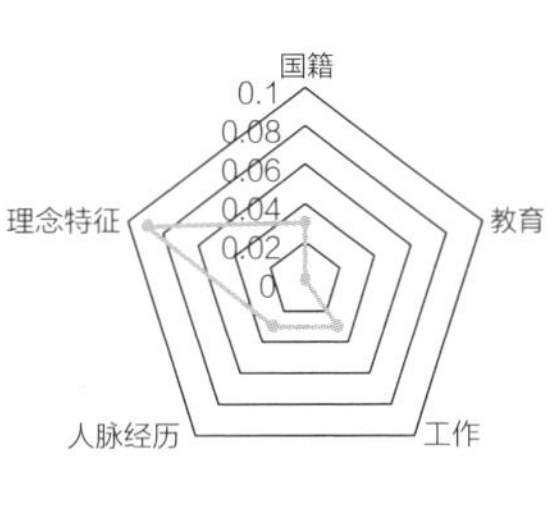

图2-35　2009年普奖获奖者与评委关联性分析图

（32）2010年获奖者妹岛和世（日本）、西泽立卫（日本）。妹岛和世是2018—2021年普利兹克建筑奖评委会成员。他们都曾在伊东丰雄（2013年普利兹克建筑奖获奖者）的事务所任职；他们与保罗·门德斯·达·洛查（2006年普利兹克建筑奖获奖者）、让·努维尔（2008年普利兹克建筑奖获奖者）都曾获得威尼斯双年展终身成就金狮奖（图2-36）。

（33）2011年获奖者艾德瓦尔多·苏托·德·莫拉。曾作为一名学生在西扎事务所（1992年普利兹克建筑奖获奖者）工作了五年，也是继西扎后第二位获此殊荣的葡萄牙建筑师（图2-37）。

姓名	国籍	教育	工作	人脉经历	理念特征
帕伦博勋爵	0	0	0	0	0
玛莎 · 索恩	0	0	0	0	0
伦佐 · 皮亚诺	0	0	0	0	0
尤哈尼 · 帕拉斯马	0	0	0	0	1
亚历杭德罗 · 阿拉维纳	0	0	0	0	0
凯伦 · 斯坦	0	0	0	0	0
罗尔夫 · 费赫尔鲍姆	0	0	0	0	0
卡洛斯 · 希门尼斯	0	0	0	0	0
相关度	0.00	0.00	0.00	0.00	0.06

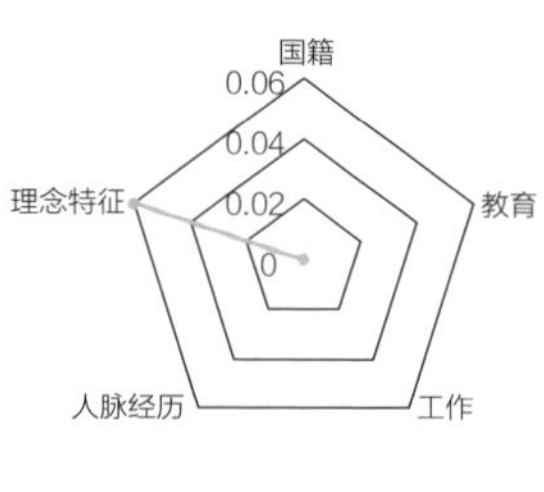

图2-36　2010年普奖获奖者与评委关联性分析图

姓名	国籍	教育	工作	人脉经历	理念特征
帕伦博勋爵	0	0	0	0	0
玛莎 · 索恩	0	0	0	0	0
伦佐 · 皮亚诺	0	0	0	0	0
尤哈尼 · 帕拉斯马	0	0	0	0	1
亚历杭德罗 · 阿拉维纳	0	0	0	0	0
凯伦 · 斯坦	0	0	0	0	0
格伦 · 马库特	0	0	0	0	1
卡洛斯 · 希门尼斯	0	0	1	1	0
相关度	0.00	0.00	0.06	0.03	0.06

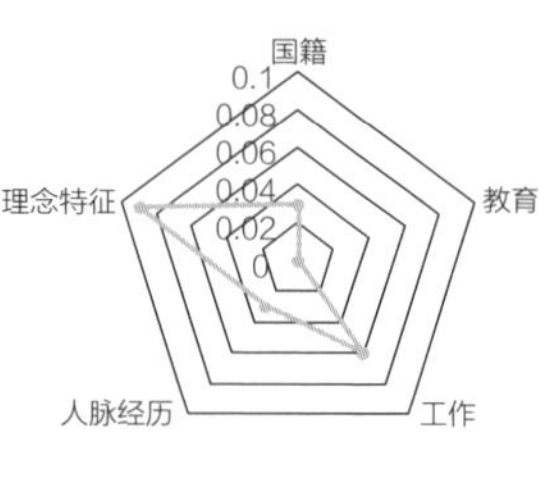

图2-37　2011年普奖获奖者与评委关联性分析图

（34）2012年获奖者王澍，2018—2022年普利兹克建筑奖评委会成员。是第一位荣获普利兹克建筑奖的中国建筑师。他与张永和（2012年普利兹克建筑奖评委会成员）同为东南大学建筑学院的校友，张永和为2002年美国哈佛大学设计研究院丹下健三教授教席，王澍于2011年底，受聘哈佛大学研究生院丹下健三荣誉教授，且为第一位中国籍建筑学者（图2–38）。

（35）2013年获奖者伊东丰雄。伊东丰雄于2002年伦敦蛇形画廊建成的亭子，被评为“提醒人们注意他所营造的‘许多鼓舞人心的空间’”，彼得 · 帕伦博（2013年普利兹克建筑奖评委会主席）正是英国伦敦蛇形画廊信托基金荣誉主席（图2–39）。

（36）2014年获奖者坂茂，2006—2009年普利兹克建筑奖评委员会成员。1982—1983年，坂茂曾在东京矶崎新（1979—1984年普利兹克建筑奖评委会成员）工作室工作（图2–40）。

姓名	国籍	教育	工作	人脉经历	理念特征
帕伦博勋爵	0	0	0	0	0
玛莎·索恩	0	0	0	0	0
扎哈·哈迪德	0	0	0	0	0
尤哈尼·帕拉斯马	0	0	0	0	1
亚历杭德罗·阿拉维纳	0	0	0	0	0
凯伦·斯坦	0	0	0	0	0
格伦·马库特	0	0	0	0	1
张永和	1	1	1	1	1
斯蒂芬·布雷耶	0	0	0	0	0
相关度	0.06	0.06	0.06	0.03	0.09

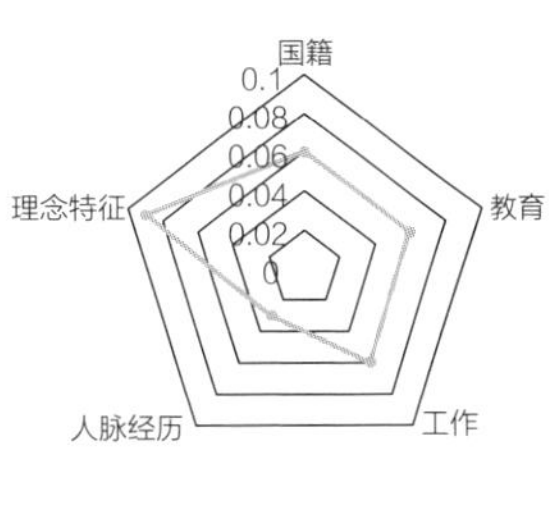

图2-38　2012年普奖获奖者与评委关联性分析图

姓名	国籍	教育	工作	人脉经历	理念特征
帕伦博勋爵	0	0	0	0	0
玛莎·索恩	0	0	0	0	0
张永和	0	0	0	0	0
尤哈尼·帕拉斯马	0	0	0	0	1
亚历杭德罗·阿拉维纳	0	0	0	0	0
斯蒂芬·布雷耶	0	0	0	0	0
格伦·马库特	0	0	0	0	1
相关度	0.00	0.00	0.00	0.03	0.06

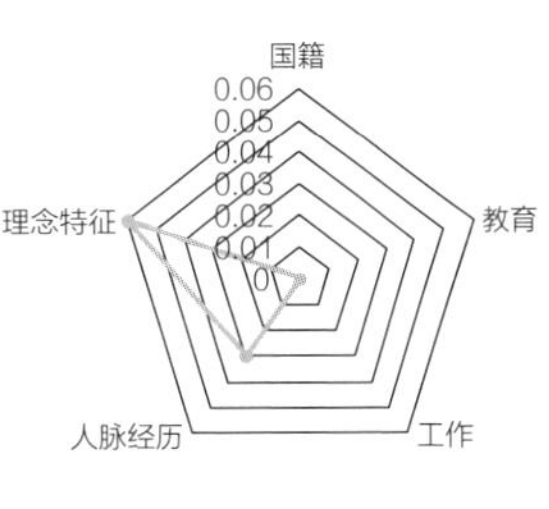

图2-39　2013年普奖获奖者与评委关联性分析图

姓名	国籍	教育	工作	人脉经历	理念特征
帕伦博勋爵	0	0	0	0	0
玛莎·索恩	0	0	0	0	0
克里斯汀·费雷思	1	0	0	0	0
尤哈尼·帕拉斯马	0	0	0	0	1
亚历杭德罗·阿拉维纳	0	0	0	0	0
斯蒂芬·布雷耶	0	0	0	0	0
格伦·马库特	0	0	0	0	0
张永和	0	0	0	0	1
拉丹·塔塔	0	0	0	0	0
相关度	0.00	0.00	0.00	0.00	0.06

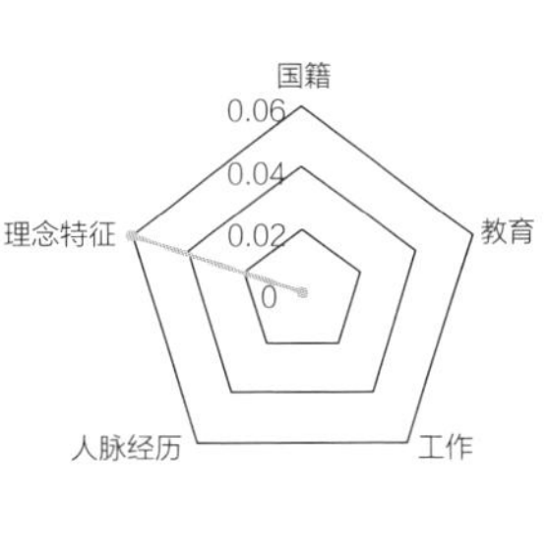

图2-40　2014年普奖获奖者与评委关联性分析图

（37）2015年获奖者弗雷·奥托。在2000年汉诺威世博会上，曾担任日本建筑师坂茂（2014年普利兹克建筑奖获奖者）设计的日本馆的结构顾问（图2-41）。

（38）2016年获奖者亚历杭德罗·阿拉维纳，2009—2015年普利

姓名	国籍	教育	工作	人脉经历	理念特征
帕伦博勋爵	0	0	0	0	0
玛莎·索恩	0	0	0	0	0
克里斯汀·费雷思	0	0	0	0	0
理查德·罗杰斯	0	0	0	0	0
亚历杭德罗·阿拉维纳	0	0	0	0	0
斯蒂芬·布雷耶	0	0	0	0	0
格伦·马库特	0	0	0	0	1
张永和	0	0	0	0	1
本妮德塔·塔利亚布	0	0	0	0	0
拉丹·塔塔	0	0	0	0	1
相关度	0.00	0.00	0.00	0.00	0.09

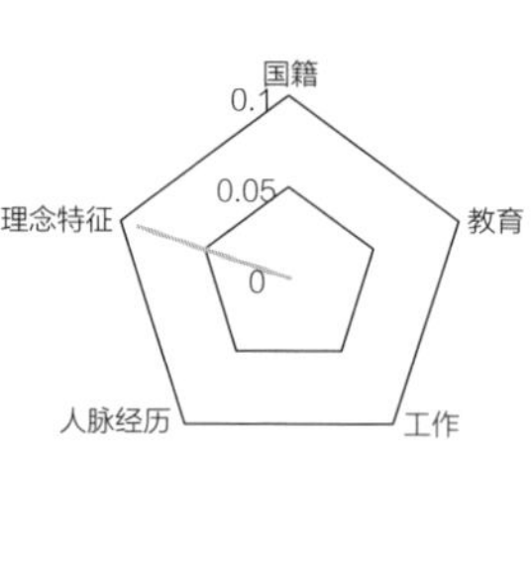

图2-41　2015年普奖获奖者与评委关联性分析图

姓名	国籍	教育	工作	人脉经历	理念特征
帕伦博勋爵	0	0	0	0	0
玛莎·索恩	0	0	0	0	0
克里斯汀·费雷思	0	0	0	0	0
理查德·罗杰斯	0	0	0	0	1
拉丹·塔塔	0	0	0	0	0
斯蒂芬·布雷耶	0	0	1	0	0
格伦·马库特	0	0	0	0	1
张永和	0	0	1	0	0
本妮德塔·塔利亚布	0	0	0	0	0
相关度	0.00	0.00	0.06	0.00	0.06

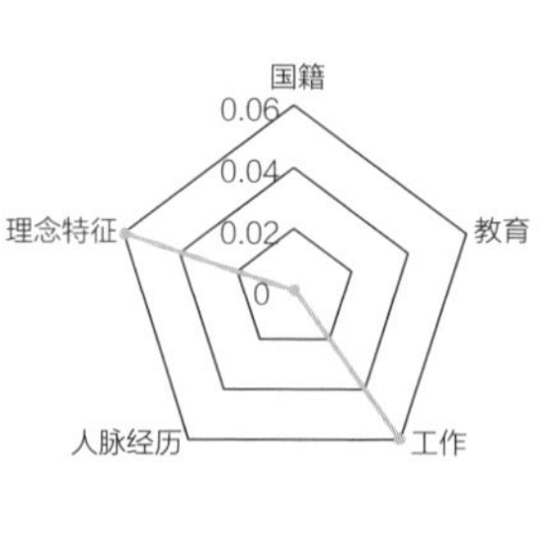

图2-42　2016年普奖获奖者与评委关联性分析图

兹克建筑奖评委会成员（图2–42）。

（39）2017年获奖者拉斐尔·阿兰达、卡莫·皮格姆、拉蒙·比拉尔塔。他与本妮德塔·塔利亚布（2017年普利兹克建筑奖评委会成员）同来自西班牙（图2–43）。

（40）2018年获奖者巴克里希纳·多西，2005—2007年普利兹克建筑奖评委会成员。他是印度著名建筑师，也是首位来自印度的获奖者。他曾于法国为勒·柯布西耶工作；与拉丹·塔塔（2018年普利兹克建筑奖评委会成员）同来自印度（图2–44）。

（41）2019年获奖者矶崎新，1979—1984年普利兹克建筑奖评委会成员。他与妹岛和世（2017年普利兹克建筑奖评委会成员）同来自日本。矶崎新是丹下健三（1987年普利兹克建筑奖评委会成员）的学生，

姓名	国籍	教育	工作	人脉经历	理念特征
格伦 · 马库特	0	0	0	0	0
玛莎 · 索恩	0	0	0	0	0
克里斯汀 · 费雷思	0	0	0	0	0
理查德 · 罗杰斯	0	0	0	0	1
拉丹 · 塔塔	0	0	0	0	0
斯蒂芬 · 布雷耶	0	0	0	0	0
帕伦博勋爵	0	0	0	0	0
张永和	0	0	1	0	1
本妮德塔 · 塔利亚布	0	0	0	0	0
相关度	0.00	0.00	0.00	0.00	0.06

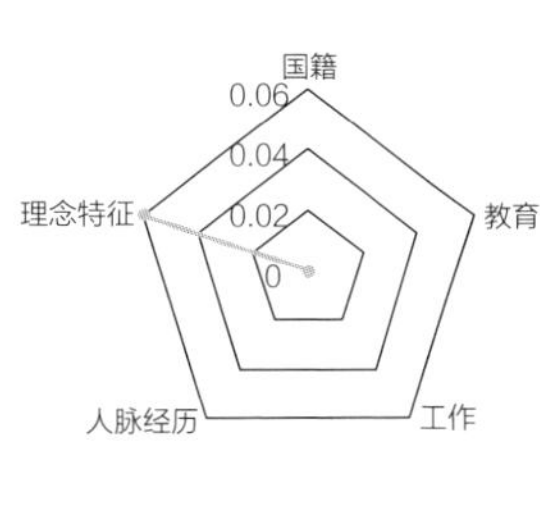

图2-43　2017年普奖获奖者与评委关联性分析图

姓名	国籍	教育	工作	人脉经历	理念特征
格伦 · 马库特	0	0	0	0	0
玛莎 · 索恩	0	0	0	0	0
妹岛和世	0	0	0	0	1
理查德 · 罗杰斯	0	0	0	0	1
拉丹 · 塔塔	0	0	0	0	0
斯蒂芬 · 布雷耶	0	0	0	0	0
帕伦博勋爵	0	0	0	0	1
安德烈 · 阿拉尼亚 · 科雷亚 · 杜 · 拉戈	0	0	0	0	1
本妮德塔 · 塔利亚布	0	0	0	0	0
王澍	0	0	0	0	1
相关度	0.00	0.00	0.00	0.00	0.12

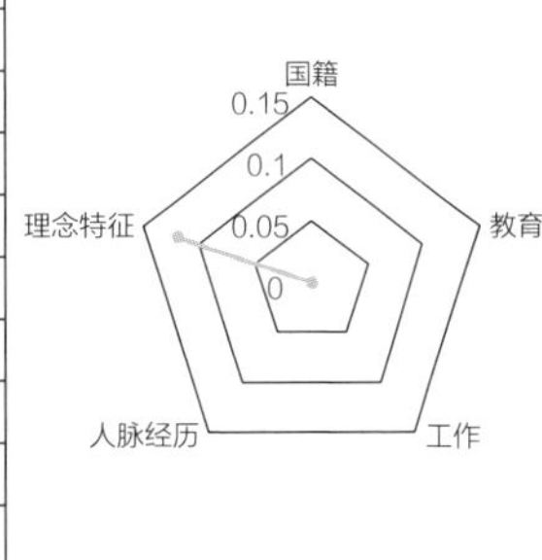

图2-44　2018年普奖获奖者与评委关联性分析图

姓名	国籍	教育	工作	人脉经历	理念特征
斯蒂芬 · 布雷耶	0	0	0	0	0
玛莎 · 索恩	0	0	0	0	0
妹岛和世	1	0	1	1	1
理查德 · 罗杰斯	0	0	0	0	0
拉丹 · 塔塔	0	0	0	0	0
本妮德塔 · 塔利亚布	0	0	0	0	0
王澍	0	0	0	0	1
安德烈 · 阿拉尼亚 · 科雷亚 · 杜 · 拉戈	0	0	0	0	0
相关度	0.06	0.00	0.06	0.00	0.06

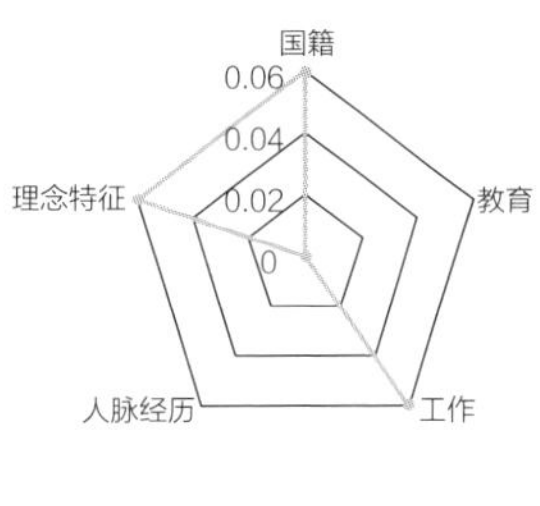

图2-45　2019年普奖获奖者与评委关联性分析图

与坂茂（2014年普利兹克建筑奖获奖者）是师生关系（图2–45）。

（42）2020年获奖者伊冯·法雷尔和谢莉·麦克纳马拉。两人完成的利马工程技术大学校园设计项目，曾被英国皇家建筑师学会（RIBA）

授予2016年首度创立的RIBA国际奖，而巴里·伯格多尔（2020年普利兹克建筑奖评委会成员）是英国皇家建筑师协会会员（图2-46）。

姓名	国籍	教育	工作	人脉经历	理念特征
斯蒂芬·布雷耶	0	0	0	0	0
玛莎·索恩	0	0	0	0	0
妹岛和世	0	0	0	0	1
巴里·伯格多尔	0	0	0	0	0
德博拉·伯克	0	0	0	0	0
本妮德塔·塔利亚布	0	0	0	0	0
王澍	0	0	0	0	1
安德烈·阿拉尼亚·科雷亚·杜·拉戈	0	0	0	0	0
相关度	0.00	0.00	0.00	0.00	0.06

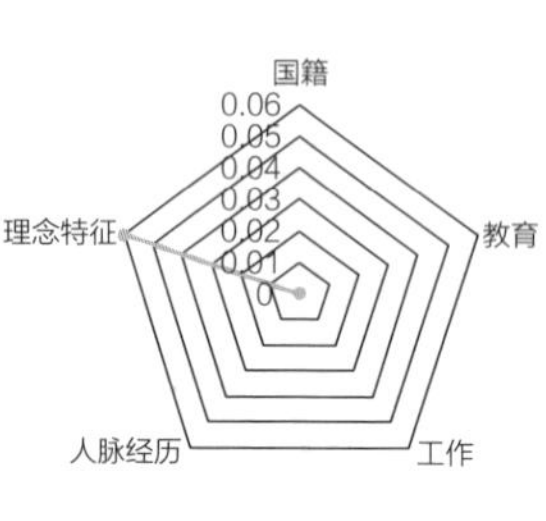

图2-46　2020年普奖获奖者与评委关联性分析图

（43）2021年获奖者安妮·拉卡顿、让·菲利普·瓦萨尔（法国）。安妮·拉卡顿是首位获得普利兹克建筑奖的法国女性建筑师。他们与彼得·卒姆托（2009年普利兹克建筑奖获奖者）、诺曼·福斯特（1999年普利兹克建筑奖获奖者）、雷姆·库哈斯（2000年普利兹克建筑奖获奖者）、扎哈·哈迪德（2004年普利兹克建筑奖获奖者，2012年普利兹克建筑奖评委会的成员）都曾获得密斯·凡·德·罗奖（图2-47）。

姓名	国籍	教育	工作	人脉经历	理念特征
亚历杭德罗·阿拉维纳	0	0	0	0	0
妹岛和世	0	0	0	0	0
巴里·伯格多尔	0	0	0	0	0
德博拉·伯克	0	0	0	0	0
本妮德塔·塔利亚布	0	0	0	0	0
王澍	0	0	0	0	0
安德烈·阿拉尼亚·科雷亚·杜·拉戈	0	0	0	0	0
曼努埃拉·卢盖·达祖	0	0	0	0	0
斯蒂芬·布雷耶	0	0	0	0	0
玛莎·索恩	0	0	0	0	0
相关度	0.00	0.00	0.00	0.00	0.00

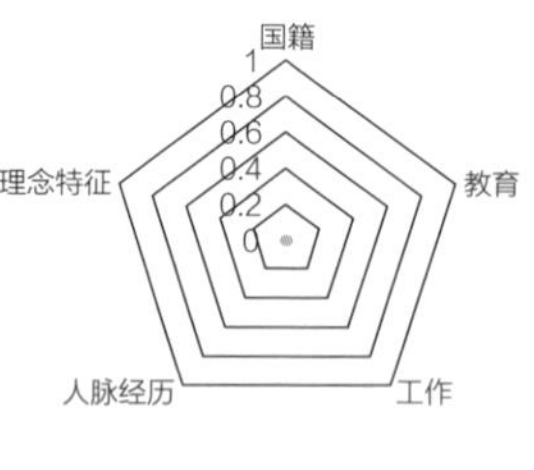

图2-47　2021年普奖获奖者与评委关联性分析图

（44）2022年获奖者迪埃贝多·弗朗西斯·凯雷（图2-48），是首位获得普利兹克建筑奖的非州建筑师。迪埃贝多·弗朗西斯·凯雷的建筑设计作品根植于当地材料，注重对社会和环境正义责任的关注。在可持续发展、尊重地方传统、满足社会和人道主义需

姓名	国籍	教育	工作	人脉经历	理念特征
亚历杭德罗·阿拉维纳	0	0	0	0	1
妹岛和世	0	0	0	0	0
巴里·伯格多尔	0	0	0	0	0
德博拉·伯克	0	0	0	0	0
本妮德塔·塔利亚布	0	0	0	0	0
王澍	0	0	0	0	1
安德烈·阿拉尼亚·科雷亚·杜·拉戈	0	0	0	0	0
曼努埃拉·卢盖·达祖	0	0	0	0	1
斯蒂芬·布雷耶	0	0	0	0	0
相关度	0.00	0.00	0.00	0.00	0.33

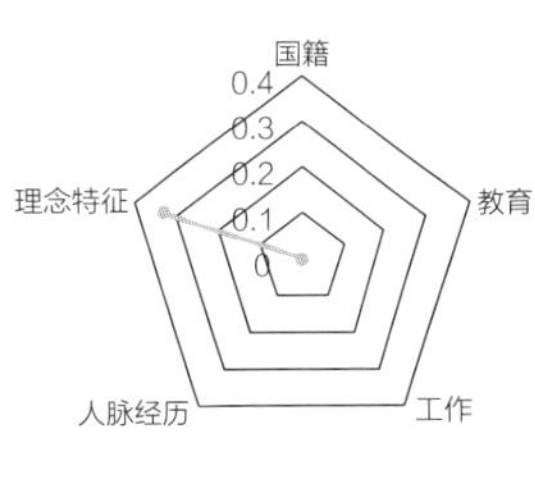

图2-48　2022年普奖获奖者与评委关联性分析图

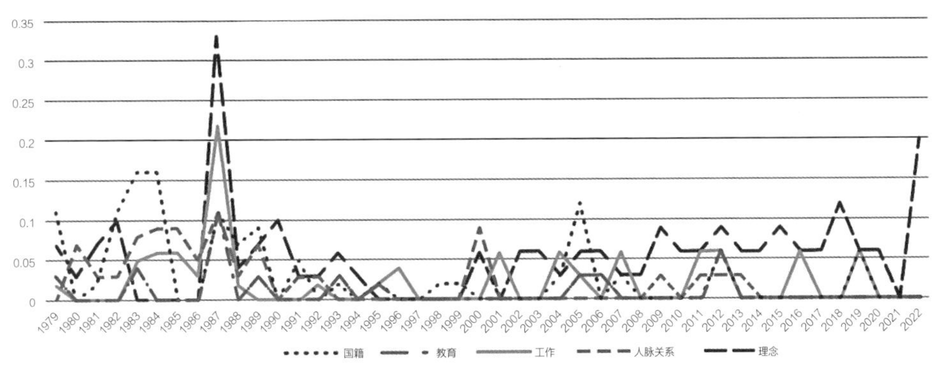

图2-49　普奖获奖者与评委关联性可视化分析图（1979—2022年）

求的建筑理念特征方面，他与亚历杭德罗·阿拉维纳（2016年普利兹克建筑奖获奖者，2009—2015年、2021—2022年普利兹克建筑奖评委会主席）和王澍（2012年普利兹克建筑奖获奖者，2018—2022年普利兹克建筑奖评委会成员）有相通之处。

根据以上历届（1979—2022年）普利兹克建筑奖获奖者与评委关联性分析数据，主要从两者间国籍、教育、工作、人脉关系、理念五个方面的关联性进行综合比较，得到如图2-49所示可视化分析折线图。

在掌握以上基础信息基础上，进一步找出已有44届评委中担任评委之前或之后普利兹克建筑奖获奖者，对其担任评委时间关联性做对比、总结，如表2-1所示。其中，获普利兹克建筑奖后任评委者的任评委年份及任评委后获奖的任评委者年份，均取其任评委的首年时间。分别得到获普利兹克建筑奖后任评委、任评委后获普利兹克建筑奖、未担任过评委的三类获奖者人数占比，及其担任评委时间与获奖时间关联性分析图（图2-50）。其中，如图2-50（a）所示，在51位已获奖者中，获得普利兹克建筑奖后任评委者为8人，占比15.7%；任评委后获奖者为6人，占比11.8%；未担任过评委的获奖者为37人，占比72.5%。以及如图2-50（b）所示，担任评委时间与获奖时间差值分析图，其横坐标轴上负值表示为获奖年份小于任评委年份（即获普利兹克建筑奖后任评委），正值表示为获奖年份大于任评委年份（即任评委后获奖）。

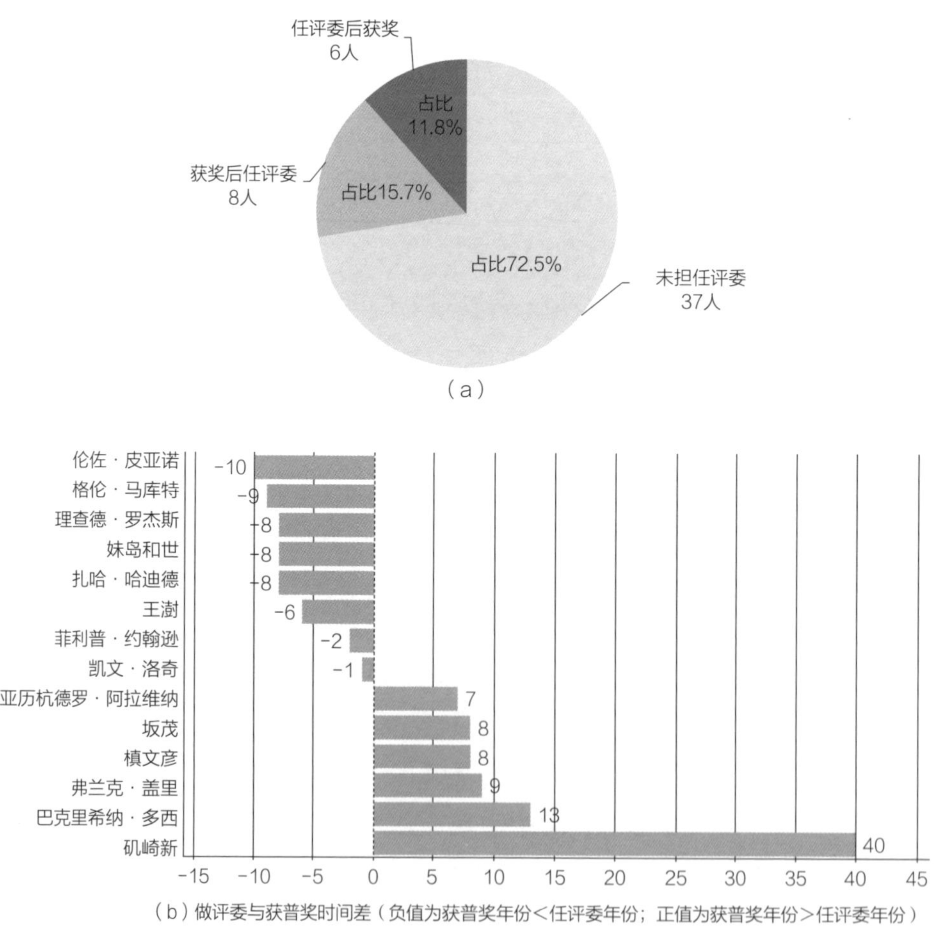

图2-50　普奖评委与其获奖时间关联性分析图（1979—2022年）

表2-1　获普奖时间与担任评委时间对照表

普奖获奖者	获奖年	任评委年	时间差
菲利普·约翰逊	1979	1981—1985	-2
凯文·洛奇	1982	1983—1991	-1
弗兰克·盖里	1989	1980—1985、2003—2007	9
槙文彦	1993	1985—1988	8
伦佐·皮亚诺	1998	2008—2011	-10
格伦·马库特	2002	2011—2018	-9
扎哈·哈迪德	2004	2012	-8
理查德·罗杰斯	2007	2015—2019	-8
妹岛和世	2010	2018—2021	-8
·王澍	2012	2018—2022	-6
坂茂	2014	2006—2009	8
亚历杭德罗·阿拉维纳	2016	2009—2015	7
巴克里希纳·多西	2018	2005—2007	13
矶崎新	2019	1979—1984	40

小结

本章首先以四个时间段为单位，通过对普利兹克建筑奖历届评审委员会成员构成、人数、成员专业及社会背景等信息的梳理总结，将逐年之间评委构成的共性与差异性进行对比，形成分析结果。其一，评委会成员构成体现出“在相对稳定中不断更新”的原则，其人员重复率较高，除了2005年有较大规模的变动外，其他年份连任或长期担任评委的概率很高；其二，评委会成员中女性极少，例如，目前不论是在评为成员还是获奖者中，女性所占比例远远低于男性，第一位女性评委艾达·路易斯·哈斯特帕是1987年才得以加入，在一定程度上使普利兹克建筑奖在认可女性建筑师的贡献方面，饱受争议；其三，“西方话语权”问题较为突显，评审委员会成员中仍是以来自美国成员占据大多数。

进一步，从国籍、教育、工作、人脉经历、理念特征五个方面挖掘普利兹克建筑奖获奖者与评委之间交集，形成关联性分析。以此，为普利兹克建筑奖获奖趋势预测提供一定可参考依据，并为候选人选取提供可借鉴因素。

3

与其他国际建筑奖关联性分析

3.1　主要国际建筑奖项

以设立时间为顺序，首先对除普利兹克建筑奖之外的其他17项主要国际建筑奖，进行相关信息列举分析（表3-1）。包括：英国皇家建筑协会金奖/RIBA皇家金奖、美国建筑师协会（AIA）金奖、国际建筑奖、法国建筑学院金奖、托马斯·杰斐逊金奖、阿尔瓦·阿尔托奖、阿卡汗建筑奖、沃尔夫建筑艺术奖、金狮终身成就奖、IAU国际建协金奖/UIA金奖、世界人居奖、欧盟当代建筑奖/密斯·凡·德·罗奖、联合国人居奖、"高松宫殿下"世界文化奖、AR＋D新锐建筑奖、豪瑞可持续建设奖、维纳博艮砖筑奖。

表3-1　主要国际建筑奖项相关信息列表

奖项	设立时间	创办国家/组织	创办机构	频次（年）	获奖对象
英国皇家建筑协会金奖/RIBA皇家金奖	1848	英国	RIBA英国皇家建筑师学会	1	在世RIBA会员/欧洲建筑师
美国建筑师协会（AIA）金奖	1907	美国	AIA美国建筑师协会	1	AIA会员及非建筑师
国际建筑奖	1957	比利时	比利时全国住宅学会	1	不限
法国建筑学院金奖	1965	法国	法国建筑学院	不定期	欧洲建筑师
托马斯·杰斐逊金奖	1966	美国	托马斯·杰斐逊基金会	1	不限
阿尔瓦·阿尔托奖	1967	芬兰	芬兰建筑博物馆、芬兰建筑师协会、芬兰建筑协会、阿尔瓦·阿尔托基金会和赫尔辛基市	不定期	芬兰等欧洲建筑师
阿卡汗建筑奖	1977	伊斯兰	阿卡汗四世殿下	3	长期致力于伊斯兰建筑的建筑师/伊斯兰世界的建筑师
沃尔夫建筑艺术奖	1978	以色列	沃尔夫基金会/以色列基金会	不定期	不限
终身成就金狮奖	1980	意大利	威尼斯官方	2	不限
IAU国际建协金奖/UIA金奖	1984	英国	UIA国际建筑师协会	3	不限
世界人居奖	1985	英国	建筑和社会住房基金会	1	不限
欧盟当代建筑奖/密斯·凡·德·罗奖	1986	欧盟	密斯基金会、欧盟	2	不限/欧洲新建成建筑作品

续表

奖项	设立时间	创办国家/组织	创办机构	频次（年）	获奖对象
联合国人居奖	1989	联合国	联合国人居署	1	不限
“高松宫殿下”世界文化奖	1989	日本	日本皇室	1	不限
AR+D新锐建筑奖	1999	英国	英国《建筑评论》杂志	1	不限
豪瑞可持续建设奖	2003	法国	豪瑞可持续建设基金会	3	不限
维纳博艮砖筑奖	2004	奥地利	维纳博艮集团	2	不限

1. 英国皇家建筑协会金奖/RIBA皇家金奖

英国皇家建筑协会金奖（The Royal Gold Medal）由英国皇家建筑师协会（Royal Institute of British Architects，简称RIBA）设立于1848年。该奖每年评选一次，奖给个人或者组织，其作品要能直接、或间接地促进建筑的发展，而不仅仅是流行一时。可看出该奖倾向于建筑师长期地对于建筑事业所做的贡献。获奖者既有建筑师，也有理论家、评论家、牧师、画家等非建筑从业者，甚至1999年颁给了城市——巴塞罗那。

RIBA皇家金奖创建的目的在于推进建筑技术及艺术的普及，“它是为增加一般市民的利益，为城市的改良、美化做出巨大贡献的组织”，因此其评审标准也有此趋向。RIBA皇家金奖候选人多为英国及欧洲建筑师，有较明显的倾向性。目前，在已有的150名获奖者中，欧洲以外的建筑师不超过20人。但由于RIBA皇家金奖悠久的历史、奖项的延续性与评奖范围的国际性，仍然被认为是当今最具权威性的奖项之一。

2. 美国建筑师协会（AIA）金奖

美国建筑师协会金奖（AIA Gold Medal）是由美国建筑师协会（American Institute of Architects，简称AIA）设立于1907年。AIA金奖是该协会授予的最高奖项，每年评选出一位获奖者，不分其种族和国籍，但更倾向于美国本土建筑师。该奖项具有终身成就性质，授予有持久影响力的理论及建筑实践性建筑师。建筑的评定具有极高的社会认可度，是对获奖者所做贡献的高度认可，以及对建筑师的最高荣誉。

AIA金奖的候选人并不限定国籍或职业一定是建筑师，也不论其是否在世，而是取决于董事会评估其资格符合标准的程度。其主要包括如下四方面：在建筑学事业有较深影响力；对建筑职业发展有较大推动作用；对建筑事业的贡献卓越并对未来有引导作用；有能力跨越不同的领域。

3. 国际建筑奖

国际建筑奖（The International Architecture Awards）由芝加哥雅典娜建筑设计博物馆联手欧洲建筑艺术设计与城市研究中心和Metropolitan Arts Press公司于2004年设立，面向全球范围内的建筑师、建筑公司和城市规划人员征集作品，致力于表彰优质且意义重大的建筑、景观建筑和规划项目，发掘设计领域取得的新进展，突出当下前沿设计实践的发展方向。

全球范围内的建筑师和建筑公司都可以参赛，项目地理位置不受限，建成或未建成项目均可。此前曾获得该奖的项目不得重复参赛。商业建筑、企业建筑、机构建筑、住宅建筑和城市规划项目均可报名。

4. 法国建筑学院金奖

法国建筑学院金奖（Academie Royale d'Architecture）设立于1965年，由法国建筑学院授予。

5. 托马斯·杰斐逊金奖

托马斯·杰斐逊金奖（Thomas Jefferson Award for Architecture）设立于1966年，是由弗吉尼亚大学主办，蒙蒂塞洛的托马斯·杰斐逊基金会协办。该奖项旨在表彰那些在杰斐逊这位独立宣言作者、美国第三任总统所擅长和器重的建筑领域获得杰出成就的人。

该奖项设置有法律、公民领袖、全球创新和建筑四项奖项。

6. 阿尔瓦·阿尔托奖

阿尔瓦·阿尔托奖（Alvar Aalto Medal）创立于1967年，是由芬兰建筑博物馆、芬兰建筑师协会、芬兰建筑协会、阿尔瓦·阿尔托基金会和赫尔辛基市联合授予。奖项以芬兰著名建筑师阿尔瓦·阿尔托名字命名，以奖赏其所做出的卓越贡献。奖项不定期颁发（3～5年），授予“在创新建筑方面取得重大成就的单位和个人”。

7. 阿卡汗建筑奖

阿卡汗建筑奖（Aga Khan Award for Architecture）是由什叶派回教徒最高精神领袖阿卡汗四世设立于1977年。每三年评选一次。授予多个项目，用以表彰在建筑、规划实践、历史保护和景观建筑方面达到卓越水准的项目。该奖项试图认定并鼓励那些在世界范围内成功地满足社会需求与愿望的建筑观念。不同于其他建筑奖项，在建筑与设计人之外，它同时授予项目、团队和利益相关者。

该奖项最初创立的目标是为了通过鼓励高水平的建筑相关实践，推动伊斯兰国家的社会进步，但其影响力不断扩大到伊斯兰主要聚居地区以外，现已成为以表优秀建筑相关实践推动社会公平的最具有国际影响力的建筑奖项。

曾获得阿卡汗建筑奖的建筑有：埃及的亚历山大图书馆、耶路撒冷的老城复兴项目、马来西亚的双峰塔、沙特阿拉伯的洲际宾馆和会议中心等。

8. 沃尔夫建筑艺术奖

沃尔夫建筑艺术奖（Wolf Prize）是由R. 沃尔夫（Ricardo Wolf）及其家族成立的沃尔夫基金会设立于1976年。自1978年开始，每年颁奖一次，颁发给来自世界各地为人类利益和人民之间友好关系做出贡献的杰出科学家和艺术家。沃尔夫建筑艺术奖具有终身成就性质，是世界最高成就奖之一。

该奖宗旨是促进全世界科学、艺术的发展。主要奖励对推动人类科学与艺术文明做出杰出贡献的人士。其科学类别包括医学、农业、数学、化学和物理学；艺术类别包括绘画、雕塑、音乐和建筑。

9. 终身成就金狮奖

终身成就金狮奖（Golden Lion for Lifetime Achievement）是威尼斯双年展奖项中最重要的一个奖项，创办于1980年第六届威尼斯双年展。每三年评选一次。授予在世的、对建筑界有重要影响力的建筑师，以表彰其对建筑艺术发展做出的杰出贡献。该奖侧重于对建筑师在建筑方面的整体评价。

21世纪获得威尼斯建筑双年展终身成就金狮奖的建筑师有：法国的让·努维尔（2000年）、日本的伊东丰雄（2002年）、美国的彼得·埃森曼（2004年）、美国的理查德·罗杰斯（2006年）、美国的弗兰克·盖里（2008年）、荷兰的雷姆·库哈斯（2010年）、葡萄牙的阿尔瓦罗·西扎（2012年）、加拿大的菲丽丝·兰伯特（2014年）等。

10. IAU国际建协金奖 / UIA金奖

IAU国际建协金奖（International Architects Union Gold Medal for Outstanding Architectural Achievement）为国际建协建筑杰出贡献奖，设立于1984年。每三年评选一次，评奖机构为国际建协（UIA），故也称作UIA金奖。

国际建协致力于创造宜居的人居环境。同时，不仅注重于建筑师的社会职责，还注重建筑行业的教育。因此，IAU国际建协金奖项是对与建筑师设计成就的最高肯定，又是对建筑师为社会和建筑艺术推广做出杰出贡献的认可。颁奖典礼一般在世界建筑大会上举行，并且与世界建筑大会的主题有着密切关联。

其官网中说道："让IAU金奖享有盛名的原因在于来自世界各地专业机构提交的一个又一个建筑师提名。这一真正的国际化过程体现了IAU的价值观：专业，文化多样性和独立性。它不受任何形式的歧视，特殊利益或党派的影响。"

21世纪曾获得IAU金奖的建筑师有：意大利的伦佐·皮亚诺（2002年）、日本的安藤忠雄（2005年）、墨西哥建筑师Teodoro

Gonzalez de Leon（2008年）、葡萄牙的阿尔瓦罗·西扎（2011年）、美国的贝聿铭（2014年）。

11. 世界人居奖

世界人居奖（World Habitat Awards）是由英国建筑和社会住房基金会（BSHF）于1985年为向1987年“国际人居年”献礼而设立。每年颁发给两个实用、创新和可持续的解决方案，要求获奖项目可以在其他地方推广。该奖项评选标准为：应对世界各国当前住房问题的实用、创新和可持续的解决方案；可以合理地在其他地方推广；从广义的角度来理解人居（habitat），且带来其他好处（如能源、节约用水、创收、社会融合、教育等）。

该奖项由于其评审规格及发奖条件，国际影响力逐年提升，以实践项目鼓励各方在人居问题上做出创造性尝试和努力，并以推广优秀项目的解决方案为主要目标，使得该奖项获得广泛关注。

12. 欧盟当代建筑奖/密斯·凡·德·罗奖

密斯·凡·德·罗奖是由密斯·凡·德·罗基金会设立于1986年。每两年颁发一次。在2000年密斯将本奖项首次纳入“当代建筑欧洲联盟奖”中，并改名为“欧洲联盟奖/密斯·凡·德·罗奖（European Union Prize-Mies van der Rohe Award）”。该奖项非常重要的目的是鼓励年轻建筑师的发展，通过其中一项特别新人奖的设置，来激发年轻建筑师发展，挖掘一批有才华的新人，给予他们事业上的支持，将他们推上建筑舞台，开阔他们今后发展的道路，为欧洲建筑界输送新鲜血液。

但密斯·凡·德·罗奖的授予对象一直为欧洲建筑师及建在欧洲的建筑，因此从评选范围来讲该奖为地区奖而不是国际奖，但该奖近年有国际化发展的趋向。

13. 联合国人居奖

联合国人居奖（UN-Habitat Scroll of Honour Award）是由联合国

人居署于1989年设立。在每年联合国人居日颁发，是全球人居领域的规格最高也是威望最高的奖项。该奖主要表彰为人类居住条件改善做出杰出贡献的政府、组织、个人和项目，一直受到各国政府的重视。该奖是国际上少数颁发给政府机构、政府领导者及组织的奖项，致力于通过该表彰鼓励从各个层面提升全球人居水平的工作，获奖城市、地区通过该奖知名度相应得到提升。

目前，我国已有多个城市、地区获得该奖项。

14. “高松宫殿下”世界文化奖

“高松宫殿下”世界文化奖（Praemium Imperiale Awards）是1988年日本美术协会为纪念前一年（1987年）薨逝的协会总裁高松宫宣仁亲王以其名字而设立的文化奖。自1989年开始，每年颁奖一次。该奖项目的是强调艺术的地位，让世界人民理解艺术。“高松宫殿下”世界文化奖分为五个单项奖，分别是绘画、雕塑、音乐、戏剧／电影、建筑。

15. AR＋D新锐建筑奖

AR＋D新锐建筑奖（AR Awards for Emerging Architecture）是由英国《建筑评论》杂志主办的全球性大奖。该奖设立于1999年。每年评选一次，授予多个项目，用以表彰45岁以下建筑师和设计师的探索性新锐实践。该奖项最初创立的目标是宣传年轻设计师，促进他们更好地发展。参评项目类型众多，包括建筑、室内、景观、改造、城市等项目。但其必须是高品质的建成项目，并和社会有紧密联系，能在世界范围内的设计中给人深刻印象。目前，它已成为世界顶级的面向青年设计师的建筑大奖。

16. 豪瑞可持续建设奖

豪瑞可持续建设基金设立于2003年，致力于提升建筑、工程、城市规划建设领域对可持续问题的重视，促进对可持续未来的批判探讨和长远视角。豪瑞可持续建筑奖（Holcim Awards for Sustainable Construction）是该基金会设立的一项国际性比赛，旨在表彰和支持以未来为导向的可持续建筑项目及理念。每三年评选一次，每次评选大约有来自全球120多个国家和地区的5000多名参赛者参与。该奖提出五项评选标准：创新精神和可移植性、道德标准和社会平等、环境质量和资源效率、经济效益和可适应性、经济效益和可适应性。由于其表彰的是未建成项目而填补了世界建筑奖项的空白，并极大地推动了对可持续各方面的学术研究和实验。

17. 维纳博艮砖筑奖

砖筑奖（Brick Award）是由维纳博艮（wienerberger）集团于2004年设立的砖砌建筑大奖，每两年评选一次。维纳博艮集团成立于1819年，作为陶土制品专业生产集团，经过一百多年的实践，认识到砖是一种具有可持续发展、生态、现代和前卫特性的重要建筑材料。为此自2004年以来，维纳博艮集团向世界上最有创意的砖结构和它的建筑师授予砖筑奖。

3.2 我国主要建筑奖项

以设立时间为顺序，对我国6项主要建筑奖进行相关信息列举分析（表3-2）。包括：香港建筑学会年奖、建筑师杂志／台湾建筑奖、中国建筑协会建筑创作奖、梁思成奖、WA中国建筑奖、全国优秀工程勘察设计行业奖。

表3-2 我国主要建筑奖项相关信息列表

建筑奖项	设立时间	创办机构	频次（年）	获奖对象
香港建筑师学会年奖	1965	香港建筑师学会	1	不限
建筑师杂志奖／台湾建筑奖	1979	中华民国建筑师公会主办建筑师杂志社承办	1	不限
中国建筑学会建筑创作奖	1993	中国建筑学会	2	不限
梁思成奖	1999	中国建筑学会	2	不限
WA中国建筑奖	2002	清华大学世界建筑杂志社	2	不限
全国优秀工程勘察设计行业奖	2008	中国住房和城乡建设部 中国勘察设计协会	2	不限

1. 香港建筑学会年奖

香港建筑师学会年奖由香港建筑师学会设立于1965年。每年从香港建筑学会会员的作品中选出优秀建筑予以表彰。既鼓励业内人士持续创新和提升专业水平，推介优秀的建筑设计。全年建筑大奖及优异奖由建筑费用2000万港元或以上的参选作品竞逐，其他作品按建筑功能分为商业建筑项目、社区建筑项目、住宅建筑项目及工业建筑项目。2001年起，大会增设主题建筑奖，主要表扬能够出色地实践主题元素，对业界及社会做出特别贡献的建筑作品。

2. 建筑师杂志 / 台湾建筑奖

台湾建筑奖，原名建筑师杂志奖，设立于1979年。是由中华民国建筑师公会主办、《建筑师》杂志社承办的建筑选拔活动，每年从台湾建筑师与建筑相关单位所建的新项目评选出入围和获奖者。该奖项旨在提升建筑职业水准，鼓励在建筑领域中对社会文化、建筑技术及居住品质有卓越贡献的台湾建筑师。获奖作品由《建筑师》杂志汇编成集并出版。奖项与杂志出版的结合使之成为台湾地区最具传播力和影响力的建筑奖项。

3. 中国建筑协会建筑创作奖

中国建筑学会建筑创作奖是中国建筑学会为鼓励广大建筑师的创作热情和探索精神，推进中国建筑设计事业的繁荣和发展，提高建筑创作水平而创办的。该奖项是建筑创作优秀成果的最高荣誉奖之一。每两年举办一次评选。分设有居住建筑类、公共建筑类、城市设计类、建筑保护与再利用类、景观设计类五个子项。通过评奖活动表彰工程项目、设计单位和主要创作人员。

该奖项的申报基数较大，能够反映出中国建筑创作的综合水平。同时，中国建筑学会通过这个平台不断宣传建筑知识，弘扬先进的建筑创作理念，促使中国建筑创作不断完成飞跃，达到世界先进水平。

4. 梁思成奖

梁思成奖是经国务院批准，以我国近代著名的建筑家、教育家梁思成先生命名的中国建筑设计国家奖。设立于1999年。该奖项是为激励我国建筑师的创新精神，繁荣建筑设计创作，提高我国建筑设计水平，表彰奖励在建筑设计创作中拥有重大成绩和贡献的杰出建筑师。

2000年首届“梁思成奖”授予了建国五十年来在建筑设计创作中对我国建筑设计发展具有突出贡献的10名建筑师。自2001年起，该奖每两年评选一次，设梁思成建筑奖2名，梁思成建筑提名奖2～4名。被提名者必须是中华人民共和国一级注册建筑师和中国建筑学会会员，在中国大陆从事建筑创作满20周年。除此之外，其作品还必须得到普遍认可并具有较好的社会、经济和环境效益，对同一时期建筑设计发展起到一定引导和推动作用。同时，在建筑理论上有所建树并有广泛影响，有较高的专业造诣和高尚的道德修养，一般还应在国内或国际获得过重要奖项。

5. WA中国建筑奖

WA中国建筑奖由世界建筑杂志社设立于2002年，每两年颁发一次。2002—2012年的6届，主要颁发给两年之内在中国境内高水平的建成作品。自2014年该奖项扩大了评奖范围，设立了建筑成就奖、设计实验奖、社会公平奖、技术贡献奖、城市贡献奖、居住贡献奖，鼓励、推介结合国情并有创新价值的建成作品，以活跃中国建筑界的学术气氛，促进中国建筑创作的繁荣，提升中国建筑的品质，展现中国建筑师智慧、技巧和成就，促进全社会对中国建筑行业的了解与尊重，并把中国建筑师和中国建筑推向世界。

WA中国建筑奖在国内建筑界已形成一定规模和影响力，并公认为具有学术权威性，同时通过在评审中加入外国建筑师、评论家、重要媒体人作为评委。该奖项的国际影响力在逐步提升，也使中国建筑师和中国建筑获得了一定国际关注。

6. 全国优秀工程勘察设计行业奖

20世纪80年代设立的建筑部部级评优活动于2008年变更为“全国优秀工程勘察设计行业奖”。由住房和城乡建设部负责该奖的评选工作，中国勘察设计协会等相关协会办理具体事务工作。每两年举办一次，分为综合工程和专项工程2个奖项。该奖项是我国工程勘察设计行业国家级最高奖项，包括优秀工程勘察、优秀工程设计、优秀工程建设标准设计、优秀工程勘察设计计算机软件。

3.3 普利兹克建筑奖获奖者获其他奖项情况

将1979—2022年中51位普利兹克建筑奖获奖者，在获得普利兹克建筑奖之前或之后所获其他主要国际建筑奖项类别及数量情况，分别统计如表3～3所示。其中以深灰色填充（“ ”）标记为累计获奖频次≥10次的4个奖项，以浅灰色填充（“ ”）标记为累计获奖频次为4～9次的6个奖项。

表3-3 普奖获奖者所获其他建筑奖项统计列表

普奖获奖年份	普奖获奖者	国籍	获其他建筑奖项时间及奖项名称	备注
1979	菲利普·约翰逊	美国	1978年，美国建筑师协会（AIA）金奖	③
1980	路易斯·巴拉甘	墨西哥		
1981	詹姆斯·斯特林	英国	1977年，阿尔瓦·阿尔托奖	⑨
			1980年，英国皇家建筑协会金奖／RIBA皇家金奖	①
			1985年，芝加哥建筑奖	
			1986年，托马斯·杰斐逊金奖	⑤
			1988年，雨果·哈林奖	
			1990年，法米意阿·巴西尔奖	
1982	凯文·洛奇	美国	加利福尼亚政府杰出设计奖	
			加利福尼亚州州长优秀设计奖	
			纽约州政府杰出设计奖	

续表

普奖获奖年份	普奖获奖者	国籍	获其他建筑奖项时间及奖项名称	备注
1982	凯文·洛奇	美国	1968年，美国建筑师协会纽约分会荣誉奖章	
			1974年，美国建筑师协会“建筑公司奖”	
			1976年，美国设计师协会授予他“完全设计奖”	
			1977年，法国建筑学院金奖	④
1983	贝聿铭	美国	1940年，麻省理工学院建筑师学会奖章	
			1961年，阿诺·布鲁纳奖	
			1963年，美国建筑师学会纽约分会荣誉奖章	
			1970年，金门奖	
			1976年，托马斯·杰斐逊金奖	⑤
			1979年，美国建筑师协会（AIA）金奖	③
			1979年，美国艺术文学院建筑艺术金奖	
			1981年，法国建筑学院金奖	④
			1981年，美国国家艺术委员会荣誉金奖	
			1981年，美国纽约市艺术文化类市长荣誉奖	
			1989年，“高松宫殿下”世界文化奖	②
			1994年，美国纽约州政府艺术奖	
			1994年，中国建筑学会杰出成就金奖	
			1996年，新世纪金玫瑰国际奖	
			1996年，贾桂琳·甘乃迪·欧纳西斯奖章	
			1998年，麦克杜威奖章	
			2001年，托马斯·杰斐逊金奖	
			2003年，亨利·C. 特纳奖	
			2003年，国家设计奖之终身成就奖	
			2009年，英国皇家建筑协会金奖/RIBA皇家金奖	①
			2014年，IAU国际建协金奖/UIA金奖	⑧
1984	理查德·迈耶	美国	1989年，英国皇家建筑协会金奖/RIBA皇家金奖	①
			1997年，美国建筑师协会（AIA）金奖	③
			1997年，“高松宫殿下”世界文化奖	②
1985	汉斯·霍莱因	奥地利	1972年，代表奥地利参加威尼斯建筑双年展	
			1984年，德国建筑大奖	
			1984年，奥地利人国家大奖	

续表

普奖获奖年份	普奖获奖者	国籍	获其他建筑奖项时间及奖项名称	备注
1986	戈特弗里德·玻姆	德国		
1987	丹下健三	日本	1959年，法国《今日建筑杂志》第一届国际建筑美术奖	
			1966年，美国建筑师协会（AIA）金奖	③
			1967年，法国文化选金奖	
			1968年，丹麦建筑师协会（ADA）国际奖	
			1970年，托马斯·杰斐逊金奖	⑤
			1973年，法国建筑学院金奖	④
			1973年，波兰建筑家协会国际建筑奖	
			1993年，“高松宫殿下”世界文化奖	②
1988	戈登·邦夏 奥斯卡·尼迈耶	美国 巴西	1961年，美国建筑师工会Monor奖章	
			1963年，列宁和平奖	
			1969年，水牛城大学Chancelior Norton奖章	
			1985年，巴西里约布兰科勋章特等奖	
			1989年，西班牙阿斯图里亚斯公国基金会颁发的阿斯图里亚斯亲王奖（艺术类）	
			1990年，巴塞罗那（西班牙）加泰罗尼亚建筑师学院的勋章	
			1991年，里约布兰科勋章	
			1996年，终身成就金狮奖	⑥
			1998年，英国皇家建筑协会金奖 / RIBA皇家金奖	①
			日本美术协会授予的“2004年度帝国”建筑类奖项	
1989	弗兰克·盖里	美国	国家艺术募捐基金会国家艺术奖	
			1977年，美国文学与艺术学会阿诺德·W. 布鲁诺建筑纪念奖	
			1992年，沃尔夫建筑艺术奖	⑩
			1992年，日本艺术协会帝国建筑设计奖	
			1994年，多伦希和利连吉斯终身艺术贡献奖	
			1998年，美国国家艺术捐赠基金国家艺术奖章	
			1999年，美国建筑师协会（AIA）金奖	③
			2000年，英国皇家建筑协会金奖 / RIBA皇家金奖	①
			2000年，美国艺术终生成就奖	

续表

普奖获奖年份	普奖获奖者	国籍	获其他建筑奖项时间及奖项名称	备注
1990	阿尔多·罗西	意大利	1991年，托马斯·杰斐逊金奖	⑤
			1996年，美国艺术和文学学院 特殊文化奖	
			1997年，托雷·桂尼吉奖	
1991	罗伯特·文丘里	美国	1989年普林斯顿大学“巴特勒学院胡堂”设计获AIA荣誉奖	
			2016年，美国建筑师协会（AIA）金奖	③
1992	阿尔瓦罗·西扎	葡萄牙	1987年，葡萄牙建筑师协会奖	
			1988年，西班牙建筑师协金奖	
			1988年，阿尔瓦·阿尔托奖	⑨
			1989年，基金会金奖	
			1989年，哈佛大学“威尔士五子奖”	
			1989年，欧盟当代建筑奖 / 密斯·凡·德·罗奖	⑦
			1993年，葡萄牙建筑师协会国家奖	
			1998年，“高松宫殿下”世界文化奖	②
			2011年，IAU国际建协金奖 / UIA金奖	⑧
1993	槙文彦	日本	1958年，格雷厄姆美术高级研究基金会奖学金	
			1963年，日本建筑学会特等奖	
			1980年，日本艺术奖	
			1985年，日本建筑学会特等奖	
			1987年，雷诺纪念奖	
			1988年，沃尔夫建筑艺术奖	⑩
			1988年，美国芝加哥建筑奖	
			1990年，托马斯·杰斐逊金奖	⑤
			1993年，哈佛大学山坡露台城市设计威尔士亲王奖	
			1993年，IAU国际建协金奖 / UIA金奖	⑧
			1998年，多哥慕拉诺奖慕兰纪念基金会	
			1999年，“高松宫殿下”世界文化奖	②
			1999年，日本艺术协会御用大剧院	
			1999年，美国文学与艺术学会阿诺德·W. 布鲁诺建筑纪念奖	
			2001年，日本建筑学会特等奖	

续表

普奖获奖年份	普奖获奖者	国籍	获其他建筑奖项时间及奖项名称	备注
1993	槙文彦	日本	2006年，BCA绿色标志大奖白金奖	
			2011年，美国建筑师协会（AIA）金奖	③
			2013年，日本艺术学院奖	
			2013年，IAA年度奖	
			2014年，Azure奖	
			2014年，AIA纽约建筑奖	
			2016年，OAA设计优秀奖	
1994	克里斯蒂安·德·波特赞姆巴克	法国	1990年，法国巴黎建筑大奖	
			1992年，法国建筑师学会银牌奖	
			1994年，法国国家建筑大奖	
			2004年，欧洲城市规划大奖	
1995	安藤忠雄	日本	1979年，日本建筑学院年度奖	
			1983年，日本文化设计奖	
			1985年，阿尔瓦·阿尔托奖	⑨
			1989年，法国建筑学院金奖	④
			1991年，美国AAAL艺术文学院阿诺德·W. 布鲁诺建筑纪念奖	
			1992年，卡尔斯伯格奖	
			1994年，第7届国际设计奖	
			1995年，日本文化设计奖	
			1995年，法国艺术和文学院奖	
			1996年，“高松宫殿下”世界文化奖	②
			1996年，国际教会建筑奖	
			1997年，英国皇家建筑协会金奖 / RIBA皇家金奖	①
			1997年，大阪吉瓦尼斯奖	
			1997年，海因里希·特森诺金金奖	
			2002年，美国建筑师协会（AIA）金奖	③
			2005年，IAU国际建协金奖 / UIA金奖	⑧
			2012年，阿斯图里亚斯王子奖	
			2020年，AMP（美国建筑师大奖）年度建筑设计奖	

续表

普奖获奖年份	普奖获奖者	国籍	获其他建筑奖项时间及奖项名称	备注
1996	拉斐尔·莫内欧	西班牙	1970年，马德里大学建筑学院建筑理论教育奖	
			1996年，IAU国际建协金奖/UIA金奖	⑧
			1996年，斯考克视觉艺术奖	
			2001年，欧盟当代建筑奖/密斯·凡·德·罗奖	⑦
			2001年，第六届西班牙建筑双年展的Manuel de la Dehesa奖	
			2003年，英国皇家建筑协会金奖/RIBA皇家金奖	①
			2017年，“高松宫殿下”世界文化奖	②
			2021年，终身成就金狮奖	⑥
1997	斯维勒·费恩	挪威	1993年，法国建筑学院金奖	④
			2001年，格罗什奖章	
1998	伦佐·皮亚诺	意大利	1989年，英国皇家建筑协会金奖/RIBA皇家金奖	①
			1995年，“高松宫殿下”世界文化奖	②
			2002年，IAU国际建协金奖/UIA金奖	⑧
			2008年，美国建筑师协会（AIA）金奖	③
			2008年，丹麦最高艺术奖项——Sonningpriseen奖	
			2008年，最佳摩天大楼大奖	
1999	诺曼·福斯特	英国	1983年，英国皇家建筑协会金奖/RIBA皇家金奖	①
			1990年，欧盟当代建筑奖/密斯·凡·德·罗奖	⑦
			1991年，法国建筑学院金奖	④
			美国艺术与文学学会阿诺德·W. 布鲁诺建筑纪念奖	
			1994年，美国建筑师协会（AIA）金奖	③
			2002年，“高松宫殿下”世界文化奖	②
2000	雷姆·库哈斯	荷兰	2003年，STIRLING大奖	
			2004年，英国皇家建筑协会金奖/RIBA皇家金奖	①
			2003年，“高松宫殿下”世界文化奖	②
			2005年，欧盟当代建筑奖/密斯·凡·德·罗奖	⑦
			2010年，终身成就金狮奖	⑥
			2012年，詹克斯奖	
2001	雅克·赫尔佐格，皮埃尔·德·梅隆	瑞士	1999年，SCHOCK大奖	
			2001年，法国EQUERRED'ARGENT大奖	
			2007年，“高松宫殿下”世界文化奖	②
			2007年，英国皇家建筑协会金奖/RIBA皇家金奖	①

续表

普奖获奖年份	普奖获奖者	国籍	获其他建筑奖项时间及奖项名称	备注
2002	格伦 · 马库特	澳大利亚	1992年，阿尔瓦 · 阿尔托奖	⑨
2003	约翰 · 伍重	丹麦	1982年，阿尔瓦 · 阿尔托奖	⑨
2004	扎哈 · 哈迪德	英国	2003年，欧盟当代建筑奖 / 密斯 · 凡 · 德 · 罗奖	⑦
			2007年，托马斯 · 杰斐逊金奖	⑤
			2016年，英国皇家建筑协会金奖 / RIBA皇家金奖	①
2005	汤姆 · 梅恩	美国	2001年，克莱斯勒卓越设计奖	
			2013年，美国建筑师协会（AIA）金奖	③
2006	保罗 · 门德斯 · 达 · 洛查	巴西	2000年，欧盟当代建筑奖 / 密斯 · 凡 · 德 · 罗奖	⑦
			2016年，终身成就金狮奖	⑥
			2017年，英国皇家建筑协会金奖 / RIBA皇家金奖	①
2007	理查德 · 罗杰斯	英国	1985年，英国皇家建筑协会金奖 / RIBA皇家金奖	①
			1999年，托马斯 · 杰斐逊金奖	⑤
			2000年，“高松宫殿下”世界文化奖	②
			2006年，终身成就金狮奖	⑥
			2019年，美国建筑师协会（AIA）金奖	③
2008	让 · 努维尔	法国	1983年，艺术与文学协会骑士勋章	
			1983年，法兰西建筑院奖银奖	
			1987年，阿卡汗奖	
			1987年，其士得国家功勋勋章欧莱雅	
			1990年，H记录建筑设计奖，圣雅各福群	
			1999年，金奖，法兰西学院院士（建筑金狮）	
			2000年，终身成就金狮奖	⑥
			2001年，“高松宫殿下”世界文化奖	②
			2005年，沃尔夫建筑艺术奖	⑩
			瑞士最佳建筑奖	
2009	彼得 · 卒姆托	瑞士	1989年，东京都建筑士会住宅建筑特别奖、吉冈奖	
			1999年，欧盟当代建筑奖 / 密斯 · 凡 · 德 · 罗奖	⑦
			2008年，“高松宫殿下”世界文化奖	②

续表

普奖获奖年份	普奖获奖者	国籍	获其他建筑奖项时间及奖项名称	备注
2010	妹岛和世，西泽立卫	日本	1992年，GID竞赛二等奖、商环境设计竞赛二等奖、JIA新人奖	
			1994年，日本文化艺术助成金奖、94商环境设计奖、94建筑奖	
			1998年，日本建筑学会奖	
			2001年，海因里希·特森诺的金奖	
			2004年，终身成就金狮奖	⑥
2011	艾德瓦尔多·苏托·德·莫拉	葡萄牙	2001年，海因里希·特森诺金奖	
			2004年，FAD建筑和室内设计奖	
2012	王澍	中国	2004年，中国建筑艺术奖	
			2005年，HOLCIM豪瑞可持续建筑大奖赛亚太地区荣誉奖	
			2005年，中国建筑艺术年鉴学术奖	
			2010年，年度威尼斯双年展特别奖	
			2011年，法国建筑学院金奖	④
2013	伊东丰雄	日本	1984年，日本建筑家协会新人奖	
			1986年，日本建筑学会奖	
			1990年，村野藤吾奖	
			1992年，每日艺术奖	
			1993年，建筑业协会奖（BCS奖）	
			1997年，保加亚利·索菲亚国际美术展金奖	
			1997年，建筑业协会奖	
			1997年，艺术选奖文部大臣奖	
			1999年，日本艺术院奖	
			1999年，建筑业协会奖（BCS奖）	
			2002年，世界建筑东亚区最佳建筑奖	
			2002年，建筑业协会奖（BCS奖）	
			2002年，终身成就金狮奖	⑥
			2003年，日本建筑学会奖	
			2006年，英国皇家建筑协会金奖 / RIBA皇家金奖	①
			2010年，“高松宫殿下”世界文化奖	②
			2015年，朝日奖	
			2017年，IAU国际建协金奖 / UIA金奖	⑧

续表

普奖获奖年份	普奖获奖者	国籍	获其他建筑奖项时间及奖项名称	备注
2014	坂茂	日本	2016年，JIA日本建筑大奖	
			2017年，特蕾莎修女社会正义奖	
2015	弗雷·奥托	德国	1996年，沃尔夫建筑艺术奖	⑩
			2005年，英国皇家建筑协会金奖／RIBA皇家金奖	①
			2006年，Praemium Imperiale建筑奖，皇家金质奖章	
			2009年，马库斯奖	
2016	亚历杭德罗·阿拉维纳	智利	2005年，加泰罗尼亚政府授予的国家建筑文化奖	
2017	拉斐尔·阿兰达 卡莫·皮格姆 拉蒙·比拉尔塔	西班牙	2010年，荣获美国建筑学会名誉院士	
			2012年，被授予英国皇家建筑师学会外籍院士	
			2015年，法国建筑学院金奖	④
2018	巴克里希纳·多西	印度	1998年，法国建筑学院金奖	④
			2022年，英国皇家建筑协会金奖／RIBA皇家金奖	①
2019	矶崎新	日本	1986年，英国皇家建筑协会金奖／RIBA皇家金奖	①
			2008年，世界建筑年奖	
2020	伊凡娜·法瑞尔 谢莉·麦克纳马拉	爱尔兰	2017年，托马斯·杰斐逊金奖	⑤
			2015年，简·德鲁奖	
			2020年，英国皇家建筑协会金奖／RIBA皇家金奖	①
2021	安妮·拉卡顿 让·菲利普·瓦萨尔	法国	2006年，谢林建筑奖	
			2008年，法国国家建筑大奖	
			2011年，威卢克斯基金会日光与建筑构件奖	
			2014年，罗尔夫·朔克视觉艺术奖	
			2016年，海因里希·特森诺金奖	
			2016年，法国建筑学院金奖	④
			2018年，巴黎建筑与遗产博物馆全球可持续建筑奖	
			2019年，欧盟当代建筑奖／密斯·凡·德·罗奖	⑦
			2020年，德国女建筑师协会BDA大奖	
2022	迪埃贝多·弗朗西斯·凯雷	布基纳法索	2004年，阿迦汗建筑奖	
			2009年，全球可持续建筑奖	

续表

普奖获奖年份	普奖获奖者	国籍	获其他建筑奖项时间及奖项名称	备注
2022	迪埃贝多·弗朗西斯·凯雷	布基纳法索	2010年，BSI瑞士建筑奖	
			2012年，全球豪瑞奖金奖	
			2014年，谢林建筑奖	
			2017年，美国艺术与文学学院的阿诺德·W. 布鲁诺建筑奖	
			2021年，托马斯·杰斐逊金奖	⑤

注：备注中序号标注与表3-4中10个高频奖项的序号相一致。

表3-4　普奖获奖者曾获其他国际建筑奖项中10个高频奖项列表

序号	奖项名称	获奖频次	创办国家
①	英国皇家建筑协会金奖 / RIBA皇家金奖	19	英国
②	“高松宫殿下”世界文化奖	15	日本
③	美国建筑师协会（AIA）金奖	12	美国
④	法国建筑学院金奖	10	法国
⑤	托马斯·杰斐逊金奖	9	美国
⑥	终身成就金狮奖	8	意大利
⑦	欧盟当代建筑奖 / 密斯·凡·德·罗奖	8	欧盟
⑧	IAU国际建协金奖 / UIA金奖	7	英国
⑨	阿尔瓦·阿尔托奖	5	芬兰
⑩	沃尔夫建筑艺术奖	4	以色列

如表3-4所示，进一步总结提取普利兹克建筑奖已获奖者所获其他主要国际建筑奖项累计出现频次较高的10个奖项，依次为：英国皇家建筑协会金奖 / RIBA皇家金奖（19次）、“高松宫殿下”世界文化奖（15次）、美国建筑师协会（AIA）金奖（12次）、法国建筑学院金奖（10次）、托马斯·杰斐逊金奖（9次）、终身成就金狮奖（8次）、欧盟当代建筑奖 / 密斯·凡·德·罗奖（8次）、IAU国际建协金奖 / UIA金奖（7次）、阿尔瓦·阿尔托奖（5次）、沃尔夫建筑艺术奖（4次）。同时，经过数据统计可知，其他主要国际建筑奖与普利兹克建筑奖的获奖重合率分布并不均匀，其中英国皇家建筑协会

金奖／RIBA皇家金奖、“高松宫殿下”世界文化奖、美国建筑师协会（AIA）金奖、法国建筑学院金奖，在普利兹克建筑奖获奖者所获其他奖项中出现频次相对较高。我们推断，这与此几个国际奖项所体现较强的地域倾向性有一定关系。

此外，将同时获得以上10个高频国际建筑奖项数目累计≥2项的普利兹克建筑奖获奖者人数及占比做进一步分析总结，形成如图3-1可视化表达。即普利兹克建筑奖获奖者中累计获得其他国际建筑奖两项的人次（同一获奖年获奖者合并计算为1）为7，分别为1988年（2人）、2009年、2001年（2人）、2015年、2018年、2020年（2人）年、2021（2人）年的获奖者；三项的人次为6，分别为1981年、1984年、1989年、2004年、2006年、2008年的获奖者；四项的人次为5，分别为1987年、1992年、1998年、2000年、2013年的获奖者；五项的人次为4，分别为1993年、1996年、1999年、2007年的获奖者；六项的人次为2，分别为1983年、1985年的获奖者。

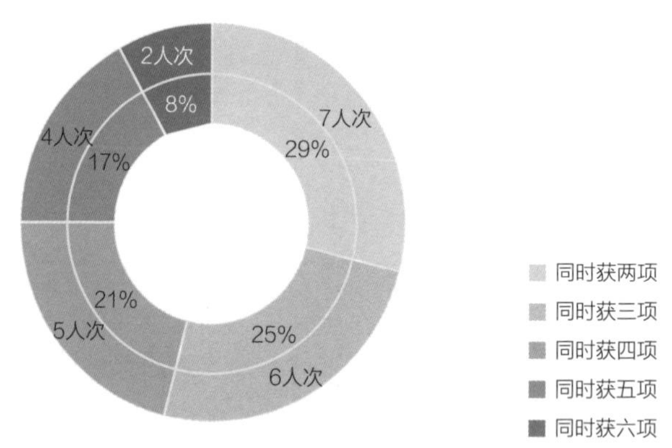

图3-1　获得多项高频次其他国际建筑奖的普奖获奖者数量分析图

3.4　其他国际建筑奖与普利兹克建筑奖之关联性

选取截至2022年4月，44届51位普利兹克建筑获奖者曾获其他主要国际建筑奖中10个高频奖项为样本，分别列举、比较各奖项获奖者中普利兹克建筑奖获奖者人数、国籍、以及两个奖项获得时间关联性等信息，形成可视化分析。并对此10个高频奖项特征倾向进一步分析总结。

3.4.1 普利兹克建筑奖获奖者获其他奖项时间重合度

根据整理出的10个高频国际建筑奖项中普利兹克建筑奖获奖者主要信息数据，通过Tableau软件进行图表制作，分别形成每位获奖者获得该奖项时间与获普利兹克建筑奖时间差可视化分析图。

1. 英国皇家建筑协会金奖／RIBA皇家金奖（表3-5、图3-2）

表3-5 获英国皇家建筑协会金奖／RIBA皇家金奖的普奖获奖者相关信息列表

奖项名称	获奖者	国籍	获奖时间	获普奖时间	时间差
英国皇家建筑协会金奖／RIBA皇家金奖（19人次）	詹姆斯·斯特林	英国	1980年	1981年	1
	贝聿铭	美国	2009年	1983年	-26
	理查德·迈耶	美国	1989年	1984年	-5
	奥斯卡·尼迈耶	巴西	1998年	1988年	-10
	弗兰克·盖里	美国	2000年	1989年	-11
	安藤忠雄	日本	1997年	1995年	-2
	拉斐尔·莫内欧	西班牙	2003年	1996年	-7
	伦佐·皮亚诺	意大利	1989年	1998年	9
	诺曼·福斯特	英国	1983年	1999年	16
	雷姆·库哈斯	荷兰	2004年	2000年	-4
	雅克·赫尔佐格，皮埃尔·德·梅隆	瑞士	2007年	2001年	-6
	扎哈·哈迪德	英国	2016年	2004年	-12
	保罗·门德斯·达·洛查	巴西	2017年	2006年	-11
	理查德·罗杰斯	英国	1985年	2007年	22
	伊东丰雄	日本	2006年	2013年	7
	弗雷·奥托	德国	2005年	2015年	10
	巴克里希那·多西	印度	2022年	2018年	-4
	矶崎新	日本	1986年	2019年	33
	伊凡娜·法瑞尔，谢莉·麦克纳马拉	爱尔兰	2016年	2020年	4

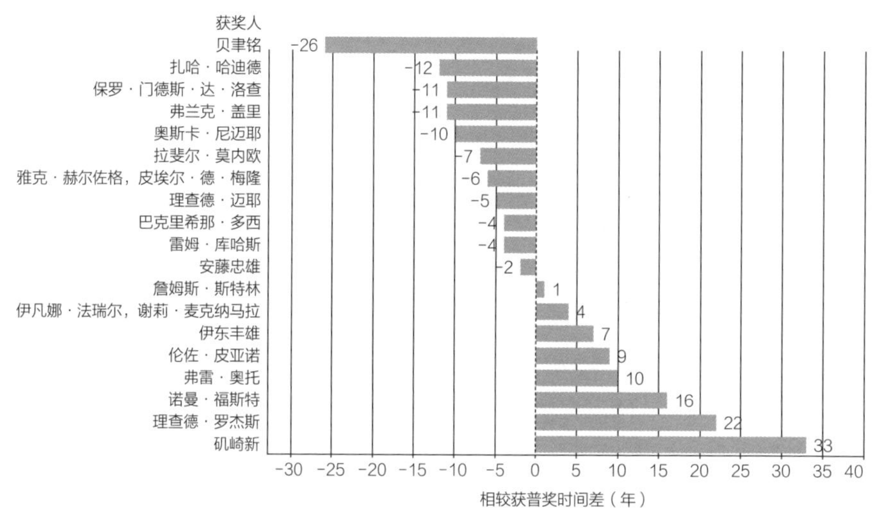

图3-2 获英国皇家建筑协会金奖／RIBA皇家金奖与获普奖时间差分析图

经统计，44届普利兹克建筑奖获得者中有19届获奖者同时获得英国皇家建筑协会金奖／RIBA皇家金奖。其中，在获普利兹克建筑奖前获得该奖项的建筑师有8人次（同一获奖年获奖者合并计算为1人次），如：1981年获奖者詹姆斯·斯特林、1998年获奖者伦佐·皮亚诺、1999年获奖者诺曼·福斯特、2007年获奖者理查德·罗杰斯、2013年获奖者伊东丰雄、2015年获奖者弗雷·奥托、2019年获奖者矶崎新、2020年获奖者伊凡娜·法瑞尔和谢莉·麦克纳马拉；在获普利兹克建筑奖后获得该奖项的建筑师有11人次，如：1983年获奖者贝聿铭、1984年获奖者理查德·迈耶、1988年获奖者奥斯卡·尼迈耶、1989年获奖者弗兰克·盖里、1995年获奖者安藤忠雄、1996年获奖者拉斐尔·莫内欧、2000年获奖者雷姆·库哈斯、2001年获奖者雅克·赫尔佐格和皮埃尔·德·梅隆、2004年获奖者扎哈·哈迪德、2006年获奖者保罗·门德斯·达·洛查、2018年获奖者巴克里希那·多西。

以上英国皇家建筑协会金奖／RIBA皇家金奖获奖者分别来自：英国（4人）、美国（3人）、日本（3人）、巴西（2人）、西班牙（1人）、意大利（1人）、荷兰（1人）、瑞士（1人次，为2人共同获奖）、德国（1人）、印度（1人）、爱尔兰（1人次为2人共同获奖）11个国家。

2. “高松宫殿下”世界文化奖（表3-6、图3-3）

表3-6　获“高松宫殿下”世界文化奖的普奖获奖者相关信息列表

奖项名称	获奖者	国籍	获奖时间	获普奖时间	时间差
“高松宫殿下”世界文化奖（15人次）	贝聿铭	美国	1989	1983	-6
	理查德·迈耶	美国	1997	1984	-13
	丹下健三	日本	1993	1987	-6
	阿尔瓦罗·西扎	葡萄牙	1998	1992	-6
	槙文彦	日本	1999	1993	-6
	安藤忠雄	日本	1996	1995	-1
	拉斐尔·莫内欧	西班牙	2017	1996	-21
	伦佐·皮亚诺	意大利	1995	1998	3
	诺曼·福斯特	英国	2002	1999	-3
	雷姆·库哈斯	荷兰	2003	2000	-3
	雅克·赫尔佐格，皮埃尔·德·梅隆	瑞士	2007	2001	-6
	理查德·罗杰斯	英国	2000	2007	7
	让·努维尔	法国	2001	2008	7
	彼得·卒姆托	瑞士	2008	2009	1
	伊东丰雄	日本	2010	2013	3

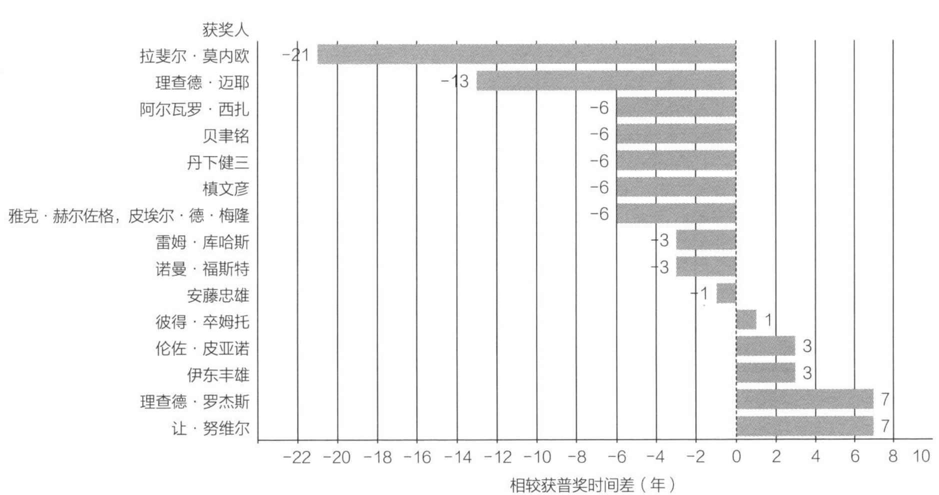

图3-3　获“高松宫殿下”世界文化奖与获普奖时间差分析图

经统计，44届普利兹克建筑奖获得者中有15届获奖者同时获得“高松宫殿下”世界文化奖。其中，在获普利兹克建筑奖前获得该奖项的建筑师有5人次，如：1998年获奖者伦佐·皮亚诺、2007年获奖者理查德·罗杰斯、2008年获奖者让·努维尔、2009年获奖者彼得·卒姆托、2013年获奖者伊东丰雄；在获普利兹克建筑奖后获得该奖项的建筑师有10人次，如1983年获奖者贝聿铭、1984年获奖者理查德·迈耶、1987年获奖者丹下健三、1992年获奖者阿尔瓦罗·西扎、1993年获奖者槙文彦、1995年获奖者安藤忠雄、1996年获奖者拉斐尔·莫内欧、1999年获奖者诺曼·福斯特、2000年获奖者雷姆·库哈斯、2001年获奖者雅克·赫尔佐格和皮埃尔·德·梅隆。

以上“高松宫殿下”世界文化奖获奖者分别来自：日本（4人）、美国（2人）、英国（2人）、瑞士（2人次，其中1人次为2人共同获奖）、葡萄牙（1人）、西班牙（1人）、意大利（1人）、荷兰（1人）、法国（1人）8个国家。

3. 美国建筑师协会（AIA）金奖（表3-7、图3-4）

表3-7　获美国建筑师协会（AIA）金奖的普奖获奖者相关信息列表

奖项名称	获奖者	国籍	获奖时间	获普奖时间	时间差
美国建筑师协会（AIA）金奖（12人次）	菲利普·约翰逊	美国	1978	1979	1
	贝聿铭	美国	1979	1983	4
	理查德·迈耶	美国	1997	1984	-13
	丹下健三	日本	1966	1987	21
	弗兰克·盖里	美国	1999	1989	-10
	罗伯特·文丘里	美国	2016	1991	-25
	槙文彦	日本	2011	1993	-18
	安藤忠雄	日本	2002	1995	-7
	伦佐·皮亚诺	意大利	2008	1998	-10
	诺曼·福斯特	英国	1994	1999	5
	汤姆·梅恩	美国	2013	2005	-8
	理查德·罗杰斯	英国	2019	2007	-12

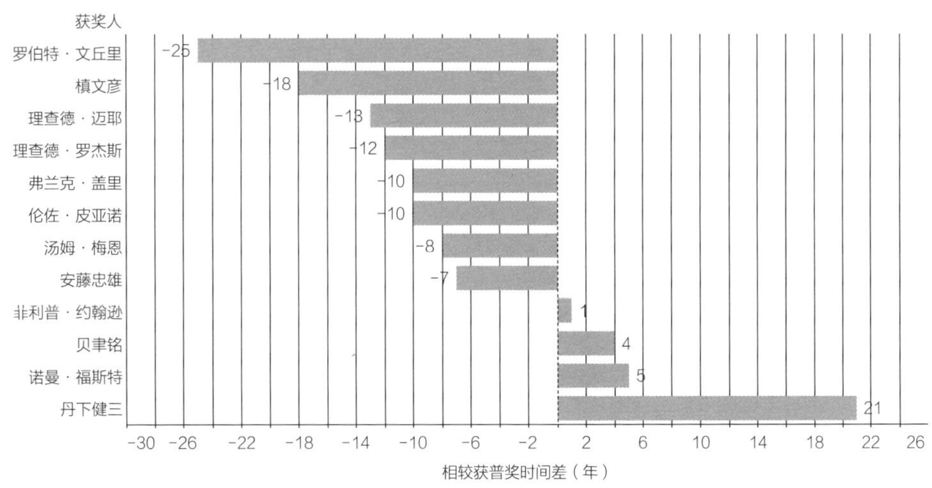

图3-4　获美国建筑师协会（AIA）金奖与获普奖时间差分析图

经统计，44届普利兹克建筑奖获得者中有12届获奖者同时获得美国建筑师协会（AIA）金奖。其中，在获普利兹克建筑奖前获得该奖项的建筑师有4人次，如：1979年获奖者菲利普·约翰逊、1983年获奖者贝聿铭、1987年获奖者丹下健三、1999年获奖者诺曼·福斯特；在获普利兹克建筑奖后获得该奖项的建筑师有8人次，如：1984年获奖者理查德·迈耶、1989年获奖者弗兰克·盖里、1991年获奖者罗伯特·文丘里、1993年获奖者槙文彦、1995年获奖者安藤忠雄、1998年获奖者伦佐·皮亚诺、2005年获奖者汤姆·梅恩、2007年获奖者理查德·罗杰斯。

以上美国建筑师协会（AIA）金奖获奖者分别来自：美国（6人）、日本（3人）、英国（2人）、意大利（1人）4个国家。

4. 法国建筑学院金奖（表3-8、图3-5）

经统计，44届普利兹克建筑奖获得者中有10届获奖者同时获得法国建筑学院金奖，均为在获普利兹克建筑奖前获得该奖项。如：1982年获奖者凯文·洛奇、1983年获奖者贝聿铭、1987年获奖者丹下健三、1995年获奖者安藤忠雄、1997年获奖者斯维勒·费恩、1999年获奖者诺曼·福斯特、2012年获奖者王澍、2017年获奖者拉

表3-8　获法国建筑学院金奖的普奖获奖者相关信息列表

奖项名称	获奖者	国籍	获奖时间	获普奖时间	时间差
法国建筑学院金奖（10人次）	凯文·洛奇	美国	1977	1982	5
	贝聿铭	美国	1981	1983	2
	丹下健三	日本	1973	1987	14
	安藤忠雄	日本	1989	1995	6
	斯维勒·费恩	挪威	1993	1997	4
	诺曼·福斯特	英国	1991	1999	8
	王澍	中国	2011	2012	1
	拉蒙·比拉尔塔	西班牙	2015	2017	2
	巴克里希纳·多西	印度	1998	2018	20
	安妮·拉卡顿，让·菲利普·瓦萨尔	法国	2016	2021	5

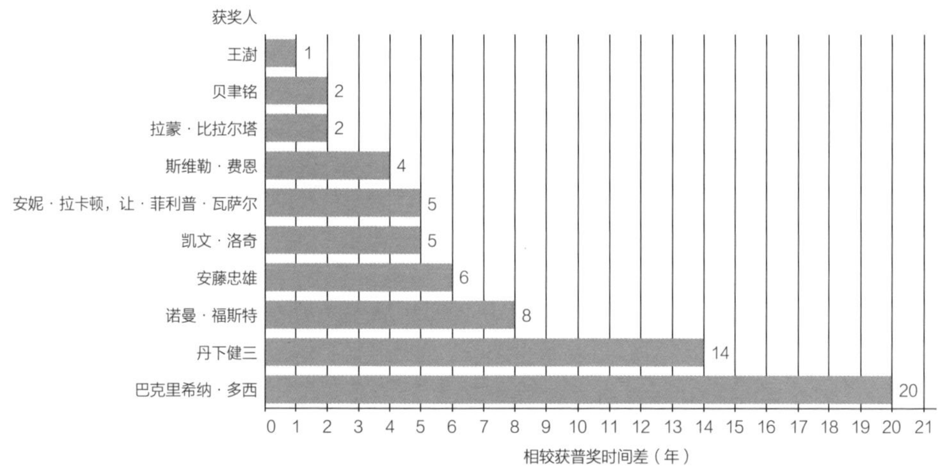

图3-5　获法国建筑学院金奖与获普奖时间差分析图

蒙·比拉尔塔、2018年获奖者巴克里希纳·多西、2021年获奖者让·菲利普·瓦萨尔。

以上法国建筑学院金奖获奖者分别来自：美国（2人）、日本（2人）、挪威（1人）、英国（1人）、中国（1人）、西班牙（1人）、印度（1人）、法国（1人）8个国家。

5. 托马斯·杰斐逊金奖（表3-9、图3-6）

表3-9　获托马斯·杰斐逊金奖的普奖获奖者相关信息列表

奖项名称	获奖者	国籍	获奖时间	获普奖时间	时间差
托马斯·杰斐逊金奖（9人次）	詹姆斯·斯特林	英国	1986	1981	−5
	贝聿铭	美国	1976	1983	7
	丹下健三	日本	1970	1987	17
	阿尔多·罗西	意大利	1991	1990	−1
	槙文彦	日本	1990	1993	3
	扎哈·哈迪德	英国	2007	2004	−3
	理查德·罗杰斯	英国	1999	2007	8
	伊凡娜·法瑞尔，谢莉·麦克纳马拉	爱尔兰	2017	2020	3
	迪埃贝多·弗朗西斯·凯雷	布基纳法索	2021	2022	1

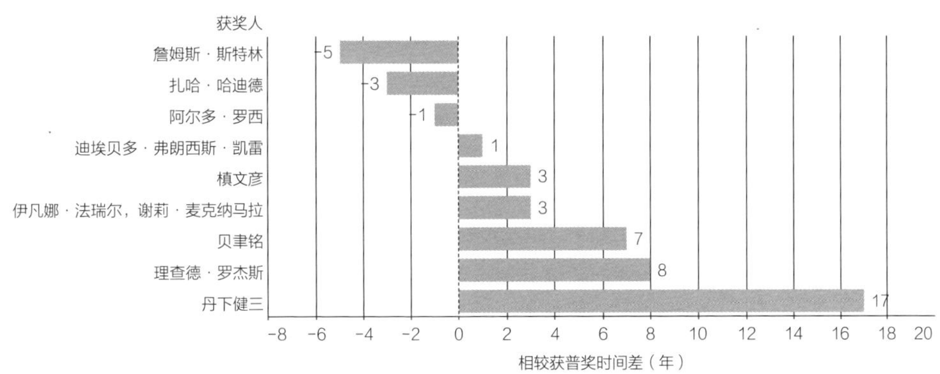

图3-6　获托马斯·杰斐逊金奖与获普奖时间差分析图

经统计，44届普利兹克建筑奖获得者中有9届获奖者同时获得托马斯·杰斐逊金奖。其中，在获普利兹克建筑奖前获得该奖项的建筑师有6人次，如：1983年获奖者贝聿铭、1987年获奖者丹下健三、1993年获奖者槙文彦、2007年获奖者理查德·罗杰斯、2020年获奖者伊凡娜·法瑞尔和谢莉·麦克纳马拉、2022年获奖者迪埃贝多·弗朗西斯·凯雷；在获普利兹克建筑奖后获得该奖项的建筑师有3人次，如：1981年获奖者詹姆斯·斯特林、1987年获奖者丹下健三、2004

年获奖者扎哈·哈迪德。

以上托马斯·杰斐逊金奖获奖者分别来自：英国（3人）、日本（2人）、美国（1人）、意大利（1人）、爱尔兰（1人次，为2人共同获奖）、布基纳法索（1人）6个国家。

6. 终身成就金狮奖（表3-10、图3-7）

表3-10　获终身成就金狮奖的普奖获奖者相关信息列表

奖项名称	获奖者	国籍	获奖时间	获普奖时间	时间差
终身成就金狮奖（8人次）	奥斯卡·尼迈耶	巴西	1996年	1988年	-8
	拉斐尔·莫内欧	西班牙	2021年	1996年	-25
	雷姆·库哈斯	荷兰	2010年	2000年	-10
	保罗·门德斯·达·洛查	巴西	2016年	2006年	-10
	理查德·罗杰斯	英国	2006年	2007年	1
	让·努维尔	法国	2000年	2008年	8
	妹岛和世，西泽立卫	日本	2004年	2010年	6
	伊东丰雄	日本	2002年	2013年	11

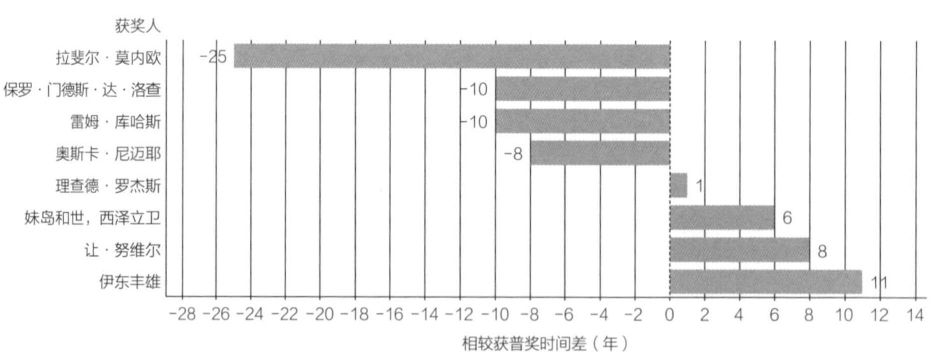

图3-7　获终身成就金狮奖与获普奖时间差分析图

经统计，44届普利兹克建筑奖获得者中有8届获奖者同时获得终身成就金狮奖。其中，在获普利兹克建筑奖前获得该奖项的建筑师有4人次，如：2007年获奖者理查德·罗杰斯、2008年获奖者让·努维尔、2010年获奖者妹岛和世和西泽立卫、2013年获奖者伊东丰雄；

在获普利兹克建筑奖后获得该奖项的建筑师有4人次，如：1988年获奖者奥斯卡·尼迈耶、1996年获奖者拉斐尔·莫内欧、2000年获奖者雷姆·库哈斯、2006年获奖者保罗·门德斯·达·洛查。

以上终身成就金狮奖获奖者分别来自：巴西（2人）、日本（2人次，其中1人次为2人共同获奖）、西班牙（1人）、荷兰（1人）、英国（1人）、法国（1人）6个国家。

7. 欧盟当代建筑奖／密斯·凡·德·罗奖（表3-11、图3-8）

表3-11　获欧盟当代建筑奖/密斯·凡·德·罗奖的普奖获奖者相关信息列表

奖项名称	获奖者	国籍	获奖时间	获普奖时间	时间差
欧盟当代建筑奖／密斯·凡·德·罗奖（8人次）	阿尔瓦罗·西扎	葡萄牙	1989	1992	3
	拉斐尔·莫内欧	西班牙	2001	1996	-5
	诺曼·福斯特	英国	1990	1999	9
	雷姆·库哈斯	荷兰	2005	2000	-5
	扎哈·哈迪德	英国	2003	2004	1
	保罗·门德斯·达·洛查	巴西	2000	2006	6
	彼得·卒姆托	瑞士	1999	2009	10
	安妮·拉卡顿，让·菲利普·瓦萨尔	法国	2019	2021	2

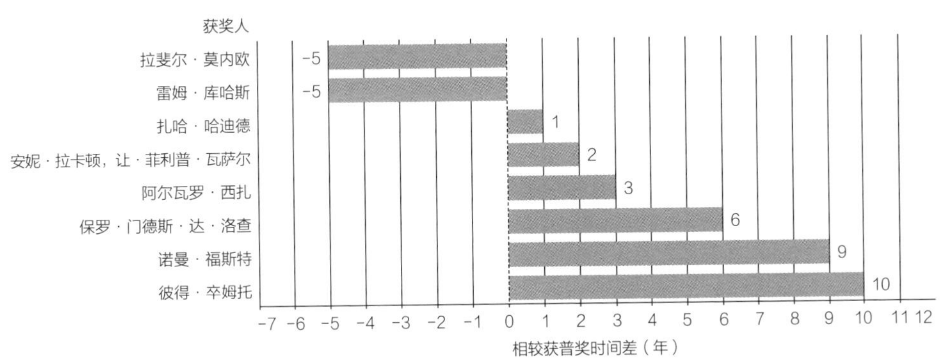

图3-8　获欧盟当代建筑奖／密斯·凡·德·罗奖与获普奖时间差分析图

经统计，44届普利兹克建筑奖获得者中有8届获奖者同时获得欧盟当代建筑奖／密斯·凡·德·罗奖。其中，在获普利兹克建筑奖前获得该奖项的建筑师有6人次，如：1992年获奖者阿尔瓦罗·西扎、1999年获奖者诺曼·福斯特、2004年获奖者扎哈·哈迪德、2006年获奖者保罗·门德斯·达·洛查、2009年获奖者彼得·卒姆托、2021年获奖者安妮·拉卡顿和让·菲利普·瓦萨尔；在获普利兹克建筑奖后获得该奖项的建筑师有2人次，如：1996年获奖者拉斐尔·莫内欧、2000年获奖者雷姆·库哈斯。

以上欧盟当代建筑奖／密斯·凡·德·罗奖获奖者分别来自：英国（2人）、葡萄牙（1人）、西班牙（1人）、荷兰（1人）、巴西（1人）、瑞士（1人）、法国（1人次）7个国家。

8. IAU国际建协金奖／UIA金奖（表3-12、图3-9）

表3-12　获IAU国际建协金奖／UIA金奖的普奖获奖者相关信息列表

奖项名称	获奖者	国籍	获奖时间	获普奖时间	时间差
IAU国际建协金奖／UIA金奖（7人次）	贝聿铭	美国	2014	1983	-31
	阿尔瓦罗·西扎	葡萄牙	2011	1992	-19
	槙文彦	日本	1993	1993	0
	安藤忠雄	日本	2005	1995	-10
	拉斐尔·莫内欧	西班牙	1996	1996	0
	伦佐·皮亚诺	意大利	2002	1998	-4
	伊东丰雄	日本	2017	2013	-4

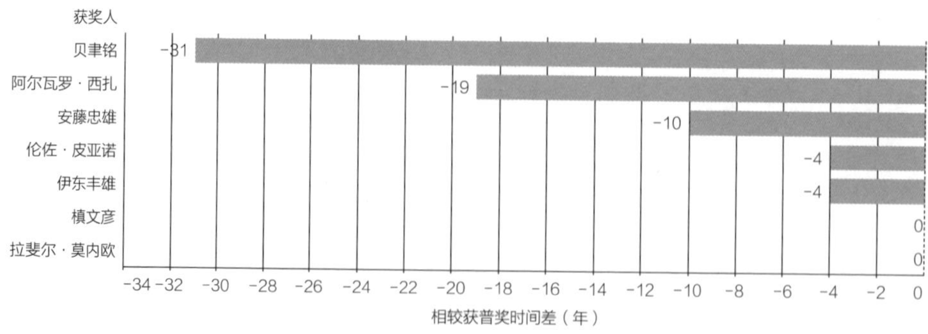

图3-9　获IAU国际建协金奖／UIA金奖与获普奖时间差分析图

经统计，44届普利兹克建筑奖获得者中有7届获奖者同时获得IAU国际建协金奖／UIA金奖。其中，在获普利兹克建筑奖同年获得该奖项的建筑师有2人次，如：1993年获奖者槙文彦、1996年获奖者拉斐尔·莫内欧；在获普利兹克建筑奖后获得该奖项的建筑师有5人次，如：1983年获奖者贝聿铭、1992年获奖者阿尔瓦罗·西扎、1995年获奖者安藤忠雄、1998年获奖者伦佐·皮亚诺、2013年获奖者伊东丰雄。

以上IAU国际建协金奖／UIA金奖获奖者分别来自：日本（3人）、美国（1人）、葡萄牙（1人）、西班牙（1人）、意大利（1人）5个国家。

9. 阿尔瓦·阿尔托奖（表3-13、图3-10）

表3-13 获阿尔瓦·阿尔托奖的普奖获奖者相关信息列表

奖项名称	获奖者	国籍	获奖时间	获普奖时间	时间差
阿尔瓦·阿尔托奖（5人次）	詹姆斯·斯特林	英国	1977	1981	4
	阿尔瓦罗·西扎	葡萄牙	1988	1992	4
	安藤忠雄	日本	1985	1995	10
	格伦·马库特	澳大利亚	1992	2002	10
	约翰·伍重	丹麦	1982	2003	21

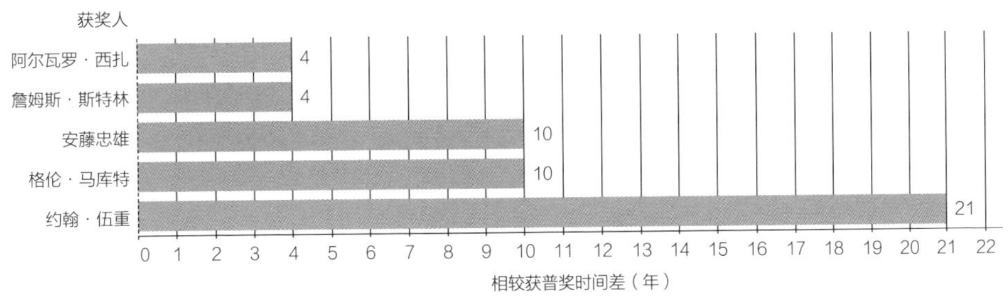

图3-10 获阿尔瓦·阿尔托奖与获普奖时间差分析图

经统计，44届普利兹克建筑奖获得者中有5届获奖者同时获得阿尔瓦·阿尔托奖。均为在获普利兹克建筑奖前获得该奖项。如：1981年获奖者詹姆斯·斯特林、1992年获奖者阿尔瓦罗·西扎、1995年获奖者安藤忠雄、2002年获奖者格伦·马库特、2003年获奖者约翰·伍重。

以上阿尔瓦·阿尔托奖获奖者分别来自：英国（1人）、葡萄牙（1人）、日本（1人）、澳大利亚（1人）、丹麦（1人）5个国家。

10. 沃尔夫建筑艺术奖（表3-14、图3-11）

表3-14　获沃尔夫建筑艺术奖的普奖获奖者相关信息列表

奖项名称	获奖者	国籍	获奖时间	获普奖时间	时间差
沃尔夫建筑艺术奖（4人次）	弗兰克·盖里	美国	1992	1989	-3
	槙文彦	日本	1988	1993	5
	让·努维尔	法国	2005	2008	3
	弗雷·奥托	德国	1996	2015	19

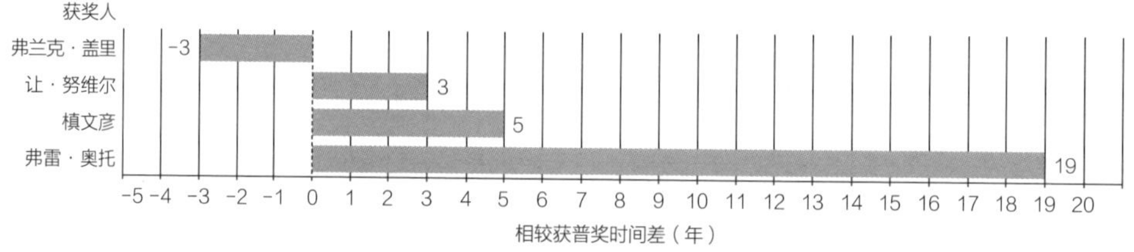

图3-11　获沃尔夫建筑艺术奖与获普奖时间差分析图

经统计，44届普利兹克建筑奖获得者中有4届获奖者同时获得沃尔夫建筑艺术奖。其中，在获普利兹克建筑奖前获得该奖项的建筑师有2人次，如：1993年获奖者槙文彦、2008年获奖者让·努维尔；在获普利兹克建筑奖后获得该奖项的建筑师有2人次，如：1989年获奖者弗兰克·盖里、2015年获奖者弗雷·奥托。

以上沃尔夫建筑奖获奖者分别来自：美国（1人）、日本（1人）、法国（1人）、德国（1人）4个国家。

进而，根据以上获奖信息重合度分析，分别对10个主要国际建筑奖项中普利兹克建筑奖获奖者获得该奖与获普利兹克建筑奖时间差作对比，通过Tableau软件制作得到获奖时间差平均值及标准差对比分析图（图3-12）。图中，横轴标注为10个高频奖项，纵轴为所有获奖者获得该奖项年份与获普利兹克建筑奖年份的差值。其中，标签所示第一行数字（如10.646）为获得该奖项所有年份差值的群体

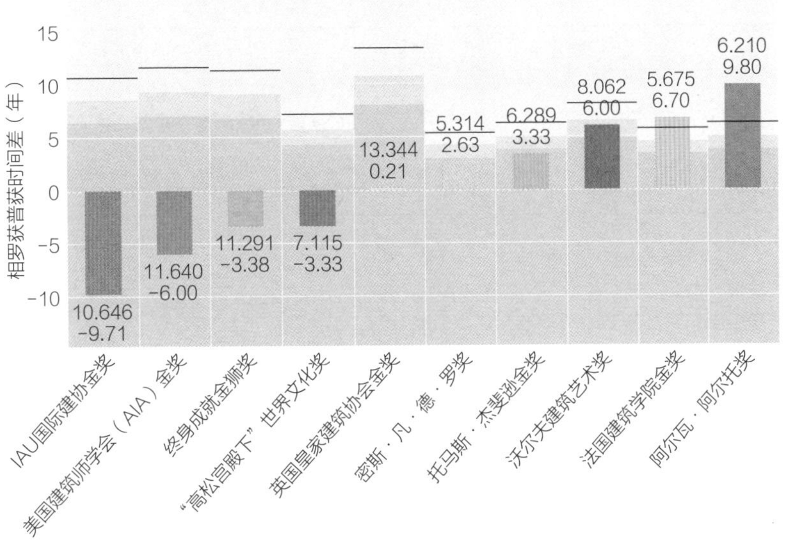

图3-12　10个高频奖项与普奖获奖时间差平均值及标准差对比分析图

标准差，由加粗的黑色横线表示；第二行数字（如-9.71）为各个年份差值的平均值，由柱状色块的长短表示，其色块长度越短代表获普利兹克建筑奖时间与获该奖项时间越近，大于零为在获普利兹克建筑奖后获得该对应奖项，小于零为在获普利兹克建筑奖前获得该对应奖项。

标准差越小，代表该奖项时间差平均值的离散程度越小（平均值的代表性越好），数据越有说服力，即获得该奖项对可能获普利兹克建筑奖的可参考意义越大。由此分析可知，从获奖时间标准差值角度判断，欧盟当代建筑奖／密斯·凡·德·罗奖和法国建筑学院金奖在研究中的参考价值为最大。

3.4.2　主要国际建筑奖项倾向性分析

主要从奖项设立宗旨、候选人选取范围、创办国家等方面，将普利兹克建筑奖与英国皇家建筑协会金奖／RIBA皇家金奖等其他10个高频奖项相比较，分析各奖项之间特征倾向的共性与差异性（表3-15）。并由可视化分析得出曾获该10个国际建筑奖项的普利兹克建筑奖获奖者地域倾向性桑基图（图3-13）。

表3-15 主要国际建筑奖项地域及特征倾向性比较列表

主要国际建筑奖项	创办国家	倾向性
普奖	美国	个人建筑作品和创作思想表现出的才智、洞察力及献身精神；候选人可为任何国家、任何人（在世的）
英国皇家建筑协会金奖 / RIBA皇家金奖	英国	对建筑事业长期做出贡献的个人建筑作品和创作思想；候选人多为英国及欧洲建筑师
“高松宫殿下”世界文化奖	日本	世界各地为艺术的发展、进步、提高做出杰出的贡献的人，强调作品的艺术性
美国建筑师协会（AIA）金奖	美国	有持久影响力的理论及建筑实践的建筑师；候选人更倾向美国本土建筑师
法国建筑学院金奖	法国	候选人倾向欧洲建筑师
托马斯·杰斐逊金奖	美国	无明显倾向
终身成就金狮奖	意大利	对建筑师在建筑方面的整体评价注重与公众的交流和展示；建筑界有重要影响力的建筑师（在世的）
欧盟当代建筑奖 / 密斯·凡·德·罗奖	欧盟	以鼓励年轻建筑师的发展为重要目的；授予对象为欧洲建筑师及欧洲新建成建筑作品
IAU国际建协金奖 / UIA金奖	英国	致力于创造宜居人居环境的建筑作品；与世界建筑大会的主题密切关联
阿尔瓦·阿尔托奖	芬兰	在创新建筑方面取得重大成就的单位和个人
沃尔夫建筑艺术奖	以色列	对推动人类科学与艺术文明作出杰出贡献的世界各地人士

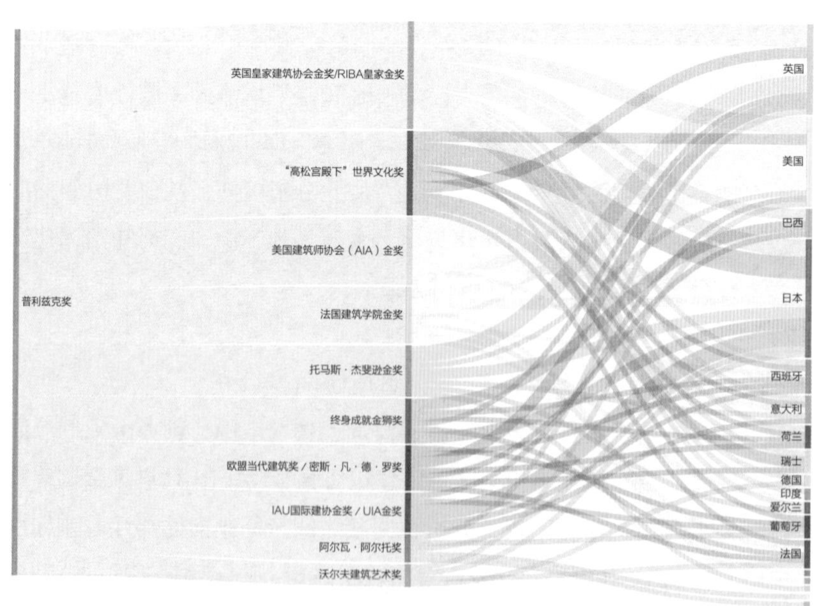

图3-13 获其他国际建筑奖项的普奖获奖者地域倾向性桑基图

1. 普利兹克建筑奖

表彰一位或多位当代建筑师（在世建筑师）在作品中所表现出的才智、想象力和责任感等优秀品质，以及他们通过建筑艺术对人文科学和建筑环境所做出的持久而杰出的贡献。

任何国家的任何人，无论是政府官员、作家、批评家、学者、建筑师、建筑团体、实业家，只要有志于发展建筑学，均可以被提名为候选人。

2. 英国皇家建筑协会金奖 / RIBA皇家金奖

倾向于长期地对建筑事业做出贡献的建筑师，获奖者的作品要能直接或间接地，促进建筑的发展，而不仅仅是流行一时的。

候选人方面具有较明显的倾向性，多为英国及欧洲建筑师。

3. “高松宫殿下”世界文化奖

致力于广泛传播世界文化与艺术的活动，同时教育并鼓励了未来一代艺术家。获奖者是世界各地艺术家中挑选出为艺术的发展、进步、提高做出了杰出的贡献的人，或现在正投身于可能产生伟大成果的活动中的艺术家。

4. 美国建筑师协会（AIA）金奖

倾向于有持久影响力的理论及建筑实践的建筑师。对候选人资格评估主要从四方面：在建筑学事业有较深影响力；对建筑职业发展有较大推动作用；对建筑事业的贡献卓越并对未来有引导作用；有能力跨越不同的领域。

候选人并不限定国籍或职业一定是建筑师，也不管其是否在世，但更倾向于美国本土建筑师。

5. 法国建筑学院金奖

候选人倾向于欧洲建筑师。

6. 托马斯·杰斐逊金奖

为表彰美国第三任总统杰斐逊所擅长和器重的建筑领域获得杰出成就的人。

7. 终身成就金狮奖

侧重于对建筑师在建筑方面的整体评价。授予在世的、对建筑界有重要影响力的建筑师，表彰其对建筑艺术发展做出的杰出贡献。

8. 欧盟当代建筑奖 / 密斯·凡·德·罗奖

该奖项非常重要的目的是鼓励年轻建筑师的发展。并通过其中一项特别新人奖的设置，来激发年轻建筑师发展，为欧洲建筑界输送新鲜血液。

授予对象为欧洲建筑师及建于欧洲的建筑，并依据评奖前两年内建成的作品进行评价。但该奖近年呈国际化发展趋向。

9. IAU国际建协金奖 / UIA金奖

倾向致力于创造宜居人居环境的建筑作品。不仅注重于建筑师的社会职责，还注重行业的教育。并与世界建筑大会的主题有着密切关联。

10. 阿尔瓦·阿尔托奖

授予在创新建筑方面取得重大成就的单位和个人。

候选人倾向于芬兰境内建筑师。

11. 沃尔夫建筑艺术奖

颁发给来自世界各地为人类利益和人民之间友好关系做出贡献的杰出科学家和艺术家。其艺术类别包括绘画、雕塑、音乐和建筑。

小结

本章通过对普利兹克建筑奖及其他主要国际建筑奖项设立及评选特征、获奖者相关信息等多维度的分析、比较，形成对每一个奖项显著特征与偏重的总结。各主要建筑奖项的评定或侧重于作品或倾向于建筑师，其奖项设立机构，尤其是官方机构，对于建筑师或作品的选择也具有较明显的地域倾向性。相较而言，普利兹克建筑奖对于地域性倾向，已经随时代发展已越发不明显，更加注重通过作品的实地考察来评判获奖者的思想和创新手法，因而体现出更高的公信力。

纵向对比来看，各主要国际建筑奖项的评选与其所处时期的建筑思潮密切相关。建筑会议或展览的主题往往反映了当时建筑界较为主流的思潮，是对时代背景下先锋建筑师思想的提炼，可为其后建筑的发展起到直接或间接的引导作用。

4

普利兹克建筑奖获奖趋势分析与候选人确立

4.1 普利兹克建筑奖时代性特征

1988年，在普利兹克建筑奖成立10周年之际，主办方在其新闻稿中提出："这个奖项的目的，是为了表彰一位或多位当代建筑师在作品中所表现出的才智、想象力和责任感等优秀品质，以及他们通过建筑艺术对人文科学和建筑环境所做出的持久而杰出的贡献"（To honor a living architect or architects whose built work demonstrates a combination of those qualities of talent，vision，and commitment，which has produced consistent and significant contributions to humanity and the built environment through the art of architecture）。从此，这句话作为普利兹克建筑奖宗旨，正式出现在每一届的新闻稿及其官方网站上。

普利兹克建筑奖的评选始终呼应着建筑时代的发展变化，并反映了评委会成员及获奖者在不同时期解决建筑问题的深刻思考。例如，早期获奖者中，贝聿铭、理查德·迈耶、约翰·伍重、罗伯特·文丘里等建筑大师引领时代审美，他们的作品充分诠释出"时代经典"；21世纪初期，扎哈·哈迪德、雷姆·库哈斯、让·努维尔等获奖建筑师的建筑风格史无前例，开创了建筑界新的潮流，形成大量指向未来的"普世创新"作品。

基于本书前述章节中对历届获奖者高频特征关键词的总结归类，并经过节点年份提取、特征关键词比对、整体价值观辨析三个步骤的判断分析，可将普利兹克建筑奖时代特征及发展分期归纳如下。

1. 第一阶段初创期（1979—1987年）

第一阶段中，官方宗旨还未正式定型，每年涉及的价值观倾向较为单一，且价值观的落点较分散。获奖者主要参与到现代主义建筑运动中，继承了密斯·凡·德·罗、勒·柯布西耶等第一代现代主义建筑大师的建筑设计思想和原则，并不断地对其进行修正和探索创新。同时，他们对于现代主义建筑有各自独特的理解和诠释，促成了国际主义建筑风格的多元化发展。

这一时期获奖者设计思想主要反映出继承与创新的趋势。

2. 第二阶段发展期（1988—2003年）

第二阶段中，不仅有了“奖章”这一奖项的官方象征，而且在1988年普利兹克建筑奖成立十周年之际，“普利兹克建筑奖宗旨”定型版被正式写入当时的新闻稿。在价值观方面则表现得更加多元开放，每年获奖者作品所涉及的价值观倾向也更加全面，体现出包容的探索姿态。一方面，由工业社会向后工业社会转型的时代背景下，现代主义建筑的种种弊端不再适应新时代发展的需求，各种创新性建筑浪潮时有发生，例如，以罗伯特·文丘里为代表的后现代主义、以阿尔多·罗西为代表的新理性主义、以弗兰克·盖里为代表的解构主义；另一方面，现代主义建筑思想并没有消亡，如槙文彦、克里斯蒂安·德·鲍赞巴克等建筑师仍坚守现代主义建筑阵营，并不断探索创新，使得各种建筑设计创新活动并驾齐驱，共同推动时代建筑向前发展。

这一时期获奖者设计思想主要反映出对自然、空间、地域、历史、形态等领域的关注。

3. 第三阶段成熟期（2004年至今）

第三阶段中，普利兹克建筑奖价值观的倾向表现出多元化背景下的聚合性倾向，经过了二十余年的前期探索，其主要关注点已明确显现出来，也是对现代主义建筑的理性回归。聚合性倾向成为此时普利兹克建筑奖价值观时代性的表达，即价值观向文化性与地域性倾斜的同时，精神情感属性被加强。例如，以包豪斯为代表的现代主义奠定了普利兹克建筑奖偏理性化的基本审美标准，以及用建筑服务大众、积极使用现代建筑技术等理念。并在此基础上融入了工艺美术运动、装饰艺术等思潮对历史传统、地域乡土、精神感知及装饰的表达。

由图4-1特征关键词点状分布图可以看出，2004年是普利兹克建筑奖发展的一条分水岭。自2005年始，普利兹克建筑奖获奖者特征多元化得到进一步发展，并在多元化基调下价值观又逐步形成明显且稳定的侧重点。这一时期获奖者设计思想反映出促进新现代主义

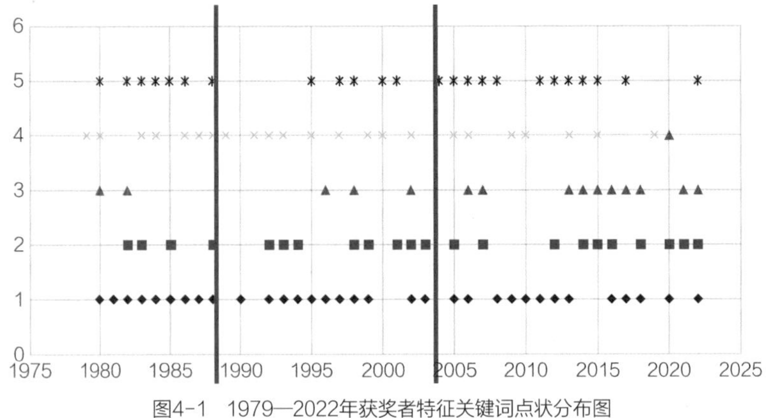

图4-1　1979—2022年获奖者特征关键词点状分布图

1.◆：回应历史传统和场所环境；2.■：可持续性；3.▲：社会人文关怀；
4.×：空间场所营造；5.*：材料与技术

建筑发展的同时，更加强调社会性和可持续性，更加重视对社会文化和生态问题的关注与处理。

总之，纵观获奖者特征及发展趋势可以发现，获奖者设计理念及作品所呈现出对问题的关注具有多样性，且在不同层面有交叉。普利兹克建筑奖的风向也由最初被人们所熟知的经典现代主义、解构主义、古典主义等学说流派，向更能体现建筑营造本质、更具时代侵染性的建筑理念发展，如创新性、当地环境、社会贡献、人文精神等。而尤其在近些年，普利兹克建筑奖趋势更加强调建筑所反映的本土化、地域性，关注社会问题和城市规划，注重文化融合、历史传承、资源保护等。

聚焦近十年，更多建筑师正在通过他们的作品思考如何应对社会的变化，更加尊重不同地域和文化背景下的多样性和差异性，挖掘地域文脉，关注环境气候，探究人与自然的内在关联，创作“回归当下”的建筑作品。例如：王澍、亚历杭德罗·阿拉维纳等建筑师，强调建筑的“文化语言”，坚持本民族风格，并将其推向世界；坂茂、彼得·卒姆托、伊东丰雄等建筑师注重“建造技法”，形成别具一格的营造手法。与此同时，建筑师的职业道德更加备受关注，如矶崎新、巴克里希纳·多西、格拉夫顿建筑事务所伊冯·法雷尔和谢莉·麦克纳马拉等建筑师，他们致力于解决社会问题，关注民生，为祖国乃至世界人民做贡献，他们的作品诉说着人文关怀。同时，更是在鼓励建筑师们结合时代背景，将世界作为一个大环境，整合环境、地域、人文等因素，解决当下极为复杂的问题。

4.2 评委视角的普利兹克建筑奖趋势

对比历届普利兹克建筑奖获奖者作品特征及获奖评审辞中关键词信息可知，普利兹克建筑奖获奖趋势是在不断变化的。而作为获奖趋势的影响因素，无论是建筑师的设计理念倾向，还是地域分布，甚至建筑师的知名度都在发生着变化；同时，评委会成员所涉及领域也存在不同程度变化。

以1979—2018年的40届普利兹克建筑奖为例，通过关注评委在评价获奖者作品时，其评价标准是否会对普利兹克建筑奖产生某种倾向或趋势的影响，探讨以评委评审辞为研究视角的获奖趋势判断可行性。在此我们以10年为间隔划分了四个时间段，采用多元统计分析法中主成分分析和因子分析方法，分别研究每个时间段中影响建筑师获奖的主要因素，从而找出影响获奖情况的各主要因素变化趋势。

具体思路为：假定我们提取出来的每一个变量都包含着总体的信息，但是由于变量太多，而且很多变量之间存在很高的相关性（变量之间所反映的信息有重复的部分）。在此情况下，我们希望利用较少的变量来尽可能多地反映原始数据所包含的信息，把具有相似性的变量聚为一类，对其含义进行新的合理的解释，并在此基础上建立合理的模型，对问题进行分析。

1. 第1～10届（1979—1988年）

如图4-2（a）所示，最后一栏的累计贡献率表明，当提取到第i个主成分时，这i个主成分对被解释变量的解释能力。即当提取到第5个主成分时，这5个主成分对被解释变量的解释程度为85.688%；当提取到第6个主成分时，这6个主成分对被解释变量的解释程度为

94.324%。一般来说，累计贡献率达到85%以上时，就可以认为所提取的主成分的解释能力已很好。因此，我们提取出的6个主成分能够很好地解释影响该时间段建筑师获奖的因素。

如图4-2（b）所示，6个主成分所包含的变量情况。每1个主成分栏里所包含的数据，反映的是在该主成分中每个变量的解释程度。其中，第1个主成分的解释程度最大，即第1个主成分包含了最多的信息，包含有："圈内人脉""网络索引""宣传展览""获奖情况""师承关系""风格形式"，同时此6个变量对获奖的影响有相似作用，在普利兹克建筑奖第1～10届中影响程度排在第一位；第2个主成分包含有："类型范围""作品数量""工作经历"，此3个变量的影响程度排在第二位；第3个主成分包含有："创新性""结构""技术""前沿与推广"，这4个变量主要反映建筑作品本身的特点，可以认为此阶段评委也很看重建筑作品本身，而其中技术和结构是重点。剩余的3个主成分采用同样的分析方法，其主成分的解释能力为依次递减。

由此看出，在第一阶段，评委在评审中更趋向于建筑作品的社会人文、建筑师个人背景、作品本身等方面的成就。

2. 第11～20届（1989—1998年）

如图4-3（a）所示，同上述分析原理，累积贡献率结果表明，当提取的主成分个数为6个时，累积贡献率为91.243%。说明所提取的前6个主成分的解释能力为91.243%，已经能够充分反映原变量所包含的绝大部分信息。

如图4-3（b）所示，由主成分分析结果可知，在普利兹克建筑奖的第11～20届中，各个主成分较第1～10届相比呈现出明显变化。其中，第1个主成分包含的变量比上一阶段多了4个，且更加注重建筑作品本身的风格和创新，建筑作品所体现的社会人文因素依然占有重要地位，建筑作品的"前沿与推广""社会责任"也进入首要考虑的范围，可以认为此阶段评委更加注重建筑作品所要传递的思想；第2个主成分包含有："师承关系""圈内人脉""工作经历""教育背

变量	初始特征值			旋转载荷平方和		
	总计	方差百分比（%）	累积（%）	总计	方差百分比（%）	累积贡献率（%）
1	7.565	37.825	37.825	4.595	22.976	22.976
2	3.525	17.626	55.451	3.967	19.833	42.809
3	2.980	14.901	70.352	3.291	16.457	59.266
4	1.920	9.602	79.953	2.942	14.708	73.974
5	1.610	8.049	88.002	2.343	11.714	85.688
6	1.264	6.322	94.324	1.727	8.637	94.324

（a）

变量	主成分					
	1	2	3	4	5	6
圈内人脉	0.845					
网络索引	0.828					
宣传展览	0.795					
获奖情况	0.777					
师承关系	0.735					
风格形式	0.520					
类型范围		0.873				
作品数量		0.839				
工作经历		0.670				
创新性			0.501			
结构			0.967			
技术			0.957			
前沿与推广			0.594			
本土与地域				0.950		
教育背景				0.680		
社会责任				0.638		
材料				0.556		
思想体系					0.866	
文献发表					0.647	
节能环保						0.931

（b）

图4-2　第1～10届普奖获奖因素分析结果示意图

组件	初始特征值			旋转载荷平方和		
	总计	方差百分比（%）	累积（%）	总计	方差百分比（%）	累积贡献率（%）
1	8.037	40.187	40.187	7.213	36.063	36.063
2	3.711	18.557	58.744	2.852	14.261	50.324
3	2.450	12.248	70.992	2.831	14.157	64.481
4	1.912	9.560	80.552	1.888	9.439	73.920
5	1.105	5.525	86.077	1.866	9.330	83.250
6	1.033	5.167	91.243	1.599	7.993	91.243

（a）

变量	主成分					
	1	2	3	4	5	6
风格形式	0.979					
创新性	0.917					
宣传展览	0.909					
网络索引	0.872					
思想体系	0.821					
获奖情况	0.803					
节能环保	0.764					
前沿与推广	0.686					
社会责任	0.638					
文献发表	0.590					
师承关系		0.905				
圈内人脉		0.722				
工作经历		0.710				
教育背景		0.701				
结构			0.943			
技术			0.940			
材料			0.700			
作品数量				0.928		
本土与地域					0.797	
类型范围						0.884

（b）

图4-3 第11～20届普奖获奖因素分析结果示意图

景”4个变量，即建筑师个人的经历和背景也起到重要作用；第3个主成分包含有：“材料”“技术”“结构”，为建筑作品特性方面的因素。剩余3个主成分分别各有1个变量。

由此看出，在第二阶段，评委更加看重建筑作品本身的特点、作品所体现的社会效益、建筑师个人的经历等方面成就。

3. 第21～30届（1999—2008年）

如图4-4（a）所示，同上述分析原理，累积贡献率结果表明，当提取的主成分个数为6个时，累积贡献率为91.836%。说明所提取的前6个主成分的解释能力为91.836%，已经能够充分反映原变量所包含的绝大部分信息。

如图4-4（b）所示，由主成分分析结果可知，在普利兹克建筑奖的第21～30届中，各个主成分较第11～20届相比也有较明显变化。其中，第1个主成分中，“前沿与推广”对其解释作用最大，即建筑作品的适用性和前瞻性成为首要考虑因素，其次是建筑社会人文方面因素；第2个主成分中，作品本身反映的“思想体系”“创新性”是评委考虑的主要的因素；其他主成分中，如：建筑作品的“材料”“技术”“结构”，以及建筑师个人的背景等变量，较前两个阶段的重要性有所下降。

由此看出，在第三阶段，评委更加注重建筑作品的创新性及前沿性。

4. 第31～40届（2009—2018年）

如图4-5（a）所示，同上述分析原理，累积贡献率结果表明，当提取的主成分个数为6个时，累积贡献率为89.657%，说明所提取的前6个主成分的解释能力为89.657%。虽然没有如前3个阶段的高累积贡献率，但是依然超过了85%的常规标准，因此可以认为提取出的此6个主成分有较好的解释能力。

如图4-5（b）所示，由主成分分析结果可知，在普利兹克建筑奖的第31～40届中，各个主成分较第21～30届相比也有所不同。其

组件	初始特征值			旋转载荷平方和		
	总计	方差百分比（%）	累积（%）	总计	方差百分比（%）	累积贡献率（%）
1	8.139	40.694	40.694	4.707	23.536	23.536
2	3.115	15.573	56.267	3.572	17.858	41.395
3	2.367	11.834	68.102	2.843	14.214	55.608
4	2.258	11.290	79.392	2.529	12.644	68.252
5	1.359	6.796	86.188	2.432	12.158	80.410
6	1.130	5.649	91.836	2.285	11.426	91.836

（a）

变量	主成分					
	1	2	3	4	5	6
前沿与推广	0.903					
获奖情况	0.839					
网络索引	0.808					
圈内人脉	0.742					
作品数量	0.692					
宣传展览	0.669					
文献发表		0.958				
思想体系		0.835				
创新性		0.699				
类型范围		0.580				
节能环保			0.959			
社会责任			0.735			
风格形式			0.726			
技术				0.871		
结构				0.665		
材料				0.622		
工作经历					0.561	
师承关系					0.876	
教育背景					0.771	
本土与地域						0.936

（b）

图4-4　第21～30届普奖获奖因素分析结果示意图

组件	初始特征值			旋转载荷平方和		
	总计	方差百分比（%）	累积（%）	总计	方差百分比（%）	累积贡献率（%）
1	4.600	23.001	23.001	3.955	19.777	19.777
2	4.206	21.028	44.029	3.363	16.815	36.592
3	3.193	15.963	59.993	3.229	16.146	52.738
4	2.954	14.769	74.762	2.915	14.573	67.311
5	1.647	8.236	82.998	2.826	14.130	81.441
6	1.332	6.659	89.657	1.643	8.216	89.657

（a）

变量	主成分					
	1	2	3	4	5	6
前沿与推广	0.955					
技术	0.879					
创新性	0.777					
本土与地域	0.766					
结构	0.704					
作品数量		0.948				
思想体系		0.901				
师承关系		0.652				
材料			0.860			
节能环保			0.833			
社会责任			0.783			
风格形式			0.723			
宣传展览				0.938		
网络索引				0.779		
圈内人脉				0.657		
教育背景				0.591		
文献发表					0.923	
获奖情况					0.696	
类型范围						0.959

（b）

图4-5　第31～40届普奖获奖因素分析结果示意图

中，第1个主成分中，“前沿与推广”仍占有重要地位，其次是“技术”“创新性”“本土与地域”“结构”4个变量，此阶段第1个主成分中评价标准所反映的内容较前三个阶段更为宽泛；第2个主成分中，作品的“思想体系”和“作品数量”也是重要的评价因素；第3个主成分中，包含有反映作品特征和社会人文方面的内容，社会人文方面因素的重要性较前三个阶段逐渐降低，但仍然是一个重要的评价考量。

综上四个时间段的分析可知，尽管每个阶段评委的主要评价标准侧重点都会发生一定程度变化，但其中建筑本身的特点则一直是评价的重点。

4.3 获选人选取

通过以上章节对普利兹克建筑奖已获奖者特征数据、评委特征数据、与其他主要国际建筑奖项等多视角比较分析结果，及其所形成对普利兹克建筑奖发展趋势的研究总结。以此为依据，建立普利兹克建筑奖候选人选取标准，形成候选人范围及其数据信息资源。

4.3.1 候选人来源及范围确定

目前，主要通过查找“百度百科”、https://www.archdaily.com、“谷德设计网”等国内外网站及《世界建筑》等国内知名期刊，进行候选人信息数据收集。并采用如下步骤进行候选人范围确定。

1. 选取指标

以已有44届51位获奖者相关信息数据及所形成的普利兹克建筑奖发展趋势为参照，主要从知名度、年龄、性别、潜力等方面作为候选人选取指标。具体包括：

关键词：可持续性、场所营造、材料与技术、社会人文关怀、回应历史传统和场所环境；

知名建筑：多次获奖的建筑数量；

多重身份：建筑设计师、协会会员、奖项评委、重量级官职、学校教授；

所获奖项：按区级、市级、国家级、国际级、国际重要奖项分级；

用户评价：无安全事故、使用感受良好、项目完成度高、美观度高、经济实惠；

执业年限：10年为一级（包括事务所成立前建筑师执业年限）。

2. 网络信息资源获取方法

（1）利用浏览器获取信息。利用网络浏览器来查询信息，目前最常使用是www服务器，IE浏览软件也有较广泛应用。用户只需要在地址栏中输入定位符，即可获得想要的服务方式地址，以浏览该网站的网址。

（2）运用搜索引擎获得分类信息资源。搜索引擎系统很多，主要功能包括：可能够免费上网、有较完整的分类体系、网址链接种类多、可以分类检索、输入关键词就能够进行简单查询等。但网上搜索引擎也存在一定缺陷与不足，其覆盖范围也较有限。

（3）运用数据挖掘技术获取信息资源。数据挖掘技术是处理动态数据中一个很好的方法，对于搜集高质量信息具有较明显的优势。由数据挖掘所得到的信息通常具有先前未知、有效及实用性特征。

3. 候选人范围初步确定

以分析《世界建筑》期刊文章信息为例，探讨候选人范围确定方法。研究中，主要采用“作者分析”（项目型文章）和“关键词分析”（人物研究型文章）两种方法，对近10年《世界建筑》期刊所有文章中提及的国内外著名建筑师进行信息汇总。首先，分析普利兹克建筑奖获奖者在获普利兹克建筑奖前是否在此期刊中曾有报道，及其具体出现频次和与获普利兹克建筑奖的时间差；进一步，由上述普利兹克建筑奖获奖者与《世界建筑》期刊中相关信息的关联性分析、总结，提出候选人范围，也可结合普利兹克建筑奖获奖趋势分析，将建筑师搜寻范围缩小到近3～4年期刊报道所涉及的建筑师；最后，根据已确定的评价因子，对已上候选建筑师做进一步筛选，初步确定出候选人范围。

4. 层次分析法（AHP）选取候选人

层次分析法（AHP）是一种解决多目标复杂问题的定性与定量相结合的决策分析方法。通过决策者（研究组成员）的经验，判断各衡量目标之间能否实现标准之间的相对重要程度，并合理地给出每个决策方案每个标准的权数。利用权数求出各方案的优劣次序，可以较有效地应用于那些难以用定量方法解决的问题。主要步骤为：①建立递阶层次结构；②计算单一准则下元素相对重要性（单层次模型）；③计算各层次上元素的组合权重（层次总排序）；④评价层次总排序计算结果的一致性。

由于层次分析方法既不是单纯地追求高深数学，也不是片面地注重行为、逻辑、推理，而是将定性方法与定量方法有机结合起来。因此，运用该方法适于我们从初步确定选候选人范围中，进一步选出综合得分最高的建筑师及团队。

4.3.2 主要参照因素

在候选人初选过程中，可将以下六个方面作为主要参照因素。

1. 是否担任过普利兹克建筑奖评委

根据本书第1、2章相关分析总结，可以看出，获奖者与评委之间存在一定关联性。例如，已有51位获奖者中有6位是在担任评委后获得普利兹克建筑奖。因此，我们可以将担任过普利兹克建筑奖评委但还未获奖的建筑师，作为候选人的一项评选依据，选取出如：西萨·佩里、乔治·西维蒂、卡洛斯·希门尼斯、尤哈尼·帕拉斯马、张永和等作为候选人。

2. “高热度”建筑师

近年来，人们对地域性建筑师的关注度持续增高，可将这类建筑师归为“小众黑马组”，即“高热度”建筑师。尽管目前对其所呈现的“政治正确性”仍存在不同态度，但不可否认的是，如果通过一个奖项能够提高人们对世界各地以更朴实方式解决现实问题者的关注度，同时提升建筑行业的多样性，也是一件值得称赞的事。因此，以此作为候选人的一项评选依据，选取出如：武重义、大卫·阿加叶、Smiljan Radic、比乔伊·杰恩、迪埃贝多·弗朗西斯·凯雷等作为候选人。

3. 女性建筑师

继2004年普利兹克建筑奖获奖者扎哈·哈迪德之后，2020、2021年再次迎来两届女性建筑师获奖者，即2020年获奖者爱尔兰Grafton Architects建筑事务所合伙人伊凡娜·法瑞（Yvonne Farrell）和谢莉·麦克纳马拉（Shelley McNamara），以及2021年获奖之一的安妮·拉卡顿。这使得女性建筑师的热度相比往年增长不少。因此，在候选人选取中我们也相应增加一定比例的女性建筑师，选取出如：珍妮·甘、塔蒂亚娜·毕尔巴鄂、Frida Escobedo、Rozana Montiel、Carla Juaçaba等作为候选人。

4. 网红建筑师

相较于耳熟能详的明星建筑师而言，“网红建筑师”在快速消费的时代背景之下显得更加年轻张扬，他们的出现似乎时刻代表着热点和时尚。在普利兹克建筑奖评选宗旨所体现的“呼应建筑时代的发展变化”条件下，深受年轻人追捧的这一组建筑师若能与普利兹克建筑奖所推崇的精髓相碰撞，也是一种可尝试的思路。由此选取出如：比亚克·英格斯、马岩松、托马斯·赫斯维克等作为候选人。

5. 建筑师事务所

近年来，普利兹克建筑奖趋势呈现愈加小众同时，也开始青睐于同一事务所的合伙人，他们通常有经年而深沉的设计理念及大量共同完成的建筑作品。因此，在候选人选取中建筑事务所也是必不可少的。由此选取出如：MVRDV事务所、Diller Scofidio＋Renfro事务所、Aires Mateus事务所、赛尔加斯卡诺、UNStudio事务所、caruso st john事务所、大舍建筑设计事务所等作为候选人。

6. 业界大师

一直以来，一些我们所熟知的建筑大师的理论研究对建筑行业产生着深远影响。他们是业界权威，德高望重且资质深厚，有着崇高的地位，同样也具有较强获奖实力。由此选取出如：赫曼·赫茨伯格、斯特法诺·博埃里、丹尼尔·里伯斯金、吉安卡洛·马扎尼、沃尔夫·狄·普瑞克斯、摩西·萨夫迪、彼得·库克、彼得·艾森曼、拉斐尔·维诺利、伯纳德·屈米等作为候选人。

4.3.3 热门候选人汇总

2015—2022年间，笔者已组织开展63组相关预测研究，累计选出涉及35个国家的168位获选人，累计获提名次数≥3的热门候选人有54位，如表4–1所示。其中，累计获提名次数≥10的候选人有17人，依

表4–1 2015—2022年普奖热门候选人汇总表

候选人	国籍	出生年	累计提名次数	备注
斯蒂文·霍尔	美国	1947	27	建筑师
张永和	中国	1956	25	建筑师
藤本壮介	日本	1971	24	建筑师
隈研吾	日本	1954	21	建筑师
马岩松	中国	1975	21	建筑师
圣地亚哥·卡拉特拉瓦	西班牙	1951	19	建筑师、桥梁工程师
武重义	越南	1976	18	建筑师
珍妮·甘	美国	1964	17	建筑师
比雅克·英格斯	丹麦	1974	16	建筑师

续表

候选人	国籍	出生年	累计提名次数	备注
迪埃贝多·弗朗西斯·凯雷	布基纳法索	1965	15	建筑师，2022年普奖获奖者
托马斯·赫斯维克	英国	1971	15	建筑师
刘家琨	中国	1956	14	建筑师
丹尼尔·里伯斯金	波兰	1946	14	建筑师
伯纳德·屈米	瑞士（有法国、美国国籍）	1944	12	建筑师
摩西·萨夫迪	加拿大籍以色列裔	1938	12	建筑师
崔愷	中国	1957	11	建筑师
戴卫·艾伦·奇普菲尔德	英国	1953	11	建筑师
西萨·佩里	阿根廷	1926	9	建筑师，2019年去世
李晓东	中国	1963	9	建筑师
大卫·阿加叶	英籍加纳裔	1967	9	建筑师、艺术家
克里斯蒂安·克雷兹	瑞士	1962	8	建筑师
石上纯也	日本	1974	8	建筑师
山本理显	日本	1945	7	建筑师
杨经文	马来西亚	1948	7	建筑师
马里奥·博塔	瑞士	1943	7	建筑师
阿尔伯特·坎波·巴埃萨	西班牙	1946	7	建筑师
彼得·库克	英国	1936	6	建筑师
矶崎新	日本	1931	5	建筑师，2019年普奖获奖者
威尔·阿列茨	荷兰	1955	5	建筑师、工业设计师
谷口吉生	日本	1937	5	建筑师
谢英俊	中国台湾	1954	5	建筑师
UNStudio事务所	荷兰	1988年创办	4	城市化、基础设施、公共/私人及设备建筑等领域

续表

候选人	国籍	出生年	累计提名次数	备注
张轲	中国	1970	4	建筑师
周恺	中国	1962	4	建筑师
何镜堂	中国	1938	4	建筑师
塔蒂亚娜·毕尔巴鄂	墨西哥	1972	4	建筑师
张雷	中国	1964	4	建筑师
尼古拉斯·格雷姆肖	英国	1939	4	建筑师
克里斯多夫·英恩霍文	德国	1960	4	建筑师
gmp建筑事务所	德国	1965年创办	4	建筑师
安托内·普雷多克	美国	1936	3	建筑师
多米尼克·佩罗	法国	1953	3	社会科学院历史系硕士
承孝相	韩国	1952	3	建筑师
埃萨·皮罗宁	芬兰	1943	3	建筑师
查尔斯·柯里亚	印度	1931	3	建筑师
尤哈尼·帕拉斯玛	芬兰	1936	3	建筑师
斯特法诺·博埃里	意大利	1956	3	建筑师
德尼斯·岚明	法国	1949	3	建筑师
黄声远	中国台湾	1963	3	建筑师
比乔伊·杰恩	印度	1965	3	建筑师
伊丽莎白·迪勒	美国	1954	3	建筑师
塞尔加斯·卡诺事务所	西班牙	1998年创立	3	持着“低调”“不过度曝光”，甚至有一些“神秘”的建筑事务所（夫妻创办）
安娜·赫林格	奥地利	1977	3	建筑师
奥雷·舍人	德国	1971	3	建筑师

次为：美国建筑师斯蒂文·霍尔（27次）、中国建筑师张永和（25次）、日本建筑师藤本壮介（24次）、日本建筑师隈研吾（21次）、西班牙建筑师圣地亚哥·卡拉特拉瓦（19次）、中国建筑师马岩松（18次）、丹麦建筑师比雅克·英格斯（15次）、越南建筑师武重义（18次）、美国建筑师珍妮·甘（17次）、丹麦建筑师比雅克·英格斯（16次）、布基纳法索建筑师迪埃贝多·弗朗西斯·凯雷（15次）、英国建筑师托马斯·赫斯维克（15次）、中国建筑师刘家琨（14次）、波兰建筑师丹尼尔·里伯斯金（14次）、波兰建筑师丹尼尔·里伯斯金（14次）、瑞士建筑师伯纳德·屈米（12次）、加拿大建筑师摩西·萨夫迪（12次）、中国建筑师崔愷（11次）、英国建筑师戴卫·艾伦·奇普菲尔德（11次）。此外，在168位获选人中女性建筑师合计为17人。

值得一提的是：在2019年普利兹克建筑奖获奖者矶崎新获奖之前，曾有5个研究小组将其确定为候选人。其中，2018年的1个研究小组通过离散选择法，分析得出矶崎新在2019年普利兹克建筑奖获奖预测中排名第一的结果，即在当年预测成功；2017年的1个研究小组也曾通过因子分析法的综合评定，分析得出矶崎新排名第三的结果。

在2022年普利兹克建筑奖获奖者迪埃贝多·弗朗西斯·凯雷获奖之前，曾有15个研究组将其确定为候选人。其中，2021年的2个研究小组分别通过因子分析法、因子分析＋层次分析法，分析得出迪埃贝多·弗朗西斯·凯雷在2022年普利兹克建筑奖获奖预测中排名第一的结果，即在当年预测成功；2021年的1个研究小组通过K–均值聚类＋系统聚类法的综合评定，分析得出迪埃贝多·弗朗西斯·凯雷排名第三的结果；2020年的1个研究小组通过因子分析法（主观因素），分析得出迪埃贝多·弗朗西斯·凯雷排名第一的结果；2020年的1个研究小组通过因子分析＋主成分分析法，分析得出迪埃贝多·弗朗西斯·凯雷排名第二的结果；2019年的2个研究小组分别通过因子分析法，得出迪埃贝多·弗朗西斯·凯雷排名第二的结果。

此外，在2021年普利兹克建筑奖获奖者安妮·拉卡顿和让·菲利普·瓦萨尔获奖之前，曾有2个研究小组将其确定为候选人。

4.4 候选人特征评价及可视化表达

研究中，我们同样将可视化分析方法应用于候选人选取过程，使得相关特征信息以数据化方式形成更清晰、准确的表达。以一组研究为例，在候选人选取中，研究小组首先通过对58个（一般≥50个）来自不同国家建筑师、事务所进行检索，依据不同特征类别初步筛选，得到如下4个候选人／事务所：美国墨菲西斯（Morphosis）事务所、日本建筑师森俊子（Toshiko Mori）、西班牙Nieto & Sobejano事务所、中国大舍建筑设计事务所（图4-6）。进一步，以获奖者相关信息数据及近年来普利兹克建筑奖发展趋势为参照，对此4个候选人／事务所做特征信息可视化分析表达，形成综合对比。

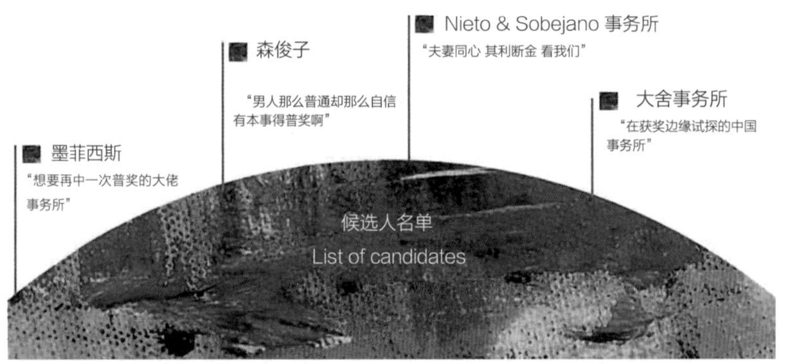

图4-6 候选人／事务所初筛结果示意图

1. 美国墨菲西斯事务所

墨菲西斯事务所是由Arne Emerson（蒙大拿州立大学建筑学学士、硕士）、Brandon Welling（鲍尔州立大学-柏林工业大学建筑学学士、环境设计硕士）、Thom Mayne（南加州大学建筑学学士、哈佛大学建筑学硕士，2005年普利兹克建筑奖获得者）、Ung-Joo Scott Lee（康奈尔大学理学学士、密歇根大学建筑学硕士）、Eui-Sung Yi（康奈尔大学理学学士、哈佛大学建筑学硕士）五位联合创始人创办。Morphosis的中文翻译是“形态生成”，来源于希腊语，最初是生物学界的术语。他们倡导的理念是：建筑与很多影响因素结合时，它只会论及一个仅仅在此时此地，与这里的人相关的方案和情况，而这个过程的成果是异常独特的。

自1972年事务所成立以来，该事务所已完成如：卡萨布兰卡金融城大楼、库伯学院科学与艺术大楼、加州理工学院天文学和天体物理学卡希尔中心等大量代表性实践项目，从建筑形态、空间组织、能源保护利用、城市可持续发展等方面形成了重要引领性实践成果。

结合已有对普利兹克建筑奖宗旨及历届已获奖者特征信息分析，总结得到：可持续性、社会人文关怀、空间场所营造、材料与技术、回应历史传统和场所环节，可作为5个重要评价因子（特征关键词），并将其与墨菲西斯事务所代表性作品中所体现的相应关键词做占比分析，得到如图4–7所示可视化分析图。

2. 日本建筑师森俊子

森俊子为日本女性建筑师。1976年毕业于纽约库珀联盟大学建筑学院，1981年在纽约创立了森俊子建筑事务所；1983年在库珀联合建筑学院任教，2002—2008年在哈佛大学设计研究生院担任建筑系主任。

森俊子曾提出：项目和它所处的场地具有联系，无论是在城市还是郊区之中，解决项目的物质性非常重要；每次都在改变，从不保持相同的形式；所有新的建筑都是一次发明，每一个项目都从零开始；从不强加某种特定形式。她还强调：细节是概念、程序、技术、工程、构造、物质性，所有这些要素融合在一起的东西。同时，在不同的项目中专注于不同的细节，处理细节的方式不同；想法在细节中，形式是携带想法和意图的细节。这些设计理念，在她主持的如塞内加尔艺术家新住宅、Fass校园和教师公寓等大量设计实践中都得到充分诠释。

以同样的方法，研究小组将候选人森俊子代表性作品所相应体

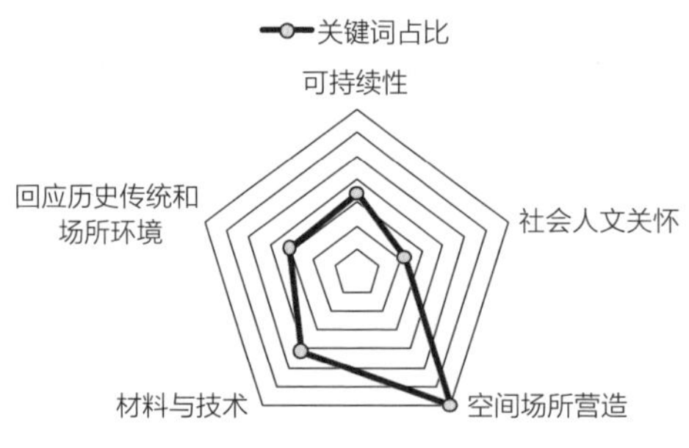

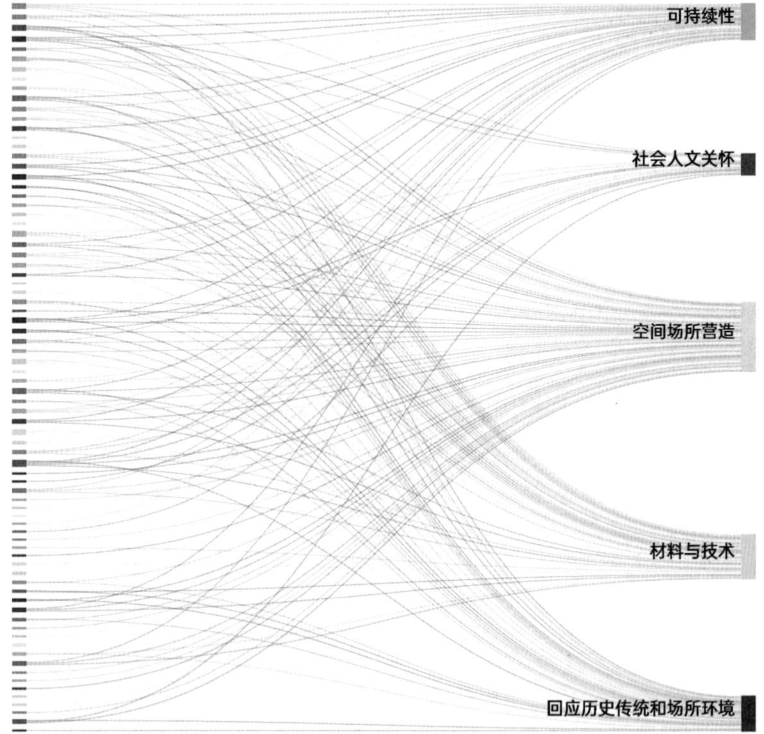

图4-7　墨菲西斯事务所代表性作品关键词占比分析图

现出的5个重要评价因子（特征关键词）做占比分析，得到如图4-8所示可视化分析图。

3. 西班牙Nieto & Sobejano事务所

西班牙建筑师Fuensanta Nieto（女）和 Enrique Sobejano，两人同为1983年毕业于马德里政治学院与哥伦比亚大学建筑学院；1985年

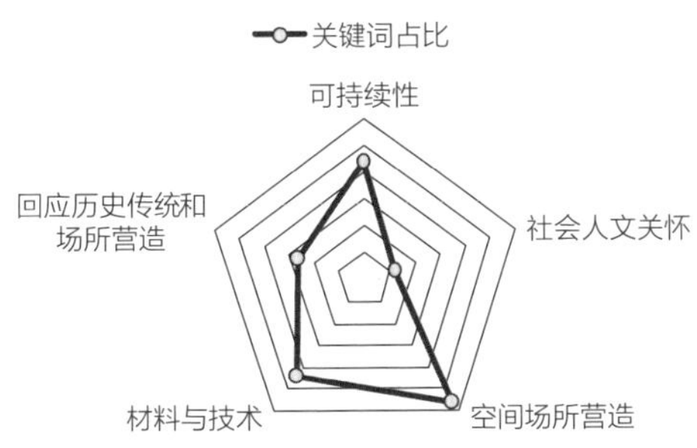

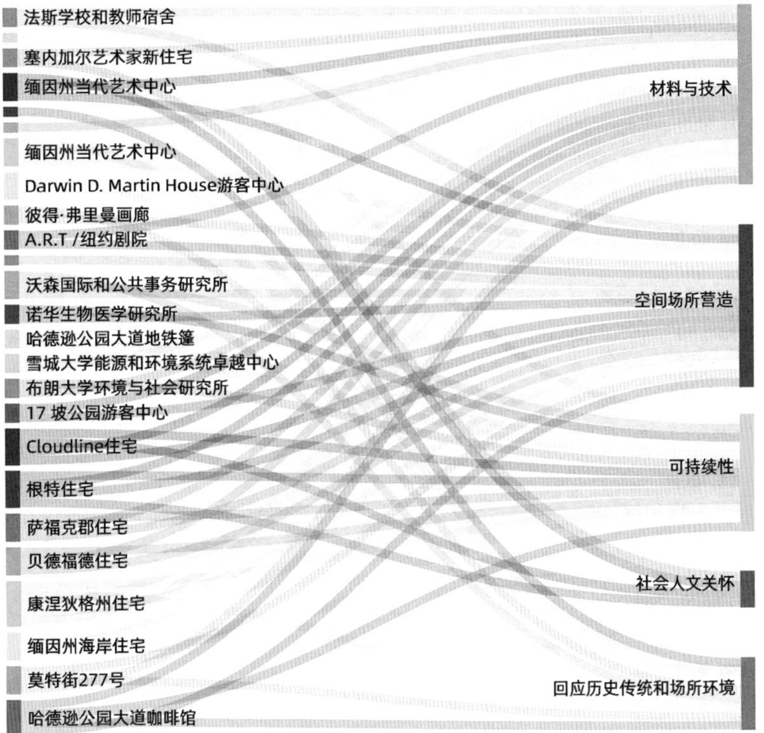

图4-8　森俊子代表性作品关键词占比分析图

共同创立Nieto & Sobejano事务所。他们曾被评价为继承了“新西班牙建筑”所有特点的一代建筑师。

Nieto & Sobejano事务所的作品大多是采用基于一种母题式的设计手法，由一个简单的形体出发，通过一系列变化衍生出复杂多变的建筑形态。他们的作品大多分布于古老城区，对历史建筑的特殊场地进行设计和建造，并在历史记忆中融入当代语汇。形成了以建筑为媒介链接起过去、现在与未来，达到记忆与创造的微妙平衡。如：莫里茨堡、扎赫拉城博物馆等大量建筑作品。

以同样的方法，研究小组将候选人Nieto & Sobejano事务所的代表性作品所相应体现出的5个重要评价因子（特征关键词）做占比分析，得到如图4-9所示可视化分析图。

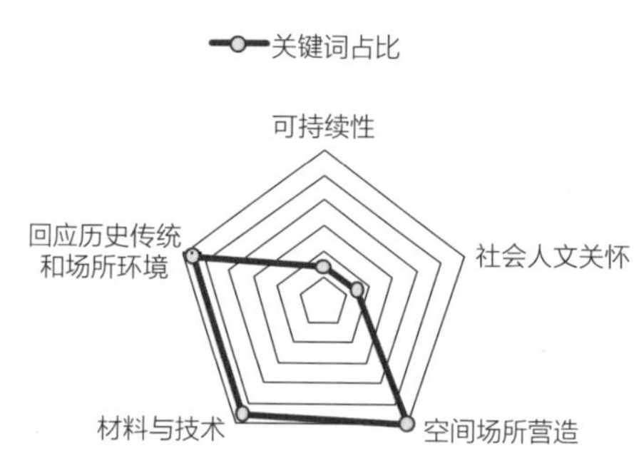

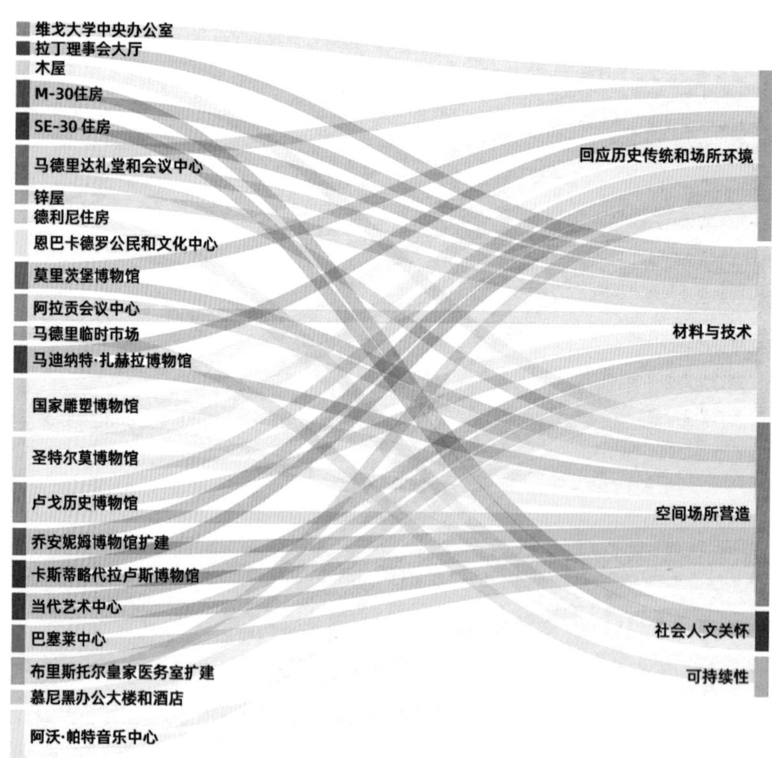

图4-9　Nieto & Sobejano事务所代表性作品关键词占比分析图

4. 中国大舍建筑设计事务所

大舍事务所是由中国建筑师柳亦春、陈屹峰、庄慎三人于2001年在上海成立；三人同为同济大学建筑学硕士。目前事务所合伙人为柳亦春和陈屹峰两人。

他们将“即境即物，即物即境”作为设计理念，“即”意为接近，“境”是指一个空间及其氛围的存在，而“物”是指建筑的实体。其建筑历程本质上是对“境”与“物”两个建筑本体构成元素的探寻。大舍建筑事务所的设计实践主要分为三个阶段：第一阶段“初创期”（2001—2002年），关注项目功能性元素的安排，作品表现出强烈的现代主义特征，如三联宅、东莞理工学院；第二阶段“即境”（2003—2010年），塑造以江南地区为原型的空间模式与集合关系，如夏雨幼儿园；第三阶段“即物”（2010年至今），关注建筑物质层面的内容，如龙美术馆等对黄浦江两岸工业场址进行改造与新建项目。其中，以龙美术馆为分界，前后作品形成强烈差异，之前的设计策略更倾向于“境”的营造，而其后的作品中“物”的构筑占据更重要的位置。

以同样的方法，研究小组将大舍事务所的代表性作品所相应体现出的5个重要评价因子（特征关键词）做占比分析，得到如图4–10所示可视化分析图。

由此，通过对以上4个候选人／事务所的相关特征信息数据进一步对比、总结，分别得到从业时间与作品数量量化分析图（图4–11）、代表性作品数量及地区分布比较分析图（图4–12）、代表性作品关键词占比比较分析图（图4–13），多角度形成更直观的可视化表达。

小结

社会及生活的飞速发展中城市建设日新月异，作为具有权威性的国际建筑奖项，普利兹克建筑奖的风向标也由关注建筑的艺术性和建造技法，逐渐向更多维度的考量转变。本章是对普利兹克建筑

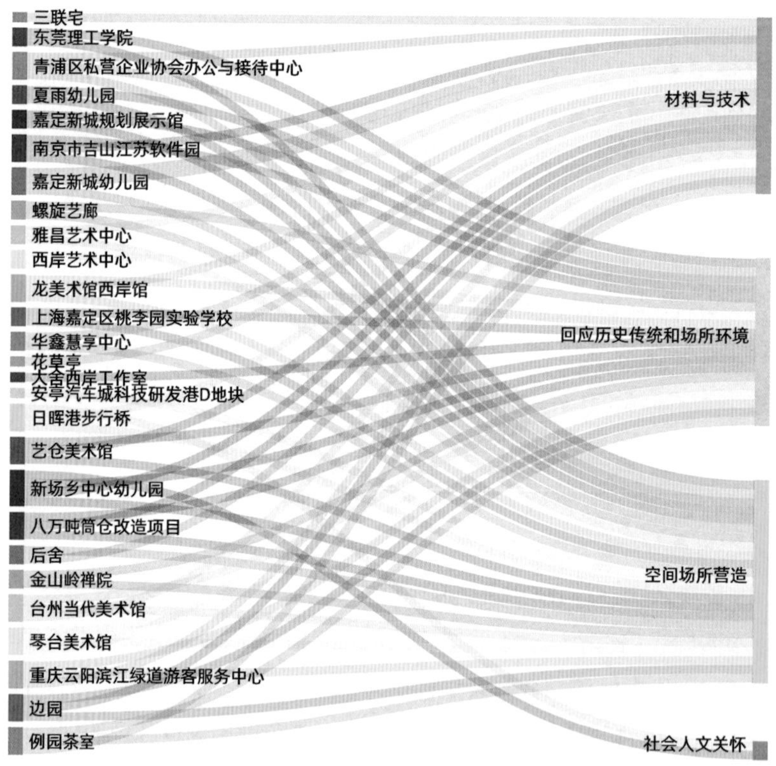

图4-10　大舍事务所代表性作品关键词占比分析图

奖创办背景、评奖宗旨、已获奖者及其作品特征、历届评委会组成及评委背景、评获奖审辞等相关信息资料的系统分析基础上，系统总结、提炼出获奖重要影响因素及相关特征关键词，形成并提出自1979年创办以来普利兹克建筑奖整体发展特征及趋势总结。

从获奖评审辞分析可以看出，评委会成员对建筑作品周围环境

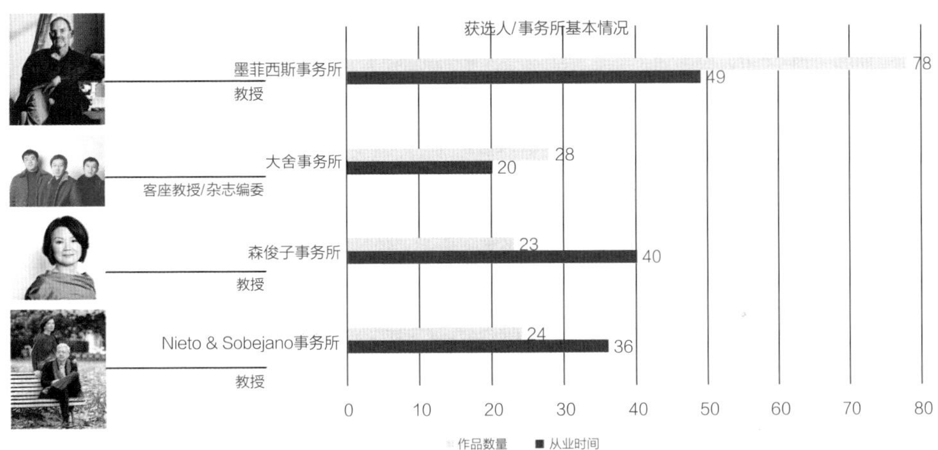

图4-11　4个候选人／事务所从业时间与作品数量量化分析图

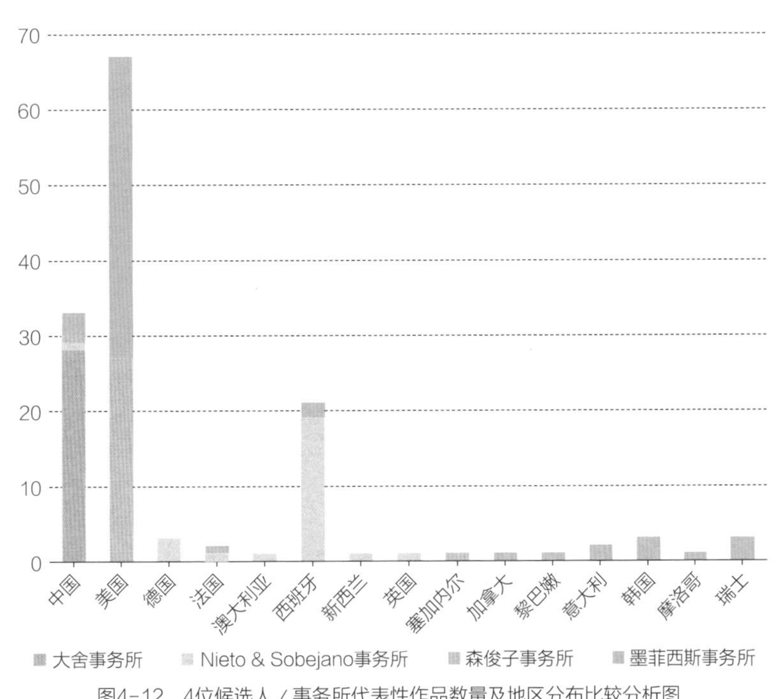

图4-12　4位候选人／事务所代表性作品数量及地区分布比较分析图

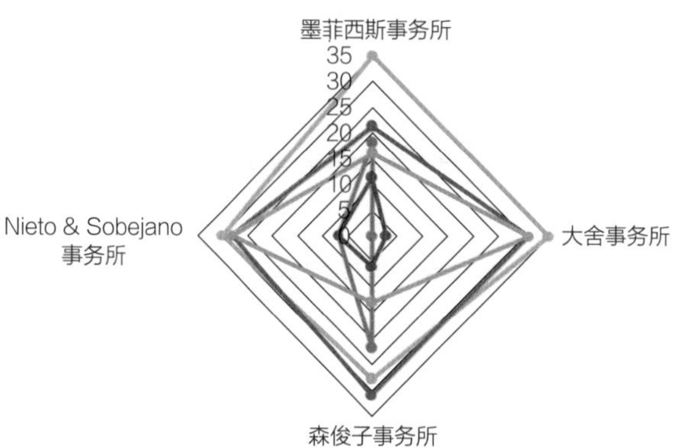

图4-13　4位候选人／事务所代表性作品关键词占比比较分析图

的关注呈现出一种明显的趋势变化。从早期一个原始的概念，如“周围环境”，逐渐演变为对城市或更大范围建筑背景的关注；再到气候、自然对建筑影响的关注；进而发展为对可持续性材料的优化运用、能源消耗等更新概念的关注。即与创立初期评委会将建筑视为一个独立的个体，关注其艺术性和建造技法相比，普利兹克建筑奖评选已逐渐向更多地关注建筑环境、城市化及可持续等方面发展。

同时，以此为依据，进一步探讨各研究过程中候选人选取方法及其主要可参考因素，以可视化分析方法应用形成对比总结。为候选人的选取及评价提供更为客观、全面的思考角度及方法借鉴。

5

多元统计分析法评价体系

5.1 多元统计分析法在建筑领域应用模式

在科学技术飞速发展的今天，统计学广泛吸收和融合相关学科的新理论，不断开发应用新技术和新方法，深化和丰富了统计学传统领域的理论与方法；同时，统计科学与其他科学渗透将为统计学的应用开辟新的领域。

目前，在建筑领域多元统计分析法的研究应用主要涉及：建筑热点词的统计分析、建筑施工事故的统计分析、建筑变形的统计分析、获奖建筑的统计分析、建筑设计成本的统计分析、建筑技术专利的统计分析、建筑火灾源的统计分析等。其中，关于建筑获奖的统计分析主要为：获奖数量统计、地域分布统计、建筑类型统计、获奖设计单位统计等研究应用类型。

5.1.1 应用类型模式

基本的统计分析是指对数据集进行描述绘图报表的统计分析方法，是连续性统计描述应用最多的一个过程。可将原始数据转换成标准z得分，并以变量形式存入数据表供之后的分析。因此，本书涉及多元统计分析法（SPSS）基本研究框架主要由基本操作与数据处理、数据简化预测分析及其他技术、数据描述与绘图报表三项工作环节组成。其中，“基本操作与数据处理”主要包括：数据录入与获取、数据转换与处理、其他基本操作；“数据简化、预测分析及其他技术”主要包括：主成分与因子分析、聚类分析、多维量表分析、回归分析、判别与树形分析、其他统计与检验程序；“数据描述、绘图与报表”主要包括：单变量与多变量、平均数与方差分析、报表与绘图（图5-1）。

5.1.2 研究路线

对于建筑获奖趋势预测，本身即是一种将建筑的感性认知、语言描述、图形表达，通过，可量化的数据表达方式进行转变、表达，并完成总结、评分的过程。

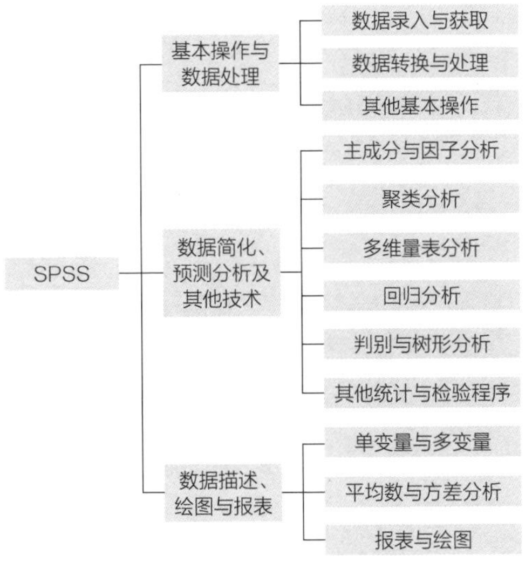

图5-1　多元统计分析法（SPSS）典型应用模式构架图

因此，本书在大数据思维训练为导向的交叉人才培养理念指导下，以普利兹克建筑奖获奖趋势预测为研究主线，探讨多元统计分析方法在建筑评价中适应性应用模式，提出如下基本研究思路（图5-2）。

1. 基础资料收集

对历届已获奖者的个人简历、设计理念、代表作品、历届评委等相关联因素，及普利兹克建筑奖时代性特征与获奖趋势相关的图文信息资料，进行全面收集。

2. 资料整理分析

通过提炼、总结上述信息，形成数据化凝练及分析表达；根据已获奖者及其作品典型特征因素，初步推测出可能影响获奖的特征变量。

3. 建立可量化评价体系

提炼总结评价因子，确定主客观因子；根据变量制作评分表格，

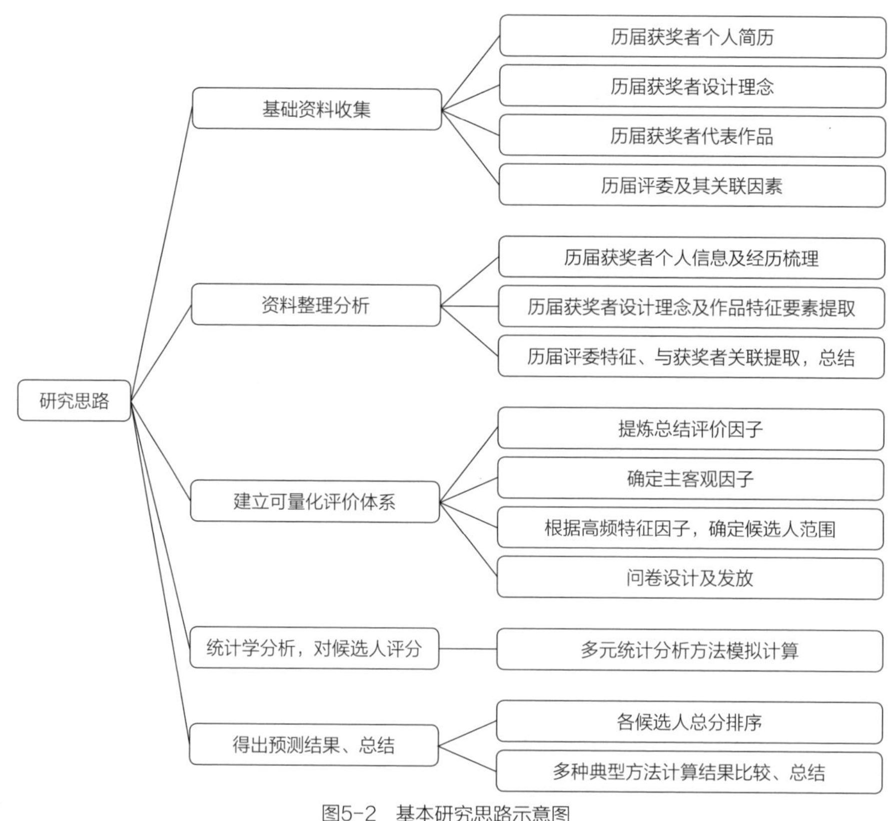

图5-2　基本研究思路示意图

对历届已获奖者进行特征评分；分析表格数据得出高频特征因子，根据高频特征词检索建筑师；进而确定候选人范围。

4. 统计学分析，候选人评分

基于SPSS、Yaaph等软件，可采用多种典型多元统计分析方法模拟计算，形成因子的筛选与权重确定，得出预测评价体系及标准；对获选人以因子对应的各项特征进行打分。

5. 得出预测结果、总结

通过统计学方法分析候选人得分结果，得出最终排名。并进一步比对、总结出几种典型多元统计分析方法在建筑评价中的不同应用条件及适应性，形成相应方法比较。

5.2 评价体系建构及应用步骤

选取因子分析法、聚类分析法、多维标度法、主成分分析法、相关性分析法、最优尺度回归法、判别分析法，7种典型统计分析方法，分别列举说明其在普利兹克建筑奖获奖趋势分析中评价体系建构及应用步骤。

需要说明的是，通常从多元统计分析方法应用角度，建立模型需要提供“历史候选人”，但历届普利兹克建筑奖评选过程中未曾公布候选人。为此，研究中采用模拟方式，选取在当年未获过普利兹克建筑奖，且不在本次候选人名单中的一定数量国内外知名建筑师，作为“历史候选人”，用于建立研究模型。研究中，此“模型”的意义在于发现建筑师特征与是否获奖之间的数量关系。

5.2.1 因子分析法

因子分析是研究从变量群中提取共性因子的统计技术。从原始变量之间相关关系入手，研究如何以最少的信息丢失，将众多原始变量浓缩成少数几个因子变量，以及如何使因子变量具有较强的可解释性的一种多元统计分析方法。因子分析法是研究降维问题的方法。

因子分析更关注所得结果是否与实际问题背景更吻合，新变量含有所有原始变量信息程度的数值可以适当降低，大于60%已符合要求，对新的变量含义的解释效果较好即为好；并注重赋予新变量含义。“关系系数”在0～1之间，越趋近于1，表示关系越紧密，0.5～0.8为重度相关。

目前，因子分析法是本书普利兹克建筑奖获奖趋势预测采用最多、适应性最强的一种统计分析方法。其主要应用步骤见图5-3。

（1）搜集历届获奖者及历史候选人（假定）相关特征信息。其中，假定历史候选人，主要以当年的热门候选人、未获奖评委、拟陪标人、本土建筑师、国外小众建筑师等为选取范围；

（2）制定可能影响获奖的特征变量和反映获奖者获奖结果的综合变量；

（3）根据获奖者主要特点及获奖评审辞，对获奖者的特征变量

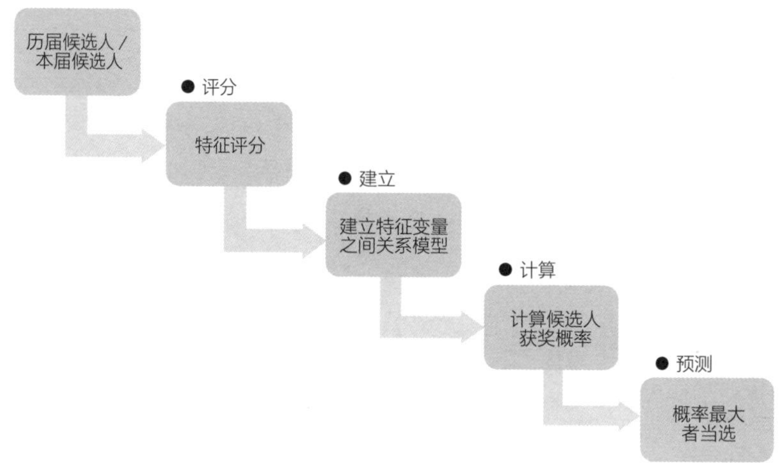

图5-3　因子分析法主要应用步骤示意图

和综合变量进行评分（制评分范围，形成统一标准）；

（4）根据评分结果进行整理和调整数据（纵向数据对比），要求：①确保优势项目分数较高；②摘除极端数据；③同类建筑师因子比较，修整数据；

（5）通过因子分析对特征变量进行降维，提取出影响获奖的影响因子；

（6）通过综合变量和影响因子建立多元线性回归模型，计算出各影响因子的影响权重；

（7）对候选人的影响因子进行评分［同步骤（3）］；

（8）根据拟合好的回归模型，计算出候选人的综合得分（计算获奖概率）；

（9）比较候选人综合得分，得出获奖者预测人选。

5.2.2　聚类分析法

聚类分析法是指将物理或抽象对象的集合分组为由类似的对象组成的多个类的分析过程，是研究分类问题的方法。聚类分析法不要求线性相关。对样本分类尚不能确定时，可将一些相似程度较大的样本聚合成一类。即根据一批样品的多个观测指标，具体找出一些能够度量样品或指标（变量）之间相似程度的统计量；进而，以这些统计量为划分类型的依据，把一些相似程度较大的样品或指标聚合为一类，把另外一些彼此之间相似程度较大的样品或指标聚合为另一类，直到把所有的样品都聚合完毕，形成树状图。

在普利兹克建筑奖获奖趋势预测中聚类分析法主要应用步骤见图5-4。

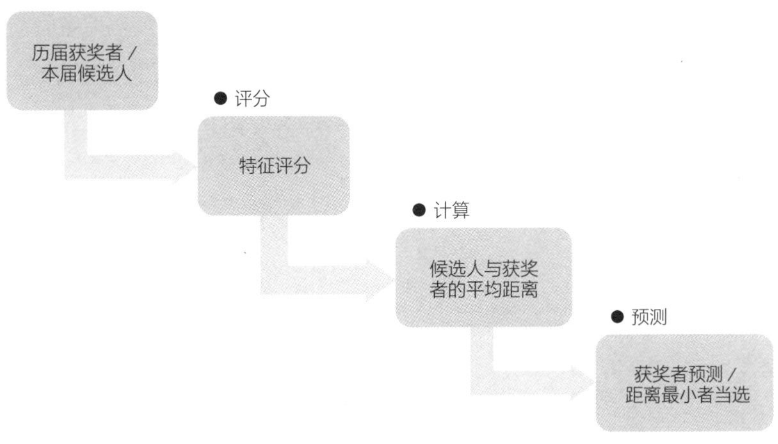

图5-4　聚类分析法主要应用步骤示意图

（1）找出历届获奖者；

（2）找出可能影响获奖与否的所有特征变量；

（3）对每位已获奖者进行特征评价，得出特征评分；

（4）对每位选取出的候选人进行特征评价，得出特征评分；

（5）计算候选人与所有已获奖者之间“距离”，取其平均距离最小者为最有可能获奖。

5.2.3　多维标度法

多维标度法是研究降维问题的方法，是一种将多维空间的研究对象（样本或变量），简化到低维度空间进行定位、分析和归类，同时又保留对象间原始关系的数据分析方法。

主要应用方法是：当n个对象中各对对象之间的相似性（或距离）给

定时，确定这些对象在低维度空间中的表示（感知图Perceptual Mapping），也是一种二位坐标图。并使低维空间中他们距离的远近与在高维空间时距离远近尽可能近似，使得由降维所引起的任何变形达到最小。多维空间中排列的每一个点代表一个对象，因此点之间的距离与对象间的相似性高度相关。即两个相似的对象由多维空间中两个距离相近的点表示，而两个不相似的对象则由多维空间中两个距离较远的点表示。

对于非可量化的因素可采用对应分析法，筛选出具有决定性的非可量化的因素变量。本研究中，可通过计算其距离判断已获奖建筑师与未获奖建筑师、候选人之间的接近程度，是一种更为直观的表现方式。

在普利兹克建筑奖获奖趋势预测中聚类分析法主要应用步骤见图5-5。

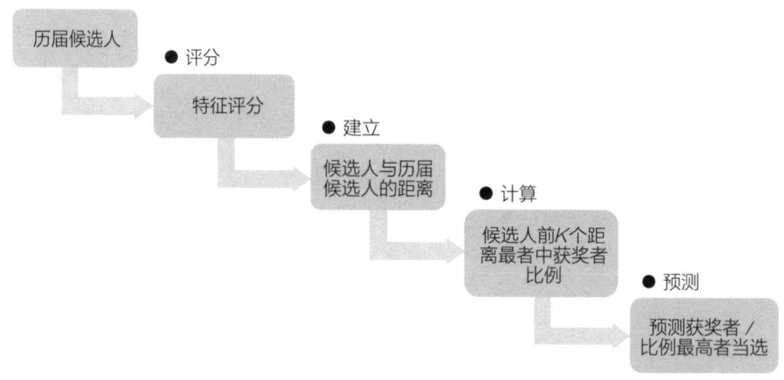

图5-5　多维标度法主要应用步骤示意图

（1）找出所有历届候选人（假定），不论是否获奖；

（2）找出并评价影响他们获奖的所有特征；

（3）对每位选取出的候选人进行同样的特征评分；

（4）计算候选人与历史候选人的距离；

（5）选择前K个距离最小者，计算其中获奖者的比例，比例最高的候选人为最终预测结果。

5.2.4　主成分分析法

主成分分析是研究降维问题的方法，是考察多个变量间相关性一种多元统计方法。为了全面分析问题，往往提出很多与此有关的变量（也称作“因子”或“因素”），每个变量都反映了一定的信息，有些变量之间有一定的相关性，即反映信息有一定的重叠，由于变量太多，我们希望能够利用较少的变量来反映足够多的信息。例如，对于原有的P（≥2）个量X_1，X_2，……，X_P，需要找出K（≤P）个新变量Y_1，Y_2，……，Y_k来代替原始变量，减少重叠信息。要求：一方面，这K个变量是两两不相关，另一方面，在尽可能保持原有信息的基础上，使得K的数量{Y_1，Y_2，Y_3……Y_k}尽量小。即从原始变量中导出少数几个主成分，使它们尽可能多地保留原始变量的信息，且彼此间互不相关。

主成分分析更注重新变量要保持原始变量信息，提取的新变量含有所有原始变量信息程度的数值（合理解释程度）可大于85%；但其缺点是主成分分析通常较难给新变量的含义以合理解释。

在普利兹克建筑奖获奖趋势预测中主成分分析法主要应用步骤为：

（1）计算相关系数阵，检验待分析的变量是否适合做主成分分析；

（2）根据所研究问题的初始变量特征，判断是由协方差阵求主成分还是由相关阵求主成分。一般来说，分析中选择的变量具有不同的计量单位，或变量水平差异较大时，应选择基于相关系数矩阵的主成分分析，否则还是选择协方差阵做主成分分析效果更好；

（3）求协方差阵或相关系数阵的特征根及对应标准化特征向量；

（4）确定主成分个数；

（5）写出主成分的表达式。

5.2.5 相关性分析法

相关性分析法是指对两个或多个具备相关性的变量元素进行分析，从而衡量两个变量的相关密切程度。相关性不等于因果性，也不是简单的个性化。相关性的元素之间需要存在一定的联系或者概率才可以进行相关性分析。常用相关性分析主要包括：Pearson相关性分析和Spearman相关性分析两类，通常采用双变量散点矩阵进行直观的判断。其中，Pearson相关性分析在本研究中更为适用，其使用条件为：①数据为连续变量且成对出现；②数据无异常值；③两组数据之间呈线性相关关系；④数据服从正态分布。

在运用人工智能NLP（Natural Language Processing）进行数据打分时，需要挖掘各项指标间的相关性。在前置分析阶段即要判断其是否适用相关性分析及适用于哪种方法。在普利兹克建筑奖获奖趋势预测中相关性分析法主要应用步骤见图5-6。

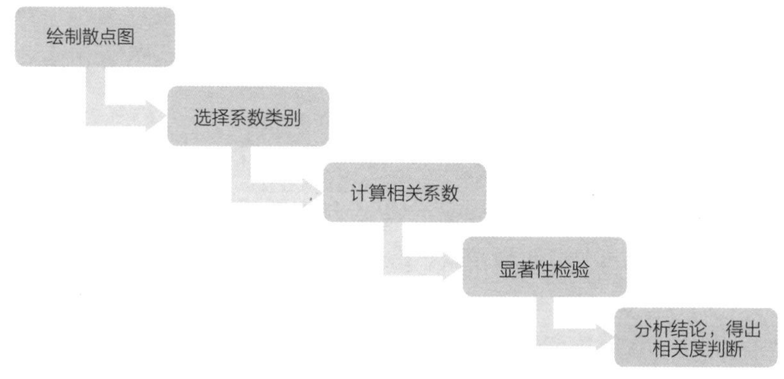

图5-6　相关性分析法主要应用步骤示意图

（1）绘制散点图，观察两个变量是否有规律变化；

（2）根据变量类型或正态性检验，选择合适的相关系数公式；

（3）计算相关系数r，如$|r|>0.95$存在显著性相关，$|r|\geqslant 0.8$高度相关，$0.5\leqslant|r|<0.8$中度相关，$0.3\leqslant|r|<0.5$低度相关，评估相关程度；

·$|r|<0.3$关系极弱，认为不相关。

（4）进行显著性检验，如果$P<a$（一般取0.05），表示存在显著相关性；

（5）总结分析结论，得出评价因子之间相关度判断，形成相关策略。

5.2.6　最优尺度分析法

最优尺度分析是研究降维问题的方法，将定性变量转化为定量变量，是处理多变量分类数据的一般方法。目的是力图在低维空间表述多个分类变量各取值之间的关系。

最优尺度法有很多种，包括多重对应分析、分类变量的主成分分析（多维偏好分析）和非线性典型相关分析。其中与对应分析法相关密切的是“多重对应分析”方法。通常对应分析是研究两个分类变量之间的关系，而多重对应分析是用于同时考察多个分类变量间关联的方法，这一方法与前述的简单对应分析不完全相同。实际上，最优尺度法的多重对应分析是将多重对应分析与最优尺度变换结合起来，首先对各变量进行最优尺度的变换，尽量凸显各变量类别间关联的差异，然后再以标准的多重对应分析方法进行计算，将分类变量转化成定量变量（取值为连续性的变量）。但其作用和目的与对应分析方法是一致的，是在低维度空间（通常为二维空间），采用二维坐标图来表示各个变量之间的取值关系。

在普利兹克建筑奖获奖趋势预测中，采用最优尺度分析法确定影响候选人及获奖者的客观要素之间的关联性，得出相关预测评价体系指标（影响因子确定），待用于后续候选人因子打分及排名预测。主要应用步骤为：

（1）确定变量，通常需要3～5个分析变量（如学历、工作年限、有无任教经历、作品数量及获奖数量、与评委关联度、代表建筑数量等），同时需要一个响应变量（可以是否获奖作为样本的响应变量）；

（2）样本数量选取，可以以候选人及近年普利兹克建筑奖获奖者作为样本，经过信息筛选留下一定数量的有效样本；

（3）导入数据及处理数据，在变量视图中进行数据定义，将客观信息中的定性信息转换成定量信息；

（4）分析设置；

（5）分析结果，克隆巴赫系数与样本数相关，样本数越大结果越可靠，值越大说明各变量在该维度上的区分程度越好（0.70～0.98属高信度，最大值为1）。

在判别度量图中，散点的位置能够显示每个变量在二个维度上的区分程度。在多重对应分析图中，对于同一个变量的不同类型，如果代表它们的散点散落在原点的相似方位且相互之间距离较近，说明这些类别的性质相近；对于不同变量的不同类别，如果代表它们的散点散落在原点的相似方位且距离较近，说明这些类别之间具有相关关系。

5.2.7 判别分析法

判别分析是研究分类问题的方法，又称“分辨法”，是在分类确定的条件下，根据某一研究对象的各种特征值，判别其类型归属问题的一种多变量统计分析方法。其基本原理是按照一定的判别准则，建立一个或多个判别函数，用研究对象的大量资料确定判别函数中的待定系数，并计算判别指标。据此即可确定某一样本属于何类。如：已知某种事物有几种类型，现在从各种类型中各取一个样本，由这些样本设计出一套标准，使得从这种事物中任取一个样本，可以按这套标准判别它的类型。对于大多数问题研究，其预测正确率达到60%以上，即为效果较好的。

在普利兹克建筑奖获奖趋势预测中，通过对已获奖者的主观打分情况，根据数据特征对候选人进行预测归类。主要应用步骤见图5-7。

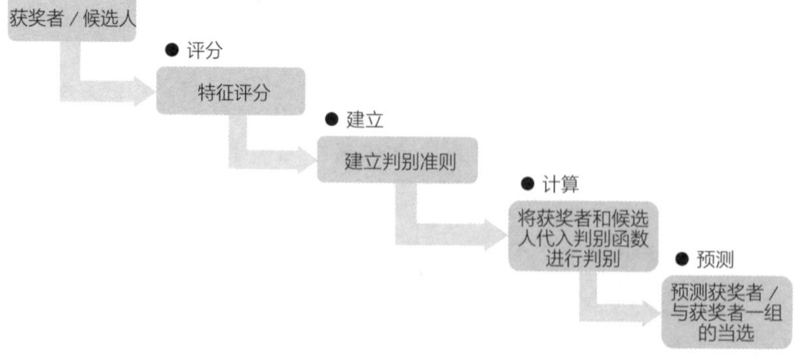

图5-7　判别分析法主要应用步骤示意图

（1）根据获奖者建立判别函数，可将“建筑师是否获奖”看作是取值为2个的分类变量；

（2）给出判别准则，根据已获奖建筑师的相关特征数据及分类结果，以此作为判别法则；

（3）将获奖者和候选人代入判别函数进行判别，归类；

（4）得到分析结果。

此外，在实际研究应用中，根据总体研究思路及计算过程的制定，也可采用2～3种分析方法相结合运用方式。例如，在获奖趋势预测中可采用：以因子分析法提取公因子，计算贡献率作为权重项，将其结果用于因子旋转和线性回归；以模糊综合评价法确定评价对象的因素集、评价对象评语集、评价因素的权重向量等，形成模糊评判矩阵；以层次分析法确定各项指标的最终权重值（适用于多目标、多准则、无结构特性的复杂决策问题）。又如，在判断主、客观因素对普利兹克建筑奖预测的影响程度时，不必预先设定主、客观因素，而是以因子分析方法将各变量统一导入软件进行降维分析；而在最终主成分分析综合评分时进行加权计算（图5-8）。

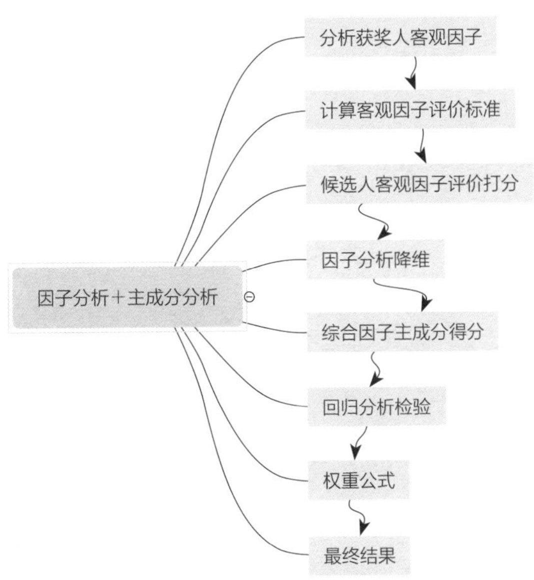

图5-8　判别分析法主要应用步骤示意图

小结

本章在掌握统计分析基本研究框架及应用方法基础上，主要列举并探讨了基于因子分析法、聚类分析法、多维标度法、主成分分析法、相关性分析法、最优尺度回归法、判别分析法，7种典型适用建筑评价体系建构及其研究的多元统计分析方法。为建筑类获奖趋势分析、预测提供可借鉴及可行性应用方案。

6

实例解析——多元统计分析法预测普利兹克建筑奖获奖趋势

随着8年来，笔者及研究组对多元统计分析方法在建筑评价体系中应用研究不断深入，已完成63组普利兹克建筑奖获奖趋势预测实例，形成数据比较及可行性研究结论。选取其中采用因子分析法、因子分析法＋离散分析＋聚类分析法、因子分析法＋聚类分析法、因子分析法＋主成分分析法、多元统计分析＋机器学习法、因子分析法＋对应分析法、因子分析法＋聚类分析法（4类关键词）的7组典型研究实例。解析如下。

6.1 因子分析法量化评价与预测

2017年一组研究者曾采用因子分析方法，对2018年普利兹克建筑奖获奖趋势进行预测。具体研究思路及步骤如下。

6.1.1 研究思路

1. 初步设想——理想情况下的双向思考

经过相关资料文献查阅，在了解定量分析方法特征及其在建筑评价体系中适应性运用模式基础上，分别以正推和反推两个视角思考预测方法（图6–1）。

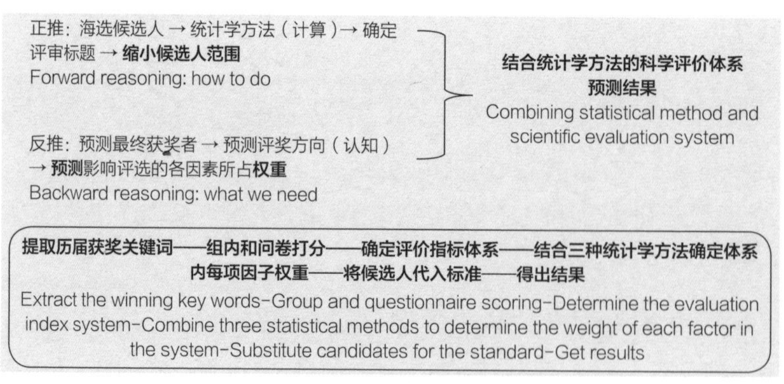

图6–1　初步设想示意图

2. 理论联系实际——三种评价方法综合应用可行性

探讨因子分析法、模糊综合评判法、层次分析法在评价体系中的可参与性，及其综合应用方法（图6-2）。

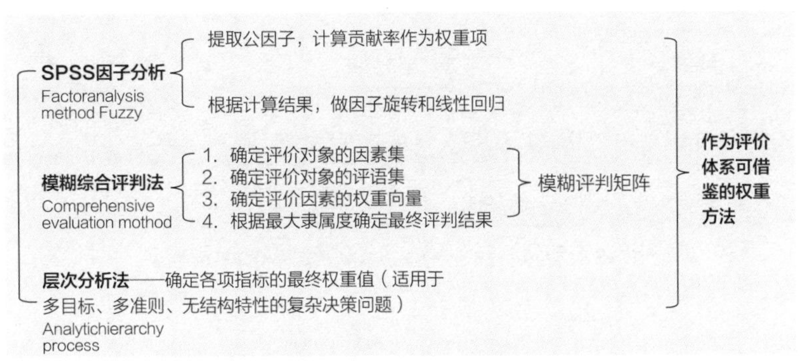

图6-2　三种评价方法的应用构思示意图

3. 基于往年研究成果的分析思考

通过对最近两年以因子分析法预测普利兹克建筑奖获奖趋势典型案例分析，可以看到：在方法应用方面，作为评价标准的最初一级因子提取及权重计算的客观性、权威性极为重要；在预测结果方面，尽管近两年获奖者均未出现在研究小组提名人名单中，但从计算方法上仍有一定说服力。因此，如何在可参照标准下更广泛收集样本，客观地确定候选人范围，是提高结果准确度的另一重要因素。

由此，“具体采用何种评价方法、用在何处，才能更贴近获奖的评价标准？”成为本研究小组工作的重要出发点。

4. 思路成型（图6-3）

其一，以往研究多侧重于综合评价，即样本各项指标的均衡性，而由于普利兹克建筑奖表彰的是时代背景下在某些领域有突出贡献和独特创新性的建筑师，并不宜套用单一的综合评级体系，而适于采用综合评价＋特征评价方法。

其二，在所有影响因子中，存在一些非可量化的影响因子，如候选人的教育背景等，以及这些因子对获奖是否真的有影响、影响

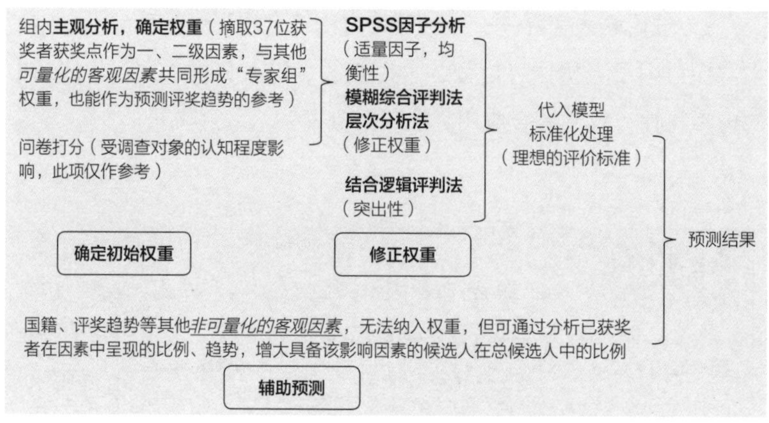

图6-3　结合多元统计分析方法构建建筑评价体系示意图

程度如何、该如何进行判断？为此，应首先对影响因素进行归类，对非可量化项，暂采用相应辅助预测。

6.1.2　难点处理

本研究将“提高因子准确性”作为要重点解决的问题，以此为着眼点，主要通过优化评价过程中因子描述、提高权重准确度等方式，缩减预测结果的误差。

首先，以当年的39届44位普利兹克建筑奖获奖者评审词为依据，归纳其主要获奖因素（通常有1～2个起决定性作用的因素）和次要获奖因素（选择1～2个其他相对重要的成就或贡献）；分别取1979—2017年、1979—2000年、1996—2017年3个时间段样本，进行获奖因素权重计算，形成各因素在历年评奖中的重要性比较；并进一步分析各个获奖因素重要性在不同时间段的变化趋势。

如图6-4所示，获奖因素权重及获奖趋势分析可以看出，总体上“创新”和“对现代建筑贡献突出”是最重要的两个因素，特别是“创新”在近年来更受关注；“地域性、本土性”也较为重要，但近20年较之前其重要性已有所下降（据析这与近些年各国更加重视建筑实践中的地域性和本土性有关，从而涌现出一大批地域主义建筑师，使得对其强烈呼声反而减弱）。其他因素中，“社会

权重比例				权重比例				权重比例				
1979—2007	90%	10%	权重比值	1979—2000	9%	10%	权重比值	1996—2017	90%	10%	权重比值	↓
地域	7	0	0.15	地域	4		0.16	地域	3		0.12	↑
社会责任	2	2	0.06	社会责任		1	0.02	社会责任	2	1	0.09	↑
创新	14	0	0.3	创新	5		0.20	创新	10		0.39	↓
现代建筑贡献	14	0	0.3	现代建筑贡献	11		0.43	现代建筑贡献	6		0.26	—
独特	2	0	0.04	独特	1		0.04	独特	1		0.04	↑
自然生态	1	3	0.04	自然生态		1	0.02	自然生态		3	0.07	↓
理论	2	1	0.05	理论	2		0.08	理论		1	0.01	↑
建筑教育	0	3	0.02	建筑教育			0	建筑教育		3	0.03	↓
艺术性、宗教	0	2	0.02	艺术性、宗教		1	0.02	艺术性、宗教		1	0.01	↓
东西建筑交融	0	1	0.01	东西建筑交融		1	0.02	东西建筑交融			0	↓
社会活动力	0	1	0.01	社会活动力		1	0.02	社会活动力			0	↓

注：上下箭头，代表历年的纵向比较，反映所示特征人们的重视程度。

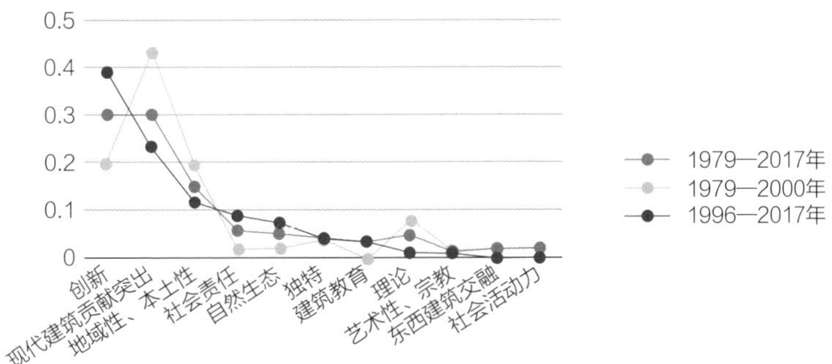

图6-4　获奖因素权重及获奖趋势分析图

责任”和“自然生态”趋势有所上升；设计手法的“独特性”一直占有一席之地；近年对建筑师在“建筑教育”领域的贡献呈现一定程度的关注，而对建筑“理论”则没有提及，建筑理论界从20世纪中下叶极度活跃的状态正在转为较为平静的状态。

由此，以制定相应评价策略为导向，对可能影响获奖的各特征因素进行分析、归类，分别得到具有主观因素的“可定量评分项”和“非定量参考项”，以及具有客观因素的“可定量统计项”和“非定量参考项”（图6–5）。其中，主客观可定量评分项，应由行业专家（本研究成员等）进行初级权重设定，即结合模糊综合评判法、层次分析修正权重法，得出综合评价权重；主客观非定量参考项，可采用增加符合度高的建筑师作为候选人的方法，提高预测过程数据的可信度。

<table>
<tr><th colspan="31">影响因子</th></tr>
<tr><th colspan="14">主观因素</th><th colspan="17">客观因素</th></tr>
<tr><th colspan="5">建筑师个人</th><th colspan="9">获奖主要原因</th><th colspan="17">网络大数据</th></tr>
<tr><td>国籍</td><td>专业教育</td><td>工作和经历</td><td>圈内人脉</td><td>其他领域成就</td><td>地域</td><td>社会责任</td><td>创新</td><td>现代建筑贡献突出</td><td>独特</td><td>生态自然</td><td>理论</td><td>建筑教育</td><td>艺术性宗教</td><td>建筑数量</td><td>与获奖人或评委合作的作品数</td><td>国际竞赛中标</td><td>RIBA皇家金奖</td><td>阿卡汗奖</td><td>威尼斯建筑双年展终身成就奖</td><td>美国AIA建筑设计荣誉奖</td><td>密斯·凡·德罗欧盟当代建筑奖</td><td>比利时全国住宅学会国际建筑奖</td><td>其他国际奖项</td><td>受邀设计英国蛇形画廊项目</td><td>是否当过普利兹克建筑奖评委</td><td>与已获奖人或评委的师承关系</td><td>演讲和展览</td><td>文献数量</td><td>特殊成就</td><td>工作室时间</td></tr>
<tr><td colspan="5">非定量参考项</td><td colspan="9">可定量评分项</td><td colspan="11">可定量统计项</td><td colspan="6">非定量的参考项</td></tr>
</table>

权重比例			权重比值
1979—2007	90%	10%	
地域	7	0	0.15
社会责任	2	2	0.06
创新	14	0	0.3
现代建筑贡献突出	14	0	0.3
独特	2	0	0.04
自然生态	1	3	0.04
理论	2	1	0.05
建筑教育	0	3	0.02
艺术性、宗教	0	2	0.02
东西建筑交融	0	1	0.01
社会活动力	0	1	0.01

+

国际竞赛中标	RIBA皇家金奖	阿卡汗奖	威尼斯建筑双年展金狮奖	威尼斯建筑双年展终身成就奖	美国AIA建筑设计荣誉奖	密斯·凡·德罗欧盟当代建筑奖	比利时全国住宅学会国际建筑奖	其他国际奖项	受邀设计英国蛇形画廊项目

=

地域	0.15
社会责任	0.06
创新	0.3
现代建筑贡献突出	0.3
独特	0.04
自然生态	0.05
理论	0.05
建筑教育	0.02
艺术性、宗教	0.02
竞赛、获奖	0.1

90%获奖者及其建代表作品特点 + 10%竞赛、获奖经历（每项占1/8） = 可量化项的总权重（%）

图6-5　获奖因素归类评价示意图

6.1.3　计算及预测结果

1. 获奖者及候选人特征评分

根据以上获奖因素制定建筑师及其作品特征评分问卷（图6-6），分别对历届已获奖者及世界范围内选出的47位候选人进行评分。以“创造新的出色的普适建筑语言”“研发新的建造技法”“文化语言表达”“走传统现代主义路线但成就极高”“人文关怀”等作为候选人提名的主要标准，并适当加大符合近年获奖趋势的候选人比例。此特征评分人是由专业组（建筑师、规划师等）和大众组两类组成。

图6-6 评价问卷设置示意图

2. 数据处理

首先，根据主成分分析选取特征值大于1的3个因子：地域、社会责任、创新，此3个因子能够解释原有变量的73.62%，适合作为主要分析因子（图6–7）。

进而，通过因子旋转后的荷载矩阵得出，因子1（F_1）在创新、独特、艺术宗教、参与竞赛获奖方面的荷载值较大，因此认为：因子1与建筑师及其作品的个性、特色、造诣相关；因子2（F_2）在现代建筑贡献突出、理论、建筑教育方面的荷载值较大，因此认为：因子2

解释的总方差

序号	成分	初始特征值			提取平方和载入			旋转平方和载入		
		合计	方差的（%）	累积（%）	合计	方差的（%）	累积（%）	合计	方差的（%）	累积（%）
1	地域	3.365	33.650	33.650	3.365	33.650	33.650	2.763	27.630	27.630
2	社会责任	2.309	23.091	56.741	2.309	23.091	56.741	2.439	24.395	52.025
3	创新	1.689	16.887	73.627	1.689	16.887	73.627	2.160	21.602	73.627
4	现代建筑贡献突出	0.712	7.116	80.743						
5	独特	0.569	5.694	86.437						
6	自然生态	0.439	4.388	90.825						
7	理论	0.363	3.633	94.458						
8	建筑教育	0.256	2.559	97.016						
9	艺术性、宗教	0.201	2.012	99.028						
10	参与竞赛、获奖	0.097	0.972	100.000						

提取方法：主成分分析。

图6-7 解释的总方差分析图

与建筑师个人受教育情况及专业素养相关；因子3（F_3）在地域、社会责任、自然生态方面的荷载值较大，因此认为：因子3与建筑师及其作品的理想信念相关。由此得到候选人特征评分数据处理结果。

3. 结果分析

初始因子和旋转后因子数量少（3个因子），易解释。根据以上特征评分计算结果，并按照综合评分及3个新的因子单独计算排名，本研究小组分别得到：由综合评分预测2018年获奖者为隈研吾；由因子1预测2018年获奖者为石上纯也；由因子2预测2018年获奖者为彼得·艾森曼；由因子3预测2018年获奖者为渡堂海（图6–8）。

值得注意的是，尽管本研究小组未能预测出2018年获得者，但在其综合评分预测结果中，排名第三的矶崎新为2019年获奖者。

6.2 因子分析法+离散分析法+聚类分析法量化评价与预测

2018年一组研究者曾采用因子分析和离散分析两种方法，对2019年普利兹克建筑奖获奖趋势进行预测，并以聚类分析法做参照分析。具体研究思路及步骤如下。

6.2.1 研究思路与方法

1. 研究思路

首先了解“普利兹克建筑奖”评奖宗旨、历届获奖者主要设计理念及作品特征，并着重于对近5～10年获奖者的分析，探讨当代建筑发展趋势；进一步以已获奖者相关特征数据为依据，经分析论证，提出2019年普利兹克建筑奖获奖者候选人；再结合多元统计分析方法，对比总结，完成最终提名，得出预测结果（图6–9）。

序号	姓名	F_1	F_2	F_3	综合得分
31	隈研吾	1.80	0.71	1.70	1.44
6	斯蒂文·霍尔	0.77	2.76	-0.07	1.20
22	矶崎新	1.03	2.07	-0.60	0.98

隈研吾

斯蒂文·霍尔

矶崎新

综合评分预测结果

序号	姓名	F_1	F_2	F_3	综合得分
14	石上纯也	2.46	-1.13	-0.69	0.62
4	比约克	2.01	-0.32	-0.21	0.77
5	RO & AD	1.91	-1.33	0.52	0.58

石上纯也

比约克

RO & AD

因子1预测结果

序号	姓名	F_1	F_2	F_3	综合得分
39	彼得·艾森曼	0.12	2.91	-1.24	0.68
6	斯蒂文·霍尔	0.77	2.76	-0.07	1.20
22	矶崎新	1.03	2.07	-0.60	0.98

彼得·艾森曼

斯蒂文·霍尔

矶崎新

因子2预测结果

序号	姓名	F_1	F_2	F_3	综合得分
3	渡堂海	-0.20	0.64	2.05	0.58
31	隈研吾	1.80	0.71	1.70	1.44
21	武重义	0.83	-1.28	1.54	0.33

渡堂海

隈研吾

武重义

因子3预测结果

图6-8　四项预测结果示意图

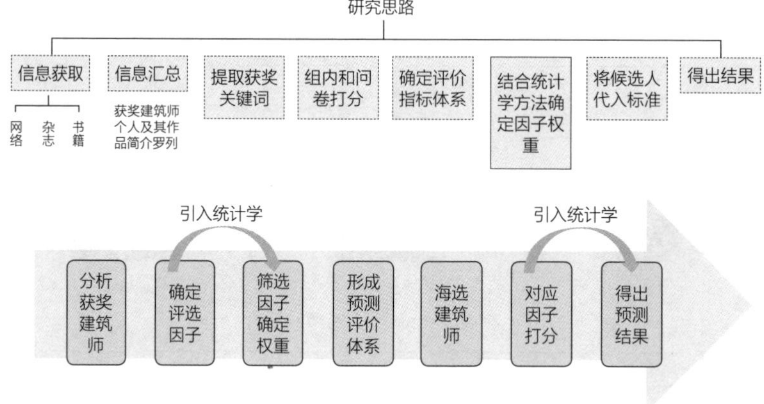

图6-9　研究思路示意图

2. 研究方法及步骤

（1）总结当年已有的40届45位普利兹克建筑奖获奖者的获奖评审词，提取关键词，参考了往年研究小组预测研究方法基础上，确定主、客观影响因子。

（2）选出前30年中普利兹克建筑奖的10位典型获奖者及近10年获奖者，以此20位获奖者作为主要参考依据，进行特征评分（10分制），主要采用研究小组内打分方式。由此，确定特征因子及其权重。

（3）以获奖者特征及因子权重为参照，从女建筑师、地域性建筑师等多方面对可能获奖的建筑师进行海选，分别得到初步候选人提名范围，以及经进一步调整后的第二次候选人提名（历年热门候选人13人＋未获奖评委4人＋其他补充因素2人），汇总候选人资料，以相应影响因子进行打分评价。

（4）同时，为获得更多的研究样本及评分依据，制作了调查问卷，以微信推送方式进行候选人公众支持度调查。参与评分者主要包括：建筑大类专业本科各年级学生、建筑大类及管理学等其他专业研究生（由于实际回收样本较少，最终此项仅作为参考）。

（5）为提高候选人评分数据的客观性，进行了多次调整。首先，研究小组内每位成员均对所有候选人进行打分，收集数据并对评分范围进行控制，统一标准；接下来，每位成员分别对2名候选人及4名已获奖者的打分进行横向调整，突出优势项，去除极端打分，进而算出调整后数据的均值。

（6）将最终评分数据综合运用于因子分析（对应各因子打分）、聚类分析（参考聚类比例，确定评分权重）、离散选择分析（确定各项指标最终权重）三种统计分析方法，形成分析计算。

（7）总结并进一步调整数据排除极值，参考问卷结果，得出最终预测结果。

6.2.2 统计分析方法运用

主要采用统计学方法中的因子分析法、聚类分析法，与建筑学方法中的主客观分析法相结合运用。其中，离散选择模型特点是：采取对多个样本进行全部取样分析，找出共同特性。例如，通过分别对20位获奖者和20位候选人的共性分析，对比两者之间差异性，得到一个显著变量的权重公式；将其代入候选人信息，计算数据离散度，即"获奖概率"；找到距离较近者，即为获奖概率较高的候选人。具体应用如下。

1. 离散选择模型

首先，利用$X_1 \sim X_{16}$，共16个变量及其360个样本（研究小组成员的9人，分别对应20名获奖者和20名提名人的打分数据），建立有序因变量模型；对于系数不具有显著性的变量进行剔除，并对模型重新拟合，发现最后保留下的变量分别为X_2（其他领域成就）、X_4（结构和材料）、X_6（光影和细部的把握）、X_9（前瞻性和推广性）、X_{10}（地域性）以及X_{14}（国际奖项）这6个变量；因此认为，是否获奖主要受到此6个因素的影响（图6-10）。

由此，得出因变量函数为：

$$Y_i^*=-6.100569+0.517418X_2-0.369358X_4+0.273976X_6 +0.318108X_9-0.205292X_{10}+0.296840X_{14}$$

其中，因变量的取值为预测概率值，其值大于0.5即认为该建筑师

设计师	获奖概率	获奖预测
矶崎新	0.76	是
瑞卡多 · 雷可瑞塔	0.44	否
查尔斯 · 柯里亚	044	否
张永和	0.44	否
斯蒂文 · 霍尔	0.20	否
圣地亚哥 · 卡拉特拉瓦	0.49	否
隈研吾	0.28	否
大卫 · 阿加叶	046	否
托马斯 · 赫斯维克	043	否
比亚克 · 英厄尔斯	0.28	否
伯纳德 · 屈米	0.18	否
承孝相	0.22	否
马岩松	0.28	否
张轲	0.10	否
藤本壮介	0.11	否
杰弗里 · 巴瓦	038	否
李晓东	0.22	否
刘家坤	0.39	否
迪埃贝多 · 弗朗西斯 · 凯雷	0.25	否
珍妮 · 甘	0.35	否

图6-10　离散选择模型预测结果示意图

能够获奖，反之则不会获奖。由预测结果可知，获奖概率超过0.5的只有建筑师矶崎新，即计量模型预测结果是矶崎新为2019年获奖者。

2. 因子分析模型

首先，根据前期资料分析总结，确定用于建筑师特征评分的一、二级因子。一级因子有4项包括：建筑师个人、作品属性、作品理念与意义、网络大数据；二级因子有18项包括：专业教育背景、工作经历、圈内人脉、其他领域成就、空间与形式、结构与材料、创新和探索、光影与细部、技术、人文关怀、前瞻性与推广性、地域性、绿色可持续、文献作品数量、演讲和展览、国际奖项、合作作品、师承关系。

由此，制作并形成特征评价表。分别选取近10年及更早期的典型获奖建筑师、未获奖评委、历年热门候选人4类代表性建筑师，进行特征评分，得到相应数据信息（图6-11）。

候选人类别	获奖时间（或担任评委时间）	姓名	影响因子																		总分
			建筑师个人			作品属性					作品意义和思想				网络大数据						
			专业教育	工作和经历	圈内人脉	其他领域成就	空间和形式	结构和材料	创新和探索	光影与细部的把握	技术	社会人文关怀	前瞻性和推广性	地域性	绿色节能可持续	文献数量	演讲和展览	国际奖项	与获奖人或评委合作的作品数量	与获奖人或评委合作的师承关系	
近10年获奖人	2009	彼得·卒姆托	7	5	6	6	8	9	8	9	7	6	9	7	7	6	6	4	0	0	110
	2010	妹岛和世、西泽立卫	8	8	9	6	7	7	8	7	8	6	7	6	7	7	8	2	0	5	116
	2011	艾德瓦尔多·苏托·德莫拉	8	9	7	5	7	7	7	7	7	7	6	7	5	6	5	3	1	5	109
	2012	王澍	7	7	5	6	8	8	7	8	6	7	7	9	6	7	6	5	0	5	114
	2013	伊东丰雄	8	8	8	7	8	8	7	8	8	6	7	6	6	8	7	8	0	10	128
	2014	坂茂	8	8	10	7	7	8	8	6	7	9	7	8	8	7	6	7	1	5	127
	2015	弗雷奥托	8	9	10	8	8	8	7	6	8	8	7	6	8	8	6	1	1	5	122
	2016	亚历杭德罗·阿拉维纳	6	7	8	7	7	7	7	6	7	9	7	8	7	6	5	2	0	0	106
	2017	拉斐尔·阿兰达、卡莫·成格姆、拉蒙·比拉尔塔	7	8	9	5	9	9	5	8	5	8	5	9	6	5	5	6	8	9	126
	2018	巴克里希纳·多西	7	6	8	5	8	8	9	7	8	8	6	8	5	6	6	9	5	5	124
典型获奖人（10人）	1983	贝聿铭	9	10	9	5	8	8	7	7	8	6	8	8	5	6	6	6	0	10	126
	1989	弗兰克·盖里	8	10	8	6	8	8	8	6	8	5	6	5	5	6	5	6	1	10	119
	1993	槙文彦	9	8	8	7	7	7	8	7	7	7	8	8	6	8	7	8	0	10	130
	1995	安藤忠雄	5	8	8	7	7	7	7	9	7	6	7	7	6	7	7	7	0	5	117
	1998	伦佐皮·亚诺	9	10	10	7	7	8	8	7	9	7	7	7	6	7	6	3	2	5	125
	1999	诺曼·福斯特	8	9	9	7		8	8	7	8	5	6	6	5	6	6	3	0	5	106
	2000	莱姆·库哈斯	9	9	10	6	8	8	8	6	8	5	5	5	5	7	6	3	1	10	119
	2001	雅克·赫尔佐格、皮埃尔·德梅隆	8	10	10	5	8	9	7	6	7	8	5	6	5	5	6	7	0	5	117
	2004	扎哈·哈迪德	8	10	10	5	7	8	9	7	8	5	5	5	3	5	6	3	1	10	115
	2007	理查德·罗杰斯	8	10	10	8	8	7	8	7	10	7	7	6	7	6	6	6	2	10	133
未获奖评委（4人）	1979—1984	矶崎新	10	9	9	6	8	6	8	7	8	6	7	7	6	7	7	8	2	10	131
	1985—1993	瑞卡多·雷可瑞塔	7	8	9	7	7	8	6	6	6	7	7	7	6	6	6	3	0	0	106
	1993—1998	查尔斯·柯里亚	8	9	9	8	8	7	6	6	6	8	7	7	8	7	6	10	0	5	125
	2012—2016	张永和	9	8	7	7	8	6	8	7	6	7	7	8	6	7	7	10	0	10	128

图6-11　代表性建筑师特征评分示意图

候选人类别	获奖时间（或担任评委时间）	姓名	影响因子																		总分
			建筑师个人			作品属性					作品意义和思想				网络大数据						
			专业教育	工作和经历	圈内人脉	其他领域成就	空间和形式	结构和材料	创新和探索	光影与细部的把握	技术	社会人文关怀	前瞻性和推广性	地域性	绿色节能可持续	文献数量	演讲和展览	国际奖项	与获奖人或评委合作的作品数量	与获奖人或评委合作的师承关系	
历届预测提名热门（9人）		斯蒂文·霍尔	6	5	6	5	8	8	7	5	6	7	6	7	7	3	6	8	5	5	110
		圣地亚哥·卡拉特拉瓦	6	7	7	5	9	7	8	9	7	8	7	9	5	6	5	6	8	5	124
		隈研吾	9	5	8	5	9	8	7	8	9	9	8	8	5	3	5	8	7	6	127
		大卫·阿加叶	5	8	6	5	7	8	8	9	5	6	8	7	6	5	8	7	5	8	121
		托马斯·赫斯维克	8	7	9	3	8	7	7	6	6	8	5	8	5	6	9	4	5	8	119
		比亚克·英厄尔斯	5	9	8	8	7	8	5	8	5	8	6	9	3	5	6	5	6	9	120
		伯纳德·屈米	8	5	7	6	7	9	6	7	8	9	5	8	6	2	5	6	5	5	114
		承孝相	5	5	9	6	7	8	9	8	5	9	8	7	5	6	9	5	3	6	120
		马岩松	8	6	7	5	9	7	9	5	6	8	7	8	6	5	5	5	7	5	118
国际奖项获奖及提名热门（5人）		张轲	5	3	6	6	7	8	5	9	5	8	8	7	5	3	6	8	9	8	116
		藤水壮介	8	3	5	6	8	7	7	5	6	7	8	9	5	6	5	8	5	10	118
		杰弗里·巴瓦	9	7	6	8	9	8	5	8	8	9	5	8	6	5	5	5	7	6	124
		李晓东	6	5	8	8	8	9	6	7	7	6	8	7	7	5	8	8	6	5	124
		刘家坤	9	8	8	6	7	8	8	9	5	9	5	8	6	7	6	5	6	6	126
其他因素补充（2人）		迪埃贝多·弗朗西斯·凯雷	7	6	7	6	9	8	8	7	8	9	5	10	8	5	7	3	2	0	115
		珍妮·甘	8	8	7	6	7	8	8	7	7	8	7	5	9	5	5	3	5	0	113

—— 近十年获奖者　– – 典型获奖者　······ 未获奖评委　— · 热门候选人

图6-11　代表性建筑师特征评分示意图（续）

建立因子分析模型，查看是否具有可分析性：由计算结果可知，Bartlett检验的Sig值为小于0.05，因此判定这些变量适合做因子分析；查看数据是否具有协同性：由计算结果可知，提取出的公因子对每个原始变量的解释能力是很高的。协同性越大越好，方差大，离散程度高，覆盖信息范围广。

提取公因子：由总方差解释显示了各主成分解释原始变量总方差的情况，结合实际考虑，研究小组选择提取6个公因子，且此6个公因子集中了原始18个变量信息达到71.165%，可见效果是很好的。

因子旋转：如图6-12所示，经过因子旋转，可以得到6个公因子，并列出各个原始因子的计算比重。

影响因子	公因子1	公因子2	公因子3	公因子4	公因子5	公因子6
权重计算	5.216/（5.216+2.157+1.991+1.346+1.172+0.927）	2.157/（5.216+2.157+1.991+1.346+1.172+0.927）	1.991/（5.216+2.157+1.991+1.346+1.172+0.927）	1.346/（5.216+2.157+1.991+1.346+1.172+0.927）	1.172/（5.216+2.157+1.991+1.346+1.172+0.927）	0.927/（5.216+2.157+1.991+1.346+1.172+0.927）
权重值	0.408	0.169	0.155	0.105	0.091	0.072

因子旋转矩阵[a]

影响因子	内容					
	1	2	3	4	5	6
演讲和展览	0.794					
文献数量	0.791					
其他领域成就	0.778					
绿色节能可持续	0.744					
前瞻性和推广性	0.723					
技术						
地域性		0.829				
结构和材料		0.682				
社会人文关怀		0.637				
合作作品数						
工作和经历			0.815			
师承关系			0.733			
光影和细部的把握				0.82		
专业教育				-0.631		
空间和形式					0.694	
圈内人脉					-0.65	
国际奖项						0.753
创新和探索						0.605

图6-12　因子旋转示意图

由此，总分=权重1×公因子1＋权重2×公因子2＋权重3×公因子3＋权重4×公因子4＋权重5×公因子5＋权重6×公因子6。进一步，对应相乘后加总：$X_1=1\times(-0.024)+2\times0.061+\cdots+21\times0.206$每个人各项对应数值与权重乘积得$X_1$–$X_6$。

3. 聚类分析模型

聚类分析是指将物理或抽象对象的集合，分组为由类似的对象组成的多个类的分析过程。其目标是在相似的基础上收集数据进行分类。

本研究小组通过统计学软件R中层次聚类方法，即“平均联动聚类法”，对40届已获奖者进行分析，发现所得结果分类不明显且不止3类，聚类关系只有部分明显。如图6–13所示，与之前相同方法进行2016年普利兹克建筑奖预测的一组研究结果相比较，本次研究表现出聚类关系更为明显，并可分为7类。

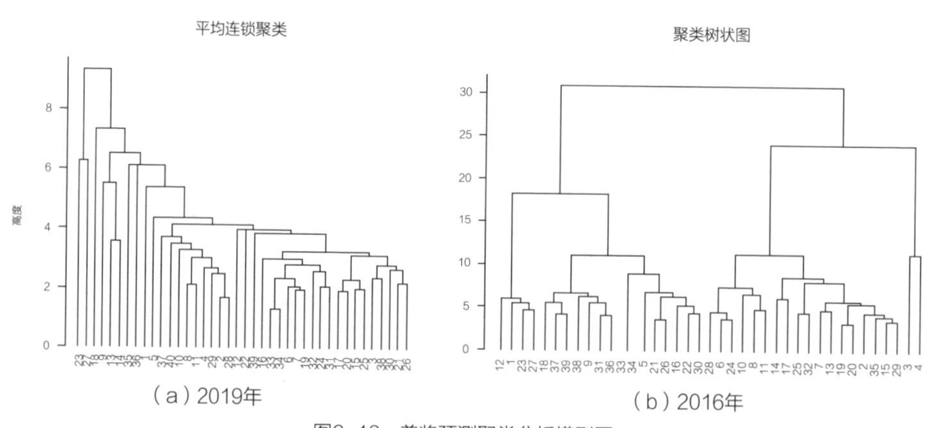

（a）2019年　（b）2016年

图6–13　普奖预测聚类分析模型图

尽管在一定程度上，两次计算结果都受到研究小组成员主观打分的分数影响，但其聚类结果均显示出获奖倾向集中于地域性、创新、生态性、人文关怀、国际获奖等，这与我们从建筑学角度对时代发展背景下普利兹克建筑奖获奖趋势的认知与分析相一致。

6.2.3 预测结果

如图6-14所示，本研究小组采用离散选择分析法预测得出，2019年普利兹克建筑奖获奖者为矶崎新；采用因子分析法预测得出，2019年普利兹克建筑奖获奖者为圣地亚哥·卡拉特拉瓦，及3～5年内可能获奖的中国建筑师李晓东；以聚类分析法为参照预测得出，2019年普利兹克建筑奖获奖者为圣地亚哥·卡拉特拉瓦。

矶崎新	0.76
圣地亚哥·卡拉特拉瓦	0.49
大卫·阿加叶	0.46
瑞卡多·雷可瑞塔	0.44
查尔斯·柯里亚	0.44
张永和	0.44
托马斯·赫斯维克	0.43
刘家坤	0.39
杰弗里·巴瓦	0.38
珍妮·甘	0.35
隈研吾	0.28
比亚克·英厄尔斯	0.28
马岩松	028
迪埃贝多·弗朗西斯·凯雷	0.25
承孝相	0.22
李晓东	0.22
斯蒂文·霍尔	0.2
伯纳德·屈米	0.18
藤本壮介	0.11
张轲	0.1

（a）离散选择分析结果

李晓东	5.432051
圣地亚哥·卡拉特拉瓦	5.423699
承孝相	5.40451
大卫·阿加叶	5.37124
隈研吾	5.366252
矶崎新	5.354799
刘家坤	5.323659
比亚克·英厄尔斯	5.316845
马岩松	5.300723
杰弗里·巴瓦	5.279323
斯蒂文·霍尔	5.137341
张轲	5.119637
查尔斯·柯里亚	5.079471
藤本壮介	5.078551
张永和	5.059858
托马斯·赫斯维克	5.003286
珍妮·甘	4.977967
迪埃贝多·弗朗西斯·凯雷	4.943579
伯纳德·屈米	4.925118
瑞卡多·雷可瑞塔	4.889594

（b）因子分析结果

图6-14 离散选择分析结果与因子分析结果比较图

进一步，通过聚类分析法及调查问卷数据排名靠前候选人评分雷达图（根据获奖趋势按建筑师擅长项选择），分别得到相应可参照分析结果（图6-15）。

综合上述四种分析方法，即以因子分析为基准，参考离散选择分析和问卷调查数据，以聚类分析结果为导向，经过筛选各分析结果中的前几名建筑师，取其共性。由此，本研究小组最终得出，2019年普利兹克建筑奖获奖者为：圣地亚哥·卡拉特拉瓦。

建筑师	支持率
圣地亚哥 · 卡拉特拉瓦	7
瑞卡多 · 雷可瑞塔	7
隈研吾	6
斯蒂文 · 霍尔	6
张永和	5
藤本壮介	5
矶崎新	5
张轲	4
大卫 · 阿加叶	4
马岩松	3
迪埃贝多 · 弗朗西斯 · 凯雷	3
比亚克 · 英厄尔斯	3

图6-15　调查问卷分析结果示意图

值得注意的是，本研究小组采用离散分析方法预测结果中，排名第一的矶崎新正是2019年普利兹克建筑奖获奖者，即此方法预测成功。

然而，研究过程中研究小组却发现：离散选择模型运用并不十分符合本研究预测候选人实际情况，其模型得到的结果可以理解为"找共性"（变量选择）和"差异性"（即获奖者为什么能获奖和提名人为什么没获奖）。因此，此模型更适用于分析对比已获奖者和其同时代活跃的未获奖建筑师，而本研究中候选人多为近几年的热门人物，使得研究可比性存在一定偏差。另外，由于数据来源为小组成员打分，存在一定程度的主观性及不可控性，最终数据只有一人过线，说服力还不够。

6.3　因子分析法+聚类分析法量化评价与预测

2020年一组研究者曾采用因子分析和聚类分析两种方法，对2021年普利兹克建筑奖获趋势进行预测。具体研究思路及步骤如下。

6.3.1 研究思路

其一，广泛收集查找普利兹克建筑奖历届获奖者、评委等相关信息资料；其二，分析历届已获奖者的主要建筑风格及理念，并进行获奖词频分析，找出各时间段获奖者的特征共性及其高频特征点，确定可能影响获奖的因子；其三，进行因变量和协变量的分类，发放问卷赋予权重并且打分，清洗数据，确定主客观因子；其四，分析近年评委的风格特征，找出共同特征点及其重点关注因子，确定可能影响获奖的因子。

最后，根据主客观因子进行2021年普利兹克建筑奖获奖趋势预测。

6.3.2 评价体系及候选人范围确立

与统计学专业合作，逐步深化评测方案。采用主观问卷调查和客观网络大数据搜集相结合方法，确定主客观因子评分标准，定量分析获奖词频，对每位建筑师进行打分。

1. 已获奖者特征分析

分别对已有的42届48位已获奖者获奖年龄、代表作品类型、风格特征、获奖词频等因素分析，归纳不同时代背景下已获奖者的共性与差异性，推断可能影响获奖的特征因素。

2. 衡量指标及评分体系

通过对已获奖者及其作品特点总结，找出普利兹克建筑奖获奖趋势，确定预测方案和衡量指标。本研究衡量指标主要包括了影响获奖与否的主客观因子（即影响因素）。其中，主观因子选取5项一级指标，13项二级指标；客观因子选取16项指标（图6–16）。

形成特征信息量化及整理，分别赋予各项因子权重，进行主客观因子评分。其中主观因素评分占比为55%，数据来源于20份专业人士问卷（仔细考虑确保评分去权重客观化）；客观因素评分占比为45%，数据来源于小组内讨论＋网络数据搜集（与同类型、同时代建筑师相对比，去除极端数据，确保打分公平）。

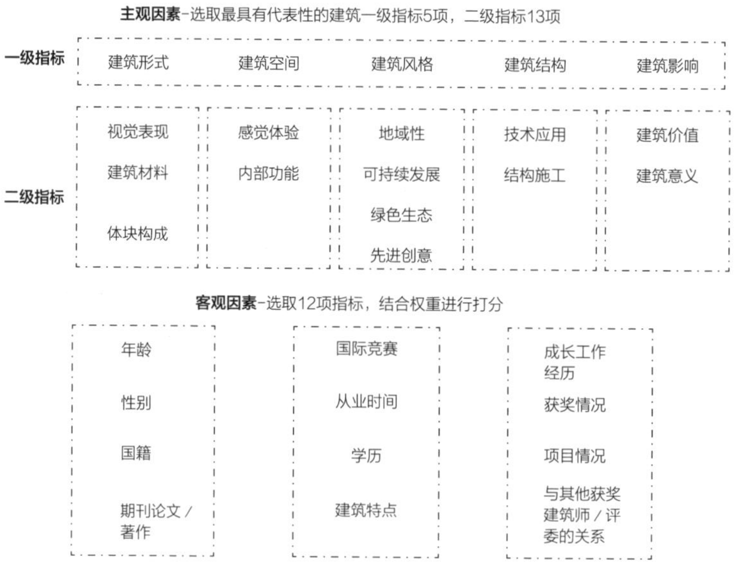

主观因素-选取最具有代表性的建筑一级指标5项，二级指标13项

一级指标	建筑形式	建筑空间	建筑风格	建筑结构	建筑影响
二级指标	视觉表现 建筑材料 体块构成	感觉体验 内部功能	地域性 可持续发展 绿色生态 先进创意	技术应用 结构施工	建筑价值 建筑意义

客观因素-选取12项指标，结合权重进行打分

年龄 性别 国籍 期刊论文/著作	国际竞赛 从业时间 学历 建筑特点	成长工作经历 获奖情况 项目情况 与其他获奖建筑师/评委的关系

图6-16　主客观因子（评价指标）选取示意图

3. 提出候选人

基于已有影响因素分析，更为全面搜集建筑师，提出可能获奖的候选建筑师。主要通过谷歌、维基、各类建筑公众号、建筑大师工作室网页，以及近年各研究小组已有经验等，经过本研究小组讨论及个人思考，综合提出候选人名单。

6.3.3　统计分析方法选择

通过对往年研究小组预测方案的归纳总结，进一步完善调查问卷，建立更合理的评价模型，使候选人预测更加精准。由于注意到客观因子评分中随机因素占比较大，以及部分主观因子与是否获奖之间相关性较弱等问题，因此根据实际情况，采用聚类分析法（主观得分，不要求线性相关）与因子分析法（客观得分）相结合的评价方法。

主要方法为：其一，将选出的代表性已获奖建筑师（19人）及候选人（14人），共计33人进行聚类分析，将其分成“获奖”和“不获奖”两类，由此预测主观上可能获奖的人；其二，将此33人的客观得分进行因子分析，用公因子做二元逻辑回归获得模型系数，将主观预测得分再带入模型求出最终预测结果。

6.3.4 计算及预测结果分析

6.3.4.1 聚类分析方法（针对主观得分）

1. 聚类分析迭代表

首先采用系统聚类法对个案进行分类，预设置分成两类。得到对每一阶段聚类分析结果展示的“凝聚序列表”；根据聚类系数放入EXCEL中进行处理，得到“聚合系数”。如图6-17所示，可以看到，当分类数大于2时，曲线的变化趋势较为平缓，说明分为两类比较合适。

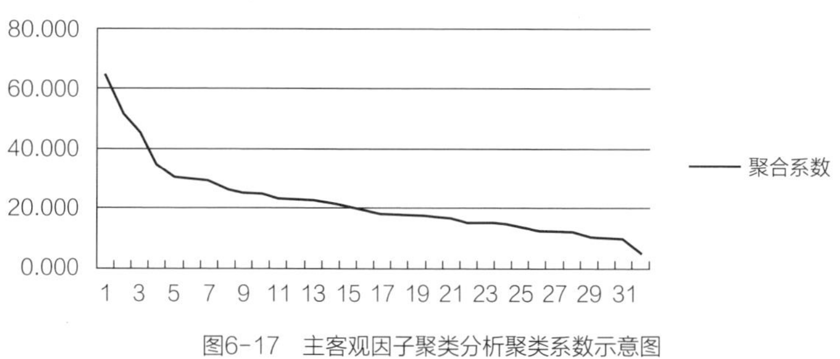

图6-17 主客观因子聚类分析聚类系数示意图

2. 验证：*K*-均值分类法

由于聚类分析法对于具体的分类情况不太容易观察，因此我们采用*K*-均值分类法（快速分类法）对分类进行验证，确保其准确性。做*K*-均值分类法之前，我们首先对数据进行了标准化处理，将处理后的数据进行聚类分析。

第一次，将33位建筑师分为两类得到结果：第9、19、21号建筑师为第二类，其他为第一类；第二次，将33位建筑师分为三类得到结果：第19号建筑师为第二类，第3、9、11、13、21号建筑师为第三类，其他为第一类；第三次，将33位建筑师分为四类得到结果（因为问卷中是将建筑师分为四类，所以也对此种这种情况进行尝试）：第9、10号建筑师为第一类，第2、3、8、10、11、17、22、26、27、32号建筑师为第二类，第13、21、28、29号建筑师为第三类，其他为第四类。

聚类分析是将相似的样品归成类，由此结合三次聚类分析结果，可分别推选出是否获奖的代表，即获奖者为：伊冯·法雷尔和谢莉·麦克纳马拉（第1号）、弗雷·奥托（第6号）、伦佐·皮亚诺（第12号）；未获奖者为：张永和（第19号）、尤哈尼·帕拉斯（第21号）。

3. 代表性已获奖建筑师与候选人聚类分析

首先将初始各类的中心，也就是种子点，导入SPSS进行初步分析，并列出其分类情况。其中1～19号依次代表：伊冯·法雷尔和谢莉·麦克纳马拉、弗雷·奥托、伦佐·皮亚诺、张永和、尤哈尼·帕拉斯、张轲、胡与郭、石上纯也、隈研吾、藤本壮介、迪埃贝多·弗朗西斯·凯雷、比乔伊·杰恩、Elemental建筑事务所、史密里安、HLPS Arquitectos建筑事务所、查尔斯·柯里亚、杨经文、欧蒂娜·戴克、弗里德里希·H. 达斯勒及其合伙人。其中，第1～5号的分类情况与上述推断出的获奖和未获奖建筑师分类情况相一致；其后第6～19号的分类均为“2”，与伊冯·法雷尔、弗雷·奥托、伦佐·皮亚诺在同一类，表明问卷评分人认为这些候选人都是可以获奖的。经过分析计算得到最终分类中心。

通过计算得到方差分析表进行分析，其中F值只能作为描述使用，不能根据该值判断各类均值是否具有显著性差异。根据显著性可知：体块构成、可持续发展、先进创意、技术应用、结构施工、建筑价值、建筑意义、声誉名望等变量对应的显著性水平大于0.05，说明对分类的贡献不显著，因此我们将其删除，重新进行聚类分析。

二次聚类分析后其分类情况并没有改变，因此我们将对所有选人计算因子得分和二元逻辑回归的优势比率的数值。

6.3.4.2 因子分析及二元逻辑分析（针对客观得分）

1. 因子可行性分析

将各个客观影响因素在SPSS软件中进行因子分析。KMO做因子分析效度检验指标，一般当KMO大于0.9为非常合适做因子分析；0.8～0.9之间为很适合；0.7～0.8之间为适合；0.6～0.7之间为勉强适合；0.5～0.6之间表示差；小于0.5应该放弃。由图6-18中数据可知显著性为0.00，小于0.05，因此这些变量适合做因子分析。

描述性统计资料

描述统计	平均数	标准偏差	分析 N
学历和知名度	3.94	0.998	33
从业时间	3.36	1.22	33
期刊论文或著作	2.64	1.113	33
加国际竞赛	3.39	1.059	33
获奖情况	4.55	5.173	33
项目情况	3.73	1.008	33
建筑特点	4.12	0.857	33
成长工作经历	4	0.935	33
与获奖者评委关系	4.27	0.876	33

KMO与巴特利特检定

KMO测量取样适当性	0.630
近似卡方	97.078
自由度	36
显著性	0

图6-18 因子可行性分析图

2. 因子协同性分析

将各个客观影响因素放进SPSS软件进行因子分析。由分析结果可知，各个因子共同度均值大于0.5，提取出的公因子对原始变量的解析能力较好，但是没有达到最理想状态。

3. 因子旋转分析

根据因子旋转矩阵可知，第一个公因子与“学历和知名度”“从业时间”“项目情况”“建筑特点”“成长工作精力”高度相关。第二个公因子与“期刊论文或著作”“参加国际竞赛”“获奖情况”“与获奖者 / 评委关系”高度相关。

根据因子得分系数，列出公因子的表达式：

$$F_1=0.259X_1+0.229X_2+0.047X_3+0.019X_4-0.041X_5+0.272X_6+0.241X_7+0.255X_8+0.054X_9$$

$$F_2=0.087X_1-0.180X_2+0.348X_3+0.405X_4-0.224X_5+0.153X_6+0.050X_7-0.079X_8-0.314X_9$$

4. 二元逻辑回归分析

由模型系数的综合检验（Omnibus Tests of Model Coefficients）所示，Model一行输出了逻辑回归模型中所有参数是否均为0的似然比检验结果。$P<0.05$表示本次拟合的模型纳入的变量中，至少有一个变量的OR值有统计学意义，即模型总体有意义。

模型的拟合优度检验（Hosmer and Lemeshow Test）：当P值不小于检验水准时（即$P>0.05$），当前数据中的信息已经被充分提取，模型拟合优度较高。

分类表中对33个样本预测的正确率达到75.8%，即可以较准确地预测出普利兹克建筑奖得主。

列出方程中系数模型表达式为：

$$\ln\frac{P}{1-P}=2.029F_1-1.306F_2$$

其中，P是获奖的概率，公式等号左边表示：获奖的概率与不获奖地概率的比值，然后再取对数。

6.3.4.3　预测结果

将候选人信息代入公式进行计算，得到最终预测结果（图6-19）。其中排名前三的依次为：隈研吾、冯·格康+弗里德里希·H. 达斯勒、查尔斯·柯里亚。由此，本研究小组预测2021年普利兹克建筑奖获奖者为隈研吾。

描述统计	学历和知名度（3%）	从业时间（年）（3%）	期刊论文/著作（篇）（8%）	参加国际竞赛（次）（3%）	获奖情况（次）（3%）	项目情况（个）（9%）	建筑特点（9%）	成长工作经历（4%）	与其他获奖者/评委关系（3%）	F_1	F_2	ln.—1-P
张轲	3	2	1	2	2	3	3	2	1	3.341	0.748	5.802001
胡如珊与郭锡恩	3	2	2	3	3	2	1	2	1	2.612	1.024	3.962404
石上纯也	3	1	1	3	2	4	4	3	1	3.899	1.457	6.008229
隈研吾	5	4	2	4	4	5	5	5	3	6.219	0.813	11.55657
藤本壮介	3	2	1	2	2	2	4	3	2	3.619	0.252	7.013839
迪埃贝多·弗朗西斯·凯雷	4	3	2	3	3	4	4	4	3	4.985	0.601	9.329659
比乔伊·然恩	3	3	1	4	4	3	4	4	3	4.385	0.194	8.643801
戴卫·艾伦·奇普菲尔德	4	4	3	4	4	4	3	5	3	5.253	0.821	9.586111
史密里安·拉迪克	3	3	1	3	3	4	2	3	2	3.888	0.459	7.289298
HLPs Arquitectos建筑非务	3	2	1	2	2	3	2	1	1	2.845	0.777	4.757743
查尔斯·柯里亚	4	4	2	4	4	3	5	5	3	5.116	0.42	10.41054
杨经文	4	4	2	3	3	2	4	5	3	4.925	0.036	9.945809
欧蒂娜·戴克	4	3	1	4	4	3	5	4	2	4.831	0.645	8.959729
冯格康＋弗里德里希·H. 达斯勒及合伙人	5	5	2	4	4	5	3	4	4	5.765	0.298	11.308

图6-19　最终预测结果示意图

6.3.5 总结与反思

在以上分析过程中，用于主观得分计算的聚类分析方法和k均值分析法，以及用于客观得分的因子分析和二元逻辑回归分析方法，虽有合理之处，但也有尚待完善之处。

优势为：采用全新的调查和分析方法，能够更全面准确地建立模型，对候选人进行分析；选取多种分析方法，对各方法的优势和劣势进行分析总结，形成科学验证；主客观评价相结合、比例适当。

劣势为：候选人选取仍不能做到十分全面，尤其对于国外一些小众建筑师的选取，未能大面积覆盖；评价样本数据获取量存在不足，评价过程随机性较大，受主观因素影响大（尤其是主观评价问卷）；一些评价因子的可行性和可分析性仍存在一定误差。

6.4 因子分析法+主成分分析法量化评价与预测

2021年研究人员采用以8个小组（包括6.4、6.5、6.6章节中研究实例）相互协作方式，共同进行普利兹克建筑奖相关信息数据化分析、候选人提名、主客观因子打分等环节，共同形成了更加全面客观的基础信息成果；各小组再分别以不同统计分析方法进行量化分析预测，形成预测结果的横向总结、对比（图6–20）。

其中，一组研究者曾采用因子分析和主成分分析两种方法，对2022年普利兹克建筑奖获奖趋势进行预测。具体研究思路及步骤如下。

6.4.1 已获奖者分析

着重于2007—2021年已获奖者相关信息分析，找出主要评价因子，如：空间形式特色性、创新性、技术性、绿色可持续性、社会前沿性、人文关怀、所获奖项。并从性别、国籍、年龄三方面，形成已获奖者特征数据可视化分析（图6–21）。

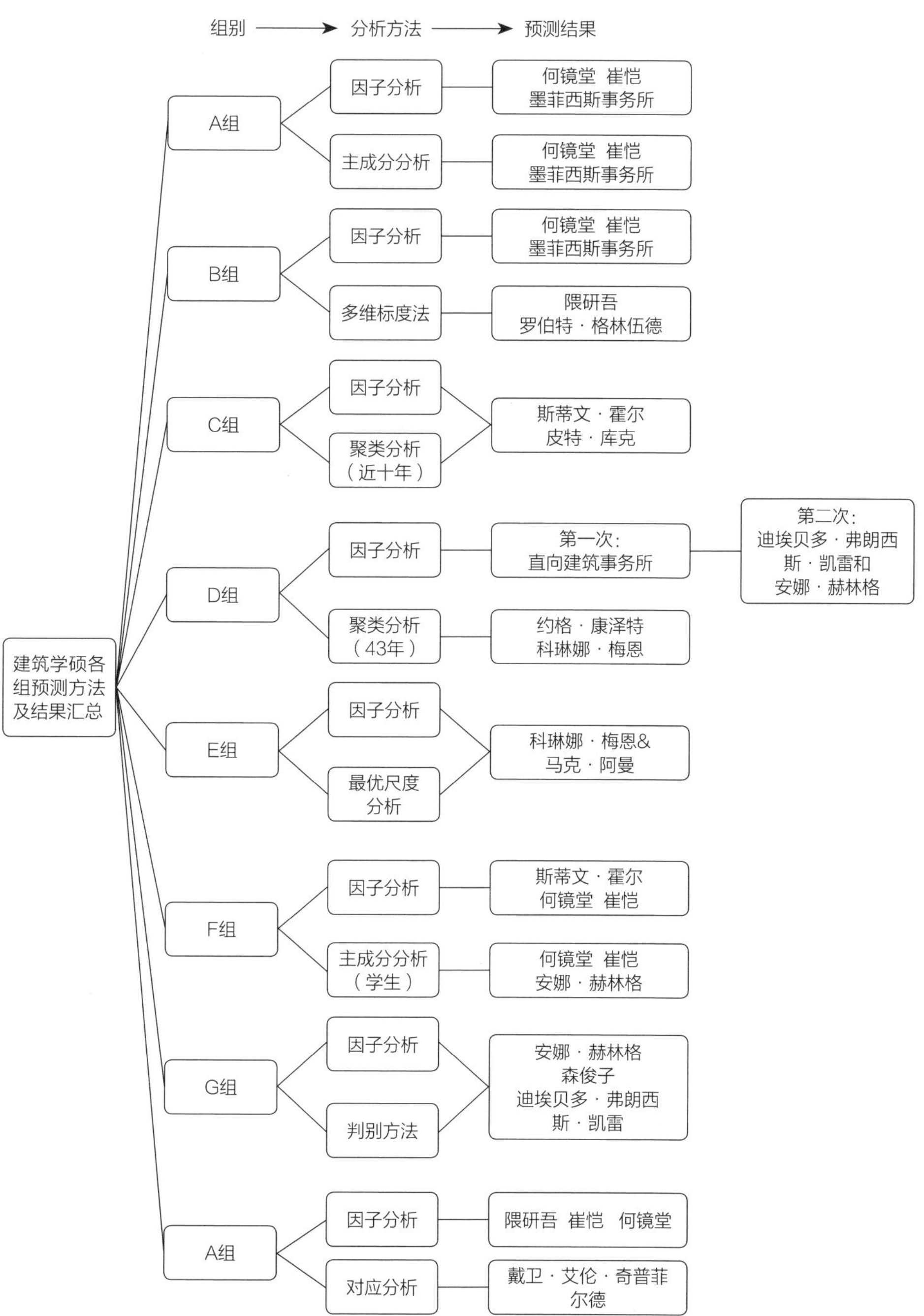

图6-20 各组分析方法及2022年普奖获奖者预测结果对比图

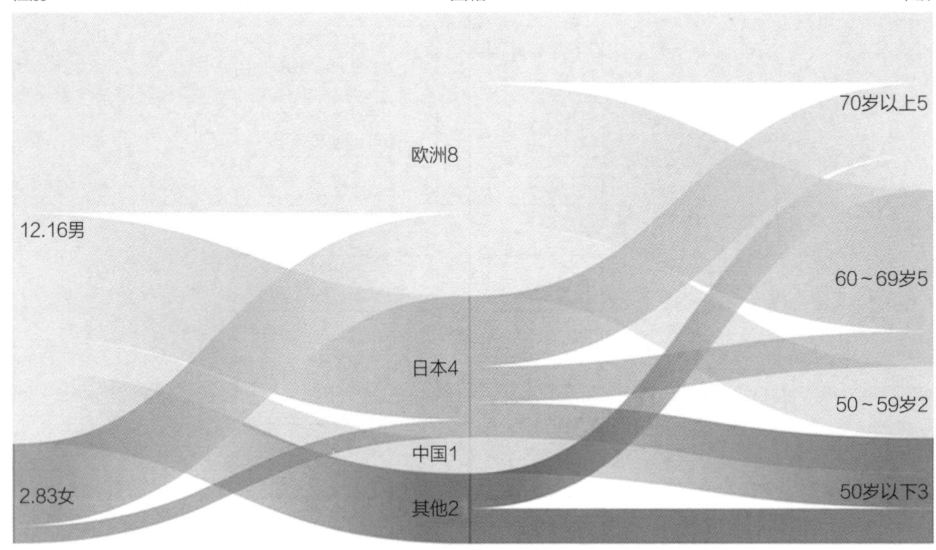

图6-21　已获奖者特征（性别、国籍、年龄）桑基图

6.4.2　主客观评价因子确定

梳理已有历届获奖者的作品理念及其获奖评审辞关键词，进行因子提取，进一步确定主客观评价因子。分别得到，客观评价因子：国籍、获奖时年龄、专业教育背景、工作年限、工作室、作品数量、获奖数量、文献数量、书籍数量；主观评价因子：地域性、结构与材料、空间与形式、历史文脉或传统文化、场所感、人文关怀、时代精神、前沿性、绿色可持续，并制定客观因子评分标准。

6.4.3　已获奖者及候选人评价因子得分

6.4.3.1　已获奖者因子得分

对近10年（2012—2021年）已获奖者的客观因子评分，主要采用资料调查方式获取相关信息，结合已获奖者客观因子评分标准（表6-1），得出客观因子评分结果。

对近10年已获奖者的主观因子评分，主要采用问卷调研方式。以北方工业大学、北京工业大学、清华大学、天津大学、华南理工

表6-1　获奖者客观因子评分标准列表

国籍	性别	获奖时年龄	专业教育背景	工作年限
1（欧洲）	1（男）	1（50及以下）	0（无学位）	0（10年及以下）
2（亚洲）	2（女）	2（51~60）	1（学士学位）	1（11~20）
3（北美洲）		3（61~70）	2（硕士学位）	2（21~30）
4（南美洲）		4（71~80）	3（博士学位）	3（31~40）
5（非洲）		5（81及以上）		4（41~50）
有无工作室	**作品数量**	**获奖数量**	**文献数量**	**书籍数量**
0（无）	b（10及以下）	0（5及以下）	0（5及以下）	0（5及以下）
1（1个）	1（11~20）	1（6~10）	1（6~10）	1（6~10）
2（2个）	2（21~30）	2（11~15）	2（11~15）	2（11~15）
3（3及以上）	3（31~40）	3（16~20）	3（16~20）	3（16~20）
	4（41~50）	4（21~25）	4（21~25）	4（21~25）
5（51及以上）		5（26及以上）	5（26及以上）	5（26及以上）

大学、重庆大学，6所高校建筑学专业学生为调查对象（评分人），在了解相关建筑师信息资料基础上进行问卷填写。共发放调查问卷65份，回收问卷65份，其中有效问卷58份。通过对问卷调查信息反馈总结，获得主观因子评分结果。

6.4.3.2　候选人选取及因子得分

首先，借鉴了往届研究小组对已获奖者分析及影响因子选取方法；然后，采用层次分析法对这些因子进行分析，得到权重靠前的影响因子；进而，根据相关影响因子查找当下著名建筑师及事务所（即更符合获奖条件者），例如：非欧洲国籍建筑师、女建筑师、50 ~ 70岁的建筑师等。由各研究小组共同整理相关信息数据，最终确认出42位候选人（其中男性19人、女性建筑师7人、事务所13家、其他组织3家）。

通过资料调查整理，以相同评分标准对候选人进行客观因子评分；同样采用问卷调研法对候选人进行主观因子评分。分别得到42位候选人主客观因子评分结果。

6.4.4　近10年已获奖者因子分析及主成分分析

1. 主观因素因子分析（数据来源：58份问卷）

将近10年已获奖者特征数据导入SPSS进行主观因子分析。选取主观因子为：X_1（地域性）、X_2（结构与材料）、X_3（空间与形式）、X_4（历史文脉或传统文化）、X_5（场所感）、X_6（人文关怀）、X_7（时代精神）、X_8（前沿性）、X_9（绿色可持续）。

进一步，检验所得数据结果是否适合进行因子分析。以KMO检验用于检查变量间的相关性和偏相关性，KMO统计量越接近于1，表明变量相关性越强，偏相关性越弱。如图6-22所示，KMO统计量值为0.379，小于0.7，说明没有统计学意义，不适合做因子分析。因此，选择描述性分析法对10组建筑师进行主观因素分析，对每一项进行单独判断。

描述统计	平均值	标准偏差	分析个案数
地域性	3.442	0.441	10
结构与材料	3.506	0.324	10
空间与形式	3.521	0.515	10
历史文脉或传统文化	3.503	0.412	10
场所感	3.436	0.555	10
人文关怀	3.612	0.436	10
时代精神	3.498	0.356	10
前沿性	3.389	0.423	10
绿色可持续	3.539	0.487	10

KMO和巴特利特检验		
KMO取样适切性量数		0.379
巴特利特球形度检验	近似卡方	76.452
	自由度	36
	显著性	0.00

图6-22　KMO检测评分数据是否适合做主观因子分析示意图

如图6-23所示，由描述性统计的平均值所得结果绘制出的雷达图，可以看出：通过问卷调查评价已获奖者主观因子时，人文关怀和绿色可持续2个因子，所占权重较高。

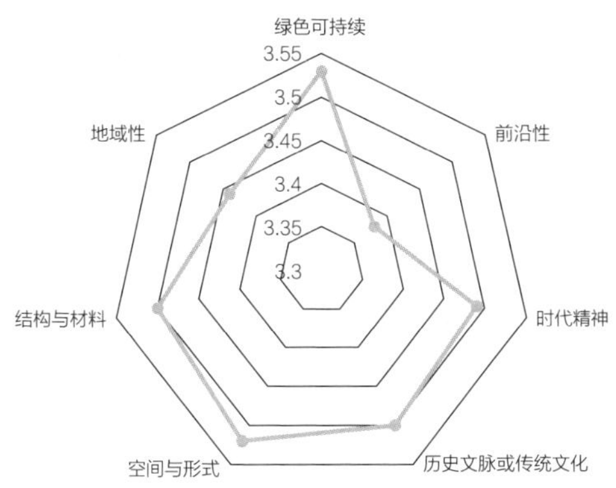

图6-23　已获奖者主观因子描述性分析结果雷达图

2. 客观因素因子分析（数据来源：研究小组内整理）

将近10年获奖者特征数据导入SPSS进行客观因子分析，并确定相应评分标准，得到评分结果。其客观因子为：X_1（国籍）、X_2（性别）、X_3（获奖时年龄 / 平均年龄）、X_4（专业教育背景）、X_5（获奖时工作年限）、X_6（工作室）、X_7（作品数量）、X_8（获奖数量）、X_9（文献数量）、X_{10}（书籍数量）。

同样，以KMO检验所得数据结果是否适合进行因子分析。如图6-24所示，KMO统计量值为0.389，数值过小，说明不适合做因子分析。因此，选择进行描述性分析，对每一项进行单独判断。

描述统计	平均值	标准偏差	分析个案数
国籍	1.57	0.852	14
性别	1.29	0.469	14
获奖时年龄	3.00	1.414	14
专业教育背景	1.50	0.855	14
工作年限	3.50	1.019	14
工作室	1.21	0.579	14
作品数量	2.64	1.598	14
获奖数量	1.43	0.938	14
文献数量	2.00	2.148	14
书籍数量	0.50	0.76	14

KMO和巴特利特检验		
KMO取样适切性量数		0.389
巴特利特球形度检验	近似卡方	77.263
	自由度	45
	显著度	0.002

图6-24　检测客观评分数据是否适合做已获奖者客观因子分析示意图

如图6-25所示，由描述性统计的平均值所得结果绘制出的雷达图，可以看出：通过问卷调查评价已获奖者主观因子时，工作年限和获奖时年龄2个因子，所占权重较高。

3. 主客观因素合并描述性分析

进而，将主客观因子合并，并由描述性统计的平均值所得结果绘制出饼图和雷达图（图6-26）。可以看出：工作年限、地域性、材料结构、空间形式、历史文脉与文化、场所感、人文关怀、时代精

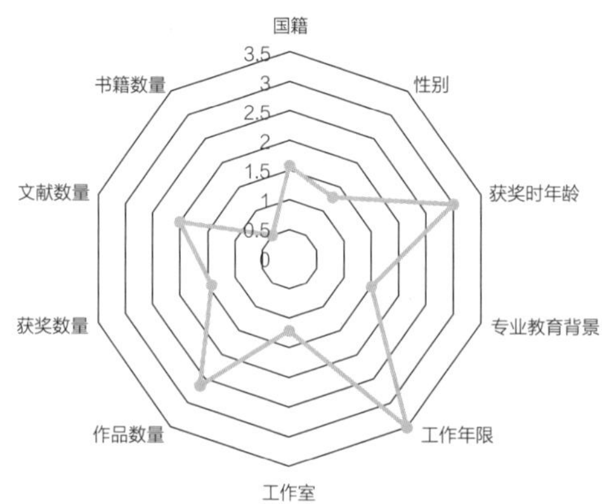

图6-25 已获奖者客观因子描述性分析结果示意图

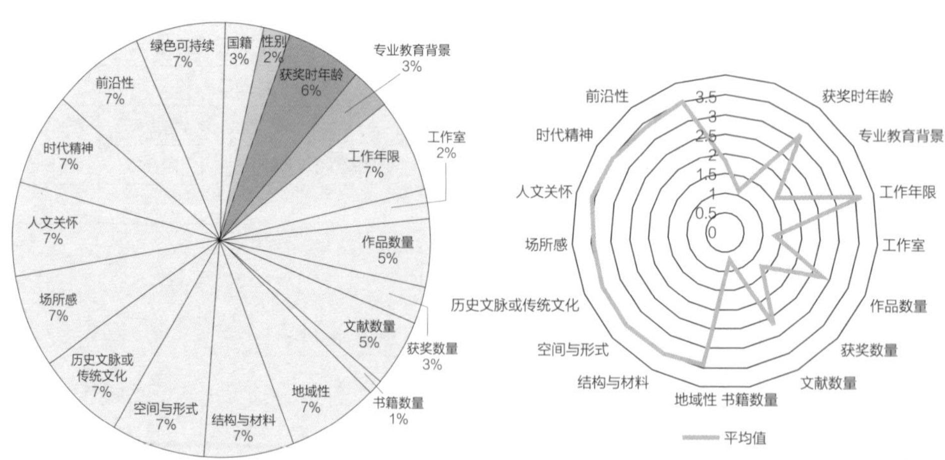

图6-26 已获奖者主客观因子合并描述性分析示意图

神、前沿性、绿色可持续性10个因子，在评价已获奖者特征时所占权重较高。

由以上近10年已获奖者特征得分数据，得出因子权重配比，并一次为参照进行候选人推断及选取。如图6–27所示，得到候选人的主客观加权分析结果：第一名：何镜堂，第二名：斯蒂文·霍尔，第三名：崔恺。研究中，前期主要通过外网调查和问卷调研筛选出

总加权（客观+主观）		
序号	姓名	综合得分
39	何镜堂	3.7047
15	斯蒂文·霍尔	3.5915
40	崔恺	3.5622
4	墨菲西斯事务所	3.5486
5	森俊子	3.2854
2	隈研吾	3.2758
13	迪埃贝多·弗朗西斯·凯雷	3.2081
6	Nieto & Sobejano 建筑事务所	3.1972
33	阿尔贝托·卡拉奇	3.1334
35	RMA建筑事务所	3.1156

主观因子加权		
序号	姓名	主观因子加权
17	安娜·赫林格（女）	2.4892
40	崔恺	2.4822
5	森俊子	2.4654
o9	何镜堂	2.4647
2	隈研吾	2.4458
13	迪埃贝多·弗朗西斯·凯雷	2.4381
28	罗伯特·格林伍德	2.4003
24	徐甜甜	2.3863
so	直向建筑事务所	2.3849
18	文森特·卡勒波特建筑事务所	2.3821

客观因子加权		
序号	姓名	客观因子加权
15	斯蒂文·霍尔	1.25
4	墨菲西斯事务所	1.24
39	何镜堂	1.24
40	崔恺	1.08
14	珍妮·甘（女）	0.89
35	RMA建筑事务所	0.87
33	阿尔贝托·卡拉奇	0.85
2	隈研吾	0.83
5	森俊子	0.82
8	戴卫·艾伦·奇普菲尔德	0.82

（总）
通过主客观加权分析
第一名：何镜堂
第二名：斯蒂文·霍尔
第三名：崔恺

图6–27　候选人主客观加权分析结果示意图

10位获奖可能性较大的建筑师，进而，对这10位建筑师进行AHP数据分析，根据各项影响因子的权重和排序得到排名前三的建筑师。

6.4.5 候选人因子分析及主成分分析

以相同方法对推选出的42组候选人进行主客观因子分析。

1. 主观因素因子分析

将42组候选人特征数据导入SPSS进行主观因子分析。以KMO检验所得数据结果是否适合进行因子分析。如图6-28所示，KMO统计量值为0.708，在0.01的显著性水平下，球形检验拒绝相关阵为单位阵的原假设，说明适合做因子分析，且因子分析效果较好。

描述统计			
	平均值	标准偏差	分析个案数
X_1	3.7445	0.293	42
X_2	3.7902	0.174	42
X_3	3.7786	0.150	42
X_4	3.5574	0.274	42
X_5	3.7662	0.156	42
X_6	3.639	0.200	42
X_7	3.671	0.142	42
X_8	3.603	0.187	42
X_9	3.699	0.160	42

KMO和巴特利特检验		
KMO取样适切性量数		0.708
巴特利特球形度检验	近似卡方	318.415
	自由度	36
	显著性	0.000

图6-28　检测主观评分数据是否适合做候选人主观因子分析示意图

由方差解释表和碎石图提取公共因子。如图6-29（a）所示，从总方差解释图可以看出：前3个特征根较大，其余特征根较小，而且前3个公共因子的总方差贡献率为86.425%，即解释了全部变量总方差的86.425%，基本提取了样本所包含的信息，因此选择3个公共因子是合适的；同时，由碎石图［图6-29（b）］显示可知，提取3个公共因子也是合适的。

初始特征值				提取载荷平方和			旋转载荷平方和		
成分	总计	方差百分比（%）	累积（%）	总计	方差百分比（%）	累积（%）	总计	方差百分比（%）	累积（%）
1	4.255	47.281	47.281	4.255	47.281	47.281	3.552	39.469	39.469
2	2.731	30.346	77.627	2.731	30.346	77.627	2.956	32.844	72.313
3	0.792	8.798	86.425	0.792	8.798	86.425	1.270	14.112	86.425
4	0.400	4.448	90.873						
5	0.261	2.903	93.777						
6	0.203	2.252	96.028						
7	0.165	1.836	97.865						
8	0.154	1.709	99.574						
9	0.028	0.426	100.00						

提取方法：主成分分析法。

（a）总方差解释

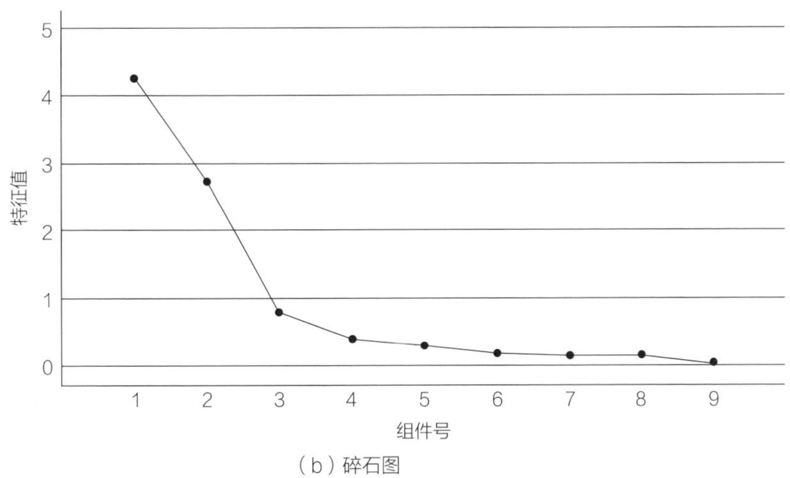

（b）碎石图

图6-29　总方差解释和碎石图

对基于主成分分析得到的因子载荷矩阵，进行方差最大化正交旋转后的因子载荷，得出公因子表达式。如图6-30所示，通过旋转后的成分矩阵可以看出：

第一个公因子F_1主要由X_2（结构与材料）、X_3（空间与形式）、X_5（场所感）、X_7（时代精神）、X_8（前沿性）五个指标决定，其中空间与形式和时代精神对F_1（设计作品风格）的贡献最大达到了

旋转后的成分矩阵				成分得分系数矩阵		
	1	2	3	1	2	3
X_1	-0.002	0.958	0.138	-0.023	0.352	-0.091
X_2	0.668	0.087	0.600	0.081	-0.11	0.483
X_3	0.903	-0.004	0.120	0.279	-0.021	-0.089
X_4	0.087	0.936	0.097	0.017	0.354	-0.152
X_5	0.837	0.336	-0.050	0.303	0.159	-0.349
X_6	0.093	0.881	0.254	-0.021	0.292	0.036
X_7	0.903	0.178	0.121	0.281	0.052	-0.134
X_8	0.862	-0.286	0.210	0.240	-0.159	0.094
X_9	0.121	0.388	0.862	-0.168	-0.062	0.834
提段方法：主成分分析法。旋转方法：凯撒正态化最大方差法。旋转在4次迭代后已收敛				提段方法：主成分分析法。旋转方法：凯撒正态化最大方差法。组件得分		

F1设计作品风格

$F_1= -0.023X_1+0.081X_2+0.279X_3+0.017X_4+0.303X_5-0.021X_6+0.281X_7+0.240X_8-0.168X_9$

F2地缘因素

$F_2= 0.352X_1-0.110X_2-0.021X_3+0.354X_4+0.159X_5-0.292X_6+0.052X_7-0.159X_8-0.062X_9$

F3绿色可持续性

$F_3= -0.091X_1+0.483X_2-0.089X_3-0.152X_4-0.349X_5+0.036X_6-0.134X_7+0.094X_8+0.834X_9$

图6-30 旋转后成分矩阵和公因子表达式示意图

0.903，说明“空间与形式”和“时代精神”在F_1中占重要地位。

第二个公因子F_2主要由X_1（地域性）、X_4（历史文脉或传统文化）、X_6（人文关怀）三个指标决定，其中地域性对F_2（地缘性）贡献最大达到0.958，说明设计作品的“地域性”越强，得分越高。

第三个公因子F_3是由X_9（绿色可持续性）一个指标决定，说明相较于前两个公共因子，“绿色可持续”可以独立承担影响最终评分的责任。

最终，形成公共因子得分和加权后综合得分。通过SPSS分析得到3个公共因子得分，以各因子的方差贡献率占3个因子总方差贡献率的比重，作为权重进行加权汇总得到综合得分F，根据综合得分F进行降序排列表（图6-31）。由此得到，建筑师何镜堂综合得分最高。

序号	姓名	综合得分
39	何镜堂	1.143
40	崔愷	1.083
17	安娜 · 赫林格（女）	0.988
2	隈研吾	0.913
5	森俊子	0.896
13	迪埃贝多 · 弗朗西斯 · 凯雷	0.715
28	斯诺赫塔建筑事务所	0.615
25	维尼 · 马斯	0.505
30	直向建筑事务所	0.481
3	贝娜蒂塔 · 塔格里亚布	0.44

图6-31　加权后综合得分排序图

2. 客观因素因子分析（数据来源：8个研究小组共同整理）

将42组候选人特征数据导入SPSS进行客观因素因子分析，结合候选人客观因子评分标准（表6-2），得出客观因子评分结果。其客观因子为：X_1（国籍）、X_2（获奖时年龄／平均年龄）、X_3（专业教育背景）、X_4（获奖时工作年限）、X_5（工作室）、X_6（作品数量）、

表6-2　候选人客观因子评分标准列表

国籍	获奖时年龄	专业教育背景	工作年限	
1（欧洲）	1（50及以下）	0（无学位）	0（10年及以下）	
2（亚洲）	2（51~60）	1（学士学位）	1（11~20）	
3（北美洲）	3（61~70）	2（硕士学位）	2（21~30）	
4（南美洲）	4（71~80）	3（博士学位）	3（31~40）	
5（非洲）	5（81及以上）		4（41~50）	
			5（51及以上）	
有无工作室	**作品数量**	**获奖数量**	**文献数量**	**书籍数量**
0（无）	0（10及以下）	0（5及以下）	0（5及以下）	0（5及以下）
1（1个）	1（11~20）	1（6~10）	1（6~10）	1（6~10）
2（2个）	2（21~30）	2（11~15）	2（11~15）	2（11~15）
3（3及以上）	3（31~40）	3（16~20）	3（16~20）	3（16~20）
	4（41~50）	4（21~25）	4（21~25）	4（21~25）
	5（51及以上）	5（26及以上）	5（26及以上）	5（26及以上）

X_7（获奖数量）、X_8（文献数量）、X_9（书籍数量）。

对其分类变量进行赋值时，显示“警告：个案数不足两个，至少有一个变量的方差为零，只有一个变量用于分析，或者只能计算部分变量对的相关系数，将不再计算更多统计。”即重复数据过多不存在统计意义，不适合做因子分析。

6.4.6 预测结果

经总结及数据比对，分别由描述性分析和主成分分析得到，候选人的两项预测结果排名，其前10名候选人一致率已达到50%。由此，研究小组综合预测得出：2022年普利兹克建筑奖获奖者为何镜堂、崔愷（图6-32）。

此外，由结果对比分析可以看出，描述性分析综合（主客观）得出：何镜堂、斯蒂文·霍尔、崔愷的评分分数较高。其中，斯蒂文·霍尔、何镜堂的客观评分分数较高；何镜堂的主观评分分数也

描述性分析
第一名：何镜堂
第二名：斯蒂文 · 霍尔
第三名：崔愷

序号	姓名	综合得分
39	何镜堂	3.705
15	斯蒂文 · 霍尔	3.591
40	崔愷	3.562
4	墨菲西斯事务所	3.549
5	森俊子	3.285
2	隈研吾	3.276
13	迪埃贝多 · 弗朗西斯 · 凯雷	3.208
6	Nieto & Sobejano 建筑事务所	3.197
33	阿尔贝托 · 卡拉奇	3.133
35	RMA建筑事务所	3.116

主成分分析
第一名：何镜堂
第二名：崔愷
第三名：安娜 · 赫林格

序号	姓名	主观因子加权
39	何镜堂	1.143
40	崔愷	1.083
17	安娜 · 赫林格（女）	0.938
2	隈研吾	o.913
5	森俊子	0.896
13	迪埃贝多 · 弗朗西斯 · 凯雷	0.715
28	斯诺赫塔建筑事务所	0.615
25	维尼 · 马斯	0.505
30	直向建筑事务所	0.481
3	贝娜蒂塔 · 塔格里亚布	0.44

图6-32　最终预测结果示意图

较高，但斯蒂文·霍尔的主观评分分数较低（受到多年陪跑的一定影响，使得建筑专业背景打分者对其主观因素打分较低）。最终，崔恺、何镜堂在两种分析方法中评分分数都较高。两种方法的主观因子分析结果也较为一致（图6–33）。

描述性分析（主观+客观）		
序号	姓名	综合得分
39	何镜堂	3.7047
15	斯蒂文·霍尔	3.5915
40	崔恺	3.5622
4	墨菲西斯事务所	3.5486
5	森俊子	3.2854
2	隈研吾	3.2758
13	迪埃贝多·弗朗西斯·凯雷	3.2081
6	Nieto & Sobejano 建筑事务所	3.1972
33	阿尔贝托·卡拉奇	3.1334
35	RMA建筑事务所	3.1156

描述性分析（主观）		
序号	姓名	主观因子加权
17	安娜·赫林格（女）	2.4892
40	崔恺	2.4822
5	森俊子	2.4654
3	何镜堂	2.4647
2	隈研吾	2.4458
13	迪埃贝多·弗朗西斯·凯雷	2.4381
28	罗伯特·格林伍德	2.4003
24	徐甜甜	2.3863
30	直向建筑事务所	2.3849
18	文森待·卡勒波特建筑事务所	2.3821

描述性分析（客观）		
序号	姓名	客观因子加权
15	斯蒂文·霍尔	1.25
4	墨菲西斯事务所	1.24
39	何镜堂	1.20
40	崔恺	1.08
14	珍妮·甘（女）	0.89
35	RMA建筑事务所	0.87
33	阿尔贝托·卡拉奇	0.85
2	隈研吾	0.83
5	森俊子	0.82
8	戴卫·艾伦·奇普菲尔德	0.82

主成分分析（客观）		
序号	姓名	主观因子加权
39	何镜堂	1.143
40	崔恺	1.083
17	安娜·赫林格（女）	0.938
2	隈研吾	o.913
5	森俊子	0.896
13	迪埃贝多·弗朗西斯·凯雷	0.715
28	斯诺赫塔建筑事务所	0.615
25	维尼·马斯	0.505
30	直向建筑事务所	0.481
3	贝娜蒂塔·塔格里亚布	0.44

图6–33　主客观因子不同分析法预测结果对比图

6.4.7 总结与反思

本研究小组在统计分析方法运用实践中，发现了一些不足之处：其一，客观因素多为分类变量，较难分析；其二，主观因素分析主观性较强；其三，获奖者以近10年为主要研究对象，分析数据时代性更强，但样本数量过少，导致KMO值偏小，即变量相关性较弱，不具有统计学意义，因此换用描述性分析；其四，整体变量较多，样本数量过少，导致因子分析及主成分分析效果不够理想。

因此，在主成分分析中，首先应保证所提取的前几个主成分的累计贡献率达到一个较高的水平，即变量降维后的信息量须保持在一个较高水平上；其次，对这些被提取的主成分必须都能够给出符合实际背景和意义的解释，否则主成分将空有信息量而无实际含义。

研究中，本小组采用的解决办法是：选用描述性分析与主成分分析相对比；同时，在进行统计学习时，一定要有足够的样本数量，样本数量越多，计算和研究结果就会越准确，也就会越接近客观规律。

6.5 多元统计分析（因子分析、判别分析、聚类分析、相关性分析）+机器学习法量化评价与预测

2021年一组研究者曾采用多元统计分析和机器学习两种方法相协作，对2022年普利兹克建筑奖获奖趋势进行预测；其中，多元统计分析方法的运用涉及因子分析、判别分析、聚类分析、相关性分析。具体研究思路及步骤如下。

6.5.1 研究思路

基本研究思路是：力求提出一套完整的普利兹克建筑奖获奖趋势预测方案，形成完成度较高的智能批评体系，即基于自然语言处理的打分系统和基于多元统计分析和机器学习的预测系统。

主要研究流程为：①通过权威期刊及网络资源找出与获奖者关联性信息，形成数据可视化；②采用人工检索方式进行期刊文章关

键词共现分析，确定候选人（多次被提及的建筑师或事务所）；③收集整理每位候选人及其代表作品的详细资料；④建立指标体系，计算每位候选人综合得分，构建数据集；⑤研究已获奖者指标情况，分析普利兹克建筑奖时代性特征，确定各项指标权重；⑥建立预测模型，对比不同预测方法；⑦形成预测结果。

1. 确定候选人范围

从2011—2021年《世界建筑》期刊4000余篇文章刊登的建筑师中寻找候选人，主要采用项目型（建筑师出现在文章作者中）和人物研究型（建筑师出现在关键词中）两类筛选方法。进而，通过对文章结构研究，使用关键词共现和作者分析方法进一步缩小候选人范围。

通过前期协作小组的研究可知，过去十余年（2005—2021年）中，《世界建筑》期刊曾多次在普利兹克建筑奖获得者（2009—2021年）获奖之前的1～4年中对其进行过报道，其押中率为9/13次（图6-34）。因此，我们将此作为确定最终候选人范围的重要依据，从2018年第1期至2021年第4期中，初步筛选出符合普利兹克建筑奖获奖条件的50位候选人；并进一步确定出其中来自14个国家的24位被高频提及的候选人。

2. 创新评分方法

考虑到主客观评分机制易受到人为因素影响，进而导致数据分析结果产生偏差。本研究小组决定尝试开发一种基于自然语言处理（NLP）的工具，通过对大量样本学习，实现对建筑师各特征指标的客观自动打分。

3. 基本工作框架

如图6-35所示，形成了基于多元统计分析与机器学习方法相比较、协作的预测研究框架。主要包括：数据获取、NLP打分系统、多元统计分析、模型预测。

	2021	2020	2019	2018	2017	2016	2015	2014	2013	2012	2011	2010	2009	2008	2007	2006	2005
2021年，安妮·拉卡顿、让·菲利普·瓦萨尔		文章1篇															
2020年，伊冯·法雷尔与谢丽·麦克纳马拉		简讯1条															
2019年，矶崎新	文章1篇		简讯1条			文章1篇			文章2篇						文章2篇		
2018年，巴克里希纳·多西				简讯1条													
2017年，RCR建筑事务所		文章1篇			简讯2条								专题15篇				
2016年，亚历杭德罗·阿拉维纳					文章1篇	简讯1条											
2015年，弗雷·奥托							简讯1条										
2014年，坂茂				文章2篇	文章1篇			简讯2条+专题14篇	简讯1条+文章1篇		简讯1条						
2013年，伊东丰雄			文章1篇	文章1篇	简讯1条+文章2篇	文章1篇		简讯1条	简讯3条+文章2篇	简讯1条	文章2篇		简讯1条				
2012年，王澍			文章2篇		简讯1条+文章2篇		文章5篇	文章1篇	简讯1条+文章1篇	专题21篇				文章1篇			
2011年，艾德瓦尔多·苏托·德·莫拉								文章1篇			简讯1条		文章2篇				
2010年，妹岛和世、西泽立卫			文章1篇	文章1篇	简讯1条	简讯1条					简讯1条	简讯2条	文章1篇	文章1篇			
2009年，卒姆托		文章1篇		文章2篇			文章1篇		简讯1条				简讯1条		文章3篇	文章1篇	专题7篇

图6-34　2009—2021年间已获奖者获奖前1～4年中曾被《世界建筑》报道情况分析图

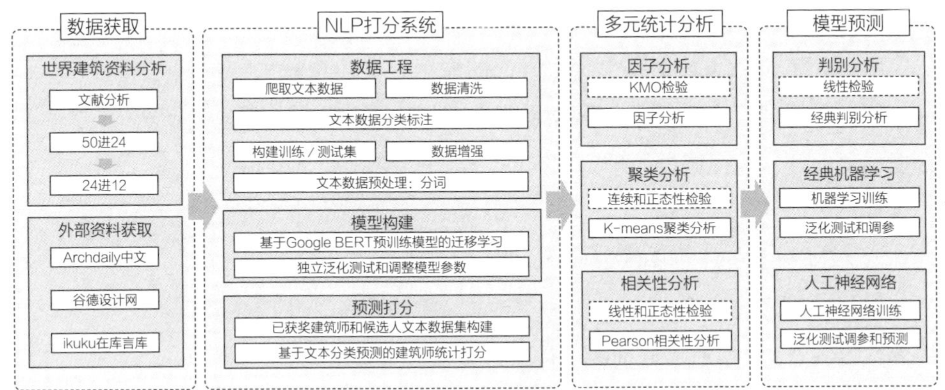

图6-35 基本工作框架示意图

6.5.2 数据获取

NLP模型以及人工智能模型最重要的因素之一是训练数据，好的NLP模型都是数以亿计的，即使我们的任务是简单的多分类任务，即是将建筑师作品的文本资料归类为不同的关键词，如“绿色可持续”“数字化”“结构与材料”等，也应至少涉及上万条标注数据。所谓“标注数据”是指人工告诉机器，某一段文本属于什么样的分类，机器通过学习这样的标注数据，自己便知道如何分类，因此标注数据越多，机器分类的准确性也将越高。但人工标注显然是费时费力的，经过本研究小组全体成员（5人）努力，也只标注了500余条数据。

面对如此少的标注数据我们通过两种方法求助：第一，选择一个合适的预训练模型，进行迁移学习；第二，进行数据增强，即通过一些语言规律和语法规律，如同义词、句型变换（倒装）等方式成倍地增加有限的标注数据的数量，以提高训练准确度。

为确保量化过程的合理性，研究小组分别采用Paper AI（从20万篇学术论文中找到COVID的研究现状进行系统判别）、NLP模型（使用预训练NLP模型进行有监督学习）、人工分析三种方法相协作方式。

爬取文本数据主要包括4个步骤：数据清洗、文本分类标注、数据增强、中文文本预处理。具体如下。

1. 数据清洗

由于人工录入及数据爬虫等多方面的原因，会出现缺失值的情况，因此需要通过人工寻找“漏网数据”，填充空缺值。主要包括：数据重复处理、数据错误处理、数据缺失处理、数据异常处理。

2. 文本分类标注［图6-36（a）］

根据样例多分类数据集、小分类数据集数据格式构建数据集，样例数据共有5个类别，分别为：体育、健康、军事、教育、汽车。我们的标注类别为“地域性、数字化、材料、结构、人文关怀、绿色可持续、场所精神”，最终获得有效标注数据500条。

样例数据

多分类标签：体育、健康、军事、教育、汽车

语句材料	标注
“拉齐奥获不利排序意甲本周末拉齐奥与帕尔马之战为**收官阶段**表现较为突出的两支球队之间的较量，两队在最近**10场比赛**中均取得了其中6战的胜利，**主队**因此提前锁定了**联盟杯**的**参赛资格**，客队更是借此早早就摆脱了赛季中段的降组威胁。”	体育
…	…

我们的数据

多分类标签：地域性、数字化、材料、结构、人文关怀、绿色可持续、场所精神

语句材料	标注
“RCA的设计都是**环保意识**，结合了亲生元素，以实现持久的**可持续性**。建筑环境**能耗较低**，同时能激励人们，消除工作空间内的压力。”	可持续
“设计工作室的核心是配备3D快速原型制作功能和大型**可编程制造机器人**的先进建模车间。除了传统的木工机床，这些工具还使快速成型成为设计过程中不可或缺的一部分。想法可以在**模拟世界和数字世界**之间无缝切换。”	数字化
…	…

（a）

中文文本预处理：分词

Jieba VS. Pkuseq：样例文本

“项目坐落于巴拉圭圣贝纳迪诺市，该市以崎岖的山地景观而闻名。项目场地地理条件得天独厚，为了发挥出场地的最大优势，建筑师将住宅体量排布在场地最具魅力的地方，使居住者享受到绝美的地平线景观。设计旨在尽可能地避免建筑对环境造成的影响。整栋建筑几乎全部由混凝土建造，而巧妙地结构使厚重的混凝土体块漂浮于地面之上，显现出轻盈之态。住宅由两块平行的水平混凝土板构成。楼板呈边长13米的正方形，两块楼板之间由4根结构柱支撑，从而形成了一个由9个4.33米模块组成的严谨的棋盘式柱网。”

（b）

图6-36　文本分类标注及中文文本预处理示意图

3. 数据增强

使用同义词替换方式，结合小样本学习，随机选取一些词并用它们的同义词来替换这些词。例如，将句子“我非常喜欢这部电影”改为“我非常喜欢这个影片”，这样句子仍具有相同的含义，很有可能具有相同的标签。

4. 中文文本预处理 [图6-36 (b)]

6.5.3 NLP打分系统

1. NLP模型选择和训练（图6-37）

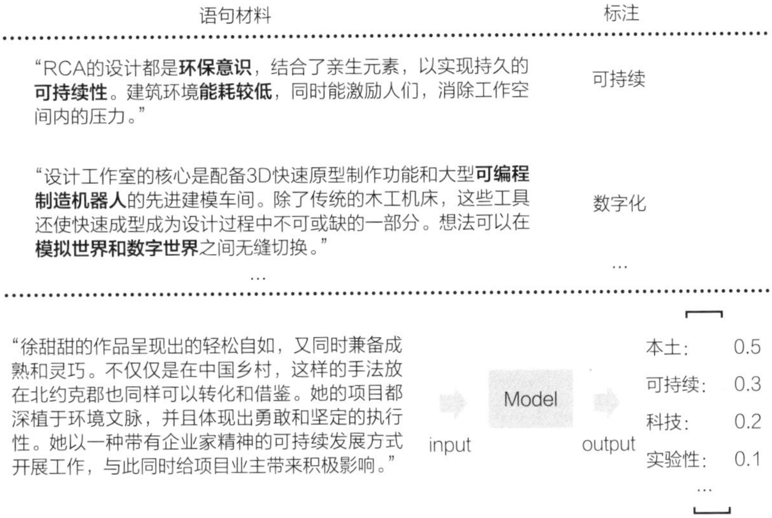

语句材料	标注
“RCA的设计都是**环保意识**，结合了亲生元素，以实现持久的**可持续性**。建筑环境**能耗较低**，同时能激励人们，消除工作空间内的压力。”	可持续
“设计工作室的核心是配备3D快速原型制作功能和大型**可编程制造机器人**的先进建模车间。除了传统的木工机床，这些工具还使快速成型成为设计过程中不可或缺的一部分。想法可以在**模拟世界和数字世界**之间无缝切换。”	数字化
…	…

“徐甜甜的作品呈现出的轻松自如，又同时兼备成熟和灵巧。不仅仅是在中国乡村，这样的手法放在北约克郡也同样可以转化和借鉴。她的项目都深植于环境文脉，并且体现出勇敢和坚定的执行性。她以一种带有企业家精神的可持续发展方式开展工作，与此同时给项目业主带来积极影响。”

input

Model

output

本土: 0.5

可持续: 0.3

科技: 0.2

实验性: 0.1

…

图6-37 NLP模型训练示意图

在模型选择上，选择能够适应建筑评价类文本识别和分类任务的模型尤为重要。在当前众多NLP预训练模型，包括有GPT-3、百度的BRNIE、谷歌的Bert等，最终研究小组选择了Bert预训练模型。其中有诸多考虑，如Bert基于Transformer这一具有自注意力机制的模型，当它在读一个句子的时候会具有全局注意力，而传统基于RNN的语言模型则仅具有局部注意力。即Bert模型在读一个句子的时候会关注到一个句子的全部字眼，并且会从前往后读和从后往前读，来理解这个句子；而传统模型只能关注到每个词附近的几个词，并且仅能从前往后读。此外，Bert模型提供一种较为小型的预训练模型，能够通过迁移学习和微调更好地适应我们的任务。研究中，通过调试代码最终实现了训练，然而由于每12小时才能训练一次，在时间极为有限条件下，本小组中并没有更多时间对模型进行调整，留下遗憾。

2. NLP模型预测

NLP训练后到了预测阶段，小组成员每人学习并尝试应用一种统计分析方法，如：因子分析、聚类分析、相关性分析、机器学习等。其中，特别强调了前置分析，用以探讨选择此方法是否适应本研究数据，以及选择什么方法更适合的问题。

最终研究小组使用了机器学习和神经网络预测的方法，均是预测一组数据是否属于某一类的方法。即是预测某一个候选人的指标数据是否属于获奖／不获奖，是一个二分类问题，也属于广义的判别分析。由此得到基于NLP模型的候选人和普利兹克建筑奖获得者归一化评分结果（图6-38）。

姓名	地域性	数字化	材料	结构	人文关怀	绿色可持续	场所精神	获奖
维尼·马斯	0.114082	0.131199	0.140187	0.110187	0.134082	**0.359326**	0.100936	0
徐甜甜	**0.25015**	0.13964	0.144144	0.144144	0.04039	0.139264	0.142267	0
矶崎新	0.14904	0.140384	0.141889	0.140008	0.139255	0.144148	0.145277	1
…	…	…	…	…	…	…	…	…

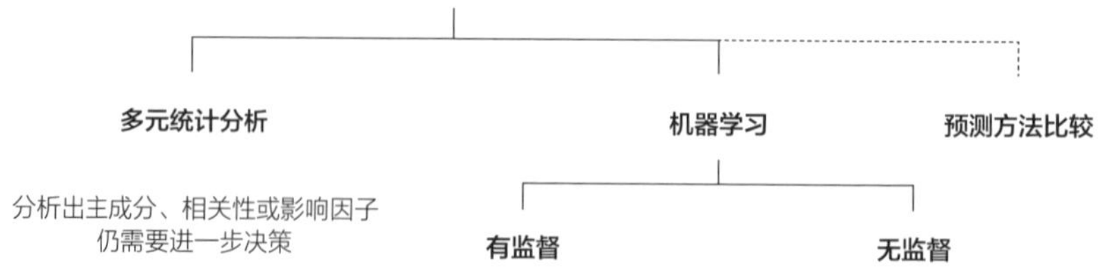

图6-38　基于NLP模型评分示意图

6.5.4 多元统计分析

1. 前置分析的重要性

以相关性分析为例，我们通过NLP打分数据希望挖掘各项指标间的相关性，但常用相关性分析主要包括两类：Pearson相关性分析和Spearman相关性分析，是否适用相关性分析和适用于哪种方法都将依赖于前置分析。

其中，Pearson相关性分析使用条件为：①数据为连续变量且成对出现；②数据无异常值；③两组数据之间呈线性相关关系；④数据服从正态分布。通常的办法可以采用双变量散点矩阵来直观地判断。

2. 因子分析

如图6–39所示，因子分析的主要过程，据其结果可知，得分排名靠前的20人中包含有已获奖者13位，因此预测结果较为可信。由此，筛选后得到前10位候选人排名，依次为：安娜·赫林格、森俊子、迪埃贝多·弗朗西斯·凯雷、何镜堂、武重义、文森特·卡勒波特、刘家琨、1＋1>建筑事务所、罗伯特·格林伍德。

图6–39 因子分析过程示意图

3. 聚类分析

采用k均值聚类算法，预期是将整个数据分为候选人（获奖者）和非候选人两类，但由于人数差别较大，将聚类数增加为3类。虽然此时类别之间差距变小，但已获奖者仍被归为不同的类别。

4. 相关性分析

相关性前置分析主要有包括：指标间有线性相关关系、符合正态分布两项内容。得到结论：本研究适用Pearson相关性分析而非Spearman相关性分析。

Pearson相关系数：

· $|r|>0.95$存在显著性相关；

· $|r|\geqslant 0.8$高度相关；

· $0.5\leqslant |r|<0.8$中度相关；

· $0.3\leqslant |r|<0.5$低度相关；

· $|r|<0.3$关系极弱，认为不相关

由此，得到结论："材料"和"结构"之间存在中度相关性，而其他评价因子之间相关性低度或极弱。

5. 判别分析

结合获奖者的主观评分情况，根据数据特征对候选人进行预测归类。由FRONT-END ANALYSIS前置分析，因变量之间不能存在多重共线性，通过线性回归检查，分析→回归→线性，得到VIF＜5或10，为合格。

由图6-40所示，80.7%的原始分组观察值已经正确分类，即判别函数成立，得到判别分析结果。

6.5.5 机器学习

本研究中，机器学习应用步骤主要为：①机器学习分类训练过程；②机器学习算法比较（图6-41）；③人工神经网络分类训练。由此，基于Matlab使用人工神经网络分类器进行预测，得到排名前三

描述统计	分类函数系数	
	是否获奖	
	0	1.0
地域性	14.810	17.693
数字化	124.117	132.355
材料	57.211	62.102
结构	80.232	79.543
人文关怀	77.965	80.748
绿色可持续	46.470	40.026
场所精神	-9.545	-9.729
常数	-728.496	-772.596

分类结果					
		是否获奖	预测的群组成员资格		统计
			0	1	
原始	计数	0	49	16	65
		1	5	39	44
	%	0	75.4	24.6	100
		1	11.4	88.6	100

图6-40　判别分析结果示意图

机器学习算法 \ ACC（%）	PCA Off	PCA On
精细树	70.4	59.3
中等树	70.4	66.7
粗略树	77.8	77.8
线性判别	74.1	77.8
二次判别	77.8	81.5
逻辑回归	77.8	77.8
朴素贝叶斯	81.5	81.5
支持向量机	92.6	70.4
KNN	92.6	70.4
集成	81.5	59.3

图6-41　机器学习算法比较示意图

的候选人，分别为：维尼·马斯、何镜堂、罗伯特·科林伍德（图6–42）。

此外，本研究对于NLP网络训练的运用仍存在不足，如：NLP训练样本不足，可以增加标注数据；指标选择过少，不利于特征选取；NLP网络训练参数调整不足。

姓名	地域性	数字化	材料	结构	人文关怀	绿色 可持续	场所精神	神经网络 预测获奖 概率
维尼 · 马斯	0.114082	0.131199	0.140187	0.110187	0.134082	0.269326	0.100936	0.854
何镜堂	0.158135	0.146306	0.130454	0.140454	0.125208	0.144601	0.154843	0.732
罗伯特 · 科 林伍德	0.128581	0.182276	0.145233	0.125233	0.123777	0.147081	0.14782	0.586

图6-42　人工神经网络分类训练及预测结果示意图

6.5.6　总结与反思

通过对获奖者的作品特点、风格以及获奖评审辞等因素分析，初步为候选人选取奠定了基础；后期，通过各研究小组群策群力，借助百度、谷歌等搜索引擎，广泛查询了维基百科、百度百科和各大建筑网站、公众号，建筑师的官方网站等，以获取更多更权威的候选人背景资料信息数据。但是，在这个过程中也遇到了一些问题，为此本研究小组决定尝试采用人工语言分析方式，以更加客观的方法进行候选人作品评分，建立已获奖者相关数据训练模型，达到预测候选人的效果；同时，采用了自然语言分析方法与多元回归方法之间的比较学习，更全面地建立了分析方法的知识体系。

通过对预测结果的复盘分析，了解到预测结果的合理性与不足。其合理性在于：①引入统计学软件进行分析验证，结合主客观评价的研究方式较为严谨；②研究小组对每一种分析方法都进行了前置分析，对每一种分析方法的适用条件和底层逻辑都进行了深入学习，形成分析的前提验证，以保证每一种分析结果和逻辑的严谨性；③在主观评分中大众对建筑师的了解不深，很难对建筑师和其建筑作品形成可信度较高的评分，为此研究小组通过采用自然语言处理+建筑批评，解决人工打分客观性不足问题的创新应用。

不足之处在于：①客观评分资料收集较难，只能借助网络收集候选人资料，网上获取的数据尚不能完全准确，仍存在很多无法查找出处的数据；②调查问卷的样本数量远远不够、调查人群有限等问题；③文本训练数据集有限，尽管采用机器学习方法可以解决人工打分客观性不足问题，但由于目前只能人工对候选人的文本进行关键词提取，队员精力有限，目前只能达到500～600条，对结果准确性会造成一定程度的影响。

值得注意的是，本研究小组所采用的因子分析方法预测结果中，排名第三的迪埃贝多·弗朗西斯·凯雷正是2022年普利兹克建筑奖获奖者。

6.6　因子分析法＋对应分析法量化评价与预测

2021年一组研究者曾采用因子分析和对应分析两种方法，对2022年普利兹克建筑奖获奖趋势进行预测。具体研究思路及步骤如下。

6.6.1　研究思路

本研究小组为2021年8个研究小组中的统筹组，负责组织、协调各小组具体任务工作，及时总结、分享各阶段各小组研究成果。通过对已获奖者特征信息的量化分析结果（如6.4.1～6.4.3所述），初步选取并确定出42位候选人。本小组分别采用因子分析和对应分析方法对候选人和近10年已获奖者的主客观评价因素进行分析，相对比并形成预测结果。

6.6.2　因子评分过程及结果

6.6.2.1　主观因素因子分析

根据已确定的9个主观因子（如6.4.4所述）进行专业版和大众版问卷调研。分别得到来自10个省份的建筑学及相关专业人士提供的120份有效问卷数据，以及大众版的143份有效问卷数据。问卷数量已满足大于候选人数量近4倍的要求。将主观因子评分数据汇总，得出需要进行分析的原始数据；进一步将原始变量进行标准化，求其相关矩阵，分析变量间的相关性。

根据相关性矩阵得出该矩阵为正定矩阵，大多数数据大于0.3；

KMO大于0.5，显著性小于0.05。因此，可以使用因子分析方法进行预测。

如图6–43所示，根据得出的公因子方差可知，绿色可持续、结构与材料的数值相对较小，其余的公因子都接近于1。综合来看，这些公因子对原始变量的解释很高。

公因子	初始	提取
Zscore（地域性）	1.000	0.933
Zscore（结构与材料）	1.000	0.727
Zscore（空间与形式）	1.000	0.885
Zscore（历史文脉或传统文化）	1.000	0.855
Zscore（场所感）	1.000	0.803
Zscore（人文关怀）	1.000	0.879
Zscore（时代精神）	1.000	0.880
Zscore（前沿性）	1.000	0.904
Zscore（绿色可持续）	1.000	0.600

提取方法：主成分分析法。

图6–43　公因子方差示意图

如图6–44所示，根据总方差解释，初始特征值总计大于1，可以得出2个有效的公因子。此2个公因子累积的方差贡献率为82.953%，即解释了全部变量总方差的82.953%，对原始变量的信息保存较完整。因此，该因子分析的效果比较理想。从碎石图也可以看出，提取3个公共因子也是合适的。

在进行成分矩阵时，主要看旋转后的成分矩阵，数值越接近1越好。如图6–45所示，主要进入成分1的有空间与形式、前沿性、时代精神。

根据公式F=（F_1×方差1＋F_2×方差2……）/累积%，得出综合得分；进一步将综合得分（F）降序排列，得出候选人主观因子分析综合得分由高到低的排序，依次为：何静堂、崔恺、安娜·赫林格等。

成分	总计	初始特征值方差百分比（%）	累积（%）	总计	提取载荷平方和方差百分比（%）	累积（%）	总计	旋转载荷平方和方差百分比（%）	累积（%）
1	5.088	56.532	56.532	5.088	56.532	56.532	4.073	45.256	45.256
2	2.378	26.421	82.953	2.378	26.421	82.953	3.393	37.697	82.953
3	0.600	6.662	89.615						
4	0.390	4.333	93.948						
5	0.158	1.752	95.700						
6	0.144	1.596	97.297						
7	0.116	1.288	98.584						
8	0.770	0.854	99.439						
9	0.051	0.561	100						

提取方法：主成分分析法。

（a）总方差解释

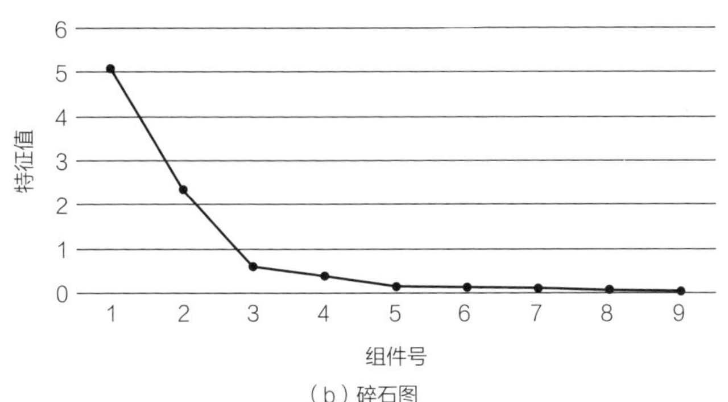

（b）碎石图

图6-44　总方差解释和碎石图

成分矩阵[a]

	成分 1	成分 2
Zscore（地域性）	0.607	0.751
Zscore（结构与材料）	0.784	-0.337
Zscore（空间与形式）	0.840	-0.423
Zscore（历史文脉或传统文化）	0.637	0.670
Zscore（场所感）	0.874	-0.199
Zscore（人文关怀）	0.735	0.582
Zscore（时代精神）	0.881	-0.323
Zscore（前沿性）	0.637	-0.706
Zscore（绿色可持续）	0.713	0.303

提取方法：主成分分析法。
提取了2个成分。

旋转后的成分矩阵[a]

	成分 1	成分 2
Zscore（地域性）	0.021	0.966
Zscore（结构与材料）	0.826	0.213
Zscore（空间与形式）	0.923	0.180
Zscore（历史文脉或传统文化）	0.904	0.920
Zscore（场所感）	0.813	0.378
Zscore（人文关怀）	0.225	0.910
Zscore（时代精神）	0.894	0.284
Zscore（前沿性）	0.936	-0.169
Zscore（绿色可持续）	0.378	0.676

提取方法：主成分分析法。
旋转方法：凯撒正态化最大方差法。
旋转在3次迭代后已收敛。

图6-45　成分矩阵及旋转后的成分矩阵图

6.6.2.2　客观因素因子分析

首先确定客观因子及相应评分标准；将客观因子评分数据进行汇总（由8个小组的41名研究人员完成打分），得出需要进行分析的原始数据；进一步将原始变量进行标准化，求其相关矩阵，分析变量间的相关性。

根据相关性矩阵得出：该矩阵为正定矩阵，大多数数据大于0.3；KMO大于0.5，显著性小于0.05。因此，可以使用因子分析方法。

如图6–46所示，根据得出的公因子方差可知：书籍数量、其他领域成就的数值远远小于1，其余的公因子都接近于1。综合来看，这些公因子对原始变量的解释很高。

	初始	提取
Zscore（专业教育背景〈及最高学历〉）	1.000	0.618
Zscore（师承关系〈并标明数量〉）	1.000	0.704
Zscore（工作年限）	1.000	0.736
Zscore（有无工作室〈标注数量〉）	1.000	0.735
Zscore（有无任教〈及数量〉）	1.000	0.589
Zscore（与评委会有无关系〈及数量〉）	1.000	0.722
Zscore（是否知名建筑协会成员〈并标明数量〉）	1.000	0.642
Zscore（作品数量）	1.000	0.484
Zscore（获奖数量）	1.000	0.64
Zscore（书籍数量）	1.000	0.479
Zscore（文献数量）	1.000	0.609
Zscore（其他领域成就）	1.000	0.367

图6–46　公因子方差示意图

如图6–47所示，根据总方差解释，初始特征值总计大于1，可以得出4个有效的公因子。此4个公因子的累积的方差贡献率为61.036%，总体看原始变量的信息丢失较少。因此，该因子分析的效果比较理想。由碎石图可以看出，提取3个公共因子也是合适的。

进行成分矩阵，主要看旋转后的成分矩阵，数值越接近1越好。由此可知，主要进入成分1的有：与评委有无关系、文献数量等。

根据公式F=（F_1 × 方差1 + F_2 × 方差2……）/ 累积%，得出综

总方差解释

成分	总计	初始特征值方差百分比（%）	累积（%）	总计	提取载荷平方和方差百分比（%）	累积（%）	总计	旋转载荷平方和方差百分比（%）	累积（%）
1	3.106	25.884	25.884	3.106	25.884	25.884	2.313	19.278	19.278
2	1.573	13.108	38.992	1.573	13.108	38.992	2.184	18.202	37.480
3	1.448	12.067	51.059	1.448	12.067	51.059	1.432	11.933	49.413
4	1.197	9.977	61.036	1.197	9.977	61.036	1.395	11.623	61.036
5	0.983	8.194	69.230						
6	0.796	6.632	75.862						
7	0.738	6.151	82.013						
8	0.587	4.891	86.904						
9	0.551	4.596	91.500						
10	0.433	3.605	95.105						
11	0.327	2.722	97.827						
12	0.261	2.173	100						

提取方法：主成分分析法。

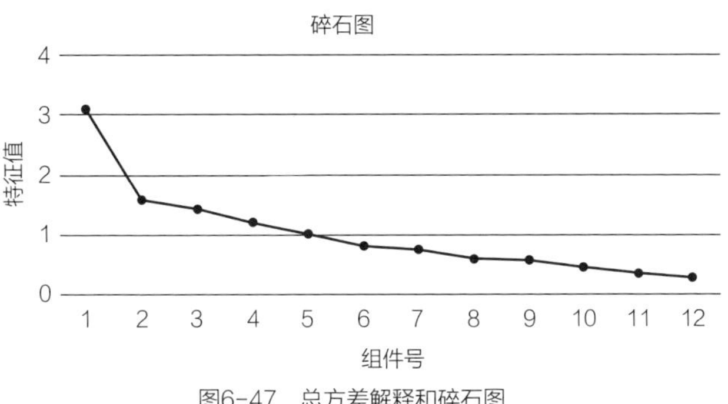

图6-47　总方差解释和碎石图

合得分；进一步将综合得分（F）降序排列，得出候选人客观因子分析综合得分由高到低的排序，依次为：崔愷、何静堂、托马斯·施欧佛等。

6.6.2.3　综合得分结果

将主客观因子分析得分经过加权得到综合得分，并进行降序处理，得到候选人排名（图6-48）。即本研究小组通过因子分析法预测排名前三的候选人依次为：何镜堂、崔愷、隈研吾。

姓名	客观得分	主观得分	加权得分
何镜堂	1.155598828	1.768903627	1.584912187
崔愷	1.156748435	1.672741082	1.517943288
隈研吾	0.637886599	0.708324475	0.687193112
直向建筑事务所	0.148941225	0.867192509	0.651717124
森俊子	0.761653141	0.563416557	0.622887533
安娜 · 赫林格	-0.269477769	0.964325467	0.594184496
维尼 · 马斯	0.26700507	0.558196511	0.470839078
文森特 · 卡勒波特建筑事务所	-0.700397792	0.836907929	0.375716213
罗伯特 · 格林伍德 / 斯诺赫塔建筑事务所	-0.491562845	0.722161589	0.358044259
斯蒂文 · 霍尔	0.516423113	0.217381956	0.307094303
徐甜甜	-0.324137367	0.571897594	0.303087106
迪埃贝多 · 弗朗西斯 · 凯雷	-0.033222578	0.436251723	0.295409432
伊丽莎白 · 迪勒	-0.345344263	0.493989622	0.242189457
墨菲西斯事务所	0.804848204	-0.032576121	0.218651177
贝娜蒂塔 · 塔格里亚布	0.176434663	0.171550579	0.173015804
Nieto & Sobejano建筑事务所	0.073532597	0.206461098	0.166582548
大舍建筑设计事务所	0.42596156	-0.099190928	0.058354818
托马斯 · 施欧佛	0.923109526	-0.326159719	0.048621054
伊凡诺 · 伊赛皮 / 斯蒂文 · 库拉斯	-0.272570609	0.160146174	0.030331139
石上纯也	0.254099771	-0.084546124	0.017047645
珍妮 · 甘	0.109525134	-0.071007728	-0.016847869
Hoang Thuc Hao, Nguyen Duy Thanh / 1+1>2建筑事务所	-0.376656115	0.131128642	-0.021206786
奥拉维尔 · 埃利亚松	-0.608497003	0.138528265	-0.085579315
H&P事务所	0.019694353	-0.176165693	-0.117407679
大卫 · 阿杰耶	-0.075713503	-0.148004505	-0.126317204
艾伯特 · 安杰尔	-0.733988977	0.112182068	-0.141669246
AART建筑事务所	-0.287531679	-0.149944755	-0.191220832
阿尔贝托 · 卡拉奇	0.009505497	-0.350337124	-0.242384338
萨姆普 · 帕多拉	0.153175914	-0.420522724	-0.248413132
安德鲁 · 博帝斯特、阿里曼塔斯 · 捏尼基斯、基尔马 · 陶多拉 · 吉列特事务所	-0.820798263	-0.046089399	-0.278502058
安德拉 · 马汀	-0.040769914	-0.468850505	-0.340426328
伊萨斯库恩 · 钦奇利亚事务所	-0.525502419	-0.29339078	-0.363024272
帕金斯威尔事务所	-0.407732229	-0.354214163	-0.370269583
Rojkind建筑师事务所	0.016244527	-0.536255108	-0.370505217
戴卫 · 艾伦 · 奇普菲尔德	0.01460078	-0.535743918	-0.370640508
RMA建筑事务所	0.081355567	-0.660467013	-0.437920239
梅恩 · 杜里 · 阿尔昆特	-0.231111397	-0.560364917	-0.461588861
约格 · 康泽特	0.033262597	-1.030568382	-0.711419088
克里斯蒂安 · 凯雷斯	-0.322837583	-1.012374151	-0.805513181
科琳娜 · 梅恩	0.147583122	-1.218944709	-0.80898636
希兰特 · 韦兰达维	-1.176482958	-1.043759478	-1.083576522
RC建筑事务所	0.157145041	1.682209526	1.130403156

图6-48　因子分析数据汇总图

6.6.3 对应分析过程及结果

6.6.3.1 对应分析前期

首选，依据表6-3所示评分标准，对候选人和近10年获奖者进行客观因素特征评分，得出对应分析的相关数据。

表6-3 评分标准示意图

分数	国籍	年龄	专业教育背景（及最高学历）	师承关系（并标明数量）	工作年限	有无工作室（标注数量）	有无任教（及数量）	与评委会有无关系（及数量）	是否知名建筑协会成员（并标明数量）	作品数量	获奖数量	书籍数量	文献数量	其他领域成就
0分														
1分			无学位	0个	10～19年	0个	0个	0个	0个	0～10个	0～5个	0～5个	0～5个	无
2分			本科	1个	20～29年	1个	1个	1个	1个	11～20个	6～10个	6～10个	6～10个	有1个
3分			硕士	2个及以上	30～39年	2个及以上	2个及以上	2个及以上	2个及以上	21～30个	11～15个	11～15个	11～15个	2个及以上
4分			博士		40～49年					31～40个	16～20个	16～20个	16～20个	
5分					50年及以上					40个以上	20个以上	20个以上	20个以上	

6.6.3.2 对应分析流程

对应分析主要流程为：①将数据导入SPSS，在分析中选择降维–最优标度法；②进行多重对应分析，将变量导入分析变量；③在变量中进行设置，将变量导入联合类别图。

6.6.3.3 客观因素对应分析结果

根据客观因素类别点的联合图（图6–49），分别进行图表分析及相关性分析。

1. 图表分析

书籍数量得分为3分的候选人更容易获奖；工作年限得分为4分

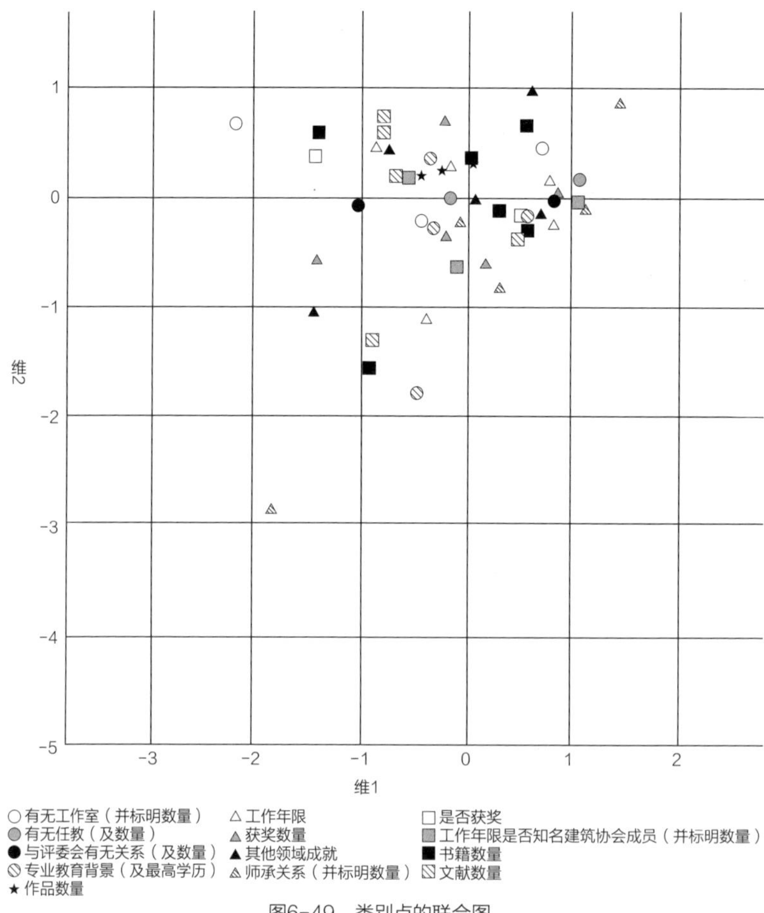

图6-49　类别点的联合图

的候选人更容易获奖；其他领域成就得分为2分的候选人更容易获奖；文献数量得分为4分或3分的候选人更容易获奖。

2. 相关性分析

书籍数量及文献数量的得分与获奖概率呈正相关，即得分越高，获得普利兹克建筑奖的可能性越大；工作年限、其他领域成就与获奖概率相关性也较高，但不一定呈线性相关。

转换后的相关性变量显示的是变量中两两变量的相关性程度。根据图6-50转换后相关性变量表中最后一列数据，可以看出各个变量与“是否获奖”之间的相关性高低。因此，客观因子中与是否获

描述统计	专业教育背景（及最高学历）	师承关系（并标明数量）	工作年限	有无工作室（标注数量）	有无任教及联量	与评委会有无关系（及致量）	是否知名建筑协会成员（并标明数量）	作品数量	获奖数量	书籍数量	文献数量	其他领域成就	是否获奖
专业教育背景（及最高学历）	1	0.065	0.256	0.143	0.226	0.299	0.195	0.261	0.387	0.252	0.322	0.359	0.381
师承关系（并标明数量）	0.065	1	0.245	0.191	0.467	0.083	0.248	0.236	0.156	0.141	0.263	0.266	0.336
工作年限	0.226	0.245	1	0.152	0.338	0.214	0.501	0.455	0.445	0.430	0.530	0.525	0.581
有无工作室（标注数量）	0.143	0.091	0.152	1	0.004	0.255	0.144	0.036	0.230	0.264	0.129	0.232	0.256
有无任教（及数量）	0.226	0.467	0.338	0.004	1.Co3	0.135	0.366	0.298	0.336	0.242	0.323	0.444	0.340
与评委会有无关系（及数量）	0.289	0.088	0.214	0.256	0.135	1.003	0.330	0.257	0.179	0.224	0.380	0.441	0.250
是否知名建筑协会成员（并标明数量）	0.195	0.248	0.501	0.144	0.366	0.331	1	0.472	0.395	0.445	0.558	0.454	0.457
作品数量	2	0.236	0.455	0.036	0.293	0.257	0.472	1	0.401	0.265	0.448	0.391	0.311
获奖数量	0.387	0.156	0.445	0.230	0.335	0.173	0.395	0.401	1	0.463	0.401	0.505	0.589
书籍数量	0.252	0.141	0.430	0.264	0.242	0.220	0.445	0.265	0.463	1	0.510	0.549	0.688
文献数量	0.322	0.263	0.530	0.129	0.323	0.363	0.558	0.448	0.401	0.51	1	0.648	0.578
其他领域成就	0.359	0.266	0.525	0.232	0.441	0.441	0.454	0.391	0.505	0.549	0.648	1	0.664
是否获奖	0.381	0.336	0.581	0.255	0.342	0.153	0.457	0.311	0.589	0.688	0.578	0.664	1
特征值	5.283	1.286	0.999	0.962	0.884	0.732	0.501	0.501	0.491	0.422	0.390	0.272	0.206

图6-50　客观因素对应分析中转换后各变量相关性列表

奖相关性最高的5个变量排序依次为：书籍数量、其他领域成就、获奖数量、工作年限及文献数量。其余变量与获奖之间的相关性均小于0.5，因此影响较低。

3. 分析结果

如图6–51所示，与挑选出来的客观因素相关性最高的候选人为戴卫·艾伦·奇普菲尔德（三项符合标准）；因子分析推测出候选人为：隈研吾、崔恺、何镜堂，均是有两项内容具有相关性，在某种程度上与本次对应分析结果相符。

姓名	工作年限	书籍数量	文献数量	其他领域成就
石上纯也	2	1	2	2
隈研吾	4	1	5	2
墨菲西斯事务所	4	5	1	2
森俊子	4	1	5	2
大舍建筑设计事务所	2	1	4	1
戴卫·艾伦·奇普菲尔德	4	1	4	2
大卫·阿杰耶	2	1	2	2
伊丽莎白·迪勒	4	1	1	1
约格·康泽特	4	1	1	1
徐甜甜	2	1	4	1
罗伯特·格林伍德/斯诺赫塔建筑事务所	2	2	3	1
AART建筑事务所	2	2	2	2
Rojkind建筑师事务所	2	2	4	5
RMA建筑事务所	3	4	3	1
H & P事务所	4	2	2	1
何镜堂	5	2	5	3
崔恺	3	3	5	2
RC建筑事务所	3	1	3	1
萨姆普·帕多拉	3	1	2	1

图6–51 客观因素对应分析结果示意图

6.6.3.4 主观因素对应分析结果

根据主观因素类别点的联合图（图6–52），分别进行图表分析及相关性分析。

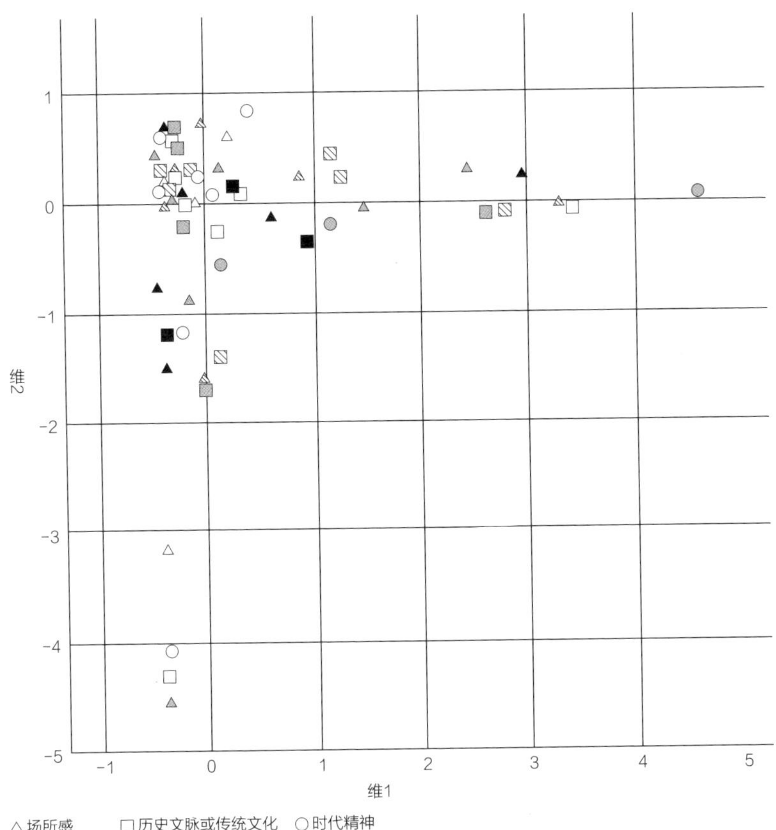

图6-52　转换后相关性变量分析示意图

1. 图表分析

前沿性得分为4分的候选人更容易获奖；地域性得分为3-3分的候选人更容易获奖；结构与材料得分为3-3分的候选人更容易获奖。

2. 相关性分析

主观因素中前沿性、地域性、结构与形式的得分，与是否获奖相关性更高。

转换后的相关性变量显示的是两两变量之间的相关性程度。因此，主观因子中与是否获奖相关性最高的5个变量排序依次为：地域性、时代精神、结构与材料。变量与获奖之间的相关性越低，影响越小。可以看出，主观因子的变量与是否获奖的相关性普遍不高，且相差较小，说明分析的结果意义不大，这与原始数据主观性较强有一定关系。

3. 分析结果

通过对比发现，“地域性”和“结构与材料”的区间范围无法应用于主观因子分析的数据；“前沿性”的筛选结果也与因子分析的候选人无关。因此，判定主观因素的对应分析不能得出预测结果。

值得注意的是，尽管本研究小组最终成果未能预测出2022年普利兹克建筑奖获得者，但在对应分析预测结果中，客观因素相关性最高的候选人戴卫·艾伦·奇普菲尔德为2023年普利兹克建筑奖获奖者。

6.7 因子分析法+聚类分析法（4类关键词）量化评价与预测

2022年一组研究者曾采用因子分析和聚类分析（4类关键词）方法，对2023年普利兹克建筑奖获奖趋势进行预测。具体研究思路及步骤如下：

6.7.1 研究思路（图6-53）

整体研究思路如下：

（1）特定来源选取候选人，以2012—2016年《世界建筑》60期期刊文章中普利兹克建筑奖获奖建筑师获奖前刊载频率等信息为依据，初步确定候选人（15人）；

（2）制作问卷（5项主观因子），进行问卷评分，选取候选人（27人）；

（3）以近15届获奖者各项评分最低值的平均值为参照，对问卷选出的候选人做进一步筛选；

（4）通过对近40届获奖者的4类特征关键词进行聚类（客观因子），得到权重更高的关键词；

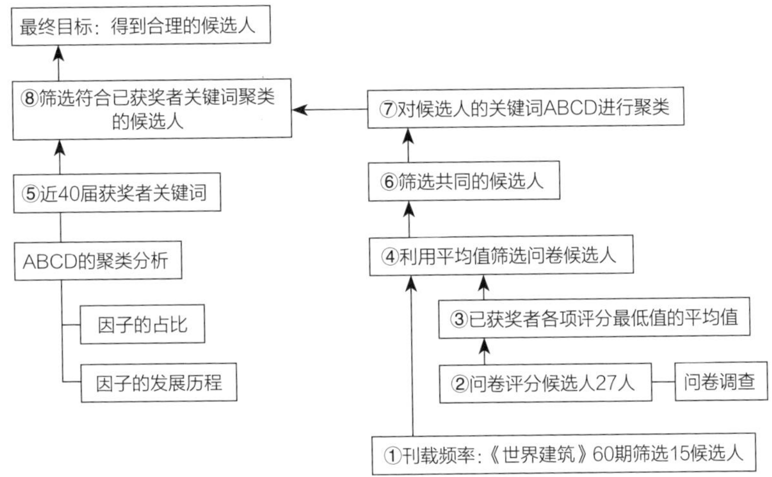

图6-53　主要研究思路及候选人筛选逻辑示意图

（5）综合以上问卷候选人和《世界建筑》中候选人，重点筛选两组候选人中的共同者；

（6）对候选人的4类特征关键词进行聚类；

（7）筛选符合获奖者关键词聚类的候选人，得出最终预测结果。

6.7.2　基于2012—2016年《世界建筑》刊载获奖者数据分析的候选人筛选

首先，分别对2012—2016年《世界建筑》60期期刊中，普利兹克建筑奖获奖者获奖时间、被刊载次数，以及其被刊载时间与获奖时间差值等信息数据进行统计整理，得到如下三个方面分析数据。

（1）2012—2016年，各年期刊中曾刊载的普利兹克建筑奖获奖者累计人数，以及对该获奖者刊载年与获奖年的时间差分析。

如图6-54所示，2012年12期中刊载普利兹克建筑奖获奖者共15位，其中刊载后获奖的建筑师为：伊东丰雄（2013年获奖）和坂茂（2014年获奖）；2013年12期中刊载普利兹克建筑奖获奖者共17位，其中刊载后获奖的建筑师为：坂茂（2014年获奖）和矶崎新（2019年获奖）；2014年12期中刊载普利兹克建筑奖获奖者共14位，其中刊载后获奖的建筑师为：矶崎新（2019年获奖）和迪埃贝多·弗朗西斯·凯雷（2022年获奖）；2015年12期中刊载普利兹克建筑奖获奖者共17位，其中刊载后获奖的建筑师为：迪埃贝多·弗朗西斯·凯雷（2022年获奖）；2016年12期中刊载普利兹克建筑奖获奖者共8位，其中刊载后获奖的建筑师为：迪埃贝多·弗朗西斯·凯雷（2022年获奖）。

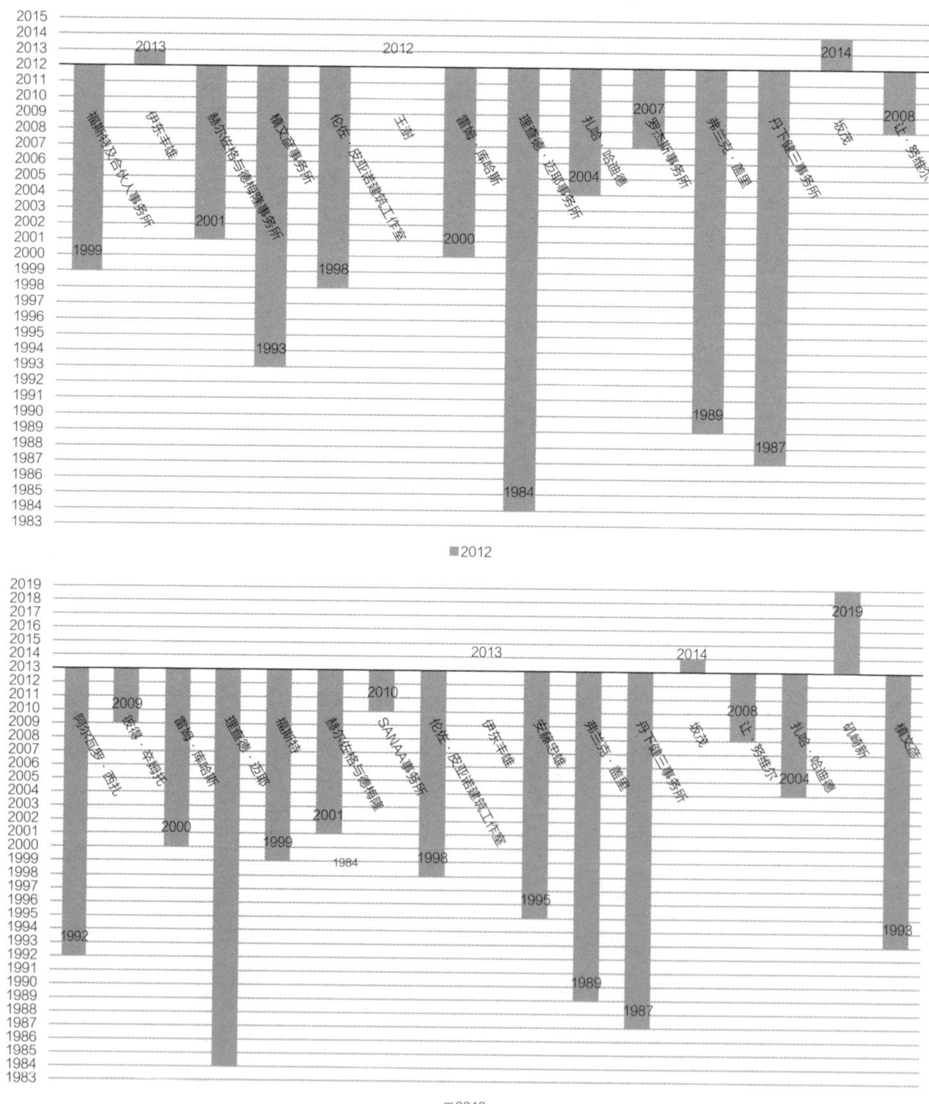

图6-54　各年期刊对普奖获奖者刊载人数、时间及其与获奖年时间差分析图

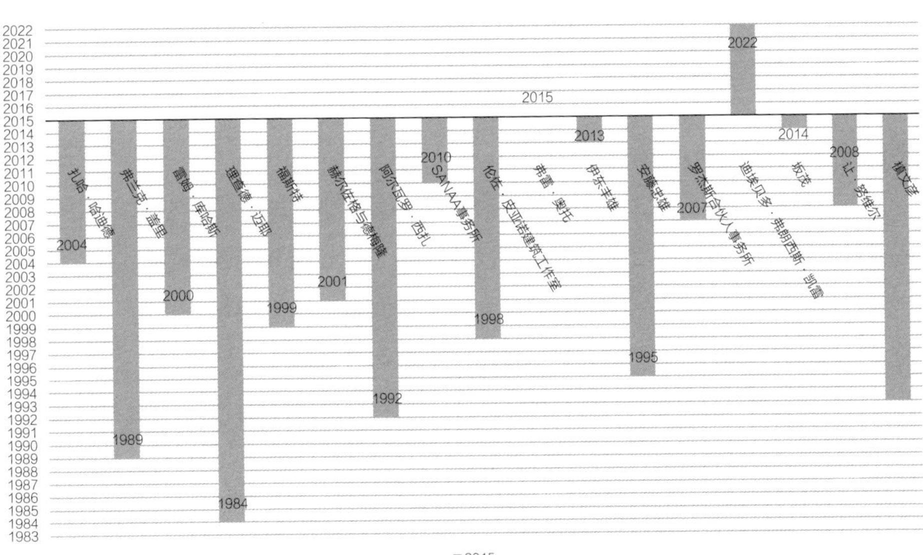

图6-54　各年期刊对普奖获奖者刊载人数、时间及其与获奖年时间差分析图（续）

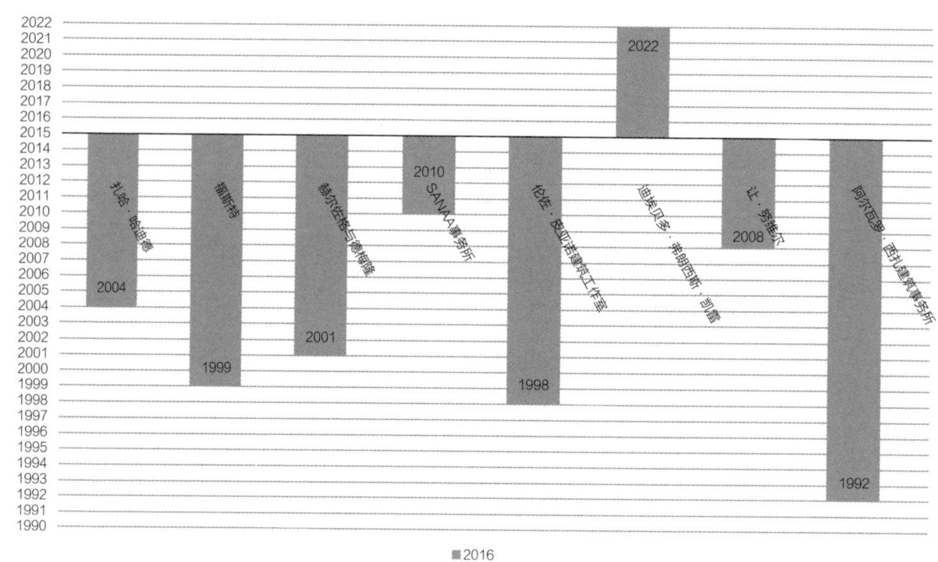

图6-54　各年期刊对普奖获奖者刊载人数、时间及其与获奖年时间差分析图（续）

（2）2012—2016年，各年期刊在普利兹克建筑奖获奖者获奖前的刊载次数分析。

如图6-55所示，拟定获选人（包括当年的未来普利兹克建筑奖获奖者）获奖前曾被2012—2016年《世界建筑》各年期刊刊载次数分析汇总。其中，2012年12期中对未来获奖者伊东丰雄（2013年获奖）和坂茂（2014年获奖）的刊载次数，均为1次；2013年12期中对未来获奖者坂茂（2014年获奖）和矶崎新（2019年获奖）的刊载次数，分别为3次和1次；2014年12期中对未来获奖者矶崎新（2019年获奖）和迪埃贝多·弗朗西斯·凯雷（2022年获奖）的刊载次数，均为1次；2015年12期中对未来获奖者迪埃贝多·弗朗西斯·凯雷（2022年获奖）的刊载次数，为1次；2016年12期中对未来获奖者迪埃贝多·弗朗西斯·凯雷（2022年获奖）的刊载次数，为1次。

进一步分析发现，在2012—2016年中，当年刊载次数大于5次乃至10次的获选人，自当年起算的5年内反而没有获得普利兹克建筑奖。

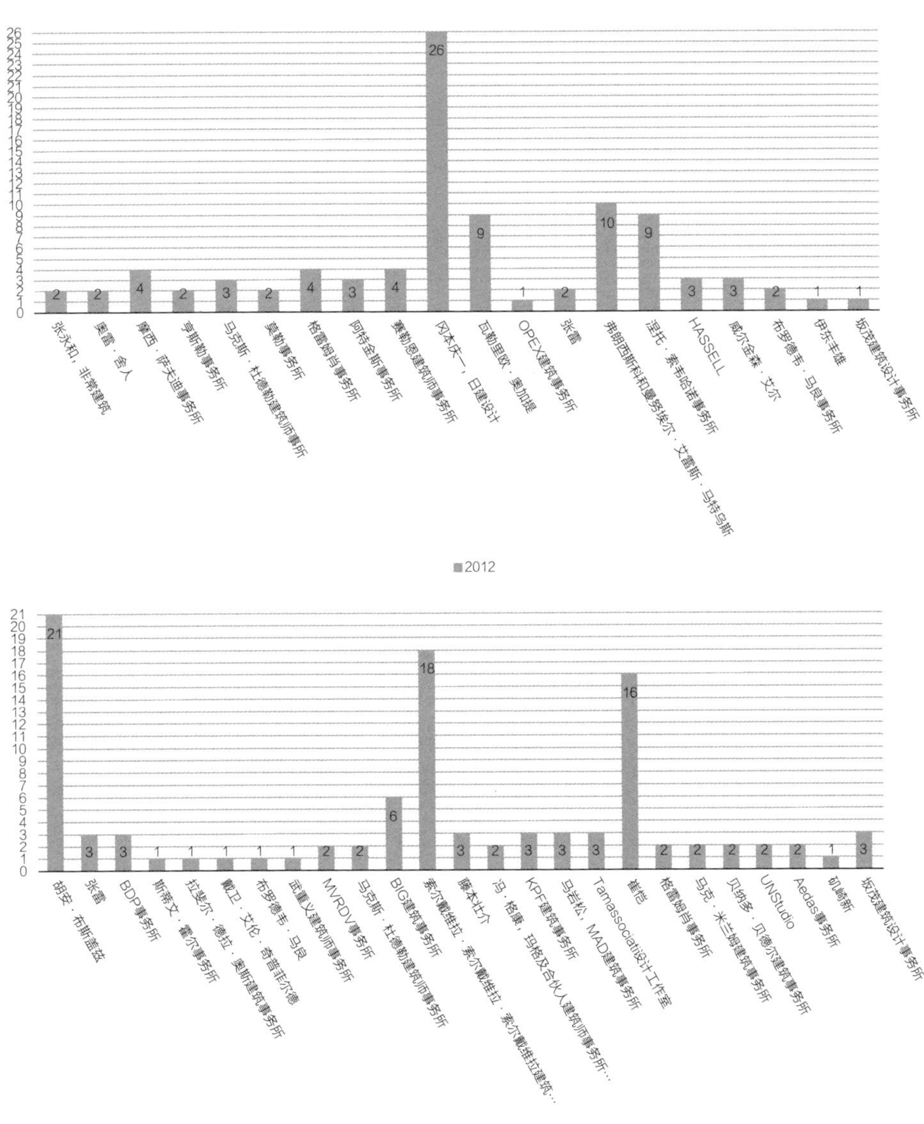

图6-55　各年期刊中拟定获选人（包括当年的未来普奖获奖者）获奖前刊载次数分析图

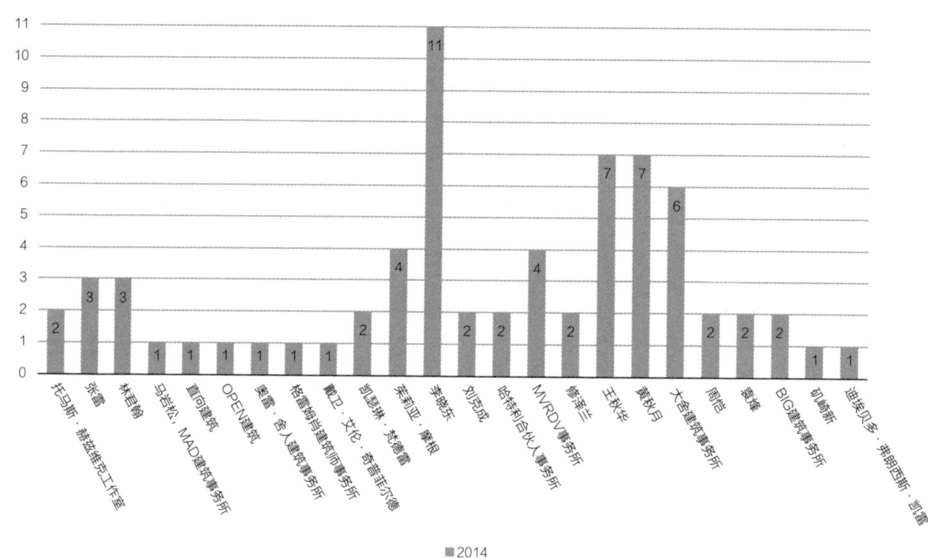

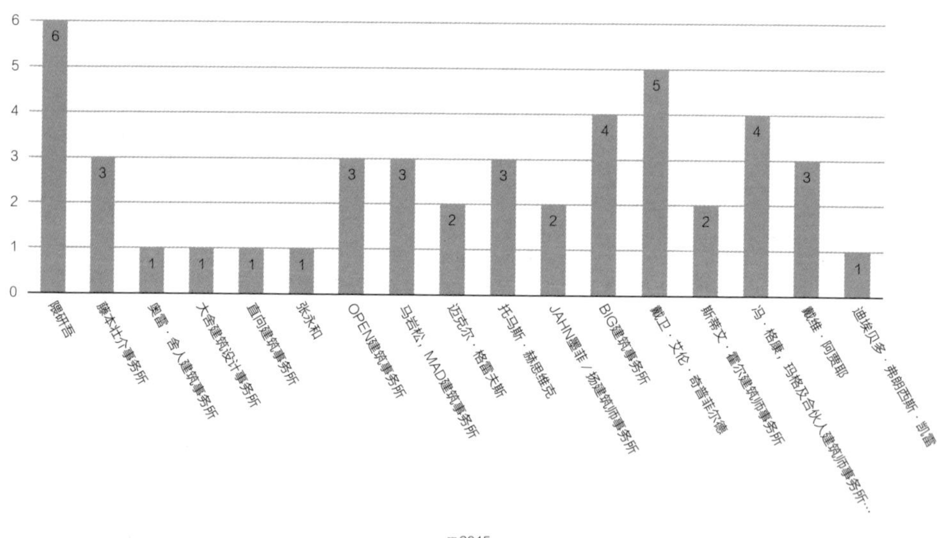

图6-55　各年期刊中拟定获选人（包括当年的未来普奖获奖者）获奖前刊载次数分析图（续）

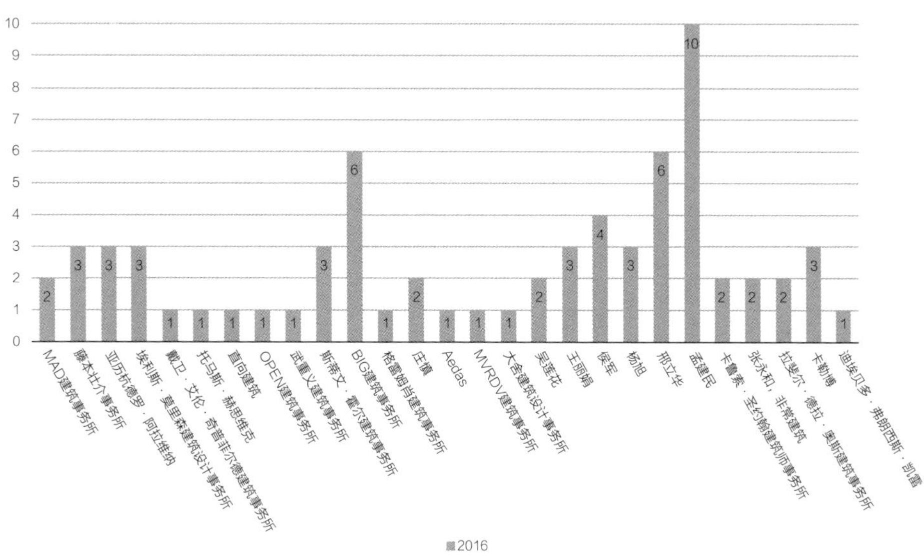

图6-55　各年期刊中拟定获选人（包括当年的未来普奖获奖者）获奖前刊载次数分析图（续）

（3）2012—2016年，普利兹克建筑奖获奖者获奖前的刊载年及与其获奖年时间差分析。

伊东丰雄、坂茂、矶崎新、迪埃贝多·弗朗西斯·凯雷4位建筑师，作为当年的普利兹克建筑奖未来获奖者，曾在2012—2016年《世界建筑》期刊中被刊载。如图6-56所示，各年中每位未来普利兹克建筑奖获奖者被刊载次数均小于5次，且被刊载年数一般为1～3年，即连续刊载率为1/5～3/5（即20%～60%）。

根据以上分析，本小组以刊载频率20%～60%作为一项筛选标准，从2012—2016年《世界建筑》期刊中选出15位候选人，分别为：张永和、冯·格康、藤本壮介事务所、MVRDV事务所、武重义事务所、奥雷·舍人事务所、直向建筑、戴卫·艾伦·奇普菲尔德、OPEN建筑事务所、MAD建筑事务所、格雷姆肖事务所、Aedas事务所、托马斯·赫兹维克工作室、张雷、斯蒂文·霍尔事务所。

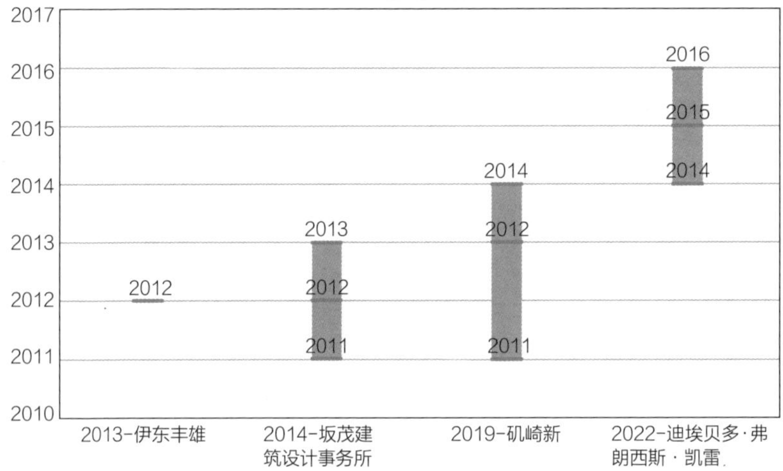

图6-56　2012—2016年《世界建筑》各年期刊中未来普奖获奖者获奖前刊载年分析图

6.7.3　基于问卷评分的候选人筛选

由问卷评分结果初步得到27位候选人，依据对已获奖者各项评分的最低值计算出平均值为3.81；进而，筛选出此27位候选人中评分平均值高于3.81的14位候选人（图6–57）。

6.7.4　4类关键词权重分析

将200余份问卷评分数据进行因子分析时发现，已获奖者主观因子与候选人的吻合度过低，主观因子权重不能得到较好体现；此外，对问卷数据进行聚类分析时发现，由客观因子确定的候选人数量庞大，无较明确的标准厘定作用权重的主导性。因此，本研究小组从建筑作品形式的客观性出发，确定了在地性、可持续发展、高技派、解构主义为建筑形式的4类客观因子。进一步，为得到其中权重更高的关键词做聚类分析如下：

1. 获奖者问卷的主观因子聚类分析

如图6–58所示，首先由近15年已获奖者主观因子问卷评分聚类分析可知：第15号拉斐尔·阿兰达等（2017年获奖者），有3项占优；第1～7号让·努维尔（2008年获奖者）、妹岛和世和西泽立卫（2010

序号	姓名	场所精神（表现为人与建筑、环境的对话等）	地域文化（表现为体现当地历史文化、建筑风貌等）	社会责任感（表现为服务社会公共群体等）	建筑可持续性（表现为建材绿色环保等）	前沿性（表现具有创新、时代意义等）	总平均分
1	让·努维尔	3.94	3.71	3.89	3.84	4.05	3.89
2	彼得·卒姆托	4.12	4.17	3.96	3.98	3.96	4.04
3	妹岛和世、西泽立卫	4.09	3.74	3.91	3.89	4.07	3.94
4	艾德瓦尔多·苏托·德·莫拉	3.95	3.9	3.81	3.88	3.82	3.87
5	王澍	4.3	4.28	4.02	4.11	4.09	4.16
6	伊东丰雄	4	3.72	3.91	3.82	3.94	3.88
7	坂茂	3.96	3.73	4.02	4	4.02	3.95
8	弗雷·奥托	4.05	3.77	3.97	3.92	4.14	3.97
9	亚历杭德罗·阿拉维纳	3.92	3.76	4.01	3.83	3.91	3.91
10	拉斐尔·阿兰达、卡莫·皮格姆、拉蒙·比拉尔塔	4.06	3.9	3.87	3.89	3.85	3.91
11	巴克里希纳·多西	4.19	4.07	3.84	3.92	4.03	4.01
12	矶崎新	3.98	3.68	3.87	3.8	4.03	3.87
13	伊冯·法雷尔、谢莉·麦克纳马拉	4.04	3.81	4.02	3.83	3.86	3.91
14	安妮·拉卡顿、让-菲利普·瓦萨尔	3.91	3.73	3.95	4.09	3.86	3.91
15	迪埃贝多·弗朗西斯·凯雷	4.12	4.18	4.16	4.03	3.9	4.08

（a）近15年已获奖者主观因子问卷评分情况

图6-57　基于问卷评分最低值（评分标准1～5分，取平均分）的候选人筛选示意图

序号	姓名	场所精神（表现为人与建筑、环境的对话等）	地域文化（表现为体现当地历史文化、建筑风貌等）	社会责任感（表现为服务社会公共群体等）	建筑可持续性（表现为建材绿色环保等）	前沿性（表现具有创新、时代意义等）	总平均分
1	摩西·萨夫迪	3.83	3.65	3.84	3.7	3.87	3.78
2	戴卫·艾伦·奇普菲尔德	4.05	3.76	3.79	3.82	3.69	3.82
3	安娜·赫林格	4.04	4.21	3.93	4.14	3.74	4.01
4	Chatpong Chuenrudeemol	3.94	3.83	3.83	3.69	3.79	3.82
5	伊丽莎白·迪勒	3.88	3.62	3.8	3.66	4.02	3.8
6	崔愷	4.06	4.01	3.9	3.88	3.85	3.94
7	马岩松	3.86	3.5	3.76	3.67	4.16	3.79
8	斯蒂文·霍尔	3.92	3.7	3.83	3.75	3.86	3.81
9	张永和	3.98	3.85	3.79	3.73	3.8	3.83
10	武重义	4	3.95	3.86	4.04	3.79	3.93
11	珍妮·甘	3.89	3.6	3.83	3.9	3.99	3.84
12	大卫·阿贾耶	3.82	3.71	3.81	3.79	3.74	3.77
13	平田晃久	3.88	3.65	3.85	3.74	3.78	3.78
14	石上纯也	3.93	3.57	3.69	3.78	3.87	3.77
15	SelgasCano事务所	3.9	3.52	3.69	3.7	3.88	3.74
16	冯·格康	3.84	3.63	3.77	3.64	3.79	3.74
17	藤本壮介	3.89	3.62	3.77	3.79	3.83	3.78
18	Ingenhoven Architects	3.93	3.6	3.81	4.05	3.88	3.85
19	比乔伊·杰恩	4.05	3.9	3.75	3.92	3.84	3.89
20	塔蒂亚娜·毕尔巴鄂	3.99	3.76	3.82	3.84	3.74	3.83
21	Aedas事务所	3.75	3.54	3.8	3.65	3.64	3.68
22	奥雷·舍人事务所	3.8	3.46	3.69	3.6	3.96	3.7
23	格雷姆肖事务所	3.88	3.65	3.77	3.93	3.88	3.82
24	托马斯·赫斯维克工作室	3.91	3.52	3.83	3.77	4.09	3.82
25	张雷	4.04	3.93	3.8	3.76	3.82	3.87
26	彼得库克	3.86	3.61	3.7	3.67	3.9	3.75
27	伯纳德·屈米	3.83	3.66	3.75	3.68	3.78	3.74

（b）27位候选人主观因子问卷评分情况

图6-57　基于问卷评分最低值（评分标准1～5分，取平均分）的候选人筛选示意图（续）

序号	姓名	场所精神（表现为人与建筑、环境的对话等）	地域文化（表现为体现当地历史文化、建筑风貌等）	社会责任感（表现为服务社会公共群体等）	建筑可持续性（表现为建材绿色环保等）	前沿性（表现具有创新、时代意义等）	总平均分	k=0.5	数量
1	让·努维尔	1	0	1	0	0	1	1	7
2	妹岛和世、西泽立卫	1	0	1	0	0	1	1	
3	伊东丰雄	1	0	1	0	0	1	1	
4	弗雷·奥托	1	0	1	0	0	1	1	
5	亚历杭德罗·阿拉维纳	1	0	1	0	0	1	1	
6	矶崎新	1	0	1	0	0	1	1	
7	伊冯·法雷尔、谢莉·麦克纳马拉	1	0	1	0	0	1	1	
8	彼得·卒姆托	0	1	0	0	0	0	2	2
9	迪埃贝多·弗朗西斯·凯雷	0	1	0	0	0	0	2	
10	艾德瓦尔多·苏托·德·莫拉	0	0	0	1	0	0	3	1
11	王澍	0	0	0	0	1	0	4	1
12	坂茂	0	0	0	0	0	1	5	3
13	巴克里希纳·多西	0	0	0	0	0	0	5	
14	安妮·拉卡顿、让-菲利普·瓦萨尔	0	0	0	0	0	0	5	
15	拉斐尔·阿兰达、卡莫·皮格姆、拉蒙·比拉尔塔	1	0	1	1	0	1	6	1

图6-58　近15年已获奖者主观因子问卷评分聚类分析示意图

年获奖者）、伊东丰雄（2013年获奖者）、弗雷·奥托（2015年获奖者）、亚历杭德罗·阿拉维纳（2016年获奖者）、矶崎新（2019年获奖者）、伊冯·法雷尔和谢莉·麦克纳马拉（2020年获奖者），均有2项占优；第8～11号彼得·卒姆托（2009年获奖者）、迪埃贝多·弗朗西斯·凯雷（2022年获奖者）、艾德瓦尔多·索托·德·莫拉（2011年获奖者）、王澍（2012年获奖者），均有1项占优；第12～14号板茂（2014年获奖者）、巴克里希纳·多西（2018年获奖者）、安妮·拉卡顿和让·菲利普·瓦萨尔（2021年获奖者），没有占优项。因此，主观因子权重不能较好地体现。

2. 候选人问卷的主观因子聚类分析

如图6-59所示，由27位候选人主观因子问卷评分聚类分析可知：第1～15号候选人，均有4项占优；第22～26号候选人，均有3项占优；第27号候选人，均有2项占优；第16号候选人，有1项占优；第17～21号候选人，没有占优项。同时，相比较发现：以上获奖人主观因子与候选人主观因子的吻合度过低。

3. 已获奖者作品外的客观因子聚类分析

由1979—2022年获奖者作品外的客观因子聚类分析可知：近年来，客观因子中知名建筑协会委员、有无任教、专业教育背景、获奖数量、与评委关联性的权重较稳定，但2022年发生突变，专业教育背景、与评委关联性的权重下跌。同时，相比较发现：按此类客观因子筛选，候选人数量庞大。

4. 候选人作品外的客观因子聚类分析

由候选人作品外的客观因子聚类分析可知：按此类客观因子筛选，候选人数量庞大，且无较明确标准厘定作用权重的主导性。

5. 已获奖者作品形式的客观因子聚类分析

由1979—2022年已获奖者作品形式的客观因子聚类分析可知：

序号	姓名	场所精神（表现为人与建筑、环境的对话等）	地域文化（表现为体现当地历史文化、建筑风貌等）	社会责任感（表现为服务社会公共群体等）	建筑可持续性（表现为建材绿色环保等）	前沿性（表现具有创新、时代意义等）	总平均分	k=0.5
1	摩西·萨夫迪	1	0.555970844	0.332601279	0.576857471	0.606046283	0.423854	1
2	戴卫·艾伦·奇普菲尔德	0.555970844	1	0.432152343	0.555970844	0.520417426	0.432152	1
3	Chatpong Chuenrudeemol	0.576857471	0.555970844	0.418711507	1	0.576857471	0.432152	1
4	伊丽莎白·迪勒	0.606046283	0.520417426	0.299949407	0.576857471	1	0.418712	1
5	斯蒂文·霍尔	0.66512677	0.555970844	0.409219423	0.68129492	0.606046283	0.432152	1
6	张永和	0.576857471	0.618652843	0.436650397	0.711042553	0.520417426	0.43665	1
7	大卫·阿贾耶	0.631524643	0.550615276	0.31405822	0.576857471	0.606046283	0.432152	1
8	平田晃久	0.706382526	0.555970844	0.354861874	0.619931938	0.606046283	0.432152	1
9	冯·格康	0.618868049	0.525270895	0.299949407	0.576857471	0.606046283	0.432152	1
10	藤本壮介	0.620555737	0.54402783	0.333732429	0.576857471	0.606046283	0.432152	1
11	塔蒂亚娜·毕尔巴鄂	0.576857471	0.698705398	0.453665766	0.635034172	0.520417426	0.453666	1
12	格雷姆肖事务所	0.561105153	0.501543578	0.362989242	0.561105153	0.561105153	0.432152	1
13	托马斯·赫斯维克工作室	0.606046283	0.500769664	0.305151579	0.523759414	0.617170478	0.418712	1
14	张雷	0.576857471	0.593956734	0.482008067	0.581899792	0.520417426	0.541404	1
15	伯纳德·屈米	0.621881319	0.521584754	0.299949407	0.576857471	0.606046283	0.432152	1
16	安娜·赫林格	0.332601279	0.432152343	1	0.418711507	0.299949407	0.482008	2
17	崔愷	0.42385398	0.432152343	0.482008067	0.432152343	0.418711507	1	3
18	武重义	0.469368145	0.469368145	0.496491503	0.469368145	0.469368145	0.591039	3
19	Ingenhoven Architects	0.486832503	0.486680227	0.381964909	0.486832503	0.486832503	0.432152	3
20	Aedas事务所	0.469835261	0.42385398	0.299949407	0.469835261	0.469835261	0.389823	3
21	奥雷·舍人事务所	0.467307741	0.42385398	0.268500874	0.467307741	0.467307741	0.332601	3
22	马岩松	0.606046283	0.42385398	0.299949407	0.520417426	0.623765249	0.396163	4
23	珍妮·甘	0.605260226	0.493703873	0.377298473	0.539956076	0.605260226	0.429002	4
24	石上纯也	0.521178973	0.469687979	0.299949407	0.521178973	0.521178973	0.432152	4
25	SelgasCano事务所	0.529183374	0.445893652	0.299949407	0.529183374	0.529183374	0.418712	4
26	彼得库克	0.579047508	0.449941053	0.299949407	0.57621594	0.579047508	0.418712	4
27	比乔伊·杰恩	0.463081669	0.541880938	0.482008067	0.541880938	0.463081669	0.549144	5

图6-59　27位候选人主观因子问卷评分聚类分析示意图

客观因子中在地性的权重较稳定，可持续发展的权重在增加，高技派的权重在减少，解构主义的权重较少且不稳定。由此得出结论，较重要的客观因子为：在地性、可持续发展。

纵观之，在已有44年普利兹克建筑奖已获奖者中，作品形式的客观因子占比分别为：在地性36/45、可持续发展20/45、高技派29/45、解构主义15/45。2020年以来，作品形式的客观因子以满足3/4为主。

6.7.5 统计分析方法运用及预测结果

1. 同时满足数据结论的候选人

基于上述分析数据，得到同时满足各项评分最低值的平均值筛选结果和《世界建筑》数据结论的7位候选人为：戴卫·艾伦·奇普菲尔德、斯蒂文·霍尔、张永和、武重义、格雷姆肖事务所、托马斯·赫斯维克工作室、张雷（图6–60）。

姓名	场所精神	地域文化	社会责任感	建筑可持续性	前沿性	平均分
戴卫·艾伦·奇普菲尔德	4.05	3.76	3.79	3.82	3.69	3.82
斯蒂文·霍尔	3.92	3.70	3.83	3.75	3.86	3.81
张永和	3.98	3.85	3.79	3.73	3.80	3.83
武重义	4.00	3.95	3.86	4.04	3.79	3.93
格雷姆肖事务所	3.88	3.65	3.77	3.93	3.88	3.82
托马斯·赫斯维克工作室	3.91	3.52	3.83	3.77	4.09	3.82
张雷	4.04	3.93	3.80	3.76	3.82	3.87

图6–60 候选人筛选结果示意图

2. 候选人作品形式客观因子聚类分析结果

对上述候选人代表作品的4类形式特征（高技派、解构主义、在地性、可持续发展）进行聚类分析。由图6–61分析结果可知：候选人的高技派和可持续发展的形式特征占优较明显；在地性形式特征基本占优；解构主义形式特征基本不符合。

姓名	高技派	解构主义	在地性	可持续发展
戴卫·艾伦·奇普菲尔德	1	0	1	1
斯蒂文·霍尔	1	0	1	0
张永和	1	0	1	1
武重义	1	0	1	1
格雷姆肖事务所	1	1	0	1
托马斯·赫斯维克工作室	1	0	0	1
张雷	1	0	1	1

图6-61　候选人作品形式客观因子聚类分析结果示意图

3. 符合获奖者特征关键词聚类的候选人筛选结果

以近15年已获奖者特征关键词聚类为依据，得到如图6-62所示筛选结果。可以看到：近年来，在地性的权重较稳定；可持续发展的权重在增加；高技派的权重在减少；解构主义的权重较少且不稳定。

姓名
戴卫·艾伦·奇普菲尔德
斯蒂文·霍尔
张永和
武重义
格雷姆肖事务所
托马斯·赫斯维克工作室
张雷

图6-62　符合已获奖者特征关键词聚类结果示意图

由此，本研究小组筛选出在地性、可持续发展、高技派3项占优的候选人（即2023年普利兹克建筑奖获奖者）为：戴卫·艾伦·奇普菲尔德、张永和、武重义、张雷。

值得注意的是，本研究小组最终预测结果中，戴卫·艾伦·奇普菲尔德正是2023年普利兹克建筑奖获奖者，即预测成功。

小结

本章节通过对因子分析法、因子分析法＋离散分析法＋聚类分析法、因子分析法＋聚类分析法、因子分析法＋主成分分析法、多元统计分析＋机器学习法、因子分析法＋对应分析法、因子分析法＋聚类分析法（4类关键词）7组典型研究实例分析，系统阐述了不同多元统计分析方法，在普利兹克建筑奖趋势预测中的应用原理及方法。探讨并总结出大数据人才培养为背景下，统计学分析方法在建筑评价领域的应用适宜性及局限性。为今后相关研究形成总结与反思。具体而言：

其一，在确定候选人范围阶段，应尽可能增大候选人选取途径、扩大候选人范围，增加对相关候选人资料数据的充分挖掘，为后期主客观因子评价系统确定，提供更充分、客观的基础资料，以及获得更充足的候选人样本数量。

其二，对于主客观因子及其权重确立，应尽可能减少确立者自身受主观因素影响，不断提高研究者专业素养及知识储备；或可通过采用相关知识培训等方式，保证问卷评分人对所评价建筑师基本信息特征有较好了解。

其三，问卷评分人尽可能面向不同单位、不同年龄、不同国家的建筑从业者，并达到一定的样本数量；应更全面考虑更好适应大众评分的问卷，或邀请相关从业人员进行大规模讨论，以得出更客观的因子评价体系。多方面提高主观因子评价系统及最终结果的客观性、精确度。

参考文献

著作

[1] 郑时龄. 建筑批评学. 北京：中国建筑工业出版社，2012.
[2] 青锋. 评论与被评论：关于中国当代建筑的讨论. 北京：中国建筑工业出版社，2016.
[3] 金磊，洪再生，高志. 建筑评论（第三辑）. 天津：天津大学出版社，2013.
[4]（希腊）安东尼·C. 安东尼亚德斯. 周玉鹏，张鹏，刘耀辉，译. 建筑诗学与设计理论. 北京：中国建筑工业出版社，2011.
[5]（意）曼弗雷多·塔夫里，郑时龄，译. 建筑学的理论和历史. 北京：中国建筑工业出版社，2010.
[6] 陈志春. 史上最具争议的建筑. 北京：中国人民大学出版社，2007.
[7] 王博. 世界十大建筑鬼才. 武汉：华中科技大学出版社，2006.
[8]（美）弗兰姆普敦. 张钦楠，等. 译. 现代建筑：一部批判的历史. 武汉：华中科技大学出版社，2006.
[9] 何晓群. 多元统计分析. 5版. 北京：中国人民大学出版社，2019.
[10] 丁国盛，李涛. SPSS统计教程——从研究设计到数据分析. 北京：机械工业出版社，2014.
[11] 张文彤. SPSS 11统计分析教程（基础篇）. 北京：北京希望电子出版社，2002.
[12] 杨晓龙. 金奖启示录——普利兹克建筑奖研究. 北京：机械工业出版社，2006.
[13]（美）Nathan Yau. 向怡宁，译. 鲜活的数据——数据可视化指南. 北京：人民邮电出版社，2012.
[14]（美）Julie Steele Noah. 祝洪凯，李妹芳，译. 数据可视化之美. 北京：机械工业出版社，2011.
[15] 陈为，沈则浅，陶煜波，等. 数据可视化. 2版. 北京：电子工业出版社，2013.

[16] 王桂玲，王强，赵卓峰，韩燕波. 物联大数据处理技术与实践. 北京：电子工业出版社，2017.
[17] 周志华. 机器学习. 北京：清华大学出版社，2017.
[18] 陈海虹，黄彪，刘峰，陈文国. 机器学习原理及应用. 成都：电子科技大学出版社，2017.
[19] Jean Carroon. Handbook of Data Visualization. Berlin. Springer, 2008.

期刊

[1] 刘征鹏. 普利兹克建筑奖与其他建筑奖相关性分析. 建筑师，2013（4）.
[2] 支文军，徐蜀辰. 包容与多元——国际语境演进中的2016阿卡汗建筑奖. 世界建筑，2017（2）.
[3] 陶金. 国内文化遗产价值的定量和定价评估方法研究综述. 南方建筑，2014（8）.
[4] 宋刚，杨昌鸣. 近现代建筑遗产价值评估体系再研究. 建筑学报，2013（12）.
[5] 黄茜茜. 基于主成分分析法军队营区建筑遗产综合评估模型研究. 四川建筑，2016（10）.
[6] 张娟，张勃. 当代建筑批评课的“交往式”课程设置研究. 华中建筑，2015（7）.
[7] 王婧，张娟，张勃. 跨界路径——SPSS在建筑评论中的应用研究. 华中建筑，2015（6）.
[8] 游士兵，徐小婷. 统计学方法的发展及其在大数据中的应用. 统计与决策，2020（4）.
[9] 骆建文，罗青林. 基于模块化教学的“多元统计分析”教学改革研究. 高等理科教育，2020（10）.
[10] 林海明. 对主成分分析法运用中十个问题的解析. 统计与决策，2007（8）.
[11] 张娟，吴润奇，张勃. 因子分析法在建筑评论中的应用研究——以预测普利兹克建筑奖获奖者为例. 城市建筑，2021（5）.
[12] 祁华. 基于AHP-模糊综合评.
[13] 孙鸿飞，张海涛. 基于文献计量与可价的绿色建筑设计阶段风险评价研究. 价值工程，2015（10）.
[14] 孙鸿飞，张海涛. 视化方法的国内外大数据领域研究动态研究. 2018（11）.
[15] 王晨，潘晓，魏景姝，等. 信息可视化辅助决策系统在健康建筑中的应用. 建筑节能，2019（4）.
[16] 赵亮，王文顺，张维. 基于知识图谱的国际建筑信息模型研究可视化分析. 重庆理工大学学报（自然科学），2019（3）.
[17] 李昊朋. 基于机器学习方法的智能机器人探究. 通讯世界，2019（4）.
[18] Mohammadjavad Mahdavinejad, Seyed Amir Hosseini. Data mining and content analysis of the jury citations of the Pritzker Architecture prize (1977—2017). Journal of Architecture and Urbanism, 2019（5）.
[19] Tsuchiya S, Sakamoto Y, Tsuchimoto Y, et al. Big data processing in cloud environments. Fujitsuentific and Technical Journal, 2012.
[20] Askarizad, Reza1 Jafari, Behnam. The Influence of Neo-Classical Facades on Urban Textures of Iran. Journal of History, Culture & Art Research / Tarih K ü lt ü r ve Sanat Arastirmalari Dergisi, 2017.

学位论文

郑俊巍. 低碳建筑评价指标体系分析研究. 西南石油大学，2012.

后记

“大数据驱动大未来、创造大价值、赢得大发展”。2015—2022年，以大数据、统计学、经济学思维方法建构建筑评价体系及普利兹克建筑奖获奖趋势预测研究，已连续开展8年。累计有北方工业大学239名建筑大类（建筑、规划、风景园林）研究生、131名统计学及工商管理等专业研究生参与，已完成63组预测结果。运用到：因子分析（41次）、主成分分析（4次）、对应分析（3次）、最优尺度分析（2次）、多维标度法（3次）、聚类分析（7次）、判别分析（2次）、离散分析（1次）、权重分析（5次）、逻辑回归分析（2次）、层次分析（2次），总计11种多元统计分析方法。

在2019年普利兹克建筑奖获奖者预测中，1组研究者曾以离散分析法成功预测出获奖建筑师矶崎新，尽管离散分析法在具体变量选取及样本数量方面仍待商榷；而2018年1组以因子分析＋模糊综合评判＋主成分分析法（修正权重）预测中，也曾有矶崎新排名第三的结果出现。

在2022年普利兹克建筑奖获奖者预测中，2组研究者曾分别通过因子分析法、因子分析＋层次分析法成功预测出获奖建筑师迪埃贝多·弗朗西斯·凯雷；1组以K–均值聚类＋系统聚类法预测中，有迪埃贝多·弗朗西斯·凯雷排名第三的结果出现；而在2020年及2019年的预测中，也曾共有4组排名前三的结果中出现了迪埃贝多·弗朗西斯·凯雷。

2023年普利兹克建筑奖获奖者预测中，1组研究者曾分别通过因子分析法＋聚类分析法成功预测出获奖建筑师戴卫·艾伦·奇普菲尔德；1组以判别分析法＋因子分析法预测中，有戴卫·艾伦·奇普菲尔德排名第三的结果出现；而在2021年及2020年的预测中，也曾有3组排名前三的结果中出现了迪埃贝多·弗朗西斯·凯雷。

通过北方工业大学当代建筑批评课教学研究中，对大数据背景下多种分析方法在建筑评价中的应用可适性不断修正、验证，已形成一套系统、完整的不同专业学科之间可互通融合的教学及研究体系构建。此外，在研究生教育教学中，我们更加注重学生自我学习意识的培养，增强启发中推动自我探索式学习研究。

本书落笔之际，亦是本研究不断总结、探索中又一次新的开始。目前，本研究过程最大难点也是将设法解决的问题在于样本获取范围、信息数据量及其科学性处理方法。在已有研究成果积累、反思基础上，在大数据思维训练背景下，已拓展性引入基于可编程制造机器人的NLP数据转换模型等方法，经过大量信息数据爬取处理，形成以人工特征评分分析为参照，将机器学习模式与多元统计分析相结合，进一步拓展、深化，探讨形成更为客观、多元的建筑评价方法及应用模式，以及更全面的相比较研究。期望本书研究，能够为今后相关学科交叉型人才培养教学方法及研究思路，提供一定可借鉴的实践依据。不断践行、深化新工科创新交叉人才培养在研究生教学及科研中的实践与推广。

现代生物技术发展及研究进展

郝鲁江◎著

中国纺织出版社有限公司 | 国家一级出版社
全国百佳图书出版单位

内 容 提 要

本书以现代生物技术的发展为主线，介绍了现代微生物技术的发展概况和研究进展。全书共8章，包括现代生物技术概述、基因工程、细胞工程、发酵工程、酶工程、蛋白质工程、现代生物技术应用、现代生物技术安全性思考等内容。

本书结构紧凑、内容全面、可读性强，可作为高等院校生物工程、应用化学等相关专业学生的学习用书，也可供从事生物技术研究的相关工作人员参考阅读。

图书在版编目(CIP)数据

现代生物技术发展及研究进展 / 郝鲁江著. --北京：中国纺织出版社有限公司，2020.9

ISBN 978-7-5180-6776-3

Ⅰ. ①现… Ⅱ. ①郝… Ⅲ. ①生物工程—技术发展 Ⅳ. ①Q81

中国版本图书馆 CIP 数据核字(2019)第 228382 号

责任编辑：姚 君 责任校对：韩雪丽 责任印制：储志伟

中国纺织出版社有限公司出版发行

地址：北京市朝阳区百子湾东里 A407 号楼 邮政编码：100124

销售电话：010-67004422 传真：010-87155801

http：//www.c-textilep.com

中国纺织出版社天猫旗舰店

官方微博 http：//www.weibo.com/2119887771

三河市宏盛印务有限公司印刷 各地新华书店经销

2020 年 9 月第 1 版第 1 次印刷

开本：710×1000 1/16 印张：12.5

字数：221 千字 定价：68.00 元

前　言

从20世纪70年代至今的几十年里，现代生物技术以前所未有的速度迅猛发展，一批新兴的现代生物技术产业已经或正在形成。现代生物技术取得的一个接一个令人瞩目的成就，推动着科学的进步，促进着经济的发展，改变着人们的生活与思维，影响着人类社会的发展进程。现代生物技术的研究与开发已经成为世界性潮流，不论是发达国家还是发展中国家，都对现代生物技术寄予厚望。现代生物技术的研究与开发不仅有可能使产业结构发生变化，还有可能给一些传统的生物技术产业带来新的希望。毫无疑问，现代生物技术是21世纪最具发展前景的高科技领域和国民经济体系的支柱产业之一。

现代生物技术革命使人们改造自然的能力和推动社会发展的能力迈上了一个新的台阶，它的发展对世界政治、经济、军事、社会文化等各方面的发展进程正产生越来越深远的影响。然而，事物都具有两面性。如同很多重大的科学技术发明（如火药、电能、核能、计算机与网络技术等）一样，现代生物技术在带给人类社会进步、促进经济发展的同时，也存在安全性问题，对社会伦理观念、法律法规产生深刻影响，并可能引发一系列社会伦理问题，对此人们应给予充分认识。

基于以上各方面的原因，作者撰写了本书。本书以现代生物技术的发展为主线，介绍了现代微生物技术的理论知识和研究进展。全书共8章，包括现代生物技术概述、基因工程、细胞工程、发酵工程、酶工程、蛋白质工程、现代生物技术应用、现代生物技术安全性思考等内容。希望本书的出版可以为生物技术的研究与发展贡献一份力量。

本专著的出版得到齐鲁工业大学（山东省科学院）专业核心课程群建设项目（2016H07）、中国轻工业联合会教育工作分会2019年度课题（QGJY2019030）、齐鲁工业大学（山东省科学院）2019年校级教研项目（2019yb56）、2019年山东省研究生教育优质课程（SDYKC19121）、山东省研究生导师出国访学项目等的资助，一并表示感谢！

由于作者水平有限，加上现代生物技术内容涵盖范围非常广泛，在对学科知识的把握和内容的处理中的疏漏和不当之处，敬请各位读者批评指正。

齐鲁工业大学（山东省科学院）郝鲁江

2019年8月

目　录

第一章　现代生物技术概述

现代生物技术是综合运用生物学、工程学和其他基础学科的知识和手段，对生物进行定向控制、改造或模拟生物功能以及产生有用物质并进行社会服务的高新技术。它是一种崭新的、前景十分广阔的技术，将是世界未来的经济支柱之一，也必将对人类社会生活产生深远影响。

第一节　现代生物技术的概念

随着越来越多的现代生物技术产品进入市场和百姓家庭，生物技术、生物工程、基因工程等术语逐渐家喻户晓。那么，究竟什么是生物技术?要准确地定义生物技术，首先应了解构成生物技术的基本内容。一般而言，生物技术由以下 3 个相互关联的基本要素构成：

（1）采用生命科学的基础理论与技术。生命科学涉及生物学、医学、农学等与生命相关的学科领域，其中生物学理论和技术是现代生物技术最重要的基础。生物学又可分为遗传学、生理学、生物化学、生物物理学、细胞生物学、分子生物学、微生物学、免疫学、发育生物学、生物信息学等多种学科及分支交叉学科，探讨的问题从 DNA 到蛋白质、从染色体到细胞、从生理现象到遗传变异、从受精到细胞凋亡、从个体发育到物种进化、从陆地生物到海洋生物及空间生物、从大型生物到微小生物等，琳琅满目，不胜枚举。

（2）应用生物材料或生物系统。现代生物技术开发利用的材料可以是微生物、植物或动物体，也可以是动物或植物的器官、组织、细胞、细胞器、生物酶系等。利用生物特有的生命方式，在适当的条件下，经济、高效地制备人类所需要的生物活性物质。

（3）通过一定的工程系统（包括生产工艺、设备等）获得产品或为社会提供服务。如生产医用蛋白质、DNA、细胞、组织或器官、动物或植物新品种、食品、肥料、饲料、生物材料等，以及提供治疗和预防疾病、环境污染治理、改善自然生态环境等社会服务。

基于以上认识，学者们赋予生物技术如下的定义：生物技术是以现代生命科学理论为基础，结合其他自然科学与工程学原理和技术，设计构建具有特定生物学性状的新型物种或品系，依靠生物体（包括微生物，动、植物体或细胞，生物酶系等）作为生物反应器，将物料进行加工以提供产品和为社会服务的综合性技术体系。

第二节　现代生物技术的主要技术范畴

很多学者认为，现代生物技术包含的主要技术范畴有：基因工程（gene engineering）、细胞工程（cell engineering）、发酵工程（fermentation engineering）、酶工程（enzyme engineening）、生物分离工程（bio-separation engineering，也称生化工程），以及由此衍生出来的蛋白质工程（protein engineering）、抗体工程（antibody engineering）、糖链工程（polysaccharose engineering）、胚胎工程（embryo engineering）及海洋生物技术等。随着生命科学与生物技术的纵深发展，不断有一些新的内容出现，尤其是人类和生物的基因组学、蛋白质组学、生物芯片、生物信息学等重大技术的出现，已经大大扩展了现代生物技术的内涵，并且其深度与广度还会得到不断拓展。

一、基因工程

基因工程是按照人们的愿望对携带遗传信息的分子（DNA）进行设计和改造，通过体外基因重组、克隆、表达和转基因等技术，将一种生物体的遗传信息转入另一种生物体，有目的地改造生物特性或创造出更符合人们需要的新生物类型，或获得对人类有用的产品（如多肽或蛋白）的分子工程。基因工程可用来表示一个特定的基因施工项目，也可泛指它所涉及的技术体系，其核心是构建重组 DNA 技术，因而基因工程和 DNA 重组技术有时成为同义词。基因工程是当前生物技术中影响最大、发展最迅速、最具突破性的领域。它的突出的优点之一就是打破了常规育种中难以突破的物种之间的界限，使原核生物与真核生物之间、动物与植物之间，甚至人与其他生物之间的遗传信息可以进行相互重组和转移。

蛋白质工程指的是通过对蛋白质已知结构和功能的认识，结合蛋白质结晶学和蛋白质化学知识，借助计算机辅助设计，利用基因定位诱变等技术改造蛋白质的某些性能，并通过基因工程手段使改造后的蛋白质性能进行表达，从而获得性状更为优良的新型蛋白质的技术体系。基因工程和蛋白质工程的发展既反映了基础研究的最新成果，又体现了工程学科开拓出来的新技术和新工艺。基因工程与蛋白质工程的兴起标志着人类已经进入一个可以设计和创造新基因、新蛋白质和生物新性状的时代。由于改变蛋白质氨基酸序列需要通过基因工程来实现，是基因工程的深化和发展，故蛋白质工程仍包含于基因工程的范畴，被称为第二代基因工程。

随着基因工程技术的发展，绘制人类基因组图谱已经成为可能。1986年3月，美国生物学家、诺贝尔奖获得者杜尔贝科（Dulbecco）提出了“人类基因组计划（human genome project，HGP）”。经过长达3年的争议与讨论，美国国会（1990年）批准了这一研究项目，美国政府决定用15年（1990—2005年）左右的时间、投资30亿美元来完成这一计划，由美国国立卫生研究院（NIH）和能源部（DOE）从1990年10月1日起组织实施。各国科学家纷纷响应美国科学家的倡议，美国、英国、日本、德国、法国和中国的科学家相继参与到这项宏伟浩大的科学工程之中。在HGP的影响下，人们的研究目标从传统的单个基因的研究转向对生物整个基因组结构与功能的研究。生命科学正从全新的角度研究和探讨生长与发育、遗传与变异、结构与功能以及健康与疾病等生物学与医学基本问题的分子机制，并形成了一门新的学科分支——基因组学。基因组（genome）是指生物具有的携带遗传信息的遗传物质的总和，基因组学（genomics）就是以分子生物学技术、计算机技术和信息网络技术等为研究手段，以生物体内全部基因为研究对象，在全基因背景下和整体水平上探讨生命活动的内在规律及其与内外环境关系的一门科学。

2001年，HGP序列测定结果提供的DNA数据揭示了基因组的精细结构，同时人们也认识到基因的数量是有限的，结构是相对稳定的，这与生命活动的复杂性和多样性存在巨大的反差。科学家也认识到，基因只是携带遗传信息的载体，基因组学虽然在基因活性和疾病相关性等方面为人类提供了有力的根据，但由于基因表达的方式错综复杂，同样一个基因在不同条件、不同时期起到的作用完全不同，并且具有相同基因组的个体形态差异也非常大。因此，要研究生命现象、阐明生命活动规律仅仅了解基因组是不够的，还必须对基因的产物——蛋白质的数量、结构、性质、相互关系和生物学功能进行全面深入的研究，才能进一步了解这些基因的功能是什么，明白它们是如何发挥这些功能的，才能建立基因遗传信息与生命活动之间直接的联系。威尔金斯（Wilkins）和威廉斯（Williams）（1994年）率先将蛋白质组（proteome）定义为“基因组所表达的全部蛋白质及其存在的方式”，这个概念的提出标志着一个新的科学——蛋白质组学（proteomics）的诞生，即定量检测蛋白质水平上的基因表达，从而揭示生物学行为（如疾病过程、药物效应等）和基因表达调控机制的学科。于是，一个以“蛋白质组”为研究对象的生命科学新时代到来了。

二、细胞工程

细胞工程是指应用现代细胞生物学、发育生物学、遗传学和分子生物学等学科的理论与方法，按照人们的需要和设计在细胞、亚细胞或组织水平上进行遗传操作，获得重组细胞、组织、器官或生物个体，从而达到改良生物的结构和功能，或创造新的生物物种，或加速繁育动植物个体，或获得某些有用产品的综合性生物工程。

细胞工程涉及的范围非常广。按实验操作对象的不同可以分为细胞与组织培养、细胞融合、细胞核移植、体外受精、胚胎移植、染色体操作、转基因生物等；按生物类型的不同又可分为动物细胞工程、植物细胞工程、微生物细胞工程。随着细胞工程研究的不断深入，在其基础之上发展衍生出了不少新的领域，如组织工程、胚胎工程、染色体工程等。

三、发酵工程

发酵工程是生物技术的桥梁工程，是现代生物技术产业化的重要环节。其主体是利用微生物（特别是经过 DNA 重组改造过的微生物）以及动植物细胞大规模生产商业产品。发酵工程是最早实现产业化的生物技术，利用微生物可生产对人类有用的许多产品，如抗生素、氨基酸、维生素、核苷酸、酶制剂、蛋白质、食品饮料等。现代发酵工程主要内容包括优良菌株筛选与工程菌（细胞）构建、细胞大规模培养、发酵罐或生物反应器设计优化、菌体（细胞）及产物收获等。此外，发酵工程还在开发可再生资源、生物废料再生和生物净化等方面有着广阔的用途。

四、酶工程

酶是一类生物催化剂，多数酶的本质是蛋白质，此外还有核糖核酸。酶具有作用专一性强、催化效率高等特点，能在常温常压和低浓度条件下进行复杂的生物化学反应。没有酶，生物体的生命活动就难以进行。酶工程是指研究酶的生产、酶分子改造和应用的一门技术性学科，它包括酶的发酵生产与分离纯化、酶的固定化、酶的化学修饰与人工模拟、对酶基因进行修饰或设计新基因改造酶蛋白或合成新型酶，以及酶的应用和理论研究等方面的内容。

五、生物分离工程

生物分离工程就是从微生物发酵液、酶促反应液或动植物细胞培养液中将需要的目标产物提取、浓缩、纯化及成品化的一门工程学科，是现代生物技术产业化必不可少的技术环节。生物产品可以通过微生物发酵过程、酶促反应过程或动植物细胞大量培养过程获得，包括传统的生物技术产品

（如氨基酸、有机酸、抗生素、维生素等）和现代生物技术产品（如重组医用多肽或蛋白）。生物反应的产物通常由细胞、游离的细胞外代谢产物、细胞内代谢产物、残存的培养基成分和其他一些惰性成分组成的混合物。这些产物并不能直接应用，必须通过一系列提取、分离和纯化等后续加工才能得到可用的最终产品。因此，生物分离工程是现代生物技术的重要领域之一，又与基因工程、细胞工程、发酵工程、酶工程等有密切关联。由于生物产物的特殊性（如具有生物活性、不稳定、发酵液中目标产物含量低等）、复杂性（从小分子到大分子）和产品（如纯度、活性、特定杂质含量）要求严格性，其结果导致分离过程往往占整个生物生产成本的大部分（70%～90%，甚至更高）。因此，生物分离工程的质量往往决定整个生物加工过程的成败，设计合理的生物分离工程可大大降低产品的生产成本，实现商业化生产。生物分离工程的进步程度对于保持和提高各国在生物技术领域内的经济竞争力至关重要。

第三节　现代生物技术的崛起

现代生物技术产品的特点是运用了现代生物技术——重组 DNA 技术（recombinant DNA technology）和原生质体融合技术（protoplast fusion）等的成果进行生产产品。

1973 年，美国的戈亨（Cohen）领导小组开创了体外重组 DNA 并成功转化大肠杆菌的先河。1975 年，英国的科勒（Kohler）及米尔斯坦（Milstein）发明了杂交瘤技术，其产品是单克隆抗体（monoclonal antibody），可用作临床诊断试剂或生化治疗剂。1977 年，波依耳（Boyle）首先用基因操纵（gene manipulation）手段获得了生长激素抑制因子（growth hormone inhibitor）的克隆。1978 年，吉尔伯特（Gilbert）获得了鼠胰岛素（mouse insulin）的克隆。1982 年，第一个基因工程产品人胰岛素（human insulin）问世，其售价比传统方法生产的胰岛素降低了 30%～50%。接着，利用工程菌生产干扰素获得成功，1987 年干扰素进入工业化生产阶段，并且大量投放市场。1985 年，将 PCR 技术应用于β-蛋白基因扩增和镰刀状红细胞贫血病的产前诊断；由于热稳定性 Taq DNA 聚合酶的使用，PCR 操作大为简化，1987 年，卡里·穆利斯（Kary Mullis）等完成了自动化操作装置，使 PCR 技术进入实用阶段。1997 年，克隆羊“多莉”诞生，动物细胞的全能性获得证明。克隆技术在现代生物学中被称为“生物放大技术”。克隆技术经历了微生物克隆、生物技术克隆和动物克隆。动物克隆技术的成功，为挽救濒危动物提供了一条有效途径，但克隆技术的发展也引起人们一系列的担忧。

植物细胞大规模培养早于动物细胞大规模培养，利用植物细胞培养可以生产某些珍贵的植物次生代谢产物，如生物碱（alkaloid）、甾体化合物（steroids）等，这些也属于现代生物工程技术范围内的产品。20世纪80年代后，随着基因工程和其他细胞工程技术的发展，细胞培养技术已成为转基因技术、生物制药以及其他许多技术的基础，在现代生物技术中发挥着重要的作用。利用动物细胞如Vero细胞高密度培养工业化生产疫苗及hGH、UK、t-PA等蛋白药物；用昆虫杆状病毒细胞表达系统生产安全可靠的生物杀虫剂；用鸡胚细胞生产鸡法氏囊、新城疫、马立克等多种疫苗；用转基因技术克隆hEPO基因，并在GHO-DHFR-细胞中表达，生产重组人促红细胞生成素等。另外利用转基因动物作为生物反应器生产药物，如转基因动物的乳腺可以源源不断地提供目的基因的产物（药物蛋白质），不但产量高，而且表达的产物已经过充分修饰和加工，具有稳定的生物活性。作为生物反应器的转基因动物又可无限繁殖，故具有成本低、周期短和效益好的优点。一些由转基因家畜乳汁中分离的药物蛋白正用于临床试验。

传统生物工程对人类社会的繁荣昌盛已做出了巨大的贡献，可以说没有传统生物工程就没有人类现代的文明。但当今世界，人口剧增，人类生产活动急剧膨胀，能源消耗殆尽，资源日益枯竭，加之石油及化学工业迅速发展，化学农药滥用，环境严重污染，生态平衡破坏，不仅社会繁荣难以维持，人类命运也遭到严重威胁。传统生物工程及传统技术已无能为力，现代生物工程技术在这些方面显示出强大的生命力。

第四节　现代生物技术的产业化问题分析

20世纪70年代初，在西方发达国家首先出现了“生物技术”（biotechnology）这一概念，不久就被推广使用。现代生物技术的创造活动，对应于人类生活的需求，是为了发展生产、提供商品和进行社会服务。2000年，斯坦·戴维斯（Stan Davis）和克里斯托弗·迈耶（Christopher Meyer）提出生物经济（Bioeconomy）概念。国内学者邓心安认为：“生物经济是以生命科学与生物技术研究开发与应用为基础的、建立在生物技术产品和产业之上的经济，是一个与农业经济、工业经济、信息经济相对应的新的经济形态。”今天，生物经济已经成为一个主要的新兴经济形态，受到世界各国的高度重视。

一、现代生物技术的产业化状况

现代生物技术的应用性很强，其技术目的的设定就是要解决人类生活和生产中的实际问题。现代生物技术只有被整合到生产过程中，物化为直接的生产力，才能真正实现对社会的作用。伴随现代生物技术的发展，其产业化进程也开始了。现代生物技术公司的形成是其产业化开始的重要标志。1976 年，世界首家生物技术公司——基因泰克（Genetech）在美国诞生。此后，各类生物技术公司纷纷成立。据 1985 年统计，全世界有各类生物技术公司 1 750 家，其中美国 1 066 家。到 20 世纪 90 年代，从事生物技术研究、开发、生产、销售的公司，仅美国、日本、西欧就有 3 000 多家。可见，现代生物技术产业化的势头很猛。

由于美国、日本、西欧的基础研究力量十分雄厚，有先进的工业技术体系，又得益于政府的积极支持，这些少数国家就拥有了世界上大多数的生物技术公司。另外，由于存在技术成熟程度的差别，现代生物技术在不同应用领域的产业化速度是不均衡的。在医药保健领域，基础科学知识积累丰富，研究深入，加上医药市场容量大、利润高，就使得医药保健成为现代生物技术最早和最多实现产业化的领域。现在上市的生物新技术产品绝大部分是药物、疫苗和单抗诊断盒。现代生物医药保健公司被认为是现代生物技术产业的代表，而美国又集中了全世界多数高水平的现代生物技术公司。所以，以美国生物医药保健公司的经营情况来说明现代生物技术产业的现状具有普遍意义。

人们曾经乐观地估计，生物技术公司能够获得丰厚的利润。然而，1993 年美国年度调查显示，生物技术公司亏损 36 亿美元。其中 235 家知名的公司只有 18% 盈利，其他公司均有不同程度的亏损。另美国生物技术信息研究所（IBI）1994—1995 年度的调查资料表明：由生物技术派生的治疗药物销售额的增长是线性的，而不是以人们想象的指数形式增长的。2013 年，全球生物工程药品市场规模为 2 705 亿美元，2014 年增长至 3 051 亿美元。基于疾病诊断和治疗对重组技术、医药生物技术以及 DNA 测序技术等的强大社会需求不断增加，全球生物技术市场预计以 12% 以上的年增长率增长，至 2020 年全球生物技术市场规模有望达 6 000 亿美元以上。

二、现代生物技术产业的特点

生物工程技术的依据和出发点是生物有机体本身的各种机能，是各类生物在生长、发育与繁殖过程中进行物质合成、降解和转化的能力。生物各式各样的生物化学反应受细胞产生的各种各样的酶所催化，而各类酶的特异结构与功能又受特定的遗传基因所决定。因此，从这一意义上讲，基因工程和细胞工程可以被看作生物技术的核心基础。因为通过基因工程和细胞工程可以创造出许许多多具有特殊功能的“工程菌株”或“工程细胞系”。这些“工程菌株”或“工程细胞系”往往可以使酶工程或发酵工程生产出更多、更好的产品，发挥更大的经济效益。但是酶工程和发酵工程往往又是生物技术产业化，特别是发展大规模生产的关键环节。由此可见，把生物工程技术所包括的几大组成部分理解成完整的整体是非常重要的。

自然界是微生物的巨大宝库，微生物的踪迹遍布海、陆、空，直至动植物和人体内外。1 g土壤中就含有几千万个微生物。目前已经发现了人们感兴趣的代谢产物达1 000多种，包括各种抗生素、氨基酸和小分子蛋白质。而且它们的代谢能力很强，产物的量也大。有一种产朊假丝酵母菌，合成蛋白质的能力是大豆的100倍之多。利用基因工程技术构建的“工程生物”，在医药、农业、工业、环保、能源等方面以及人们的现实生活中发挥着重要作用。此外，通过基因工程技术可在实验室条件下较快地完成生物体漫长的进化过程，也就是说，在实验室里可以比自然界更快、比进化更快地完成“物种”的建构，这就显示出基因工程技术的强大威力之所在。正因为基因工程技术有如此的先进性、优越性和不可替代性以及诱人的市场前景，又与其他高新技术的交叉渗透和集成，使现代生物工程技术产业成为一个新的生长点。生长激素释放抑制素能抑制生长激素、胰岛素、胰高血糖素的分泌，可以用来治疗肢端肥大症、急性胰腺炎等疾病。使用常规的方法需要1×10^5只羊的下丘脑才能获得1 mg人生长激素释放抑制素，而用基因工程的方法生产同等数量的人生长激素释放抑制素，只需要10 L大肠杆菌培养液。其价格大约为每毫克仅0. 3美元。1979年，美国科学家又宣布用基因工程方法使细菌首次表达了人生长激素，用于治疗侏儒症，还可用于治疗老年性骨质疏松症、出血性溃疡、烧伤、骨折等。例如，治疗一个脑下垂体机能不全的儿童侏儒症，一年所需要的生长激素量相当于从50具尸体的脑中的提取量，价格十分昂贵。而用基因工程方法生产的人生长激素价格便宜，目前在国内外均已投放市场。

三、有关现代生物技术产业化的思考

自20世纪70年代现代生物技术诞生以来，它就逐渐被学术界、政界和企业界认定为高新技术，理所当然地受到了重视。面对发展经济的重任，面对这个充满危机的世界，人类确实需要全新的技术手段参与解决同社会经济生活密切相关的难题。

人们已有的观念是：科学技术作为第一生产力，对推动经济增长的作用越来越大，特别是高新技术的研究与开发一旦取得成功，就可广泛地改善产品结构，提高产品性能，创造新产品，显著提高社会生产力和劳动效益，并能导致新的产业部门的开辟。人们也用这种观念来看待现代生物技术，并用诸如“划时代”“革命”“支柱”“新纪元”等字眼来赞誉它，对它充满了信心和希望。但是，人们对高新技术的社会作用的评价结果是在经验事实的基础上分析得来的。现代生物技术的发展历史还很短，缺乏系统的经验证据来说明其社会作用。事实上，现在我们还没有真切而广泛地感受它的作用。但是，由于现代生物技术的技术路线是新颖的，它对社会经济发展和人类生活水平的改善必将起着推动作用。这也是人们努力实现现代生物技术产业化的内在信念。

总之，现代生物技术产业有别于其他高新技术产业，它在技术工艺的成熟程度、研究与开发的风险性、产业的市场可接受性以及在涉及道德、法律、环境保护等方面均存在着不确定性，还需要一段时间才能走向成熟。我们必须遵循科学技术和经济发展的规律，抛弃急功近利的心态，科学决策、慎重行事，推动现代生物技术产业稳步而健康的发展。换句话说，我们必须以一种“持重而平静的心情”、一项“热切而有秩序的工作”来迎接现代生物技术辉煌发展的明天。

第二章　基因工程

基因（gene）是 DNA 或 RNA 分子中的一段具有特定功能的核苷酸序列，DNA 分子是基因的载体。基因通过复制和表达，进行细胞的分裂和蛋白质合成等代谢活动，完成生命孕育、生长、凋亡的过程。但是必须指出，在生物界并非所有的基因都是由 DNA 构成的，某些动物病毒、植物病毒及某些噬菌体等，它们遗传体系的基础则是 RNA。

基因是带有遗传特性的 DNA 片段，遗传信息编码在核酸分子上，主要定位在 DNA 分子上。基因会发生突变，负的突变可给生物界甚至人类带来恶劣的影响，甚至引起遗传疾病，但事物的发展都具有两面性，对于微生物细胞，常可以通过突变获得优良菌株。

在体外通过对基因的人工“剪切”和“拼接”等，以实现对生物的基因改造和重新组合。目前，对基因的研究已经进入后基因组时代，其核心科学问题主要包括基因组的多样性、基因组的表达调控与蛋白质产物的功能，以及模式生物基因组研究等。重组 DNA 技术可以按照人们的意愿改变生物遗传性，创造新生物物种，通过工程化为人类提供有用的产品，以便为人类提供更好服务，如创造超自然的物种、扩大生产正常生物含量低的有用物质、研制新型药物以及进行理论研究、疾病的诊断与治疗等。

第一节　基因工程工具酶

基因工程的关键技术是重组 DNA 技术，即将目的基因自染色体取下，再与载体 DNA 连接构成重组 DNA 分子，其操作过程涉及一系列相互关联的酶促反应。有许多种重要的核酸酶，如内切核酸酶、外切核酸酶，以及用信使 RNA 作模板合成互补链 DNA 的反转录酶（reverse transcriptase）等在基因克隆实验中都有着广泛的应用。无疑，限制性内切核酸酶和 DNA 连接酶是重组 DNA 技术赖以创立的重要酶学基础。因此，为了比较深入地理解基因操作的基本原理，有选择性地讨论在基因克隆中通用的若干种核酸酶，显然是十分必要的。

在基因工程中应用的酶类称为工具酶。切割相邻的两个核苷酸残基之间的磷酸二酯键，使核酸分子多核苷酸链发生水解断裂的一类酶总称为核酸酶（nuclease），其中专门水解断裂 RNA 分子的称为核糖核酸酶

(RNase)，而特异水解断裂 DNA 分子的则称为脱氧核糖核酸酶（DNase）。核酸酶按其水解断裂核酸分子的不同方式，可分为两种类型：一类是从核酸分子的末端开始，一个一个地消化降解多核苷酸链，称为外切核酸酶(exonuclease)；另一类是从核酸分子内部切割磷酸二酯键使之断裂形成小片段，称为内切核酸酶（endonuclease）。

一、限制性内切核酸酶

限制性内切核酸酶，简称限制酶，是一类能够识别 DNA 分子中的特异核苷酸序列，并由此切割双链 DNA 的核酸水解酶。维尔纳·阿尔伯(Werner Arber) 发现了细菌的限制—修饰（restriction-modification，R/M）体系，证明有一种能选择性识别和破坏外源 DNA 的内切核酸酶的存在，并于 1968 年分离到 I 型限制酶。1970 年，汉密尔顿·史密斯（Hamilton Smith）和肯特·威尔科克斯（Kent Wilcox）从流感嗜血杆菌（*Haemophilus influenzae*）中分离得到 *Hin*dⅡ限制酶。R/M 体系是指病毒 DNA 在新宿主中产生降解而宿主自身 DNA 不被降解的现象。大多数的细菌对于噬菌体的感染都存在一些功能性障碍，到目前为止，尚未发现同一噬菌体能够感染两种不同的细菌，即使噬菌体的吸附和转录能够顺利进行，也存在所谓的寄主控制的限制和修饰，即功能性障碍。当一种病毒自其天然宿主 A 中分离后，再感染宿主 B 时感染率仅为 10^{-4}，绝大多数不能生长，仅有万分之一可以生长；若将在宿主 B 中可以生长的病毒再分离出来，用于再感染宿主 B 时，感染率为 100%；若将其用于再感染宿主 A 时，则感染率又降低至 10^{-4}，此现象称为宿主限制作用。因此限制现象是指细菌被 DNA“侵入”时，能破坏这些外来的 DNA；而修饰现象是指细菌在当代就发生变化，从而不受限制。宿主细胞中存在着限制酶与修饰酶（又称甲基化酶)，在同一宿主中，它们对 DNA 有相同的识别顺序，但作用相反。甲基化酶有种属特异性，通常只修饰宿主自身 DNA，因此外源性 DNA 在宿主中通常被限制酶降解，所以病毒和噬菌体皆有其一定的宿主范围。但是甲基化酶有时也误将外源性 DNA 修饰，因此也可避免宿主限制酶的降解，这就是宿主 A 中病毒感染宿主 B 时，仍有万分之一在新宿主中栖息与增殖的原因。由此可知，R/M 体系构成了物种遗传稳定性的自我防卫作用，也有利于生物进化，在重组 DNA 过程所发挥的作用与其在微生物细胞内的生物功能是一致的。因此可以说重组 DNA 技术实质上是人类对生物功能的模拟。

二、DNA 连接酶

DNA 连接酶旧称“合成酶”，1967 年几乎同时在大肠杆菌细胞中被三个实验室发现，与限制性内切核酸酶一样，均是体外构建重组 DNA 分子所必不可少的基本工具酶，对于基因工程同样具有头等重要的意义。限制性内切核酸酶可以将 DNA 分子切割成不同大小的片段，只有使用 DNA 连接酶把不同来源的 DNA 片段连接并封闭起来，才能组成新的杂种 DNA 分子。

DNA 连接酶广泛地存在于生物细胞内，目前多来自 *E. coli*，其分子质量为 74 000 Da。它能使一条 5′ 端具有一个磷酸基团（—P）DNA 链和另一条 3′ 端具有一个游离的羟基（—OH）的 DNA 链之间形成磷酸二酯键而连接起来。同时，由于在羟基和磷酸基团之间形成磷酸二酯键是一种吸能反应，因此，连接反应需要能量。在大肠杆菌及其他细菌中，DNA 连接酶催化的连接反应是利用烟酰胺腺嘌呤二核苷酸（氧化型）[nicotinamide aden-ine di-nuleotide，NAD（oxidized form）] 作为能源的；而在动物细胞及噬菌体中，则利用腺苷三磷酸（adenosine triphosphate，ATP）作为能源。DNA 连接酶主要用于正常 DNA 的合成及损伤 DNA 的修复，体外基因重组中用于 DNA 连接，但只能连接黏性末端 DNA 片段，不能连接平末端 DNA 片段。另外，DNA 连接酶并不能连接两条单链 DNA 分子或环化的单链 DNA 分子，被连接的 DNA 链必须是双螺旋 DNA 分子的一部分。事实上，DNA 连接酶是封闭双螺旋骨架上的缺口，即在双链 DNA 的某一条链上两个相邻核苷酸之间失去一个磷酸二酯键所出现的单链断裂，而不是封闭裂口。所谓裂口即在双链 DNA 的某一条链上失去一个或数个核苷酸所形成的单链断裂。

在 DNA 连接酶催化反应过程中，首先生成 NAD^+-酶共价复合物，即 NAD^+与 DNA 连接酶上赖氨酸的 ε-氨基之间形成磷酸酰胺键，通过酶的作用将 NAD^+转移至 DNA 缺口处与 5′ 磷酰基形成焦磷酸键，使 5′ 磷酰基活化，通过连接酶作用活化的磷酰基与 3′ 羟基之间形成磷酸二酯键，释放出 NAD^+，完成连接过程。由于黏性末端一般较短，温度过高单链中的氢键不稳定，连接反应最佳温度往往根据连接速度与末端结合速率加以选择，通常在 4 ～ 15℃较为理想。以前，连接结果常通过凝胶电泳进行判断，目前认为采用连接物对感受态细胞转化率为判断标准较为理想。

T4 DNA 连接酶是 T4 噬菌体自身 DNA 编码的基因表达产物。经 T4 噬菌体感染的 *E. coli*，形成 *E. coli* 溶源菌，在 40℃培养时后期细胞则产生高浓度 T4 DNA 连接酶，经柱层析纯化获得的高纯酶，SDS-PAGE 显示为一条 62 kDa 的蛋白条带。该酶既有连接黏性末端功能，也有连接平末端的功能，但酶的用量较大，适用于 DNA 片段连接、克隆等各种反应。

热稳定的 DNA 连接酶是嗜热高温放线菌（*Thermoactinomyces thermo-philus*）分泌并分离纯化得到酶制剂，它能够在高温下催化两条寡核苷酸探针发生连接作用。在 85℃高温下活性不变，甚至在重复多次升温到 94℃之后也仍然保持连接酶的活性。

三、DNA 聚合酶

DNA 聚合酶（DNA polymerase）是细胞复制 DNA 的重要作用酶，其主要活性是催化 DNA 的合成（在具备模板、引物、dNTP 等的情况下）及其相辅的活性。它以 DNA 为复制模板，以脱氧核苷酸三磷酸（dNTPs）为底物，按模板的 3′→5′ 方向，将对应的脱氧核苷酸连接到新生 DNA 链的 3′ 端，使新生链沿 5′→3′ 方向延长。1957 年，阿瑟·科恩伯格（Arthur Kornberg）在大肠杆菌中发现 DNA 聚合酶Ⅰ（DNA polymerase Ⅰ，PolⅠ）。1970 年，德国科学家罗尔夫·克尼尔斯（Rolf Knippers）发现 DNA 聚合酶Ⅱ（PolⅡ），随后发现了 DNA 聚合酶Ⅲ（PolⅢ）。目前，常用的 DNA 聚合酶有大肠杆菌 DNA 聚合酶、大肠杆菌 DNA 聚合酶Ⅰ的 Klenow 大片段（Klenow 酶）、T4 噬菌体 DNA 聚合酶、T7 DNA 聚合酶以及耐高温 DNA 聚合酶，如 Taq DNA 聚合酶等。不同来源的 DNA 聚合酶具有各自的酶学特征。Taq DNA 聚合酶由于其最佳作用温度为 75 ～ 80℃，目前广泛用于 PCR 扩增以及 DNA 测序等方面。无论哪种 DNA 聚合酶，其催化的反应均使两个 DNA 片段末端之间的磷酸基团和羟基基团连接形成磷酸二酯键，从而用于 DNA 分子的修复及 DNA 分子的体外重组等。

在原核生物细菌中，已发现 5 种 DNA 聚合酶。PolⅠ由大肠杆菌 K-12 株的基因 *pol* A 编码，含有 928 个氨基酸，分子质量 103.1 kDa，结构类似球状，直径约为 650 nm，其主要功能是参与 DNA 的修复过程，同时又是一种 3′→5′ 方向的外切核酸酶，其作用的底物可以是双链 DNA，也可以是单链的 DNA。PolⅠ在分子克隆中的主要用途是通过 DNA 缺口转移，制备供核酸分子杂交用的带放射性标记的 DNA 探针。PolⅡ在 DNA 稳定期的损伤修复中起作用；PolⅢ与 DNA 的复制有关；PolⅣ与 DNA 聚合酶Ⅱ一起负责稳定期的损伤修复；PolⅤ参与 SOS 修复。

在真核生物中，也有五种 DNA 聚合酶：Pol α、Pol β、Pol γ、Pol δ、Pol ε。依赖于 RNA 的 DNA 聚合酶，也称 RNA 指导的 DNA 聚合酶或反转录酶，它是使从 mRNA 反转录形成互补 DNA（cDNA）所需的酶，在基因工程中的主要用途是以真核 mRNA 为模板，合成 cDNA，用以组建 cDNA 文库。

DNA 聚合酶的共同特点有：①需要提供合成模板和引物；②不能起始合成新的 DNA 链，催化 dNTP 加到引物的 3′-OH 端，其速率为 1 000 nt/min；③合成的方向都是 5′→3′。近年来将反转录与 PCR 偶联建立起来的反转录 PCR（RT-PCR）技术使真核基因的分离更加快速、有效。反转录酶同样还能利用单链 DNA 或 RNA 作为模板合成供实验用的分子探针。

第二节 DNA 重组

DNA 不应该被看成一种静止不变的分子，它是在不断地变化的，重组就是引起这些变化的机制之一。重组是 DNA 分子的大规模重排。这种重排的发生是两个 DNA 分子具有较长的相似序列区域（同源重组 homologous recombination）或较短的一致序列区域（位点特异性重组 site-specific recombination）的结果。含有二倍染色体的细胞，有大量机会找到同源的伙伴使得重组发生。1947 年，阿尔弗雷德·赫希（Alfred Hershey）和马克斯·德尔布鲁克（Max Delbruck）分别独立地首次证明细菌系统的重组。他们研究了噬菌体对 *E. coli* 的感染。如果一个 *E. coli* 细胞同时被两种不同基因型的 T2 噬菌体所感染，最终的噬菌体群体既包括原始型也包括重组型的噬菌体。

同源性重组发生在序列基本相同的 DNA 分子之间。两个 DNA 分子间遗传信息的交换和混合，使得重组后的 DNA 分子成为前两者的混合体。人们提出了一些机制，来解释这些现象发生的分子基础。1964 年，罗宾·霍利戴（Robin Holliday）首次明确地阐释了对于重组的分子过程的理解要点。Holliday 的重组模型要求在两个同源 DNA 分子的相同位点（称为供体和受体 DNA）上生成一个缺口（两个核苷酸分子间的磷酸二酯键的断裂），然后发生链的交换反应，随即 DNA 连接酶将缺口封住。供体 DNA 和受体 DNA 链间的交换导致了 Holliday 连接体（Holliday junction）的形成。在这种结构中，正在交换的 DNA 链把供体和受体 DNA 分子连接在一起。Holliday 连接体进行分支迁移，使得不同的 DNA 分子链间产生更多的重组。最后，连接体的拆分形成重组的 DNA 分子。然而，在这里我们要集中介绍的是梅塞尔（Meselson）和森雷达（Radding）1975 年提出的修正模型，这是因为一条 DNA 链上的一个缺口就可以引起重组的发生，而不是像 Holliday 模型所说，重组需要两个 DNA 分子缺口才能发生。其基本模型如图 2-1（a）所示。下面简述一下 Holliday 连接体的形成、拆分以及 *E. coli* 中某些参与此过程的蛋白质。

（1）缺口是由 RecBCD 核酸内切酶产生的，该酶在称为 chi（×）位点（5′-GCTGGTGG-3′）的序列处将链切开。

（2）链的侵入由 RecA 蛋白催化，单链 DNA 结合蛋白（SSB）亦参与此过程，其作用是稳定游离的单链 DNA。

（3）链侵入之后形成的 D 环同样被 RecBCD 核酸内切酶断开。

（4）链交换发生，链的末端被 DNA 连接酶所封闭，形成 Holliday 连接体。

（5）Holliday 连接体形成后，由 RuvA 和 RuvB 蛋白催化，发生分支迁移。

（6）Holliday 连接体的拆分需要 RuvC 蛋白，它可以断开两条 DNA 链。DNA 连接酶在 DNA 链断开后将其封闭。

在这一系列过程的终了，细胞将含有两个已完成交换的 DNA 分子。上述过程也发生在真核生物中，所用酶的活性也类似。最近，用 RuvA 加以稳定的 Holliday 连接体的高分辨率结构已经得出。

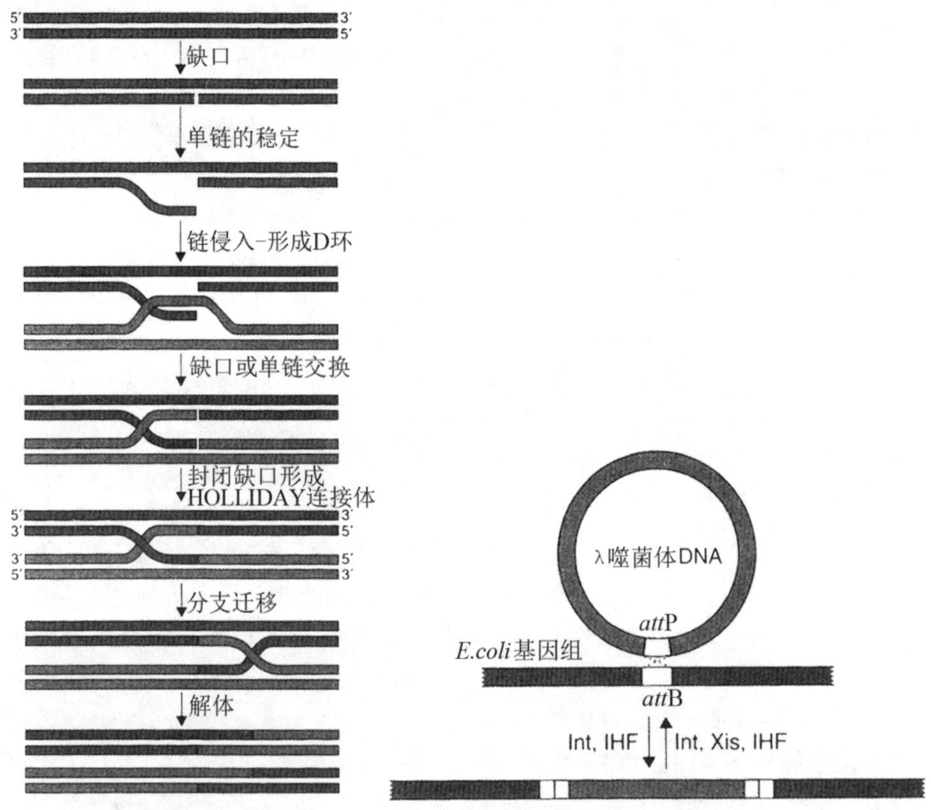

（a）Meselson-Radding 的同源重组模型　（b）λDNA 位点特异性整合到 *E. coli* 基因组上

图 2-1　同源重组和位点特异性重组

与同源重组不同，当一特定的 DNA 与另一 DNA 没有同源性时，前者有一序列作为与其他 DNA 重组的靶位，此时发生位点特异性重组。在原核生物中，典型的例子是，λ 噬菌体在溶原阶段将其 DNA 整合在 *E. coli* 的染色体上。这种重组发生在与细菌 DNA（*att*B）具有序列同源性的噬菌体 DNA（*att*P）位点之间，而这两种 DNA 分子其他的序列是完全不同的。该过程如图 2-1（b）所示。催化这一过程的酶被称为整合酶（integrase，Int），参与其中的还有一种宿主蛋白，叫作整合作用宿主因子（integration host factor，IHF）。当噬菌体 DNA 被从 *E. coli* 的基因组上切割下来，开始形成新的噬菌体颗粒的时候，需要一种叫作切除酶 Xis 的噬菌体蛋白。这种位点特异性重组仍然需要较短的同源区域间的碱基配对（*attP* 和 *attB* 位点），但却不需要任何同源重组通路中的任何蛋白质参与。

第三节　基因克隆载体

大部分分子克隆实验利用 *E. coli* 进行克隆 DNA 片段的扩增。即使克隆的 DNA 片段最终要进入真核细胞，在被转入到最终宿主之前，DNA 的组分却在 *E. coli* 体内也是一成不变地复制。克隆也可能在其他生物体中进行，但 *E. coli* 凭借其优势，成为基因工程的首选。*Escherichia coli* 是以德国内科医生西奥多 · 埃舍里奇（Theodor Escherich，1857—1911）的名字命名的，是杆状的革兰阴性菌，以快速旋转的长鞭毛为动力器官（图 2-2）。它是人体口腔和肠道内正常菌群的一部分，保护肠道免受细菌感染，帮助消化，并产生少量维生素 B_{12}和维生素 K。*E. coli* 在水和土壤中也存在，已被广泛应用于实验研究，很可能是人们了解得最为透彻的生物。作为实验用生物，*E. coli* 有下列独特优势：

（1）易于在简单、便宜的培养基中生长。

（2）在对数生长阶段有 20 ~ 30 分钟的快速倍增期。

（3）实验室株基本安全，并含有使其在实验室以外环境无法生存的突变。

（4）遗传学性状已研究清楚。

（5）基因组测序已经完成。

（6）非染色体的 DNA（质粒和噬菌体 DNA）可用于携带外源 DNA 片段。

E. coli 通常为无性生殖，但为了增加多样性并实现基因库共享，它们有使遗传物质从一个菌体传递到另一个菌体的机制，早在 20 世纪 40 年代中期，人们就已经知道，细菌可以通过一种半有性方式交换遗传物质。莱德伯格（Lederbeg）和塔特姆（Tatum）的实验清楚地证实了通过细菌接合（bacteriol conjugation）进行的遗传信息传递。使细菌具备这种传递能力的是一套 F 基因（F 是 fertility 的缩写）。这些基因可以存在于细菌染色体外独立复制的环状 DNA 上，也可以整合到细菌染色体中。含有这些基因的细菌（雄性菌）利用菌毛（pilus）与邻近细菌连接，然后两个细胞拉近，DNA 便从一个细菌传递到另一个细菌。

通常，外来 DNA 片段需要载体携带以确保其在宿主细胞中的复制和增殖。对载体的最佳描述是：一个可用于携带外来 DNA 片段的自主复制的 DNA 序列。所有载体本质上都是可在特定环境下复制的自然存在的 DNA 序列。常用的载体有质粒和 λ 噬菌体。一般来说，载体可看作一系列不同的模块，为有效的分子克隆提供了必要的条件。那些主要用于复制 DNA 片段的载体，我们称为克隆载体；而主要用于表达 DNA 中基因的载体，我们称为表达载体。用于分子克隆的载体必须拥有以下特点：①自我复制的能力；②有筛选标志，使转化的细胞能与未转化的细胞区分开。另外，多数载体包含至少一个，通常是多个限制性酶切位点，这样，DNA 片段可相对容易地被克隆到载体上。

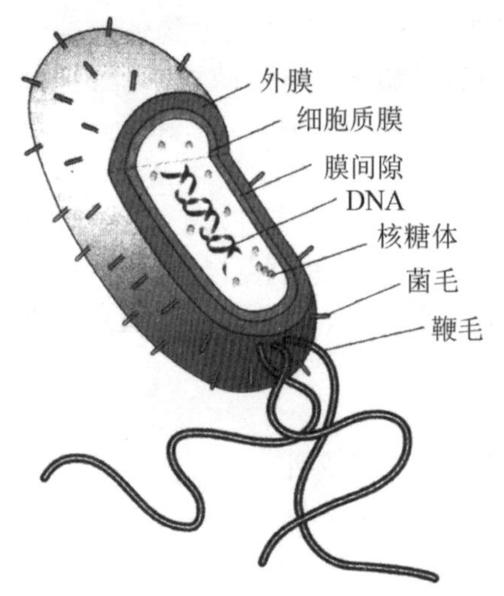

（a）为部分切除的 *E. coli* 模型

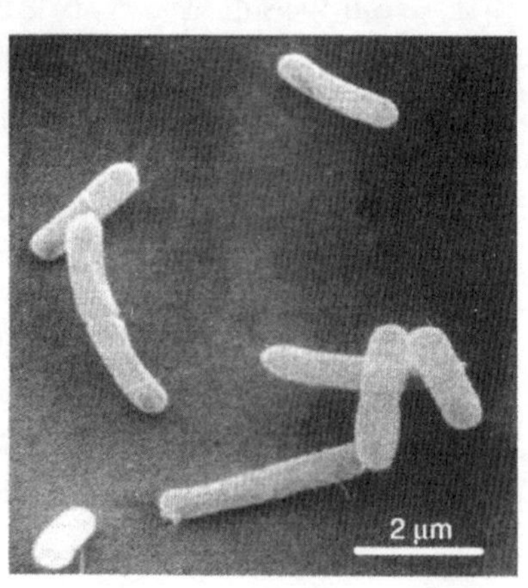

（b）电镜下的 *E. coli*

图 2-2　*E. coli* 的结构

一、质粒

质粒是天然存在的染色体外 DNA 片段，能以非染色体的状态稳定传代。质粒广泛分布于原核细胞中，大小从大约 1 500 bp 到超过 300 kb。大部分质粒以闭环双链 DNA 分子的形式存在，这种 DNA 分子常常为细菌赋予特定的表型。使细菌产生对抗生素或重金属的抗性，并产生普通细菌不能产生的 DNA 限制酶和修饰酶。质粒的复制通常与其宿主细胞的分裂相偶联，也就是说，质粒复制与宿主基因组复制同时进行。根据细胞中质粒的拷贝数可将质粒分为两类：松弛型和严紧型。松弛型质粒在一个细胞中有很多拷贝（10 ~ 200），而严紧型质粒只有单拷贝或较少的拷贝数（1 ~ 2）。这种差异一部分来源于质粒复制的不同机制。一般而言，松弛型质粒利用宿主蛋白进行复制，而严紧型质粒则自己编码复制所需的蛋白因子。

现在的大多数常用质粒以天然存在的 *E. coli* 质粒 ColE1 或其近亲 pMB1 的复制起始点为基础。ColE1 是一个长 6 646 bp 的闭环 DNA 分子，它编码大肠杆菌素 E1（*cea* 基因的产物）以及一个抗性基因，后者使宿主菌免受细菌素（*imm* 基因的产物）伤害。大肠杆菌素 E1 是一种跨膜蛋白，可引起细菌的细胞膜产生致死性去极化，形成孔道，而抗药性基因编码的蛋白可以阻断这种作用。利用含大肠杆菌素 E1 的平板，我们可以区分含有 ColEl 质粒的细菌与不含该质粒的相似细菌。这种方法操作起来很困难，已经被更简单的抗生素筛选法所取代。

ColE1 质粒利用宿主细胞提供的 DNA 聚合酶，以松弛型方式进行复制。与细菌复制起点（*ori* C）不同，ColE1 的复制是单向的，它不编码启动蛋白，但编码一系列参与复制启动过程的非翻译 RNA 分子和一种对 RNA 分子起重要调控作用的蛋白质。ColE1 的 DNA 复制起点位于一个 DNA 区域内，在该区域内，有两个 RNA 分子（RNA Ⅰ和 RNA Ⅱ）从启动子开始，顺次转录出来（图 2-3）。RNA Ⅱ与 ColE1 复制起点互补配对，并形成一个 DNA-RNA杂交体。与 ColE1 结合的 RNA Ⅱ分子在起点处被宿主编码的 RNA 酶 H 切割下来，作为 DNA 复制的引物。根据碱基互补原则，RNA Ⅱ只能结合在一条 DNA 链上，故 ColE1 质粒的复制是单向的。RNA Ⅰ也参与复制过程的控制。RNA Ⅰ与 RNA Ⅱ的 5′ 端互补配对，RNA Ⅰ和 RNA Ⅱ形成的互补杂交体不能作为复制的引物。RNA Ⅰ的寿命相对较短，因此，ColE 质粒在每个细胞中大约有 15 ～ 20 个拷贝。ROP 蛋白对 RNA Ⅰ和 RNA Ⅱ之间的互补结合起稳定作用。

ColE1 的 DNA 复制可产生若干重要结果。调节因子的排列方式导致了质粒的不相容性，即有两个拥有相同复制起点的质粒不能在同一细胞中共存。细胞中已有质粒的 RNA I 阻止了进入细胞质粒的 RNA Ⅱ形成引物，故该质粒无法复制。当由连接反应进入的质粒混合物被转化进入细胞时，质粒的这种性质就显得尤为重要。以这种方式产生的单个转化子将只含有一种质粒，而不是几种混合质粒。拥有不同复制起点的质粒（如 ColE 和 P15A）可以在同一个细胞中共存。ColE1 的复制的另一结果是，DNA 复制的启动不需要合成新的蛋白质。当有阻断蛋白质合成的抗生素（如氯霉素）存在时，染色体 DNA 停止复制，但以 ColE1 质粒都能继续复制，并在细胞内高度集中（每个细胞 1 000 ～ 2 000 拷贝）。

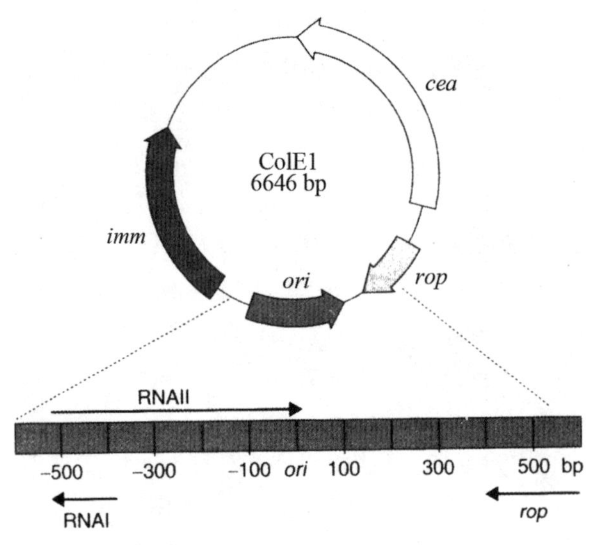

图 2-3　ColE1 质粒的复制起点

ColEl 质粒是闭环双链 DNA 分子，长 6 646 bp。它编码大肠杆菌素 E1（*cea* 基因的产物）以及阻断含此质粒的细胞中细菌素毒性的免疫蛋白（*imm* 基因的产物）。DNA 复制是单向的，如图 2-3 中 *ori* 箭头所示。两个非翻译 RNA 分子（RNA Ⅰ和 RNA Ⅱ）以及 *rop* 基因编码的蛋白质控制着复制过程。这些复制控制元件与起点（*ori*）的相对位置如图 2 - 3 所示。基因上所示箭头表示转录方向。

二、选择性标记

到目前为止，我们所讨论的质粒的最基本特点是对宿主细胞的精确选择。现在就有很多这样的选择系统，而对于选择性标记的选择要由所转化细胞的类型决定。有些质粒只能在原核细胞中发挥作用，有些却有着更广的适用范围。下面列出的是一些选择性标记以及它们的作用机理：

（1）氨苄青霉素。能够结合并抑制许多参与革兰阴性菌细胞壁合成的酶，使正常的细胞复制无法进行。氨苄青霉素抗性基因（AMPR 或 b/a）编码的β-内酰胺酶进入细菌周浆间隙后，能够促进氨苄青霉素β-内酰胺环的水解，从而破坏这种抗生素。经过一段时间后，培养皿或者培养基中的氨苄青霉素可以被β-内酰胺酶完全破坏。此时选择压力消除，那些缺少这种质粒的细菌也会变多。

（2）四环素。能够结合核糖体 30S 亚单位上的蛋白质，抑制核糖体沿 mRNA 的移位，从而干扰蛋白质的生物合成。四环素抗性基因（TETR）编码一种由399个氨基酸组成的蛋白质，这种蛋白质位于革兰阴性菌的外膜，可以阻止四环素进入细胞，但不能破坏它。选择压力的持续存在使得细菌在培养过程中，始终保留这种含抗性基因的质粒。

（3）氯霉素。能够结合核糖体的50S亚单位，抑制蛋白质的合成。氯霉素抗性基因（CMR）可以编码氯霉素乙酰转移酶（CAT），CAT是一种四聚体胞内蛋白，它可在乙酰辅酶A存在的情况下，催化氯霉素羟乙酸衍生物的形成，使氯霉素无法与核糖体结合。像氨苄青霉素抗性基因一样，这种抗性基因的产物也可以破坏抗生素。

（4）卡那霉素和新霉素。能够与核糖体结合，抑制蛋白质的合成，KANR基因编码的蛋白可以分泌到周浆间隙中，干扰抗生素进入细胞中。像四环素抗性基因一样，KANR的基因产物并不能破坏抗生素。

（5）动物细胞都有作用。放线菌（Streptoalloteichus hindustanus）的Shble基因可以编码一个小的蛋白质，与zeocin抗生素结合，产生抗性。

（6）潮霉素B。通过干扰核糖体的移位，干扰蛋白质的生物合成。这种抗生素对真核细胞和原核细胞都有作用。它的抗性基因（HYRR，编码潮霉素-B-磷酸转移酶）能够通过磷酸化作用使之失活。

以质粒为基础的载体现在已经得到广泛的应用，并发挥了重要的作用。这里只简单介绍质粒应用的几个实例。

（1）一般的克隆。实验室中对于DNA的绝大多数操作都是在质粒上进行的，因为质粒DNA分子在储存和应用上都十分便利，所以大多数DNA重组试验都选用质粒作为研究对象。

（2）穿梭质粒。这些质粒不但包括*E. coli*的复制起点和选择性标记，还包括功能类似的，可使其在其他宿主细胞中稳定存在的DNA序列。例如在酿酒酵母体内进行基因克隆和基因表达的质粒就包括了*E. coli*及酿酒酵母的复制起点和选择性标记。而在把DNA导入真菌之前，人们常将*E. coli*作为宿主细胞。

（3）RNA的生成。很多质粒都能使克隆到其中的DNA片段转录成RNA。这样的质粒（如从噬菌体T3、T7、SP6中提取的质粒）包含与RNA聚合酶结合的启动子，可以在体外培养中利用纯化的RNA聚合酶和DNA质粒而合成RNA。这种方法生产的RNA常常用作RNA印迹杂交的探针。

（4）蛋白质的生成。许多质粒中都包含了表达外源基因所需启动子。这种表达往往是在*E. coli*中实现的，但如果使用合适的启动子，蛋白质的合成就可以在几乎所有的生物中实现。强启动子产生高水平的蛋白质表达，而弱启动子产生低水平。此外，蛋白产物的水平还可以通过调整质粒的拷贝数来实现。

由于目前大量可供研究使用的质粒，所以人们又发展了在不同功能的质粒间进行 DNA 片段转移的技术。假如你克隆了一个基因，既希望它在*E. coli*中得到高水平表达，又希望它在哺乳动物组织培养的细胞中产生能被单克隆抗体识别的，有标记的蛋白质。这时，你可以设计不依赖限制酶在载体间进行 DNA 片段穿梭交换的方法，如图 2-4 所示。编码目的基因的 DNA 片段利用 Cre 重组酶，从一个质粒转移到另一个质粒。Cre 重组酶是一种从噬菌体 P1 中获得的 38 kDa 的蛋白质，它能够在特殊的 *lox*P 位点介导

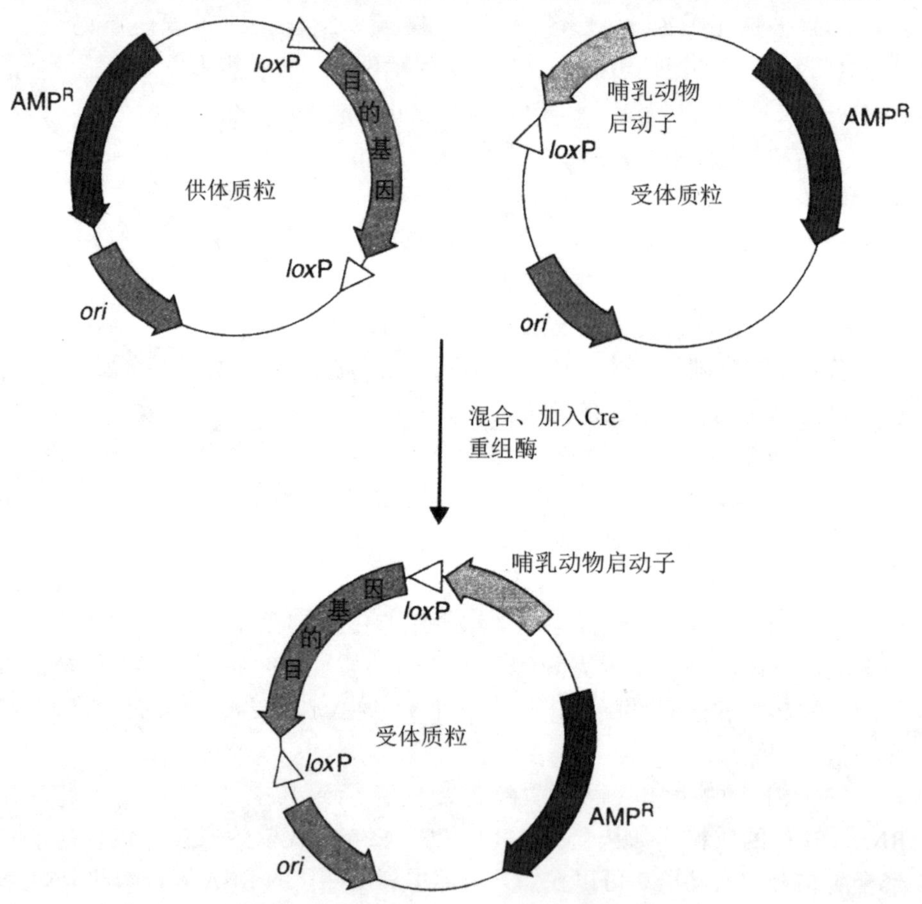

图 2-4 通过重组进行的质粒间基因转移

DNA 序列内或序列间的重组。这个位点由两个 13 bp 的反向重复序列和这两个序列之间 8bp 的间隔序列组成。这个间隔序列具有明确的定位，确保重组按照精确的方向和定位进行。供体质粒包含两个 *lox*P 位点，分列目的基因两侧。受体的质粒包含一个 *lox*P 位点，并与供体基因元件融合。当目的基因被转运后，它将与专门为受体设计的特殊表达元件连接起来。如果目的基因的编码序列在供体中与上游的 *lox*P 位点相配，则它在受体载体中也将自动与所有的多肽相配。可变的供-受体质粒系统建立在 λ 噬菌体介导的位点特异性重组的基础上。在这种情况下，重组位点的侧翼 DNA 片段可以在 λ 重组蛋白的介导下进入含有适宜重组位点的载体。

质粒的多功能性使其成为很多的基因研究实验的载体。不过质粒载体同样也存在着一些明显的缺陷。首先，质粒进入细菌的效率非常低，只有感受态的细胞才能接收质粒 DNA 分子，而这是不能满足要求的。在最好的情况下，每微克质粒 DNA 可以转化 1×10^9 个 *E. coli* 细胞，而 1 μg 质粒的 DNA 分子数是 1.5×10^{11}。这也就意味着只有不到 1% 的 DNA 分子能够被利用。其次，质粒携带外源大分子 DNA 片段的能力十分有限，对绝大多数质粒来说，一旦总长度超过 15 kb，它们就变得不稳定，易于自发的重组，使得 DNA 要么重排，要么丢失。因此，需要发展其他载体，以克服这些困难。

三、λ 载体

20 世纪 50 年代初期，安德列・伊乌夫（André Lwoff）描述了 *E. coli* 的一个惊人特性，当他用中等剂量的紫外线照射某种 *E. coli* 时，细菌停止生长，大约 90 分钟之后，细菌溶解，并向培养基中释放出许多病毒颗粒，称为 λ（图 2-5）。这些病毒，准确地说是噬菌体，可以感染那些先前并不能被 λ 噬菌体感染的 *E. coli*。但也并不是所有的细菌都可以在这样的照射剂量下产生这样的溶解现象，大多数 *E. coli* 在这样的小剂量照射下是不会受到什么影响的。不过，那些曾经暴露在 λ 噬菌体下而未发生溶解的细菌，也能表现出这个显著的特性。

被 λ 噬菌体感染后，*E. coli* 细胞只有两种命运：要么细胞溶解，新合成的噬菌体颗粒释放到周围的培养基中；要么噬菌体将自己的 DNA 整合*E. coli* 的染色体中，进入潜伏阶段，称之为溶原性周期。图 2-6 形象地描述了 λ 噬菌体生活阶段。溶原性细菌在紫外线照射下会迅速溶解。在实验室中，λ 噬菌体的生长和复制是可以在培养皿中进行控制的（图 2-7），将噬菌体与

E. coli 细胞混合在用作上层琼脂的软琼脂中，再把这些混合物倾倒在营养琼脂板的表面，使细菌能够生长。在最初感染的地方，λ 噬菌体可以导致 *E. coli* 细胞的死亡（溶解），在菌苔上出现混浊的空斑。λ 噬菌体 DNA 就可以从这些空斑的噬菌体颗粒中纯化。

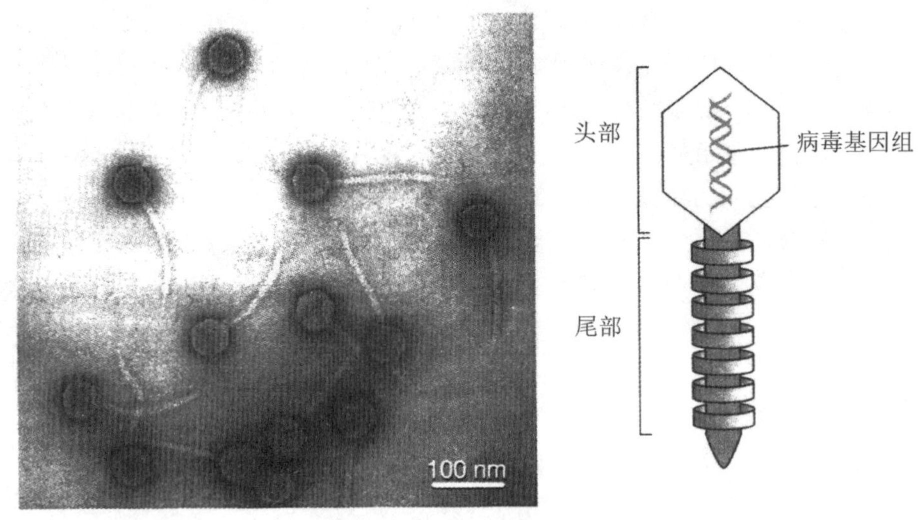

图 2-5　噬菌体的结构

噬菌体的 DNA 是直线形的双链分子，长 48 502 bp。基因组的 3′ 和 5′ 端各有 12 个碱基是单链，称为黏性末端，或 *cos* 末端。这些序列是互补的，可以相互结合形成环状双链 DNA 分子。除了两个正性调节基因 *N* 和 *Q*，λ 的功能相关基因都聚集在 λ 基因组。经典基因组图谱左侧的基因编码噬菌体颗粒头部和尾部的蛋白，其下游基因编码的蛋白质与重组和溶原性过程有关。在溶原性过程中，环状的噬菌体 DNA 整合到宿主染色体中，并作为前噬菌体稳定复制。基因组图谱右侧的基因（*N*、*cro*、*cl*）与转录调节和前噬菌体重叠感染免疫有关。其下游基因则与 DNA 合成、晚期功能调节（*Q*）和宿主细胞溶解有关。

目前我们对于 λ 噬菌体以及其溶原性和溶菌性周期调节方式的深入了解，使之成为一种理想的可以携带外源 DNA 片段的载体。与质粒载体相比，λ 噬菌体载体主要的优点在于，它能够更有效地侵入 *E. coli* 细胞。为了理解 λ 噬菌体如何作为载体，了解有关 λ 噬菌体的一些基本的知识是十分必要的，λ 噬菌体侵入细胞和溶解细胞是按照一系列固定的步骤进行的：首先，λ 噬菌体通过与细菌的麦芽糖受体结合，侵入细菌。噬菌体 DNA 注入细菌后，立即环化，之后便进入两种不同方式继续发展：

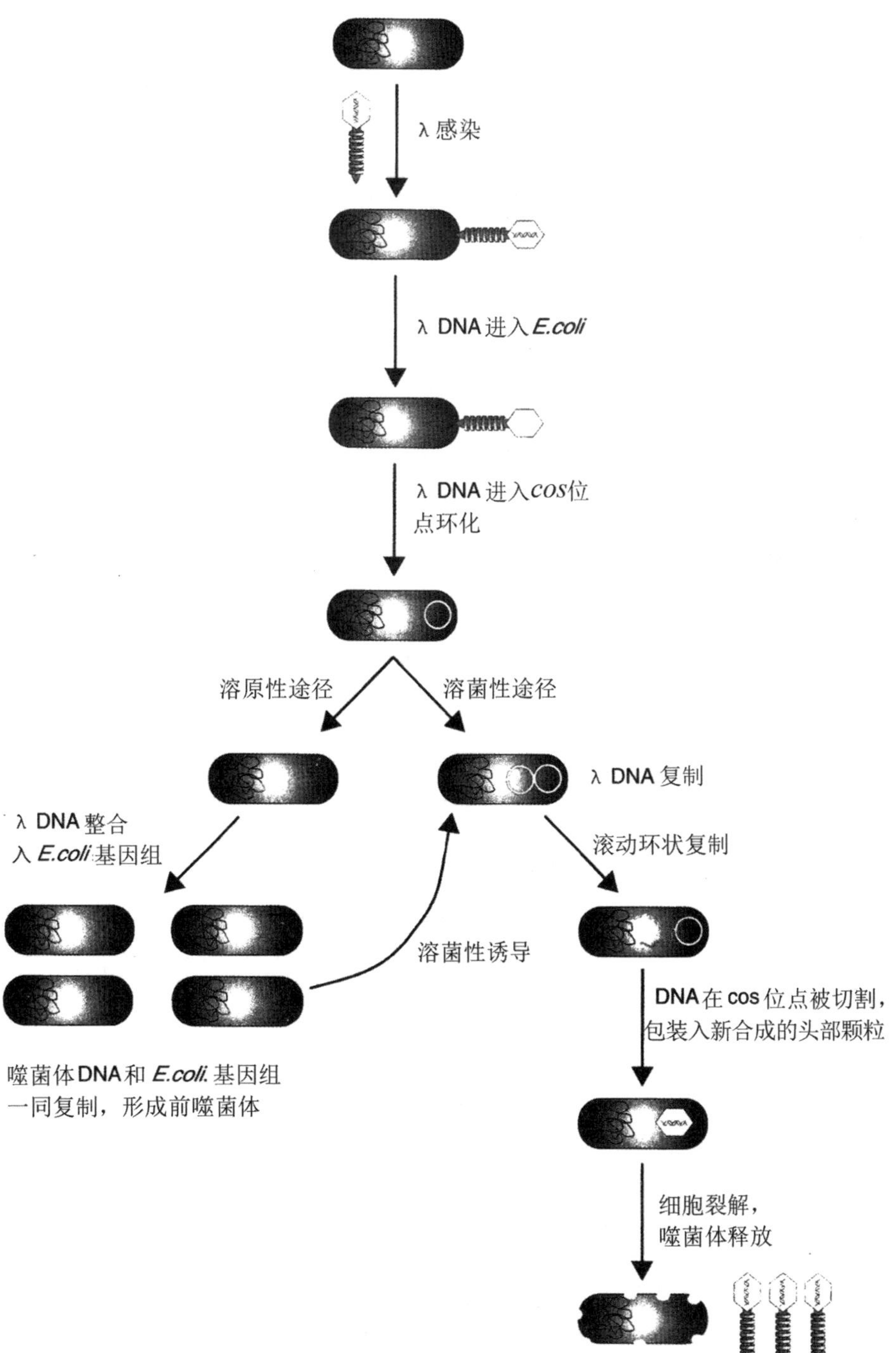

图 2-6　λ 噬菌体的生活史

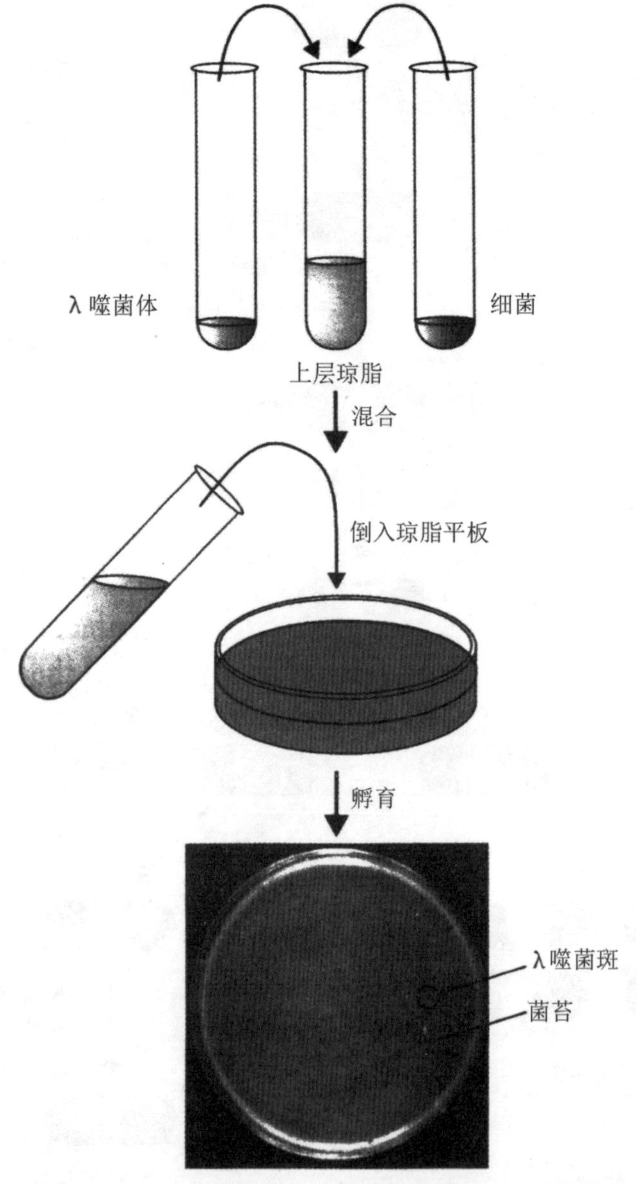

图 2-7　λ 空斑

（1）溶原性途径噬菌体 DNA 通过 *att*P 和细菌基因组 *att*B 位点的同源重组，整合到细菌的基因中，与细菌的 DNA 一同复制，前噬菌体的 DNA 一直存在于细菌中，直到溶菌性途径开始。

（2）溶菌性途径，噬菌体的产物，如 DNA 和蛋白质等大量产生，最终导致细菌的细胞溶解。

对溶原性周期和溶菌性周期的选择取决于 cⅡ蛋白的活性。有活性的 cⅡ蛋白为 cⅠ抑制基因的转录所必需，也为其他一些基因的转录所必需，这些基因参与噬菌体 DNA 与 *E. coli* 染色体基因的整合，进而促进溶原性周期的发生；而失活的 cⅡ蛋白则导致溶菌性周期的发生。但 cⅡ蛋白并不稳定，很容易被细菌的蛋白酶破坏，而环境的条件则可以影响这些蛋白酶的活性。如果培养基的营养很丰富，蛋白酶的活性较高，则 cⅡ活性受到抑制，噬菌体进入溶菌性周期。相反，如果 *E. coli* 细胞缺少营养，蛋白酶的活性降低，噬菌体就进入溶原性周期。这样的方式是有一定意义的，因为在缺乏营养的细胞中，同时也缺少产生新生噬菌体所必需的成分。

溶菌性途径的主要特点是，一系列与噬菌体 DNA 复制和新生噬菌体颗粒的制造相关的蛋白质基因的转录。

（1）早期转录。*N* 和 *cro* 基因的转录。这个转录过程可以被 cⅠ的基因产物抑制。在溶原性周期中，这种抑制是重叠感染免疫的基础。

（2）延迟早期转录。*N* 基因编码的蛋白质可以结合到细菌的 RNA 聚合酶上，促进噬菌体中与 DNA 复制相关基因的转录。

（3）转录。早期转录从单个复制起点开始；后期的复制则是通过滚环机制产生彼此相接的噬菌体 DNA 连环，而连接位点就是 *cos* 末端。

（4）晚期转录。*cro* 基因编码的蛋白质达到一定水平后，就可以使早期转录停止，*Q* 基因的产物能够使复制的过程活化，合成成熟噬菌体颗粒头部和尾部的蛋白质，以及溶解细菌所需的蛋白质。

最后，通过对连环 DNA *cos* 位点的切割，噬菌体新形成的头部裹入了单位长度的 DNA 片段，进而加尾。这样，一个成熟的噬菌体便形成了。一个细胞溶解时，会释放大约 100 个新合成的噬菌体。

野生型的 λDNA 几乎没有独特的限制酶识别位点，作为外源 DNA 片段克隆的部位。作为一个载体，λDNA 携带这些片段也不完全合适。此外，λ 噬菌体对 DNA 的包装还有大小的限制，只有当 DNA 片段的长度是野生型基因长度的 78%～105%，也就是 37～51 kb 时，才能进行最有效的装配。这也就限制了可被克隆到噬菌体基因组中的 DNA 的数量。但是，两个重要的进展使 λ 噬菌体成为一个合适的克隆载体。第一，那些重组所需的基因产物能够从 λ 噬菌体的基因中移除，而溶菌性周期依然可以完成，空斑同样也可以形成。那些剩余 DNA，常常被叫作 λ 基因的左臂和右臂，足以使溶原性途径进行。第二，天然存在的限制酶位点可以被去除，而不影响整个基因的功能，这就使载体可以利用不同的位点插入外源 DNA。

因此，λ 载体可以在缺少重组所需基因的情况下进行装配，这样，它只能进入溶菌性周期，但可插入更大的外源 DNA，目前已经发展了如图2-8所

示的两类 λ 载体：①插入型 λ 载体。DNA 被插入到特定的限制酶识别位点。②置换型 λ 载体。外源的 DNA 取代载体中作为填充序列的一段 DNA。

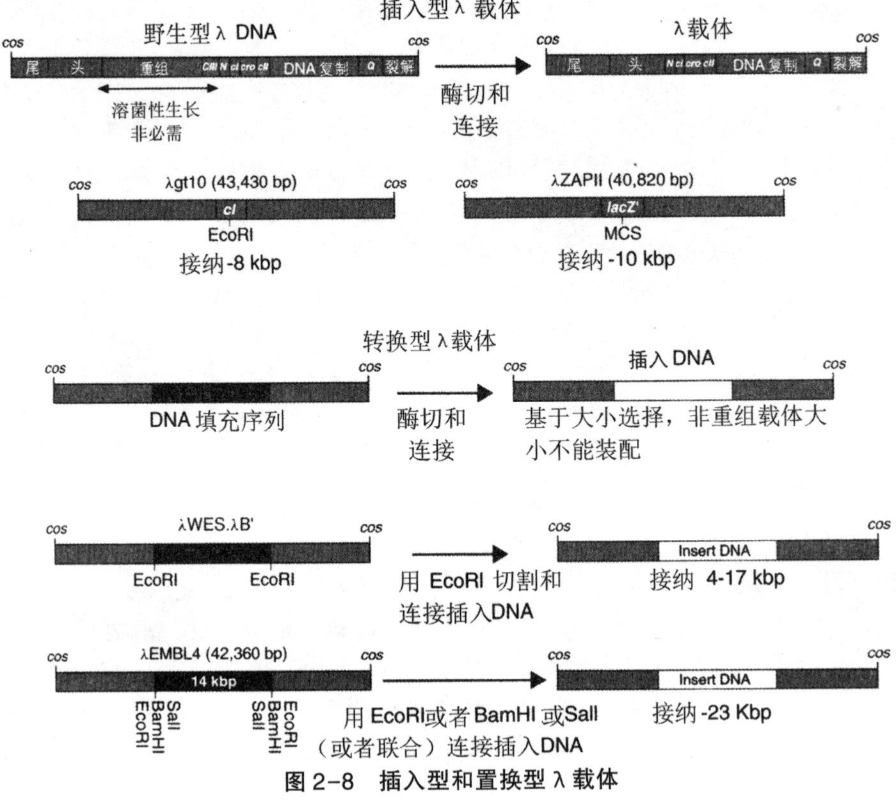

图 2-8　插入型和置换型 λ 载体

四、柯斯质粒载体

在体外，将 DNA 包入 λ 噬菌体只有一个要求，就是 DNA 片段要有 2 个 *cos* 位点，并且两个位点之间要有 37 ～ 51kb 的插入序列。根据这个要求，柯斯质粒应运而生，它其实就是含有一个入噬菌体 *cos* 位点的简单质粒。图 2-9给出了柯斯质粒载体的全部结构和一个插入外源 DNA 的克隆方案(图2-9为柯斯质粒载体 pJB8 的整体结构以及外源 DNA 插入柯斯质粒载体的大致过程)。和质粒一样，柯斯质粒有一个复制起始点和一个筛选标记。柯斯质粒同样具有一个独特的限制酶识别位点，供 DNA 片段连接。包装反应完成后，将新合成的 λ 噬菌体感染 *E. coli*。外源 DNA 像普通 λ 噬菌体 DNA 一样进入菌体内，通过 *cos* 末端的互补结合而成环。由于缺少 λ 噬菌体的其他基因，λ 感染不会继续发展，而是到此结束。新的环状 DNA 将作为质粒保留在 *E. coli* 中。根据抗生素的抗性及菌落特征（不是空斑），可以对含有重组质粒的转化子进行筛选。λ 噬菌体可接受 37 ～ 51 kb 的 DNA，而大部分柯斯质粒是 5 kb，因此可以插入 32 ～ 47 kb 的 DNA 片段。这说明，柯斯质粒载体可比入噬菌体本身克隆更多的片段。

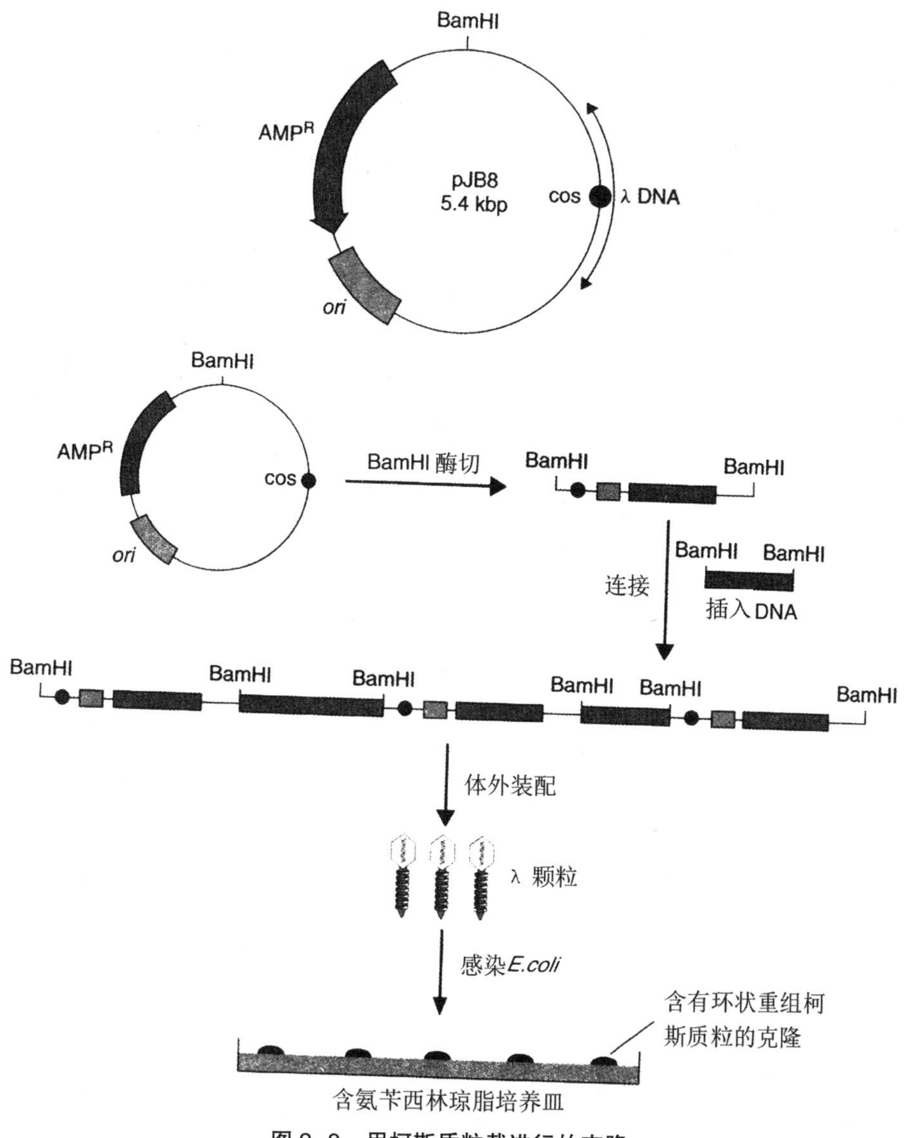

图 2-9　用柯斯质粒载进行的克隆

像其他质粒一样，柯斯质粒是很稳定的，但若插入的 DNA 片段太大，重组质粒将很难在细菌体内稳定存在。重复序列在真核 DNA 中很常见，因此插入柯斯质粒的 DNA 重复序列会发生重组，基因会发生重排。而应用柯斯质粒的主要困难是在线性 DNA 片段连接产物中，柯斯质粒和插入片段是连接在一起的。主要表现为两个基本问题：

（1）如图 2-9 所示，柯斯质粒与插入 DNA 的连接反应，会产生不能参与体外包装的环状 DNA 分子。

（2）不止一个插入 DNA 片段会连接在各柯斯质粒之间，这将导致插入 DNA 片段的错误表达。

这些难题是可以得到解决的，用两种不同的限制酶切割柯斯质粒，产生左手末端和右手末端，使它们不能互相连接。对插入的 DNA 进行适当的磷酸酶处理，可保证多重插入物不与柯斯质粒 DNA 结合。

五、M13 噬菌体载体

M13 及其近亲 f1 和 fd 都是丝状的 *E. coli* 噬菌体。其中 M13 是一种雄性特异性的溶原性噬菌体，基因组为 6 407 bp 的单链环状 DNA（图 2-10）。噬菌体颗粒大小为 900 nm×9 nm，含有一个单链环状 DNA 分子（以+链表示）。M13 只感染有 F 菌毛的细菌，黏附于 F 菌毛的一端，使单链噬菌体 DNA 进入细菌（图 2-11）。单链 DNA 迅速合成一条互补的 DNA 链（一链），进而转变成双链 DNA（复制形式，简写为 RF）。噬菌体 DNA 的 RF 在菌体内迅速增加 100 倍，随后进行转录，为新病毒颗粒的组装合成蛋白

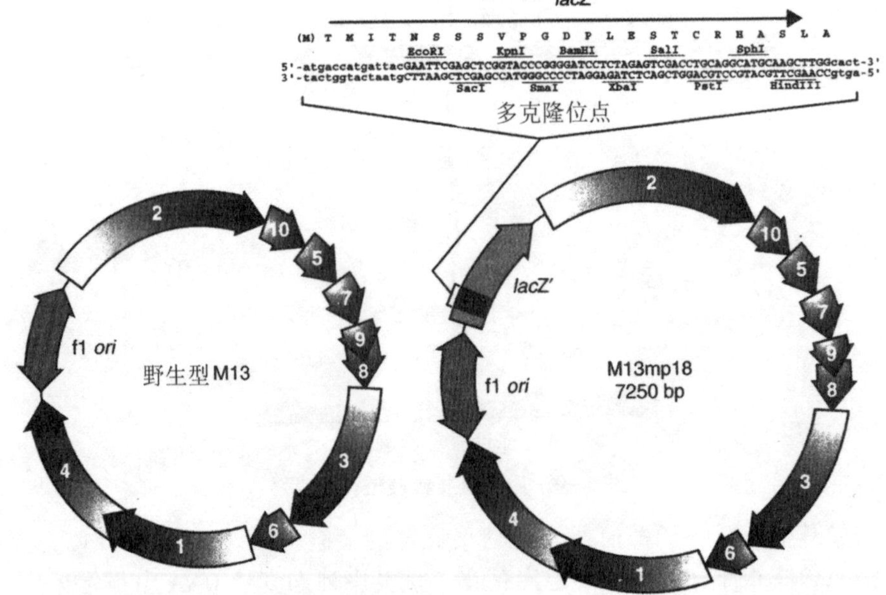

图 2-10　野生型 M13 噬菌体及其衍生物 M13mp18 的基因组

质。病毒编码的单链 DNA 结合蛋白（基因 2 的蛋白质产物）将导致 RF DNA 的不对称复制，最终只合成一条病毒 DNA 链（+链）。这条单链 DNA 分子经组装进入新的病毒颗粒，病毒颗粒从菌体释放中出来，但细菌并不裂解。每个细菌每代可以释放高达 1 000 个噬菌体。M13 噬菌体感染不导致细菌死亡，而表现为混浊的空斑。感染区周围的 *E. coli* 不会被杀死，但由于要供养噬菌体，因此生长变得十分缓慢。M13 的复制起点（f1 *ori*）含有两个相互重叠但各自独立的 DNA 序列，控制着 DNA 的合成。这些位点（f1 启始子和 f1 终止子）为 DNA 复制编码起始和终止信号。起始子被基因 2 的蛋白质产物识别，这种蛋白质产物能在 RF DNA 的正链上造出缺口。这个缺口标记了单向滚环 DNA 复制的起始位点。同样，新合成+链的终止子序列也被基因 2 的蛋白质产物切割。切割之后+链的两端连接，形成单链基因组。

六、噬菌粒

噬菌粒是含有 f1 噬菌体复制起始位点，用来进行单链 DNA 复制的质粒。它通常是小质粒，所以能比 M13 载体携带更大的外源 DNA 片段。噬菌粒最早开发于 20 世纪 80 年代初。当时人们发现，将 f1 复制起始位点插入到 pBR332 中，可促使单链 DNA 的生成。仅仅 f1 复制起始位点不足以引起单链 DNA 的复制，但如果含有噬菌粒的细菌被功能性野生型 M13 或 f1 辅助噬菌体重叠感染，那么单链噬菌粒 DNA 的复制就可以进行了。复制得到的单链 DNA 包装入病毒颗粒，并分泌到周围的培养基中，方式与 M13 噬菌体颗粒一样。此外人们发现，f1 起始位点的反向克隆能产生反复 DNA。因此，代表克隆片段任一条链的单链 DNA，能在克隆到合适的噬菌粒载体而得到。噬菌粒的优点是，在没有辅助噬菌体时，双链 DNA 可以作为普通质粒分离出来。而且，噬菌粒缺少作为载体需要的附加噬菌体基因，这意味着它能够携带更多的外源 DNA 片段。

其他噬菌粒也陆续出现，它们包含了质粒、λ 噬菌体和 M13 噬菌体的许多优点。我们已经看到，f1 复制起始位点由起始子和终止子组成。在野生型 M13 噬菌体基因组中，这些序列相互重叠。首先，复制启动后全部环状基因组复制，然后复制终止。起始子和终止子元件可以分离出来，为线性 DNA 复制提供起始和终止的位点。有一种叫作 λZAP 的 λ 插入型载体，这种载体是这样构建的：λ 左臂和 λ 右臂通过一段噬菌体质粒 DNA 连接在一起，这段 DNA 以 f1 起始子开始，以 f1 终止子结束。这种载体（图 2-12）可以行使 λ 噬菌体的功能，如构建 cDNA 文库。但是在与野生型 M13 噬菌体进行重叠感染后，外源 DNA 能以质粒的形式从 λ 噬菌体中切除。

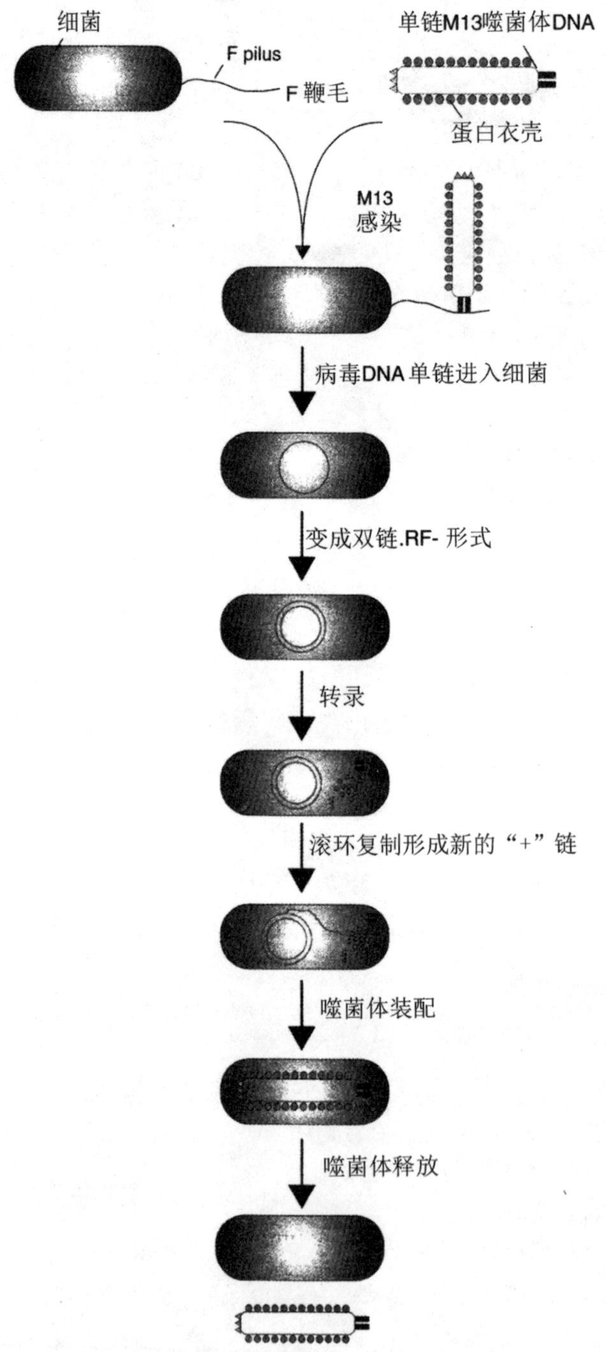

图 2-11　M13 噬菌体的生活史

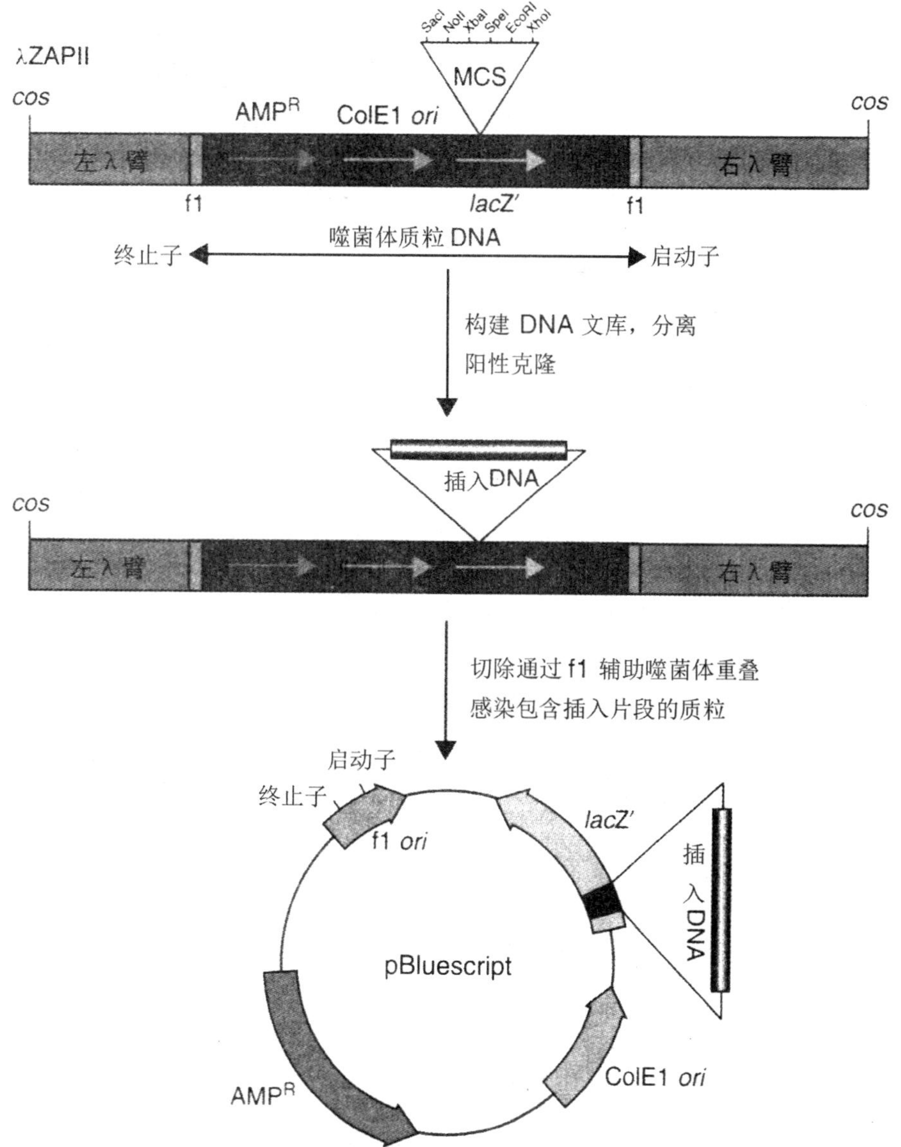

图 2-12　在体内，将噬菌粒从 λ 噬菌体载体中切出来

λZAP 含有溶菌性生长所需的全部 λDNA 序列，其间还有质粒复制和筛选所需的 DNA 序列（ColE1 *ori* 和 AMP^R）。此外，λZAP 还含有 *lacZ'* 基因和与 pUC 质粒相似的多克隆位点序列。载体中的质粒序列以 f1 起始子开头，并以 f1 终止子结尾。带有外源 DNA 的载体可以通过 λ 空斑的蓝白斑筛选鉴别出来。当含有 λ 噬菌体的细菌被 f1 辅助噬菌体重叠感染时，插入 DNA 能以质粒的形式分离出来。辅助噬菌体产生的蛋白质将导致 f1 起始子和终止子之间 DNA 片段的复制。单链 DNA 将会环化，并且能像 M13 噬菌体颗粒那样被包装、释放。将 M13 噬菌体颗粒导入 F′ *E. coli*，并用氨苄青霉素筛选，可以得到含有重组质粒的克隆，并可以像双链质粒那样将它们分离。

七、人工染色体

迄今为止，我们所讨论的大多数载体的主要缺憾是对克隆进入其中的 DNA 分子的大小有限制。天然的真核染色体包含成百上千个基因以及维持染色体稳定和功能必需的 DNA 元件，如端粒和着丝粒。端粒由 DNA 和蛋白质组成，位于染色体末端并保护其免受损害。着丝粒是高度重复 DNA 片段，在细胞分裂中控制染色体分配。对用于克隆大分子 DNA 片段的载体的推想，就是重建可自主复制的染色体，使 DNA 片段能被克隆。就概念上说，这与在 λ 噬菌体中的克隆相似，都是对可复制 DNA 分子的重建，只是前者外来 DNA 可被更大规模的克隆。

（一）YAC

酵母人工染色体（YAC）载体可在酵母细胞内克隆近 500 kb 的外来基因组 DNA 片段。这些载体包含了典型酵母菌染色体的以下几种成分：

（1）酵母菌着丝粒序列（*CEN*4）。酵母菌着丝粒有一段 125 bp 的特征性 DNA。该一致序列包括 3 个成分：一段 78 ～ 86 bp 的区域，其中有超过 90% 的 AT 残基，一侧为保守序列，另一侧为一小段一致序列。

（2）酵母菌自主复制序列（*ARS*1）。酵母 ARS 成分为必需的复制起点，在酵母细胞中引起酵母染色体复制起点的复制并自主行使功能。

（3）酵母菌端粒（TEL）。端粒是染色体末端高度重复的特殊序列（5′-TGTGGGTGTGGTG-3′），在染色体的复制和维持中是必需的。

（4）酵母菌中的 YAC 选择基因载体具有 *URA*3 基因和 *TRP*1 基因及相应的功能，两者分别与尿嘧啶和色氨酸的生物合成有关，这就提供了对摄取载体的酵母细胞进行选择的可能。在这些生物合成途径中有缺陷的酵母细胞，YAC 可经转化进入，转化株可通过其弥补营养缺乏的能力识别出来。

（5）细菌复制超点和细菌选择性标志物为使 YAC 载体在细菌细胞中繁殖，在基因组 DNA 插入之前，YAC 载体中通常包含 ColE1 *ori* 和氨苄青霉素抗性基因，以利于在 *E. coli* 中生长和分析。

DNA 片段克隆进入 YAC 的过程如图 2-13 所示。用限制酶切割 YAC 生成两个臂，两臂末端各有一个端粒序列。其中一臂包含一个自主复制序列（*ARS*1）、一个着丝粒序列（*CEN*4）和一个选择性标志物（*TRP*1）；另一臂

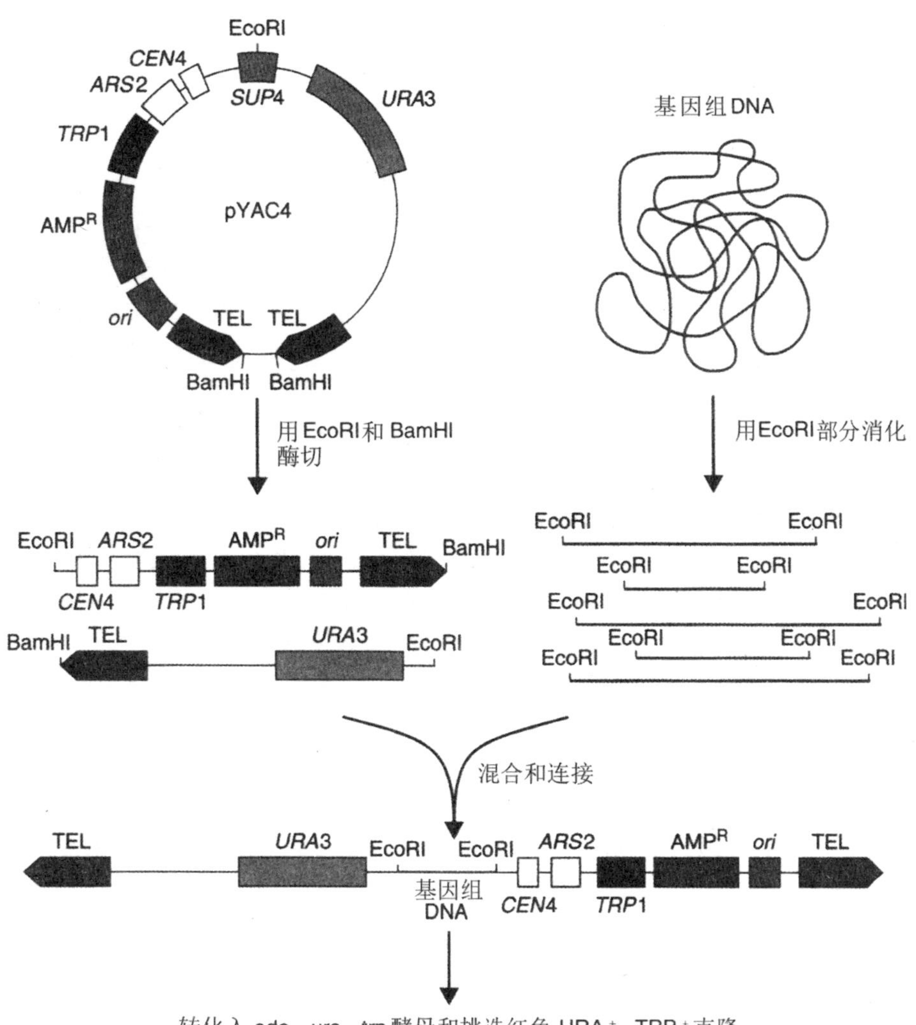

图 2-13　超大型 DNA 片段在 YAC 载体的克隆

包含另一个选择性标志物（*URP*3）。大分子量 DNA 片段（>100 kb）插入两臂之间。外来 DNA 插入克隆位点，使载体 DNA 中表达 $tRNA^{Tyr}$的阻遏物 tRNA 基因 *SUP*4 失活。在 *ade*2-*ochre* 宿主酵母菌细胞中，表达 *SUP*4 的可生成白色菌落，而因插入外源 DNA 导致 *SUP*4 失活的，则生成红色菌落。*ADE*2 基因产物（编码磷酸核糖胺-咪唑-羧化酶）变异的酵母细胞在腺嘌呤生物合成途径上受阻，使中间产物在液泡中堆积，细胞呈红色。因此，YAC 重组体转化进入 *ura*3、*trp*1 和 *ade*2 基因缺陷的酵母株，转化株长成红色菌落，可在尿嘧啶及色氨酸缺乏的培养基中识别出来。这也可以确定细胞已接收到了含有两个端粒的人工染色体（对两种营养突变的弥补）以及含有外源 DNA 的人工染色体（细胞呈红色）。

（二）PAC

为克服柯斯质粒和 YAC 系统的某些问题，一种利用噬菌体 P_1 系统克隆和包装 DNA 片段的方法产生了。这种方法能克隆 70 ～ 95 kb 的大型基因组 DNA 片段。P_1 噬菌体的基因组远大于 λ 噬菌体（110 ～ 115 kb 范围内），其载体具有合并 λ 质粒的 P_1 所必需的复制成分。一方面，噬菌体 P_1 进入 *E. coli* 后可进入溶菌性周期，生成 100 ～ 200 个新的噬菌体颗粒，溶解细菌；另一方面，感染性的噬菌体也可抑制其溶菌功能，将其基因组作为一个巨大、稳定和低拷贝的质粒来维持。P_1 噬菌体有 2 个复制起点，一个控制溶菌性 DNA 复制，另一个在非溶菌性生长期维持质粒。在溶菌性周期中，新生成的噬菌体 DNA 在包 λ 噬菌体颗粒之前，在 *pac* 位点被切割。

外来 DNA 片段进入 P_1 载体的克隆，或 P_1 人工染色体（PAC）如图 2-14所示。PAC 载体被限制酶 ScaI 和 BamHI 消化，生成一长一短两个臂，基因组 DNA 被 MboI 部分降解（识别序列 5′ -GTAC- 3′，生成 BamHI 兼容性黏性末端），根据蔗糖浓度梯度离心，可收集不同大小的片段。长 70 ～ 95 kb 的片段被分离出来，并连接于两载体臂之间，生成一连串线性分子。如果连接发生在两短臂之间，产物分子既不会含有 P_1 复制起点，也不会含有 KANR 基因，从而不能存活；如果连接的两臂都是长臂，将不会包含 *pac* 位点，DNA 将不会包装进入噬菌体头部。唯一能够存活的基因重组体由插入序列及其两侧一长一短两臂组成。噬菌体 P_1 利用“头部容量限制”包装策略，容纳约 110 ～ 150 kb 的 DNA。也就是说，任何长于 95 ～ 100 kb 的插入子，在两个 *lox*P 位点插入噬菌体之前，就会被切割截短，在转染进入细胞时将不能环就提供了一种对含有插入子的 PAC 的正向选择机制。含有重组 PAC 的 *E. coli* 在蔗糖培养基可以增殖，进而可以得到含有 DNA 插入子的克隆。

用卡那霉素抗性作为选择性标志，重组的 PAC 在 *E. coli* 中以质粒的形式被保存。由 *lac* 启动子控制的高拷贝 P_1 溶菌性复制子位于 PAC 重组子，异丙基硫代 β-D-半乳糖苷（IPTG）对 *lac* 启动子的诱导可使质粒拷贝数增加 25 倍以上。重组的 DNA 分子可像质粒一样用传统的方法分离出来。

利用 P_1 DNA 包装系统，70 ～ 95 kb 的基因组 DNA 可以很容易地克隆和处理。载体设计的改进已允许 PAC 产物包含 130 ～ 150 kbp 的插入子。与其他基因组克隆方法相比，P_1 DNA 包装方法的主要优点有：①大 DNA 片段可插入载体；②由于负性限制宿主株的使用，甲基化 DNA 将不会发生重排或丢失；③重组 DNA 可以像质粒一样方便地进行筛选和处理。

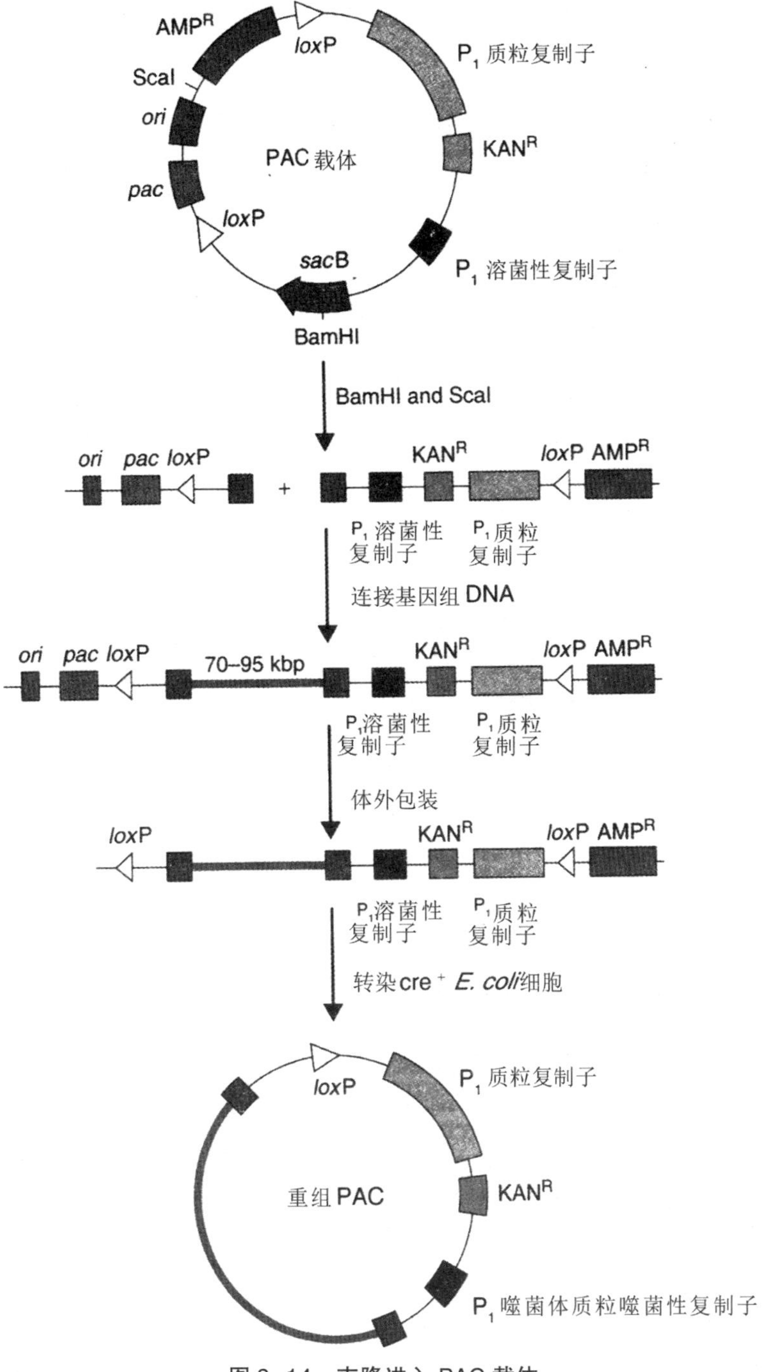

图 2-14 克隆进入 PAC 载体

第四节　目的基因的来源和途径

一、物理法获得目的基因

由于不同基因的结构与物理特性存在一定差异，因此染色体 DNA 经限制酶切割或机械破碎后，可产生编码不同的 DNA 片段，若不同基因中 G-C 碱基对含量与 A-T 碱基对有差异，则含 G-C 对高者，其密度较高，反之亦然，因此可用精密的密度离心法或凝胶电泳分离，溴化乙锭染色，通过荧光显微镜观察各 DNA 片段区带位置，获得相应区带进行基因鉴定，或者采用核酸杂交法及 Southern 印迹转移技术进行分离与鉴定。迄今，应用物理分离技术已成功获得了海胆组蛋白基因、苏云金杆菌晶体蛋白基因、多角病毒的多角体蛋白基因和 β-半乳糖苷酶基因等。

二、化学合成目的基因

通过化学法合成 DNA 分子，对分子克隆和 DNA 鉴定方法的发展起到了重要作用。合成的 DNA 片段可用于连接成一个长的完整基因、作为目的基因用于 PCR 扩增、引入突变、作为测序引物等，还可用于杂交。单链 DNA 短片段的合成已成为分子生物学和生物技术实验室的常规技术，现在已能利用 DNA 合成仪全自动快速合成 DNA 片段。

由于每种细胞都对密码子具有偏爱性，在化学合成 DNA 片段时还可以对密码子进行重新设计，使其更适合于特定的宿主细胞。以 5′ 或 3′ 脱氧核苷酸或 5′ 磷酰基寡核苷酸片段为原料，目前主要有磷酸二酯法、磷酸三酯法及固相亚磷酸三酯法等。但是，采用纯粹化学合成反应专一性不强，副反应多，合成片段越长，分离纯化越困难，产率越低。自从 DNA 连接酶发现之后，通常将化学法和酶法结合起来，其过程是先用化学合成法合成具有一定碱基顺序的 10 ～ 15 个核苷酸片段，再用多核苷酸激酶使其 5′ 端磷酸化，这些片段的碱基顺序应分属双链，令片段交错排列，即当两个片段对应部分配对后，两端具有黏性末端，而后第三个片段通过和黏性末端配对而排列于适当位置，再用 DNA 连接酶将同一链上两个片段连接，成为一个全长的完整基因。迄今为止，采用上述方法已合成细菌酪氨酸 tRNA、人生长激素、干扰素、血管紧张素、人胰岛素、人生长激素抑制释放因子、溶菌酶及组织血纤维蛋白溶酶原激活剂等近百种产物的基因。化学合成具有随意性，可通过人工设计及合成，组装非天然基因，为实施蛋白质工程提供了强有力的手段。

三、从基因文库中提取目的基因

建立基因文库是从大分子 DNA 上获取目的基因的有效方法之一。随着 DNA 的测序技术的发展，人类能够从各种生物体的 DNA 中得到海量的序列信息，为基因的发现、合成和分离奠定了坚实基础。通过几十年来的努力和数据积累，世界上已经建立了多个基因库和基因文库。

基因库，也称基因组文库（genomic DNA library），把某种生物基因组的全部遗传信息通过克隆载体储存在一个受体菌克隆子群体中，这个群体即为这种生物的基因组文库，包含基因组的全部基因片段的总和。当需要某一片段时，可以在这样的“Gene Bank”中查找。

一个理想的基因组文库要有足够多的克隆子数，以保证所有的基因都在克隆子群体中。为了获得某种基因，需要构建的基因组文库的最小值，可按下面的经验公式估算：

$$N = \ln(1-P)/\ln(1-f)$$

式中，N 为基因组文库必需的克隆子数；P 为文库中目的基因出现的频率，通常期望值为 99%，即 0.99；f 为克隆的 DNA 片段平均大小与基因组大小的比值。

基因文库（gene library），也称 cDNA 文库。首先获得 mRNA，以 mRNA 为模板反转录得 cDNA，经克隆后形成文库，包含细胞全部 mRNA 信息的 cDNA 克隆集合。cDNA 文库和基因库的不同之处在于 cDNA 文库在 mRNA 拼接过程中已经除去了内含子等成分，cDNA 文库的库容比 DNA 文库要小，cDNA 文库特异地反映某种组织或细胞中在特定发育阶段表达蛋白质的编码基因，因此 cDNA 文库具有组织或细胞特异性。

一个 cDNA 文库的组建包括如下步骤：①分离表达目的基因的组织或细胞；②从组织或细胞中制备总 RNA 和 mRNA；③预先设计的 cDNA 合成引物、反转录酶及 4 种脱氧核苷三磷酸和相应的缓冲液（Mg^{2+}）等，以 mRNA 作为模板，合成第一条 cDNA 链；④第二条 cDNA 链合成；⑤cDNA 的甲基化和接头的加入；⑥双链 cDNA 与载体的连接。

在原核生物中，结构基因通常会在基因组 DNA 上形成一个连续的编码区域，但在真核细胞中，外显子往往会被内含子分开，因此，原核基因和真核基因的分离有所不同。但要获得目的基因，就需要鉴定出文库中带有目的序列的克隆。有三种通用的鉴定方法：一是用标记的 DNA 探针作 DNA 杂交；二是用抗体对蛋白质产物进行免疫杂交；三是对蛋白质的活性进行鉴定。

四、利用 PCR 法扩增目的基因

聚合酶链反应（polymerase chain reaction，PCR）系统，具有以下两个特点：第一，能够指导特定 DNA 序列的合成，因为新合成的 DNA 链的起点，是由加入反应混合物中的一对寡核苷酸引物，在模板 DNA 链两端的退火位点决定的；第二，能够使特定的 DNA 区段得到迅速大量的扩增。由于 PCR 所选用的一对引物是按照与扩增区段两端序列彼此互补的原则设计的，因此每一条新合成的 DNA 链上都具有新的引物结合位点，并加入下一反应的循环，其最后经过 2 次循环后，反应混合物中所含有的双链 DNA 分子数，即两条引物结合位点之间的 DNA 区段的拷贝数，理论上最高达到 2^2，经过 n 次循环，DNA 的拷贝数可达到 2^n。正因为 PCR 技术的短时间大量扩增目的 DNA 片段，使得 PCR 技术在生物学、医学、人类学、法医学等许多领域内获得了广泛应用，可以说 PCR 技术给整个分子生物学领域带来了一场变革，1993 年，穆利斯（Mullis）因此获得诺贝尔化学奖。

PCR 技术已经成为体外通过酶促反应快速扩增特异 DNA 片段的基本技术，PCR 技术要求反应体系必须满足以下条件：①要有与被分离的目的基因两条链各一端序列互补 DNA 引物（约 20 bp）；②具有热稳定性的酶，如 *Taq* DNA 聚合酶；③dNTP；④作为模板的目的 DNA 序列。一般 PCR 反应可扩增出 100 ～ 5 000 bp 的目的基因。PCR 反应过程包括以下几个步骤：①变性，将模板 DNA 置于 95℃的高温下，使双链 DNA 的双链解开变成单链 DNA；②退火，将反应体系的温度降低到 55℃左右，使得一对引物能分别与变性后的两条模板链相配对；③延伸，将反应体系温度调整到 *Taq* DNA 聚合酶作用的最适温度 72℃，以目的基因为模板，合成新的 DNA 链。

在获得目的基因时，除了用到普通的 PCR 方法外，还用到一些改进的 PCR 方法，如反转录 PCR（reverse transcription PCR，RT-PCR）、锚定 PCR（anchor PCR）和反向 PCR（reverse PCR）等。

第五节　目的基因导入受体细胞

体外重组 DNA 分子若不导入适当宿主细胞则不能显示其生命活力，且随时间推移而逐渐降解。因此，需采用适当技术将其导入宿主细胞内，才能使目的基因得到大量扩增和表达，这一过程称为基因的扩增（gene amplification）。因此，选定的宿主细胞必须具备使外源 DNA 进行复制的能力，而且还能表达重组体分子所携带的某些表型特征，以利于转化细胞的选择和鉴定。

随着基因工程的发展，原核细胞、真核细胞及高等动植物都可以作为基因工程的受体细胞。但外源重组 DNA 分子能否有效地导入受体细胞，并实现高效表达则取决于各种因素，如受体细胞的特征、克隆载体性能、基因转移的方法等诸多因素。根据自然界中遗传物质在生物细胞间的传递原理和方式，已研究出多种转移技术，如转化（transformation）、转导（transduction）、转染（transfection）、杂交（hybridization）、细胞融合（cell fusion）及脂质体介导（liposome）等。

一、受体细胞

受体细胞是能够摄取重组 DNA 分子（基因）并使其稳定维持的细胞。受体细胞为基因的复制、转录、翻译、后加工及分泌等提供了条件。选择受体细胞首先要考虑受体细胞基因型与载体所含的选择标记是否匹配，其次是重组体的转化或转染效率要高，并且能稳定传代，易于筛选、外源基因可以高效表达等。

原核细胞容易摄取外界的 DNA、增殖快、基因组简单，而且易于培养和基因操作，经常被用于建立目的基因表达产物的工程菌，或者用于 cDNA 文库和基因组文库的受体菌。目前原核受体生物主要是大肠杆菌（*E. coli*）和枯草杆菌（*B. subtilis*）。近年来，越来越重视真核受体生物，如酵母菌及某些动植物细胞。酵母菌的某些性状类似原核生物，所以很早就被用于基因克隆的受体细胞，但动物体细胞的传代数受到限制，因此一般都采用生殖细胞、受精卵细胞、胚胎细胞或杂交瘤细胞作为基因转移的受体细胞。

二、重组 DNA 分子导入受体细胞的途径

将外源重组子分子导入受体细胞的方法很多，其中转化（转染）和转导主要适用于原核生物细胞和低等真核细胞（酵母），而显微注射和电穿孔主要应用于高等动植物细胞。

（一）转化作用

对于原核细胞，常采用转化的方法将目的基因导入受体细胞。将携带某种遗传信息的外源性 DNA 分子引入宿主细胞，通过 DNA 之间同源重组作用，获得具有新遗传性状生物细胞的过程称为转化作用。若直接吸收以温和噬菌体或病毒 DNA 为载体所构成的重组 DNA 分子的过程称为转染作用。因此，转染是转化的一种特殊形式。转化方法有直接转化法和化学诱导转化法，前者是将一个携带目的基因的重组 DNA 分子通过与受体细胞混合而

进入受体细胞，并在细胞内复制和表达的过程；而后者是指用二价阳离子处理细胞，使其成为感受态细胞，易于接受外源 DNA 分子。所谓感受态细胞（competent cell）是指处于能摄取外界 DNA 分子的生理状态的细胞。有人认为感受态细胞失去了局部细胞壁或细胞受到损伤，致使 DNA 能通过细胞壁而被吸收；也有人认为在感受态细胞表面出现一种能结合 DNA 并促进细胞吸收 DNA 的酶，即感受态因子。

1928 年，格里菲思（Griffith）用肺炎球菌感染小鼠，这种肺炎球菌是细胞外壁具有多糖包被的致病性细菌，表面光滑，称为 S 型，感染小鼠后即引起死亡；其后又分离出表面粗糙的肺炎菌突变型，称为 R 型，其细胞外无多糖包被，感染小鼠后不会引起死亡。但将 S 型致病菌加热杀死，再与 R 型菌混合，用混合物注射小鼠又可导致小鼠死亡，并从死鼠心脏血液中分离出 S 型菌，因此认为是杀死后的 S 型菌株导致 R 型菌株发生转化作用。其后又发现将 S 型菌株抽提液加至 R 型菌株培养物中，也导致 R → S 的转化作用。1942 年，艾佛里（Avery）从 S 菌株中抽提和分离出 DNA，将此 DNA 以 1.6×10^{-8}剂量加至 R 细胞培养物中，仍可导致 R → S 转化作用，因此认为 S 菌株转化因子为 DNA。由此可知转化作用是生物界客观存在的自然现象。

已从肺炎双球菌、枯草杆菌及链球菌感受态细胞中提取到感受态因子。非感受态细胞获得该因子即变成感受态细胞。90% 肺炎双球菌可受感受态因子诱导，该因子是分子质量为 5 000 ～ 10 000 Da 的蛋白质，具有种属特异性。供体细胞 DNA 分子一旦被感受态细胞吸收，即与受体中同源 DNA 进行交换，称为同源重组（homologous recombinant），结果供体 DNA 被整合到受体遗传物质中，并与受体中 DNA 分子一起复制和表达，从而传递至所有子代细胞。

感受态细胞的制备应注意：①最适条件培养受体细胞至对数生长期，使受体细胞密度 OD_{600}在 0.4 左右；②选用 $CaCl_2$溶液，制备的整个过程温度控制在 0 ～ 4℃；③体系转移到 42℃下做短暂的热刺激（90s）；④选择性培养基筛选带有外源 DNA 分子的阳性克隆。

（二）转导作用

借温和噬菌体或病毒的感染作用，将外源 DNA 分子转移到宿主细胞内的过程称为转导作用。具有感染能力的噬菌体颗粒除含有噬菌体 DNA 分子外，还包括外被蛋白。因此，需建立噬菌体体外包装技术，即在体外模拟噬菌体 DNA 分子在受体细胞内发生的一系列特殊的包装反应过程。转导作用又分限制型转导和广义转导，前者是指以温和噬菌体和病毒 DNA 为载体，经体外包装成完整噬菌体或病毒颗粒的过程；而后者是指以任意 DNA 片段或重组 DNA 分子经体外包装成完成噬菌体颗粒的过程。

（三）脂质体介导作用

将重组 DNA 分子包埋于脂质体微囊内，通过脂质体微囊与宿主细胞融合，将外源性目的基因转移至宿主细胞内的过程。脂质体是人工构建的由磷脂双分子层组成的膜状结构，在脂质体形成时，目的 DNA 分子被包在其中，在 PEG 或其他促溶因子存在下，将该种脂质体与受体细胞混合后，在一定条件下即产生融合作用，就将重组 DNA 分子导入受体细胞。脂质体介导法的原理是受体细胞的细胞膜表面带负电荷，脂质体颗粒带正电荷，利用不同电荷间引力，就可将 DNA、mRNA 及单链 RNA 等导入细胞。

（四）高压电穿孔法

外源 DNA 分子还可以通过电穿孔法转入受体细胞。所谓电穿孔法（electroporation），就是把宿主细胞置于一个外加电场中，通过电场脉冲在细胞壁上打孔，DNA 分子就能够穿过孔进入细胞。通过调节电场强度、电脉冲频率和用于转化的 DNA 浓度，可将外源 DNA 导入真核细胞。在适当的外加脉冲电场作用下，细胞膜（其基本组成为磷脂）由于电位差太大而呈现不稳定状态，从而产生孔隙使高分子（如 DNA 片段）和低分子物质得以进入细胞质内，但还不至于使细胞受到致命伤害。切断外加电场后，被击穿的膜孔可自行复原。电压太低时 DNA 不能进入细胞膜，电压太高时细胞将产生不可逆损伤，因此电压应控制在 300 ~ 600 V，温度以 0℃ 为宜，较低的温度使穿孔修复迟缓，以增加 DNA 进入细胞的机会。用电穿孔法实现基因导入比 $CaCl_2$转化法方便、转化率高，该法需要专门的电穿孔仪。

（五）其他转移技术

金属微粒在外力作用下达到一定速度后，可以进入植物细胞，但又不引起细胞致命伤害，仍能维持正常的生命活动。利用这一特性，先将含目的基因的外源 DNA 同钨、金等金属微粒混合，使 DNA 吸附在金属微粒表面，随后用基因枪轰击，通过氮气冲击波使 DNA 随高速金属微粒进入植物细胞。粒子轰击法（particle bombardment）普遍应用于转基因植物。

利用显微操作系统和显微注射技术将外源基因直接注入实验动物的受精卵原核，使外源基因整合到动物基因组，再通过胚胎移植技术将整合有外源基因的受精卵移植到受体的子宫内继续发育，进而得到转基因动物。

磷酸钙或 DEAE-葡聚糖介导的转染法也可用于动物细胞。这是外源基因导入哺乳动物细胞进行瞬时表达的常规方法。哺乳动物细胞能捕获黏附在细胞表面的DNA-磷酸钙沉淀物，并能将DNA转入细胞中，从而实现外源基因的导入。DEAE（二乙胺乙基葡聚糖）是一种高分子多聚阳离子材料，能促进哺乳动物细胞捕获外源DNA分子。其作用机制可能是DEAE与DNA结合后抑制了核酸酶的活性，或DEAE与细胞结合后促进了DNA的内吞作用。

第六节　基因组学在人类遗传疾病应用方面的研究进展

一、人类基因组计划

（一）HGP的任务

人类单倍体基因组DNA长度约为3×10^9 bp，共有大约3万～4万个基因。如果将这3×10^9 bp的碱基符号印刷出来，其篇幅约相当于13套大英百科全书，可见HGP的研究任务非常艰巨。

HGP的基本任务可用四张遗传图谱来概括：遗传图、物理图、序列图、转录（表达）图。遗传图、物理图、序列图是精确度不同的序列图，而转录（表达）图则显示DNA分子中哪些核苷酸序列可以编码蛋白质。HGP的最终任务是要在分子水平上破译人类全部基因所携带的遗传信息。

HGP的成果不仅可以揭示人类生命活动的奥秘，而且人类6 000多种单基因遗传性疾病和严重危害人类健康的多基因易感性疾病的致病机制有望得到彻底阐明，为这些疾病的诊断、治疗和预防奠定基础。同时，HGP的实施还将带动医药业、农业、工业等相关行业的发展，产生极其巨大的经济效益和无法估量的社会效益。各种人类基因组图谱使寻找与特定遗传疾病有关的基因的工作变得容易。

（二）HGP研究进展

由于HGP巨大的潜在经济利益，国际上众多私有企业的研究机构也积极加入到这一研究领域中。其中值得一提的是美国的Celera Genomic公司，该公司一成立就宣称要利用3年左右的时间完成人类基因组的测序工作，建立用于技术开发的数据库，对一批重要的基因申请专利。

激烈的竞争促使HGP研究速度大大加快。经过10年的努力，在2000年6月26日，人类基因组草图宣告完成（测序完成97%，序列组装完成

85%）。2001 年 2 月 12 日，包括美、英、日、德、法和中的 6 国科学家组成的“HGP”联合体和美国塞勒拉基因组学（Celera Genomic）公司联合宣布了 HGP 初步分析结果：①人类基因组含有 3.16×10^9 bp，（3～4）$\times10^4$ 个结构基因。结构基因的数量仅为酵母的 4 倍、果蝇的 2 倍，比线虫多出一万多个基因；②基因在染色体上不是均匀分布的，约 1/4 的区域没有或仅有很少的基因，有些区域则含有很多的基因；③人与人之间有 99.9% 的基因编码相同，不同种族之间基因的差异并不比同种族个体之间基因的差异大。

人类基因组草图宣告完成之时，基因组的测序工作已经基本完成，下一阶段的工作就是填补已测序列之间的空隙，将基因组序列准确率提高到 99.99%。2003 年 4 月 14 日，美国联邦国家人类基因研究项目负责人柯林（Collin）在华盛顿郑重宣布，人类基因组序列图绘制成功，HGP 所有目标全部实现。这项由 6 国科学家经过 13 年共同努力绘制完成的人类基因组序列图在人类揭示生命的奥秘、认识自我的道路上迈进了重要的一步。并且从这一刻起，生命科学被重新划分成前基因组时代和后基因组时代两部分。基因组测序的工作仅仅是理解生命功能的一个起点。在前基因组时代，许多 DNA 序列信息仅仅提供相关基因的结构和功能，而对基因产物（mRNA、蛋白质）的理解是阐述生命活动不可缺少的部分。因为 DNA 序列信息不能预测：①基因表达产物是否或何时被翻译；②基因产物的相应含量；③翻译后的修饰程度；④基因敲除或过度表达的影响；⑤遗留的小基因或小于 300 bp 的 ORF 的出现；⑥多基因现象的表型；⑦mRNA 水平测量不能完全揭示细胞调节；⑧转录后修饰与调节等。故而，基因组时代的迅猛发展同时激发了人们对后基因组时代的需求，HGP 的顺利进展激励了一大批科学家规划后基因组时代研究任务，并提出了功能基因组的研究方案。也就是说，不仅要了解人类基因组的语言信息（DNA 序列测定），还要了解基因语义信息（探明全部编码基因和用语信息），并进一步阐明基因表达的时空调节机制。基因组学的任务不但要了解基因组结构，还要研究基因组功能及其表达产物。然而，生命活动涉及众多生命系统内分子的相互作用，单从基因水平上基因研究还不足以揭示复杂生命活动的规律。1994 年威尔金斯（Wilkins）和威廉姆斯（Williams）提出了“蛋白质组”的概念，从而产生了一门研究细胞内全部蛋白质的存在和活动方式的全新科学——蛋白质组学。由于基因产物除蛋白质外还有许多功能复杂的 RNA，于是，转录组学（transcriptomics）被提出（1997 年）；1999 年又提出了 RNA 组学（RNomics）的研究任务等。

此外，人类基因组的研究还带动了相关技术的突破和发展。在测定人类基因组序列的同时，几十种从低等生物到高等动、植物的基因组完成了全序列测定工作，这些生物包括大肠埃希菌、枯草杆菌、酿酒酵母、沙虫、嗜血流感杆菌等多种病原体、果蝇、水稻、拟南芥菜等，建立了几十个“模式生物（model organism）”基因组和代表性物种基因组。这些模式生物基因组研究对“读懂”人类基因具有极大帮助，对整个生命科学的发展也同样至关重要。

二、遗传对人类健康的影响

所有疾病都包含有遗传的因素。“遗传可能性”这个术语被用来定义遗传因素（或者其他类似事件）在这一疾病的诱因中所占的比例。传统上，遗传学主要研究遗传可能性接近于1.0的疾病。这些是经典遗传（孟德尔式的）疾病，它是由单个基因的某个突变引起的，能够在世代间垂直传递。如果突变是在常染色体上的，那可能是显性的——只要突变的基因有一份拷贝——或者是隐性的——必须从父母双方突变基因，而这时候，父母通常是不患病的“携带者”。大多数单基因缺陷是很少见的，然而，因为有数千个已知的单基因疾病，它们组合的概率大约是每200个新生儿中就有一个。

三、基因组和单基因缺陷

在过去15年内，人们对能够引起多种单基因（孟德尔式）疾病的遗传缺陷的了解已经有了突破性的进展。数百种导致遗传疾病的基因及其突变已被发现。很多更加普遍的孟德尔式的遗传学基础已经被阐明——尽管“普遍”的定义在很大程度上取决于被研究的人群来源。

（一）基因组序列的获得改变了疾病相关基因的识别鉴定方式

人类基因组计划已经能够提供给人们绝大多数（尽管不是所有的）基因的位置和碱基序列。然而目前，人们对很多基因的功能仍不甚清楚。一般而言，利用碱基序列，人们能够预测所翻译出来蛋白质的氨基酸结构。通过比较新蛋白质和已知蛋白质的结构，人们通常能比较准确地推测出新蛋白质在细胞中的定位和功能。然而，对某个特定基因在疾病发生过程中的作用，人们仍然一无所知。

通过检测不同组织中产生的信使RNA（mRNA）的互补序列，人们可以确定各个基因表达的组织范围。可以通过从组织特异性eDNA文库筛查特定的基因序列，或者利用DNA芯片技术来同时检测成千上万的基因序列来完成这项工作。这些方法极大地简化了疾病相关基因的鉴定。但疾病相关基因识别鉴定的基本策略并没有改变，包括以下步骤：

（1）确定和描述家族性疾病的临床特征。

（2）运用统计学方法将疾病相关基因定位于基因组的一个区域。这些方法包括：①连锁分析；②连锁不平衡定位；③隐性性状的纯合性定位。

（3）在这个候选区域中搜寻引起疾病的基因突变。

尽管前两个步骤仍然需要花费很多时间，但是利用从人类基因组计划中获得的知识，第三步已经得到了极大的简化。例如，引起亨廷顿病的基因在 1983 年就被发现定位于 4 号染色体的末端，完成第三步却又花了十年时间。在基因定位确定之后，现在只需数周即可完成基因的鉴定。

在前基因组时代，研究者们不得不辛苦地构建候选区域的“物理图”。这需要分离和克隆数百个 DNA 的独立片段，可能需要数年的工作才能完成。而现在，同样的信息甚至更多的信息，通过几下“鼠标点击”即可获得。就这样，克隆（鉴定）一个单基因疾病的花费已经从以前的数百万美元减少到现在的约十万美元。

1. 定位候选基因法

人们现在有了一个目录（尽管其完整性还不清楚），包含了定位在候选区域中的所有基因，并且人们知道其“正常”（参考）序列。当人们获得了更多对这些基因功能的认识以及了解它们在哪些组织中表达后，人们便能够选出那些与正在研究的疾病可能有关的基因。最后将来自患者的这些基因测序，并与参考序列进行对照。如果发现可以改变蛋白质功能的差异，那么人们还要确定这个家族中每个患病者携带同样的突变，并且这种突变在家族中未患病者以及普通人群中是找不到的。这种先做成遗传图谱，然后检测区域内候选基因的方法，被称作研究疾病基因的“定位候选”方法。

有时人们还能发现之前通过人类的基因组序列分析尚未被认识的基因。例如，遗传性感官和自律性神经病所依赖的基因最近被定位在 12 号染色体的一个相当小的区域内（仅仅略多于一百万个碱基对）。12 号染色体之前被认为包括 7 个基因，但在这些基因中没有发现致病突变。后来才发现一个新的独立外显基因（现在命名为 HSN2），这个基因隐藏在已知 7 个基因之一的一个内含子中。这个基因编码的蛋白质与其他任何已知的蛋白质都没有相似之处。

2. 候选基因的直接分析

定位候选方法的主要缺点在于仍然依赖那些利用有特殊疾病的家族绘制而成的初步遗传图谱。这种绘图过程非常费时和昂贵，因为需要从很多家庭成员中收集数据并获取医院记录以及其他信息资源。如果人们获得人类基因组的更多信息，而且序列鉴定技术继续进步，人们也许可以在许多情况下完全跳过这个绘图阶段。人们现在已经知道大多数基因的 DNA 序列，并且还将了解大多数基因的功能意义。人们将获得特定人群中基因的 DNA 序列变异信息。我们将知道在哪些组织中，以及在什么环境下这些基因能够表达合成蛋白质。通过这些附加信息，以及关于疾病的病理生理学知识，人们将可以确认遗传疾病最可能牵涉到的候选基因。然后，通过对来自患者的候选基因的 DNA 测序以寻找突变证据。随着 DNA 测序技术的进步，包括基因芯片微阵列的使用，使得在相当短的时间内完成对成百上千的候选基因的扫描成为可能，因此一个或更多的疾病相关基因将从众多候选基因中被鉴定出。现在已经有成功使用这种方法的报道。

（二）在人类健康中的应用

疾病遗传基础的发现有若干影响。其中已被直接应用的是基因诊断和风险评估。遗传检测只要致病突变被发现，即可设计出一个简单的试验，来检测从血液样本或其他组织中获得的 DNA 是否存在该突变。这个基因检测的目的通常是用来鉴定遗传缺陷的携带者，这种遗传缺陷可能会使携带者或者他们的子女倾向于患某种遗传疾病（有时，DNA 检测被用来帮助临床诊断，如镰状细胞贫血症、血色素沉积症、囊肿性纤维化）。做基因检测有几个原因。对于显性性状，它可以预测谁会在将来易患某种疾病，从而采取适当的措施进行预防或改善。这种干预可能采取临床筛查的方式以便在早期发现疾病，从而进行预防性手术或药物干预；而对于隐性性状，携带者筛查可以用来确定一对夫妇是否有生出患病婴儿的风险或者在出生以前确定胎儿的基因型。在没有有效措施干预的情况下，如亨廷顿病，对基因检测的需求相对较低。

遗传检测应用的主要障碍是遗传异质性的存在。一个遗传疾病经常能通过几个不同基因中的任何一个的突变引起（基因座异质性），并且通常在每个基因中都有数目巨大的不同可能的突变（等位基因异质性）。而且目前仍然有一些伦理、社会、法律的问题困扰遗传检测的应用。未来如果考虑检测更大的人群（人群筛查），将会出现更为复杂的问题。

（三）基因治疗

当科学家们意识到基因缺陷可以引起疾病时，便开始推测修补破损基因的可能性。在人们刚开始对疾病相关基因进行鉴定和测序时，有人则预测几年之内便可以看到一些类型的基因治疗。而这被证明只是美好的愿望而已。即使是一些人们比较了解其内在病理生理学，并且可以获取关键细胞或组织的遗传疾病，在基因治疗上仍然很少有切实的进展。经过了十年对一种严重联合免疫缺陷病基因治疗的不成功尝试，研究者们在治疗该疾病的另一种遗传类型中取得了明显的成功。但不幸的是，在几年之内，十个接受治疗的儿童中有两个患上了白血病样疾病。向患者的基因组中插入一个新基因激活了附近的一个可以引起癌症的基因。这次失败和另外一次基因治疗研究中一个患者的更早死亡使人们对待基因治疗研究更加谨慎了。因此缺陷基因的治疗仍然是遥遥无期的。更有希望的则是将遗传物质作为一种手段来治疗非遗传性疾病。

第三章　细胞工程

细胞工程是指应用现代细胞生物学、发育生物学、遗传学和分子生物学的理论与方法，按照人们的需要和设计，在细胞、亚细胞或组织水平上进行遗传操作，获得重组细胞、组织、器官或生物个体，从而达到改良生物的结构和功能，或创造新的生物物种或加速繁育动植物个体，或获得某些有用产品的综合性生物工程。本章主要对细胞工程的基本技术、动物细胞工程与植物细胞工程加以详述。

第一节　细胞工程基础

一、细胞学基础

细胞是细胞工程的主要操作对象。根据细胞结构与进化程度的不同，生物界的细胞可分为两大类型：原核细胞和真核细胞。这两类细胞有着许多共性，体现了生命的一致性。

原核细胞的主要特点是没有明显可见的细胞核，DNA 成环状、不与蛋白质结合而裸露于细胞质中；体积较小，内部结构简单，没有以生物膜为基础的专门结构和功能的细胞器；细胞外有肽聚糖为主要成分的细胞壁；有些细菌在营养丰富的条件下细胞壁外形成以黏多糖为主要成分的荚膜。原核细胞生长迅速，裸露的 DNA 使基因操作易于进行，因而是基因改造的良好实验材料。

真核细胞体积较大，有明显的细胞核（核膜和核仁）；细胞内部结构复杂，内有为数众多的以膜为基础的专门结构和功能的细胞器，如线粒体、叶绿体、溶酶体、高尔基体、内质网等。由于真核细胞结构的复杂性，导致真核细胞功能的多样性。植物细胞外层有以纤维素和半纤维素为主要成分的细胞壁，真菌的细胞壁主要是各种葡聚糖构成的网状纤维物。动物细胞是裸露的细胞体，细胞外没有细胞壁包裹。真核细胞通常具有明显的细胞生长周期，处于有丝分裂时期的细胞染色体呈现高度螺旋紧缩状态，使得基因操作难度增大。

虽然原核细胞和真核细胞在结构和功能上存在很大差异，但两类细胞仍具有以下基本共性。

（1）具有细胞质膜，细胞质膜使细胞能够作为生命的基本单位存在。

（2）具有 DNA 和 RNA 两种核酸，DNA 储存、传递和携带遗传信息，RNA 起到遗传信息的转录与指导蛋白质分子翻译的作用。

（3）都有核糖体，遗传信息传递的最后过程是表达（由 mRNA 合成蛋白质），而蛋白质合成的关键是按遗传密码准确地合成，核糖体就是这样的蛋白质合成机器。

（4）具有一分为二的分裂方式，由于细胞来自细胞，细胞就必须有一种产生细胞的机制，一分为二的分裂方式是最简单、最有效的分裂方式；细胞分裂是生命得以延续的基础和保证。

（5）使用同一套遗传密码,使得真核细胞遗传信息得以在原核细胞中表达。

二、细胞工程的研究内容

细胞工程涉及的范围很广：根据细胞类型的不同，可以把细胞工程分为植物细胞工程和动物细胞工程两大类（图 3-1）；按研究的生物类型可分为植物细胞工程、动物细胞工程、微生物细胞工程（发酵工程）；按实验操作对象可分为器官、组织和细胞培养，细胞融合，细胞核移植，染色体工程，干细胞，组织工程，以及转基因生物与生物反应器等。

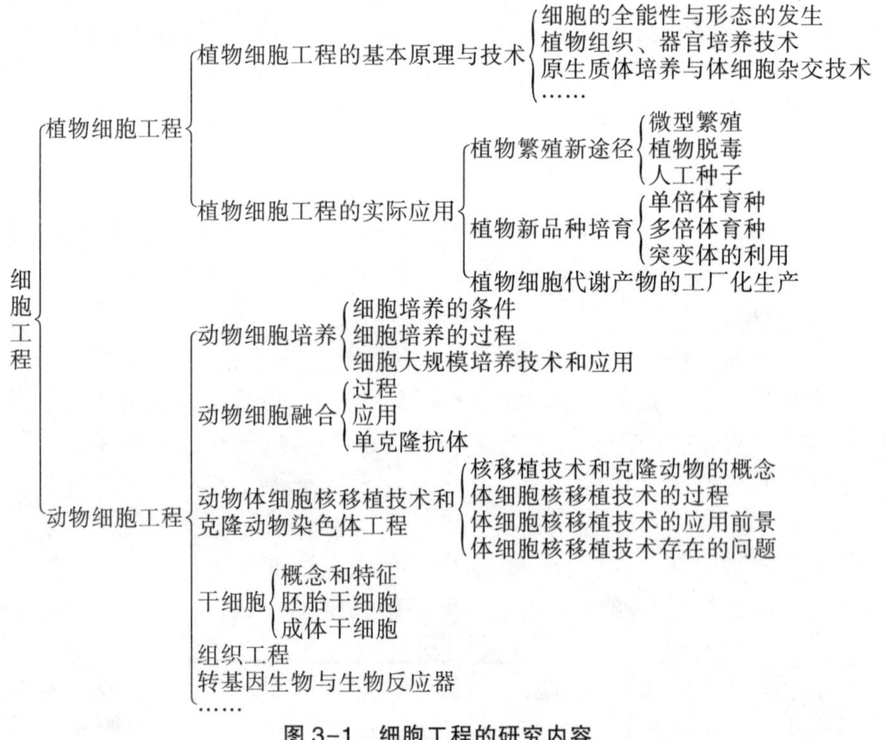

图 3-1　细胞工程的研究内容

三、细胞工程实验室设置与常用的基础技术

（一）细胞工程实验室的基本设施与条件

1. 实验室设置

细胞工程实验操作要求在严格的无菌环境下进行，以避免微生物污染和其他有害因素造成的不利影响。一般动物细胞工程实验室应设置无菌操作室，细胞培养与观察室，储备室，清洗、消毒灭菌室和储藏室等。各工作区应分别布置于不同的操作空间，无菌操作室应该单独设置。除以上设置外，植物细胞工程实验室还需要设置光照培养室、试管苗培育室、移植驯化室等一些特殊操作区域。

2. 实验室常用仪器与设备

（1）超净工作台：工作原理是将室内空气经过粗滤，再由离心风机压入静压箱，然后经过高效空气过滤器，送出的洁净无菌空气流以一定流速、均匀的断面风速通过无菌区域，在局部形成无尘、无菌的高度洁净的工作环境。

（2）倒置显微镜：用来观察细胞生长情况。显微镜从培养皿（瓶）下方观察培养物，减少了观察时对培养细胞的影响。配上摄影系统，可对观察对象进行摄影录像记录结果。

（3）培养箱：体外培养的细胞需要在一定的温度下才能正常生长，因此，需要配置能调节温度的培养箱，如恒温培养箱、CO_2 培养箱、恒温恒湿培养箱。

（4）细胞计数板或电子细胞计数仪：用于进行培养细胞计数和活性细胞观察。电子细胞计数仪特别适用于进行细胞生长曲线的测定。

（5）显微操作仪：进行细胞核移植、染色体操作、显微注射、胚胎切割等动物细胞工程实验必备的仪器。

（6）细胞融合仪：进行细胞融合专用的仪器。

（7）细胞冷冻储存器：包括程序化冷冻仪和液氮容器，是细胞工程实验室必备设备。

（8）离心机和离心管：用于离心分离、洗涤、收集细胞、调整细胞密度等操作。一般的细胞培养工作至少应配备一台低速离心机，有些特殊的细胞培养需要配置冷冻离心机和高速冷冻离心机。离心管在细胞培养工作中使用非常广泛，有玻璃管和塑料管两种。

（9）移液管和移液器：移液管多为有刻度吸管，有玻璃和塑料两种，用于转移液体和混悬细胞。移液器有电动移液器、微量移液器、多头可调式移液器等种类，用来进行液体添加和吸取等操作。

（10）天平：实验室中必不可少的设备，感应量一般应该小于 0.1 g。

（11）电热鼓风干燥箱：用于细胞培养器皿、手术器械的烘干和干热灭菌。

（12）冰箱：细胞培养室通常需要配备普通冰箱和低温冰箱（低于-20℃）。

压力蒸汽灭菌器、过滤除菌器、各种培养器皿/瓶、手术器械等也是必需的。

植物细胞工程实验室还需配备光照培养箱、人工气候室、摇床等设备。

（二）细胞工程常用的基础技术

1. 无菌操作技术

无菌是指没有活的微生物，无菌操作是指防止外来微生物进入操作体系或污染基质的实验操作技术。体外细胞培养很容易被微生物所污染，因此细胞工程所有的操作都必须在无菌条件下进行。无菌操作的概念和意识必须贯穿于整个实验过程之中。所有的实验器械都应该以适当的方式消毒和灭菌；实验人员必须按照一套严格的消毒和着装程序才能进入无菌室。

2. 细胞培养技术

细胞培养（cell culturing）是指动物细胞、植物细胞或微生物细胞在体外无菌条件和适当的温度、气体、营养环境中保存和生长。细胞培养技术是细胞工程重要的技术基础，细胞融合、组织工程、胚胎工程、染色体工程、动物克隆、转基因技术等都离不开细胞培养。

较为常用的细胞培养技术主要包括以下几种：

（1）悬滴培养。最早建立的细胞培养技术，也是组织和器官培养的经典方法。做法是将培养液滴于盖玻片上并铺展开，将待培养的组织或器官植块置于展开的培养液中央部位，然后将盖玻片翻转放于凹玻片上，密封后进行培养。

（2）培养瓶培养。将待培养的对象直接接种于培养瓶内，再置于恒温培养箱中进行培养。

（3）旋转管培养。将所培养的组织细胞接种于管状培养器（旋转管）中，再将旋转管置于一个可旋转的装置上，边旋转边培养。培养过程中组织细胞交替与培养基和空气接触，更有利于物质、气体交换和细胞生长。

（4）克隆培养。又称为单细胞分离培养法，是将从细胞悬液中获得的单个细胞用于培养，使之重新繁衍成为一个新的细胞群体的培养技术。常用的细胞克隆方法包括有限稀释法（limited dilution）和软琼脂法（soft agar cloning）。单细胞分离培养法强调培养产物的单一性而排除异质性，所获得的培养产物遗传性状几乎完全相同，培养得到的后裔细胞群来源于一个共同的祖细胞，称细胞株（cell strain）。

（5）细胞同步化培养。用自然或人工方法使得培养细胞群体的全部细胞处于同一周期阶段。自然同步化的细胞群体并不多见，在研究中常需要利用人工筛选（采用物理或化学手段），或采用不同的培养方法诱导获得同步化细胞，如血清饥饿法、异亮氨酸营养缺乏法等可获得大量处于 G1 期的细胞；化学药物，如 DNA 合成抑制剂使细胞阻止于 S 期、秋水仙素使细胞分裂停止于有丝分裂中期等。由于处于细胞周期不同阶段的细胞在形态和生理上都有很大的差别，获得处于同步生长的细胞群体为研究细胞的生长和代谢（尤其是是细胞周期和细胞生长动力学）、体细胞核移植等带来很大的便利。

3. 细胞融合技术

细胞融合（cell fusion）又称体细胞杂交（somatic hybridization）或细胞杂交（cell hybridization），是指在离体条件下用人工方法将不同种生物或同种生物不同类型的单细胞通过无性方式融合成一个杂合细胞的技术。

细胞融合技术现已成为生命科学领域众多研究者的研究手段，对生命科学领域中许多学科的发展起到了极大的推动作用，其本身也已成为理论研究和实际应用的重要领域。目前已知的融合剂包括病毒、化学试剂，用电融合技术同样可使细胞产生融合。

可用作融合剂的病毒有十几种，如 DNA 病毒中的疱疹病毒、痘病毒等，RNA 病毒中副黏病毒科的仙台病毒、麻疹病毒、呼吸道合胞病毒、新城鸡瘟病毒、致瘤病毒、日冕病毒等。PEG 可作为细胞融合剂，不仅能促进哺乳动物细胞融合，也能促进植物细胞、细菌、酵母等细胞融合。迄今为止，已知能诱导细胞融合的化学融合剂有 50 多种。

电融合技术是将细胞置于电融合室电解质溶液中，对融合室施加交流电场，细胞在电场力作用下极化产生偶极离子，在电场中沿电力线紧密排列呈串珠状。若对紧密排列的细胞施加高压脉冲电场，细胞质膜局部脂质双层分子受到外电场力大于维持有序排列的弹性力，导致该区域膜结构紊乱，出现许多微膜孔，相邻两个细胞紧密排列部位的微孔就会有物质交流，形成所谓的膜桥（menbrane bridge）和质桥（cytoplasmic bridge），进而产生细胞融合。当外加电场被撤除后，孔道由细胞自行修复，细胞膜通透性和功能恢复正常。电融合技术可分为非特异性电融合与特异性电融合两类。非特异性电融合时细胞间接触是无选择性的。这种无选择性接触是由于交流电场中细胞偶极化而形成串珠状排列的结果。特异性电融合是在单克隆抗体制备过程中发展起来的，利用生物素-抗生物素-抗原-抗体桥，使具有特异性抗体的 B 细胞与骨髓瘤细胞特异性配对，或直接将抗原标记到骨髓瘤细胞表面，利用抗原抗体特异性结合造成两种细胞特异性配对，然后施加高压电脉冲使细胞融合。

4. 细胞核移植技术

细胞核移植技术是指用机械的办法把一个被称为“供体细胞”的细胞核（含遗传物质）移入另一个被称为“受体”的除去了细胞核的细胞质中，然后这一重组细胞进一步发育、分化。核移植的原理是基于动物细胞核的全能性。

第二节　植物细胞工程

一、植物组织培养

（一）植物组织培养的理论依据

植物组织培养的理论依据是植物细胞具有全能性。植物细胞的全能性是指离体的体细胞或性细胞在一定的培养条件下，可以长出再生植株，再生植株具有与母株相同的全部遗传信息。植物体的每一个细胞都来自受精卵的分裂，所以每一个细胞都具有相同的基因，每个基因都有表达出来的潜力，即每个细胞中包含着产生完整有机体的全部基因，在适当的条件下可以形成一个完整的植物体。

全能性的表达是有条件的：一是离体培养，二是外源激素的刺激。一个植物体由不同细胞形成不同的组织和器官，相互制约和协调，才能形成有活力的个体，不同器官和组织的细胞只行使特定的机能，据估计每个体细胞虽然都含有完整的基因组，但实际上表达的基因只有 10% 左右，90% 的基因都不表达，而处于沉默状态。要使细胞表达全能性，首先就要使其从整体制约下解放出来，使其沉默的基因能重新活化，这就要离体培养——将要培养的器官、组织、细胞从植物体上分离下来，在人工培养基上培养。外源激素的刺激即在培养基中加入刺激细胞分裂或分化的激素。

（二）培养过程

1. 材料准备

通常采集来的材料都带有各种微生物，它们一旦与培养基接触，就会很快繁殖造成培养基和培养材料的污染，故在培养前必须进行严格的清洗和消毒处理。采集回来的材料视其清洁程度，可先用自来水流水冲洗5 min，然后用中性洗衣粉液清洗，再用自来水流水冲洗 30 min。清洗过程中注意不要损伤实验材料。药剂灭菌法适用于培养材料的表面消毒，常用的消毒剂有 75%酒精、次氯酸钙（漂白粉）、次氯酸钠、氯化汞（$HgCl_2$，升汞）等。消毒所需药剂种类、浓度和时间长短依外植体不同而异，原则上要求既达到灭菌目的，又不能损伤植物组织和细胞。消毒后需用无菌水充分清洗。对于一些具有特殊生物性状的植物材料有时需要采用特殊的处理。表面具有蜡质或角质层的材料，在药剂灭菌时加入少量表面活性剂常可收到良好效果。对器官外植体灭菌通常采用多种消毒剂配合使用方法，以期收到良好的灭菌效果。如果外植体表面污染比较严重，则需用自来水冲洗1 h或更长的时间，也可先通过种子培养获得无菌种苗，然后再利用其各部分进行组织培养。

消毒剂的选择和处理时间的长短与外植体对所用试剂的敏感性密切相关（见表 3-1）。通常幼嫩材料的处理时间比成熟材料的短些。

表 3-1　常用消毒剂除菌效果比较

消毒剂	使用浓度	处理时间/min	除菌效果	去除难易
氯化汞	0.1% ～ 1%	2 ～ 10	最好	较难
次氯酸钠	2%	5 ～ 30	很好	容易
次氯酸钙	9% ～ 10%	5 ～ 30	很好	容易
溴水	1% ～ 2%	2 ～ 10	很好	容易
过氧化氢	10% ～ 12%	5 ～ 15	好	最易
硝酸银	1%	5 ～ 30	好	较难
抗生素	20 ～ 50 mg/L	30 ～ 60	较好	一般

对外植体除菌的一般程序如下：自来水多次漂洗→消毒剂处理→无菌水反复冲洗→无菌滤纸吸干。

还要配制适宜的培养基。由于物种的不同、外植体的差异，植物组织培养的培养基多种多样。目前，在植物组织培养中应用的培养基一般是由无机营养物、碳源、维生素、生长调节物质和有机附加物等五类物质组成的。

无机营养物包括大量元素和微量元素。大量元素包括 C、O、H、N、P、S、K、Ca、Na、Mg 等。N 通常用硝态氮或铵态氮，P 常用磷酸盐，S 用硫酸盐。微量元素包括 Mn、Zn、Cu、B、Mo 和 Fe 等。其中铁盐常和乙二胺四乙酸二钠（$EDTA-Na_2$）配制成铁盐螯合物，防止铁盐沉淀。

碳源一般采用3%的蔗糖，也可用葡萄糖。它们除作碳源外，还起到维持渗透压的作用。

有机附加物包括甘氨酸、水解酪蛋白、椰子乳等，起调节代谢的作用。

生长调节物质一般为生长素类（IAA、NAA、2,4-D）、细胞分裂素类（激动素或 BA）和赤霉素等，应根据培养的需要决定是否添加。生长调节物质在分化中起重要的作用，有时起决定作用。如 IAA 或 NAA 和糖可引起维管束的分化，在激素浓度相同的情况下，低浓度（1% ~ 2.5%）蔗糖有利于木质部分化，而高浓度（3.5%，以上）则有利于韧皮部分化，中间浓度有利于二者的分化。IAA、NAA、2,4-D 有利于愈伤组织形成根。要诱导芽的形成，还必须有腺嘌呤或细胞分裂素。在烟草愈伤组织中，是形成根还是芽，取决于培养基中生长素和激动素的浓度的比值，比值大时诱导出根，比值小时诱导出芽，两者比值处于中间水平时愈伤组织只生长不分化。

最后在无菌室的超净工作台上将消毒好的外植体接种到试管或培养瓶中。超净工作台通过鼓风机将空气经特别的过滤器，变成无尘无菌的干净空气，不断地吹到工作台面上，保证操作的小环境无菌。在这样的环境中，操作者也要小心，如换上干净的工作服、拖鞋，用乙醇对双手进行消毒等，只有这样才能把污染降低到最低程度。

2. 接种与培养

（1）接种。把消毒好的材料在无菌的情况下切成小块并放入培养基的过程。接种时一定要严格做到无菌操作，一般在接种室、接种箱或超净工作台中进行。

（2）愈伤组织的培养和诱导。植物已经分化的细胞经分割后，在适宜的培养基上可以诱导形成去分化状态结构的愈伤组织或细胞团。外植体一旦接触到诱导培养基，几天后细胞就出现 DNA 的复制，迅速进入细胞分裂期。

3. 器官形成

愈伤组织转入诱导器官形成的分化培养基上，可发生细胞分化。在分化培养基上，愈伤组织表面几层细胞中的某些细胞启动分裂，形成一些细胞团，进而分化成不同的器官原基。器官形成过程中一般先出现芽，后形成根。如果先出现根则会抑制芽的出现，而对成苗不利。有时愈伤组织只形成芽而无根的分化，此时须切取幼芽转入生根培养基上诱导生根。生根培养一般用1/2或1/4的MS培养基，再添加低浓度的生长素而不加细胞分裂素，最终可以再生成完整植株。

4. 小苗移栽

当试管苗具有4～5条根后，即可移栽。移栽前应先去掉试管塞，在光线充足处炼苗。试管苗所处的环境与自然环境有很大不同：试管内的条件是高湿（100%）、恒温、弱光、无菌，而自然环境是低湿、变温、强光、有各种杂菌。如果把试管苗贸然移出试管，它是基本不能成活的，需要采取一定措施，使试管苗逐渐适应自然条件，即有一个驯化过程，才能移出试管，在人工气候室中锻炼一段时间能大大提高幼苗的成活率。这些措施包括：使用生长调节剂降低株高、增加根数和加粗茎秆；打开封口以降低湿度、增强光照；移出试管所用的基质材料既要保湿性好，又要透气和排水性好；在移植初期要用遮阳网降低太阳光照，同时每天要喷几次水以提高空气湿度。只有这样才能保证移植后有较高的成活率。

（三）植物组织培养的发展前景

植物组织培养和细胞培养技术的研究，在下列几方面的作用日益增大。

1. 单倍体育种

花药培养获得单倍体植株后，再进行染色体加倍，便产生出纯系植株，用作父本或母本进行有性杂交，省去了反复自交所需要的时间，开辟了一条快速育种的新途径。

2. 获得无病毒植株

很多农作物都带有病毒，尤其是无性繁殖植物。一些用无性繁殖方法来繁衍的花卉，如康乃馨、菊花、郁金香、水仙、百合、鸢尾等，不能通过种子途径去除病毒，对于花卉而言会影响花卉的观赏效果，对于经济作物也会影响产量。如病毒病常使马铃薯减产50%左右；苹果被病毒感染后减产 14% ~ 45%，而且品质恶化、口感变差、不易储藏。但是病毒并不会感染植物的每一个部位。怀特（White）早在 1943 年就发现植物生长点附近的病毒浓度很低甚至无病毒。因为该区无维管束，病毒难以进入，所以茎尖培养成为获得无病毒植株的重要途径。可以取一定大小的茎尖进行培养，再生的植株有可能不带病毒，从而获得脱病毒苗，再用它进行快速大量繁殖，种植的作物就不会或很少发生病毒病害。例如，马铃薯因病毒感染而退化，通过茎尖（长度不超过 0.5 mm）培养，已获得无病毒原种，用于生产栽培。

3. 无性系快速繁殖

采用组织培养技术快速繁殖植物是组织培养应用于生产实践成效最大的实例。组织培养与传统的无性繁殖相比，不受季节限制，而且经过组织培养进行无性繁殖，具有用材少、速度快等特点。用茎尖培养生产试管苗，可有效地节约蔗种，并解决种苗用量过大（1 hm^2 土地需用蔗种 7.5 ~15 t）及运输繁重的问题。20 世纪 80 年代初，原国家科学技术委员会和广西壮族自治区联合投资完成了第一个甘蔗试管苗工厂。后来，广东、广西在试管繁殖香蕉方面也实现产业化，获得了较好的经济效益。对芽变的优良果树枝条或名贵的花卉、果树、蔬菜以及濒临灭绝的植物，均可用组织培养方法进行快速大量繁殖，且不受季节限制。如果能克服试管苗生活力较弱的缺点，该技术的发展潜力是很大的。

4. 体细胞杂交与突变体筛选

利用体细胞杂交已获得许多种间杂交和属间杂交的细胞杂种，长成了再生植株。经过鉴定，证明了再生植株的杂种性质，并不是嵌合体。植物细胞杂交可能成为育种途径之一，利用这条途径有希望培育出具有新经济性状的良种，如地上部、地下部兼用种，固氮的禾本科植物等，是有发展前途的。但是，还有许多理论和技术问题有待解决，需要进行深入、系统的研究。在细胞和组织培养过程中往往发生基因突变，自发突变率很低，为 10^{-7} ~10^{-6}，人工诱变可提高突变率 10 ~ 100 倍。现已从甘蔗中选出抗斐济病毒的突变体；从烟草愈伤组织中得到了抗 4-氧赖氨酸的突变细胞，它的赖氨酸含量高于亲本。植物细胞突变体的研究历史不长，但发展很快。除用突变方法改进农作物食品的品质、提高作物的抗逆性外，突变体将在细胞学、遗传学、植物育种学中得到广泛的利用，并将在实际应用中逐渐发挥它的作用。

5. 植物细胞培养与次级代谢物的生产

植物是许多有用化合物的重要来源，某些植物天然次级代谢物具有重要的商业价值，广泛应用于工业、医药、食品、农业等。所谓植物次级代谢产物指植物的次级代谢（对生长不是必需的代谢过程）产生的中间产物和最终产物。天然状态下植物本身某些次级代谢产物有效成分含量低，不能满足社会需求，采取植物细胞大量培养（即次级代谢物细胞工程）可以大量生产次级代谢物质。次级代谢物细胞工程是指利用植物细胞培养体系，应用先进的生物技术（细胞大量培养，次级代谢及其调控，细胞变异及其筛选等），以提供各种次级代谢物（如抗癌药物、生物碱、天然色素、香料、植物农药及其他化工产品等）的一门多学科的科学技术。运用植物细胞培养生产天然有用物质可以不受地区、季节等限制，便于进行代谢调控和工厂化生产。

自邦纳（Bonner）报道了银胶菊植物组织细胞培养物能产生橡胶以来，以细胞培养技术生产植物次级产物已获得了很多成果。迄今为止，已经研究过的 400 多种植物的细胞培养可以产生超过 600 种的成分，其中 60 多种在含量上超过或等于其原植物，20 种以上干重超过 1%。紫草、人参、黄连、老鹳草等已达到商品化水平；长春花、毛地黄、烟草等已实现工业化生产；牙签草、三分三、红花等 20 多种植物正在向商品化过渡。在日本，人参细胞培养规模已达 130 m^3发酵罐，人参根培养规模达 2 m^3发酵罐；德国已采用用 1 m^3发酵罐培养毛地黄细胞；加拿大成功用 200 L 发酵罐培养长春花细胞。在我国，人参、三分三、紫草、三七等细胞培养都取得显著的成果，红豆杉、西洋参、云南萝芙木、三尖杉、盾叶薯芋、九连小檗、薄荷、柴胡、丹参、当归、青蒿、长春花、紫背天葵、延胡索、水仙、粗榧、水飞蓟、罗锅底、重楼、茶叶等的细胞培养研究也已进行。

6. 基因工程育种

植物基因工程是利用重组 DNA 技术、细胞组织培养等技术，将外源基因导入植物细胞或组织，使遗传物质定向重组，从而获得转基因植物的技术，该技术解决了植物育种中用常规杂交方法所不能解决的问题，克服了植物育种中的盲目性，提高了育种的预见性，已成功应用于植物抗病、抗虫、抗逆和品质改良等方面。基因工程虽不直接属于植物组织快繁技术的内容，但与组织培养关系密不可分，植物组织培养既是基因工程的基础，又是遗传转化获得的植物种质新材料推广应用的桥梁，在基因表达及其调控的研究上也需要组织培养技术。

第三节　动物细胞工程

一、动物细胞培养技术

动物细胞培养是取动物的组织，消化后制成单细胞悬液，模拟体内的生长环境，使细胞在体外生长与增殖的一种技术。该技术不但为研究细胞的生理生化性质、形态结构、生长分化等基础研究创造了条件，同时亦成为临床疾病的发病机制研究、药物研究与开发、疾病诊断与治疗等诸多领域的关键技术。

动物细胞培养分为原代培养和传代培养。原代培养又称初始培养，是由机体取得材料（细胞、组织或器官）置于体外生长环境中培养至第一次传代前的细胞培养。当细胞持续生长增殖一段时间达到一定的细胞密度后，就应当将细胞分离到新的培养器皿并补充新的培养液进行培养，即为细胞的传代培养。

（一）原代培养

原代培养一般步骤包括取材、制备细胞悬液、细胞体外培养等。

1. 取材

取材是原代培养的第一个环节，研究目的决定取材动物类别和组织类型，取材部位、所取材料活性状态、材料处理方式等都关系到实验成败。通常幼体组织优于老龄组织，分化程度低的组织优于分化程度高的组织，肿瘤组织优于正常组织。

2. 制备细胞悬液

动物体内取出的各种组织均由结合相当紧密的多种细胞和纤维成分组成。组织块置于培养瓶后，仅处于周边的少量细胞能生存和生长，而大部分内部细胞因营养物质穿透有限而代谢不良，且受纤维成分束缚而难以移出。若想获得大量生长良好的细胞，需将组织分散，解离出细胞，形成悬液，再进一步培养。目前分散组织的方法有机械法和消化法。

（1）机械分散法。采用一些纤维成分很少的组织进行培养时，可以直接用机械法进行分散。例如，脑组织、部分胚胎组织以及一些肿瘤组织等，剪刀剪切后用吸管反复吹打分散组织细胞，或将组织置于注射器内通过针头压出分离细胞，但这一方法对组织损伤较大。机械分离法的操作如图 3-2

所示。

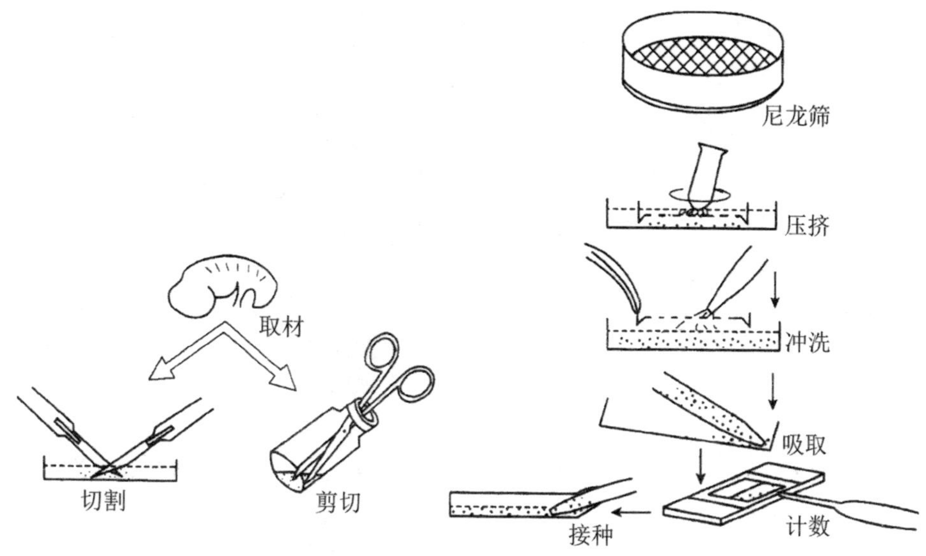

图 3-2　机械分离法的操作示意图

（2）消化分散法。指用生物化学的方法将剪碎的组织块分散成细胞团或单细胞的方法。消化培养法可以将细胞间质包括基质、纤维等去除，使得细胞分散，形成悬液，适用于大量组织的分离。常用的消化液有胰蛋白酶、胶原酶。另外，链霉蛋白酶、黏蛋白酶、蜗牛酶等也可用于培养细胞的消化。胰蛋白酶（trypsin）是目前最常用的一种消化试剂，它作用于与赖氨酸或精氨酸相连接的肽键，除去细胞间黏蛋白及糖蛋白，影响细胞骨架，从而使细胞分离，操作过程如图 3-3 所示。胶原酶（collagenase）是从细菌中提取的酶，对胶原和细胞间质有较强的消化作用，适用于分离纤维性组织、上皮组织和癌组织。

3. 细胞体外培养

从动物体内取出的各种组织经过解离制备成所需浓度的细胞悬液（通常浓度为 10^5个/mL）即可接种至培养瓶中，在二氧化碳培养箱中水平放置进行培养，细胞贴附于培养瓶壁生长，培养一定时间后形成单层细胞。

原代细胞往往由多种细胞组成，比较混杂，各方面差异较大。原代细胞生物特性上不稳定，如果供体不同，即使组织类型、部位相同，个体差异也照样存在，因此在做较为严格的对比性实验研究时，还需进行短期培养。

（1）组织块培养法。组织块培养法是原代培养常用的基本方法之一，

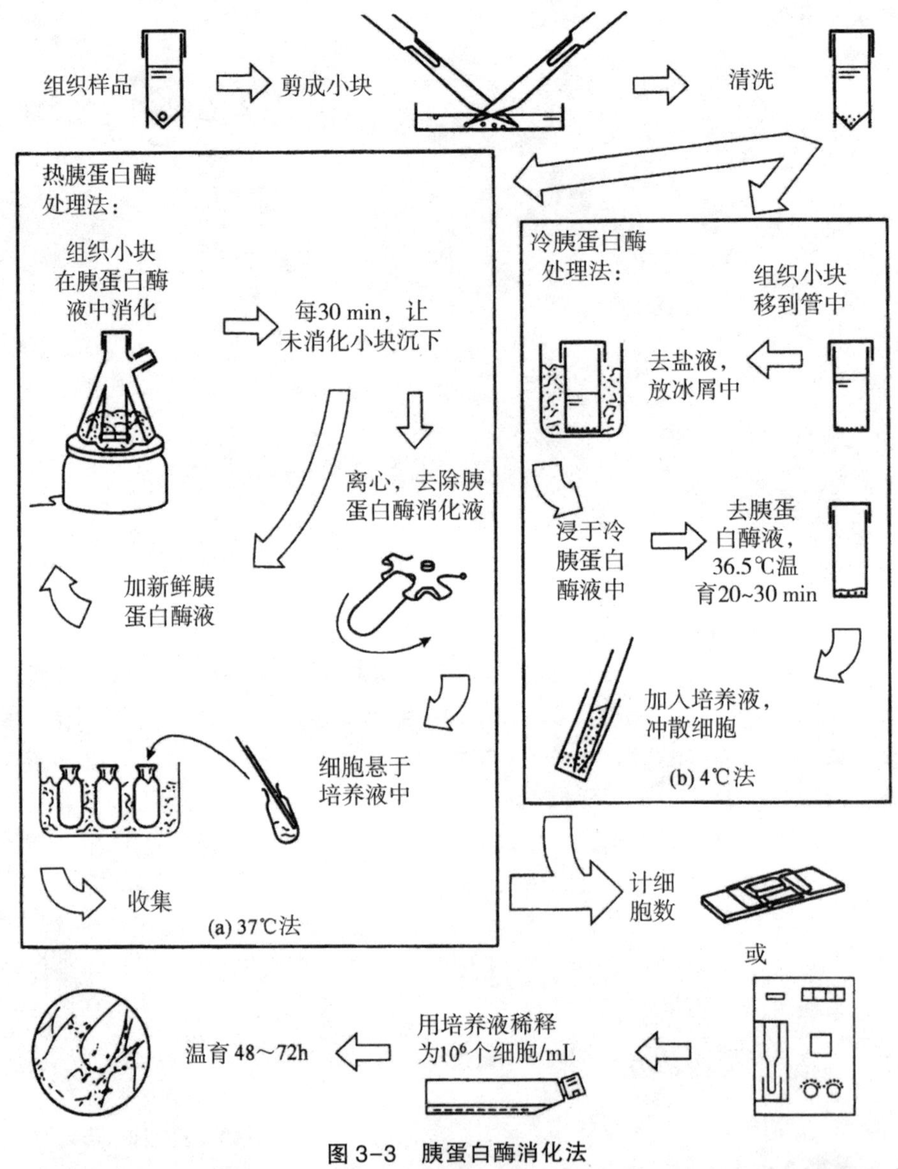

图 3-3　胰蛋白酶消化法

是哈里森（Harrison）和卡雷尔（Carrel）等最早建立和发展的体外组织培养方法，也称为外植块培养法。其技术要点是将从动物组织体内所取材料切割成称为植块的一定大小的组织块，再将植块接种到培养皿内，加入培养液，然后用组织培养法将培养皿置入培养箱中进行培养，其具体步骤如图 3-4 所示。

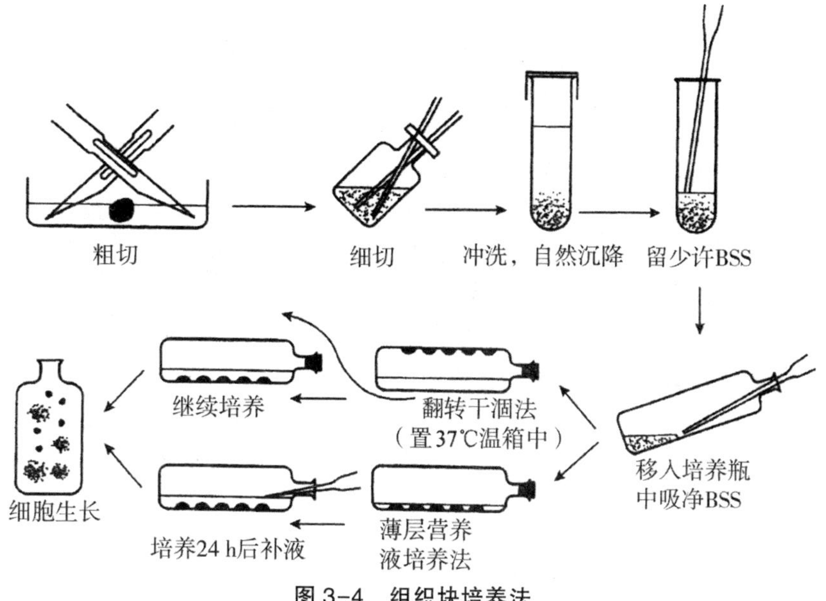

图 3-4　组织块培养法

（2）组织消化培养法。该方法利用机械法和消化法获得细胞悬液后，接种到细胞培养皿内，贴壁型细胞很快就会粘壁生长，形成单层细胞，如图 3-5 所示。本法适于细胞建系和大量组织的培养，用于小量培养工作稍显烦琐。

（3）悬浮细胞培养法。悬浮细胞培养是指细胞悬在培养液中生长增殖的培养方式，对悬浮生长的细胞可采用低速离心直接接种进行原代培养，如图 3-6 所示。

（二）传代培养

细胞在培养皿长成致密单层后，已基本达到饱和，细胞之间会相互抑制，导致生长减慢或停止。因此，细胞就需要再培养，也就是传代，使细胞继续生长，同时扩大细胞数量。

1. 贴壁细胞生长传代

贴壁生长的细胞传代必须采用消化法。根据细胞贴壁的牢固程度，选用不同浓度的胰蛋白酶液或螯合剂消化液，或者在需要的情况下结合其他酶消化液使用。常用的有 0. 05% ～ 0. 25% 的胰蛋白酶液、0. 10% ～ 0. 20% 的螯合剂消化液和 0. 25% 胰蛋白酶和 0. 02% 螯合剂的混合消化液。

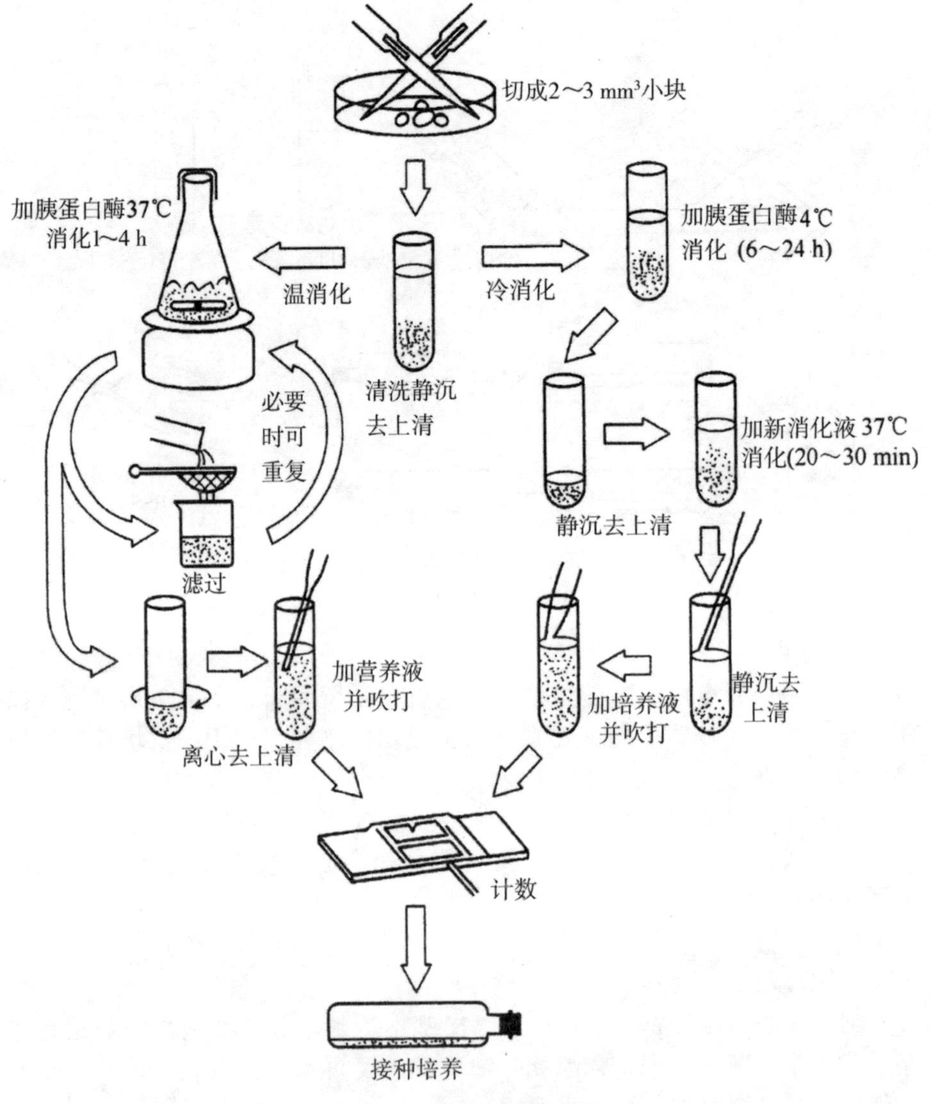

图 3-5　组织消化培养法

2. 半悬浮生长细胞传代

此类细胞贴壁生长不牢靠，且只有部分贴壁生长，进行传代时直接用吸管吹打使细胞从瓶壁脱落即可。吹打时动作要轻柔，尽量避免细胞损伤。

3. 悬浮生长细胞传代

悬浮生长细胞不必采用酶消化的方式，因其不贴壁，故可直接传代或

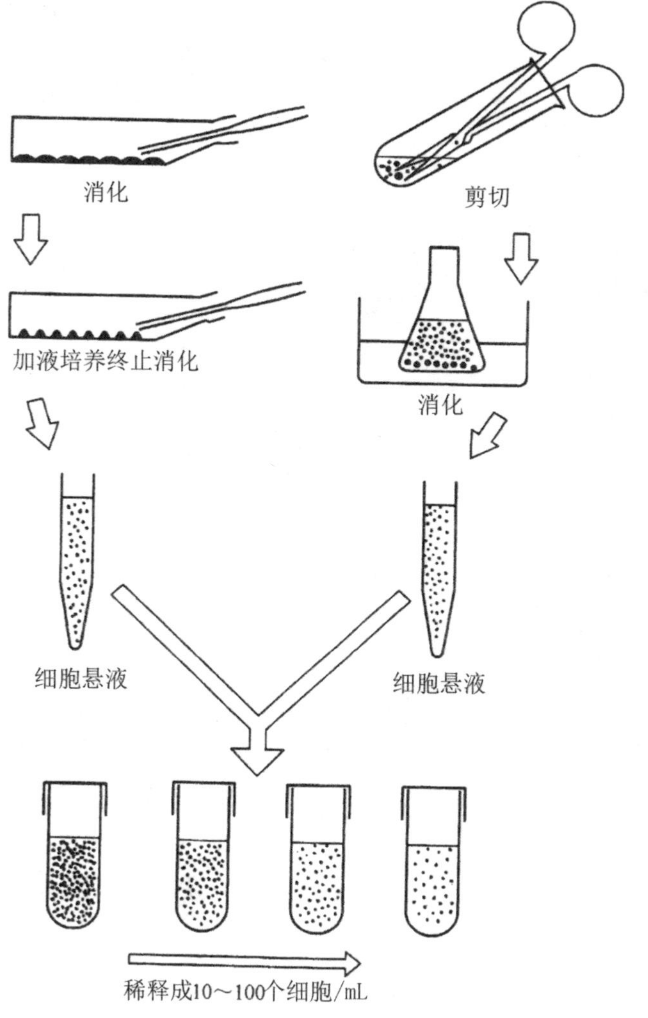

图 3-6　细胞悬液制备示意图

者离心收集。直接传代时，让悬浮的细胞慢慢沉淀到培养器底部，吸去 2/3 上清液，然后用吸管轻轻吹打，形成细胞悬液后再接种传代。离心收集时，将培养物转移到离心管内，1 000 r/min 离心后弃去上清液，收集细胞，加入新的培养液后再混合均匀，接种到新的培养瓶进行培养传代。

（三）细胞克隆技术

细胞克隆又称单细胞克隆或单细胞培养，即单个细胞通过无性繁殖而获得细胞团体的整个培养过程。原代培养细胞和有限细胞系克隆培养比较困难，无限细胞系和肿瘤细胞系则比较容易。常用的细胞克隆技术包括有限稀释法、软琼脂培养法、单细胞显微操作法、流式细胞分类仪分选法等。

（1）有限稀释法：这是最常用的细胞克隆方法，将细胞悬液连续稀释至单细胞悬液，接种至培养板中，由此增殖形成细胞克隆，操作流程如图 3-7所示。该法操作简便，不需特殊设备。

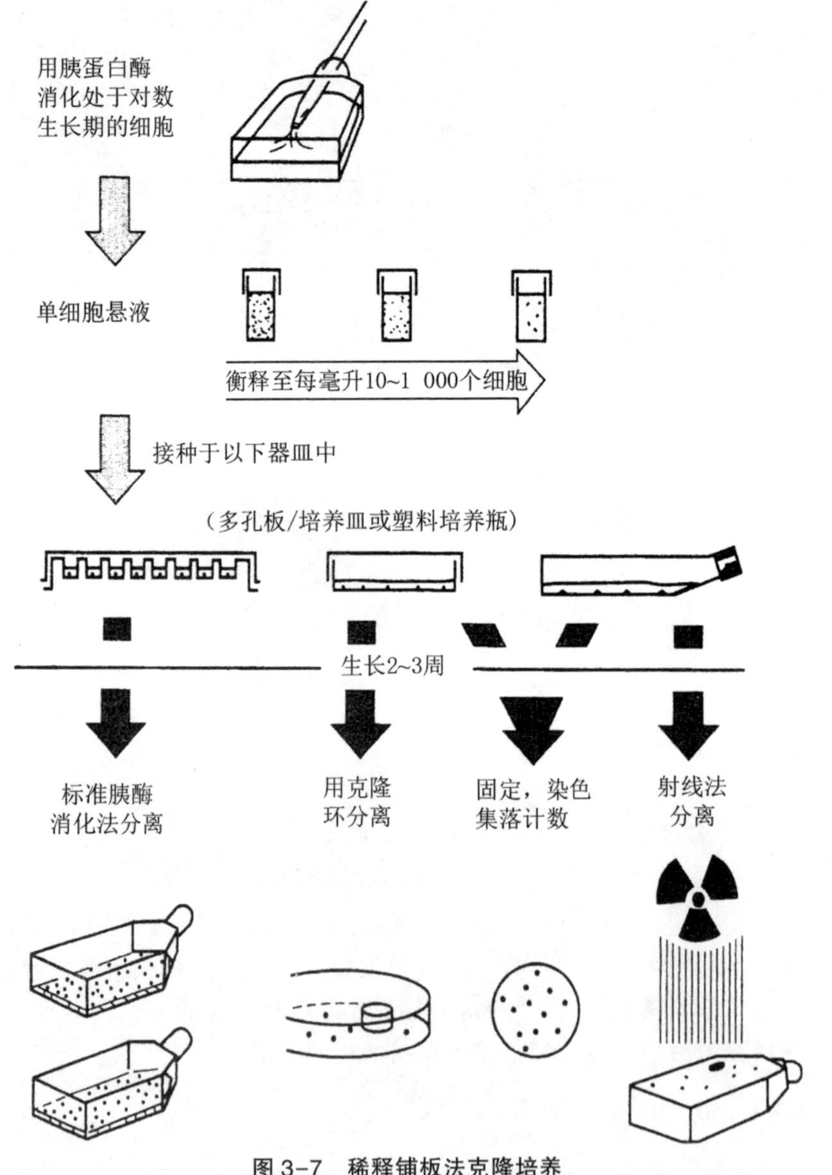

图 3-7　稀释铺板法克隆培养

（2）软琼脂培养法：这是最早使用的细胞克隆方法。将适当浓度的细胞加入软琼脂培养基中，由单个细胞增殖形成一个集落。

（3）单细胞显微操作法：在倒置显微镜下，用毛细吸管将单个细胞逐个吸出，置于加有饲养细胞的微量培养板中继续培养，操作流程如图 3-8 所示。本方法的特点是借助显微镜选择形态好的细胞，准确性强。

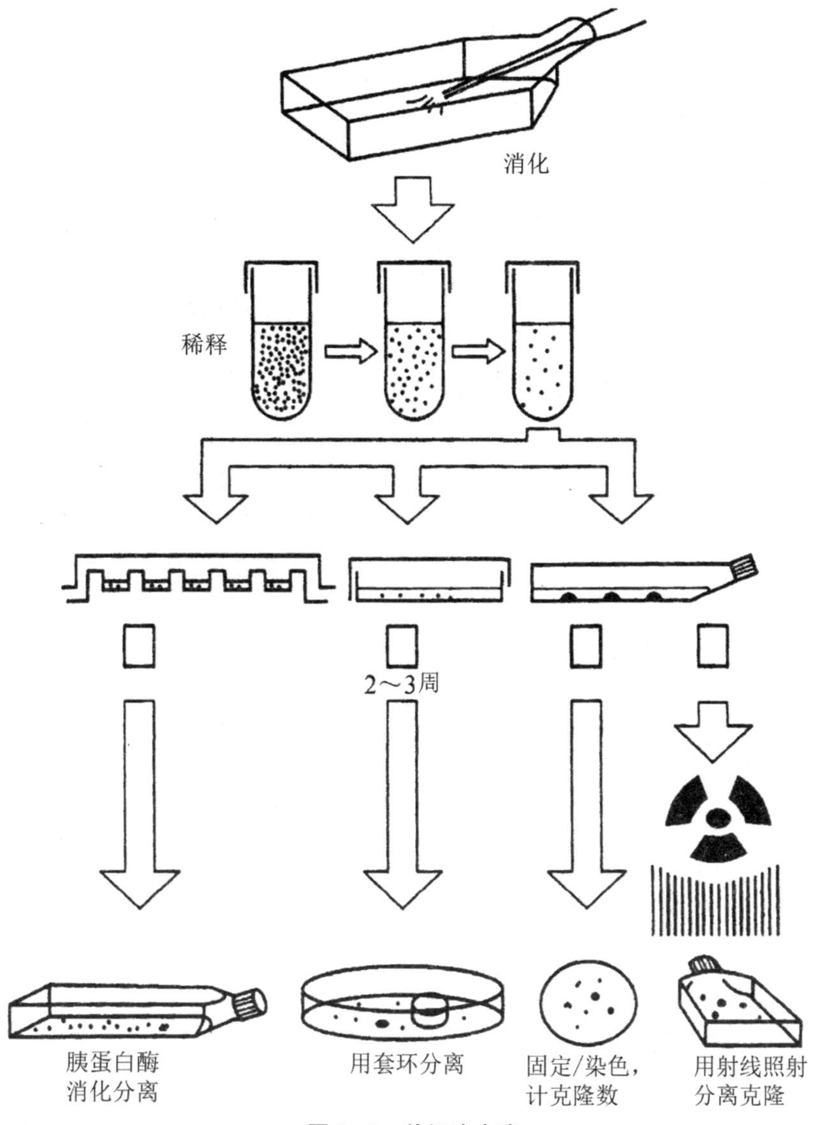

图 3-8　单细胞克隆

（4）流式细胞仪分选法：用于细胞分析、分类及单细胞的分离。工作原理：悬液中的细胞引入液体中央，依次通过高能聚光束，根据荧光和光散射的性质快速分析和分离细胞；每秒钟可分离 5 000 个细胞，纯度达 90%～99%，用于各种细胞的免疫特异性的鉴定、计数及分类分离。

（四）动物细胞大规模培养

动物细胞的大规模培养是在生物反应器中高密度大量培养有用的动物细胞，以生产珍贵的生物制品的技术。

在动物细胞的大规模工业化培养中，一般细胞的培养密度直接决定了生产率的高低，细胞的生长速率不仅决定了细胞达到理想密度所需的时间，同时也反映了细胞的生理状态，是过程控制和工艺优化的基础。动物细胞大规模培养的工艺流程如图 3-9 所示。

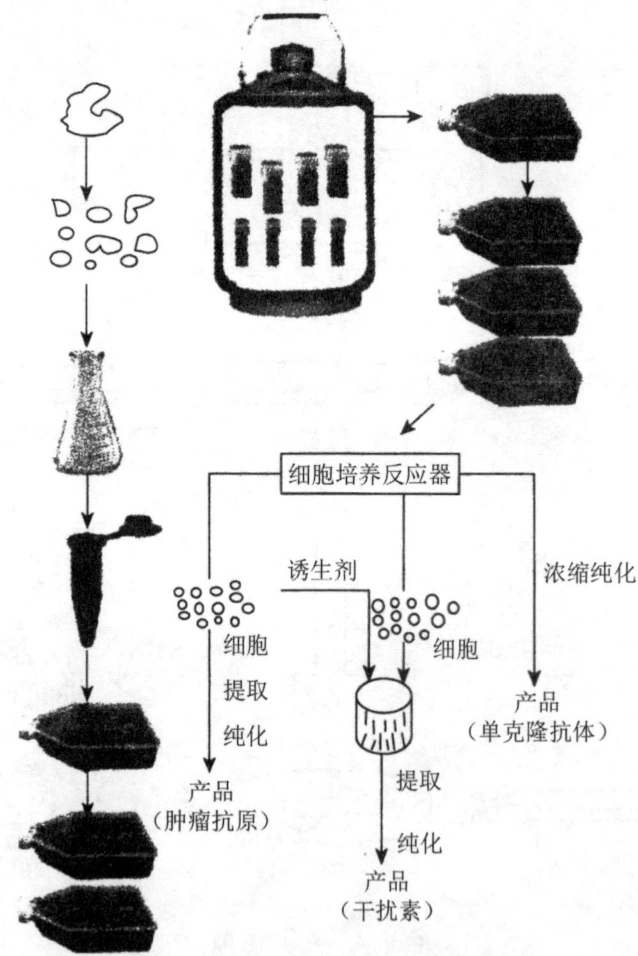

图 3-9 动物细胞大规模培养工艺流程图

1. 悬浮培养

让细胞在反应器中自由悬浮生长的培养方式就是悬浮培养。悬浮培养主要用于如杂交瘤细胞这样的非贴壁依赖性细胞。对于贴壁生长的细胞也可进行细胞生长形式的驯化，使其适应悬浮培养后进行悬浮培养。其优点是在大规模生产时操作简单方便，可及时在线监控细胞生长，且在传代时可免遭损伤等。缺点是设备投入资金大，不适合二倍体细胞培养等。

2. 贴壁培养

贴壁培养是指细胞贴附在一定的基质表面进行的一种培养方法，适用于一切贴壁细胞，也适用于兼性贴壁细胞。其优点是容易更换培养液，可直接倒去旧培养液，清洗后直接添加新培养液即可。不需过滤系统，可采用灌注培养，比悬浮培养维持的培养周期长。但是其操作烦琐，不能有效检测细胞生长，传氧差、占地面积大、投资大等因素使其大规模培养受到限制，因此在实际生产中培养规模较小。

3. 固定化培养

固定化培养是将动物细胞与水溶性载体在无菌条件下结合起来进行培养的方法，具有抗污染、抗剪切力，细胞生长密度高，细胞易与产物分开，有利于产物分离纯化等优点。在动物细胞的培养中，最重要的目的是利用细胞来合成和分泌蛋白，因此保持细胞活性是动物细胞培养中特别要注意的。动物细胞的敏感性极高，在采用固定化处理的为前提的情况下，动物细胞的固定化主要采用吸附、包埋等方法。

二、动物细胞融合技术

细胞融合是 20 世纪 60 年代发展起来的一门技术，它不但在生命科学的基础研究中具有重要作用，而且在动物品种改良、基因治疗和疾病诊治等领域也展现出了广阔的应用前景。

（一）细胞融合的概念和类型

1. 细胞融合的概念

细胞融合又称为体细胞杂交或细胞杂交，是指在离体条件下用人工方法将不同生物或同种生物不同类型的单细胞通过无性方式融合成一个杂交细胞的技术。细胞融合技术的出现标志着细胞工程的诞生。

2. 融合细胞的类型

（1）同核体。同核体（homokaryon）是由同一生物个体的亲本细胞融合所形成的含有同型细胞核的融合细胞。

（2）异核体。异核体（heterokaryon）是由不同种属或同一种属的不同生物个体的亲本细胞发生融合所形成的含有不同细胞核的融合细胞。

（二）人工诱导细胞融合方法

人工诱导细胞融合的方法有病毒诱导融合、化学方法诱导融合和电诱导融合三种。目前使用最多的是化学方法诱导融合法和电诱导融合法。

1. 病毒诱导融合

常用的能诱导细胞融合的病毒有疱疹病毒、牛痘病毒和副黏液病毒科病毒等，其中属于副黏液病毒科的仙台病毒（sendai virus）（图 3-10）应用最为广泛。

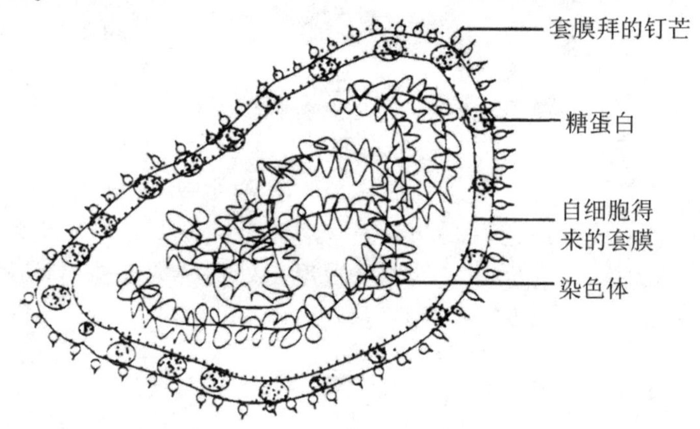

图 3-10　仙台病毒示意图

仙台病毒为多形性颗粒，其囊膜上有许多具有凝血活性和唾液酸苷酶活性的刺突，它们可与细胞膜上的糖蛋白起作用，使细胞相互凝集，再通过膜上蛋白质分子的重新分布，使膜中脂类分子重排，从而打开质膜，导致细胞融合（图 3-11）。

图 3-11 中单核细胞 A 和单核细胞 B 在灭活仙台病毒诱导下融合成双核异核体；双核异核体分裂产生两个单核杂交细胞；AB 杂交体连续分裂并逐渐失去亲本细胞 B 的多数染色体。

此方法建立较早，操作较烦琐，融合效率和重复性不够高。但目前对病毒通过融合入侵细胞的过程及病毒膜融合蛋白的作用机理等方面的研究仍然是热点问题。

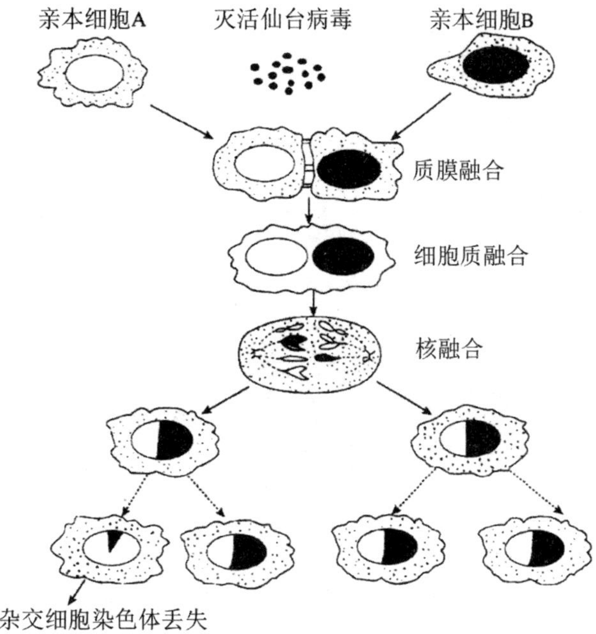

图 3-11 仙台病毒诱导细胞融合示意图

2. 化学方法诱导融合

化学方法诱导融合是利用一些化学物质如聚乙二醇（polyethylene glycol，PEG）、Ca^{2+}、溶血卵磷脂等诱导细胞融合的方法。其中，PEG 结合高 pH 值的高浓度 Ca^{2+}的融合方法成为一种较常用的细胞融合方法（图 3-12）。选择 PEG 作为诱融剂时，PEG 溶液的 pH 值为 7.4 ～ 8.0，平均相对分子质量为 1 000 ～ 4 000，使用浓度为 30% ～ 50%。在融合过程中，开始逐滴加入 PEG，而且在作用期间需不断振摇，以防止细胞结团。短期温育后再缓慢加入不含血清的培养液终止 PEG 作用。

用 PEG 诱导细胞融合是波特克沃（Potecrvo）在 1975 年获得成功的。该方法的优点是简便、融合效率高。因此，很快取代了仙台病毒法而成为诱导细胞融合的主要手段。

3. 电诱导融合

1981 年，苏黎世（Scheurich）和齐墨尔曼（Zimmermann）发明了电诱导细胞融合法，简称电融合。电融合是指将亲本细胞置于交变电场中，使它们彼此靠近，紧密接触，并在两个电极间排列成串珠状，然后在高强度、短时程的直流电脉冲作用下，相互连接的两个或多个细胞的质膜被击穿而

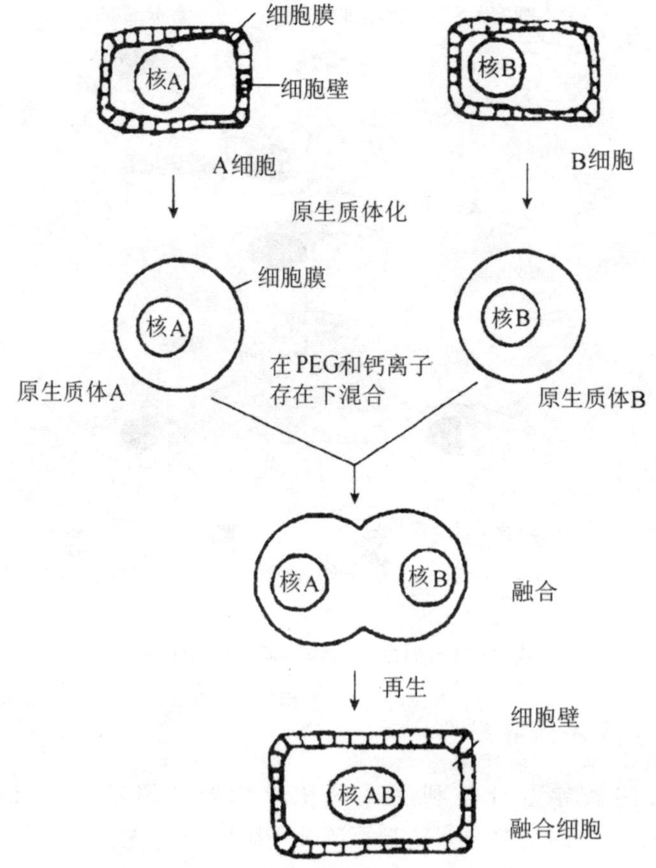

图 3-12　PEG 法诱导原生质体融合过程

导致细胞融合（图 3-13）。细胞桥的形成是细胞融合的关键一步，两个细胞膜从彼此接触到破裂形成细胞桥的具体变化过程如图 3-14 所示。融合细胞如果没有细胞核的融合，仅发生了细胞质的融合，则可能成为嵌合细胞。嵌合细胞具有两个母本细胞方向发育的能力，最终形成嵌合植株。电诱导

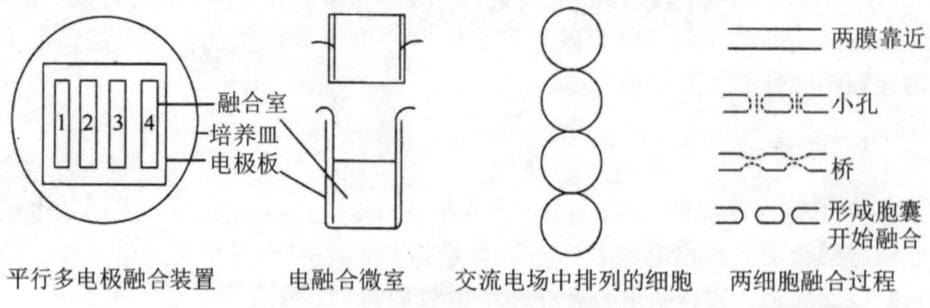

图 3-13　电融合诱导法原理示意图

细胞融合法的优点是融合效率高、对细胞的毒性小、参数也较易控制。

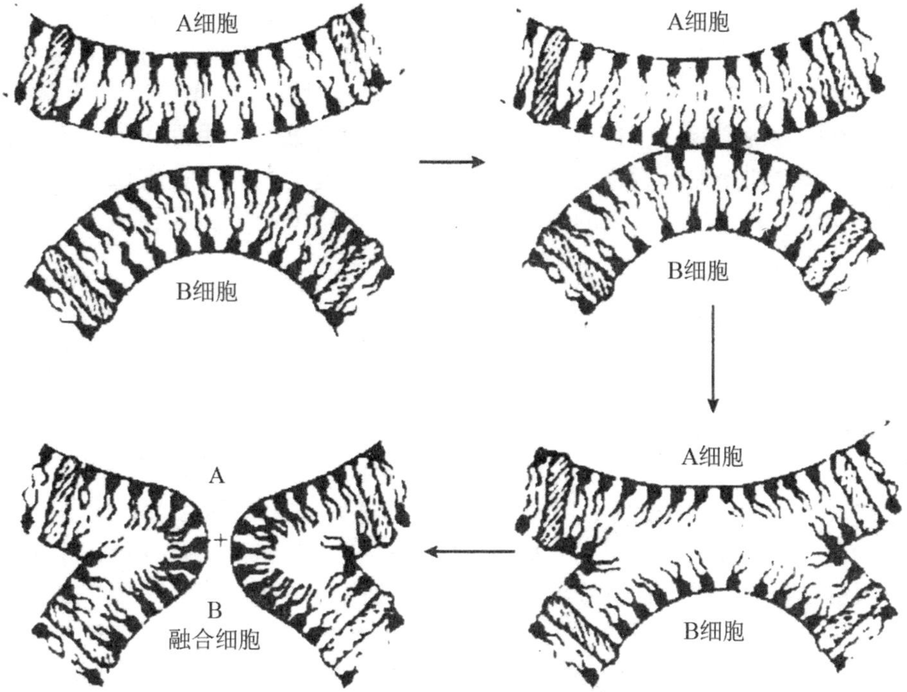

图 3-14　细胞融合过程中细胞桥的形成

三、杂交瘤技术

杂交瘤技术的基本原理是通过融合两种细胞（B 淋巴细胞和经抗原免疫的小鼠细胞）而同时保持两者的主要特征。B 淋巴细胞的主要特征是它的抗体分泌功能和能够在选择培养基中生长，小鼠骨髓瘤细胞则可在培养条件下无限分裂、增殖，即所谓的永生性。

（一）杂交瘤技术的基本原理和过程

1. 细胞的选择与融合

建立杂交瘤技术的关键是制备针对抗原特异的单克隆抗体，所以融合细胞一方必须选择经过抗原免疫的 B 细胞，通常来源于免疫动物的脾细胞。收集脾细胞过程中要严格进行无菌操作，使整个操作过程都处于无菌状态。

在分离的脾细胞中所含对抗原具有特异性的 B 细胞比例相对较少，且 PEG 诱导的细胞融合又是一个相对低效的偶然过程。为增加具有抗体活性细胞的融合，一些研究者在融合前先富集对抗原具有特异性的B细胞，然后再进行细胞融合。作为亲本的骨髓瘤细胞虽然具有无限的繁殖能力，然而长期体外培养可能会对以后的融合产生不利影响。因此，对产生较高融合率的亲本骨髓瘤细胞应培养扩增一批，并及时冻存以用于下一次融合。可用精密的细胞冷冻仪进行细胞冻存，也可用简单的方法进行冻存而获得良好效果。使用细胞融合剂造成细胞膜一定程度的损伤，使细胞易于相互粘连而融合在一起。最佳的融合效果应是最低限度的细胞损伤而又产生最高频率的融合。

2. 融合细胞的筛选和克隆

（1）融合细胞的筛选。可用于筛选杂交瘤的方法大致有第二抗体法、抗原结合法和功能筛选法三类。

第二抗体法测定较容易，也是最为常用的方法，包括固相放射免疫测定法（R/A）、酶联免疫吸附测定法（ELISA）和荧光活化细胞分类器法（FACS）等。将抗原固相化于微量滴定板孔中，抗原未结合部位用牛血清白蛋白（BSA）或明胶等封闭，再加入含抗体的杂交瘤培养上清，洗去未结合抗体，结合于抗原的抗体被标记的第二抗体特异结合。第二抗体可用荧光素（如异硫氰酸荧光素、罗丹明B200、异硫氰基四甲基罗丹明等）、酶（如辣根过氧化物酶、碱性磷酸酶、葡萄糖氧化酶等）或同位素标记，也可用经过标记的对抗体Fc段有特异结合能力的蛋白A或蛋白G来替代。

当有大量抗原可利用时，抗原结合法也不失为一种选择。将抗原直接滴加到硝酸纤维膜或微量滴定板上，未被结合的部位用BSA等封闭，除去封闭液后的硝酸纤维膜或微量滴定板可保存于-70℃备用。

还可利用抗体与细胞表面某些抗原特异结合，或经丙酮/甲醇固定的细胞来检测抗体与亚细胞结构反应情况，以抗体检测抗原定位，但这种方法很少用于杂交瘤筛选。

（2）融合细胞的克隆。克隆是指单个细胞繁殖而形成的性状均一的细胞集落的过程。一个抗原往往有多个抗原决定簇，故融合后在培养板上可形成多个克隆，产生多种针对不同抗原决定簇的抗体，如它们竞相生长，势必会对产物形成有所影响。因此，克隆是确保杂交瘤细胞所分泌的抗体具有单克隆性和具有稳定型表达的关键一步。

克隆这一过程应及早进行，以免无关克隆过度生长。若一旦克隆成功，就要对这一克隆再连续克隆几次，并同时检测血清中抗体特异性。有时原先有阳性抗体分泌，但克隆过程中却找不到任何阳性孔，原因可能是杂交瘤细胞分泌表型不稳定，或不分泌细胞或无关细胞过度生长。为避免有价值克隆丢失，应备份或冻存原培养孔中细胞。

在杂交瘤细胞培养过程中，有大量非融合细胞或同核体融合细胞死亡，少数或单个杂交瘤细胞很难存活，培养时可以加入饲养层细胞，如小鼠腹腔巨噬细胞、小鼠或大鼠胸腺细胞、小鼠脾细胞、成纤维细胞等。一般认为，饲养层细胞可释放某些生长刺激因子到培养液中，促进了杂交瘤细胞生长，并能满足杂交瘤对生长密度的需要，从而提高杂交瘤细胞存活率，若选用小鼠腹腔巨噬细胞作为饲养层细胞还能起到清除死亡细胞的作用。

（二）杂交瘤技术制备单克隆抗体的方法

单克隆抗体的制备是一个复杂、精细的工艺。图 3-15 为制备单克隆抗体技术流程，表 3-2 列出单克隆抗体制备过程中的各个阶段。一般将全过程分为三个阶段：动物免疫阶段、方法建立阶段、杂交瘤细胞生成阶段。

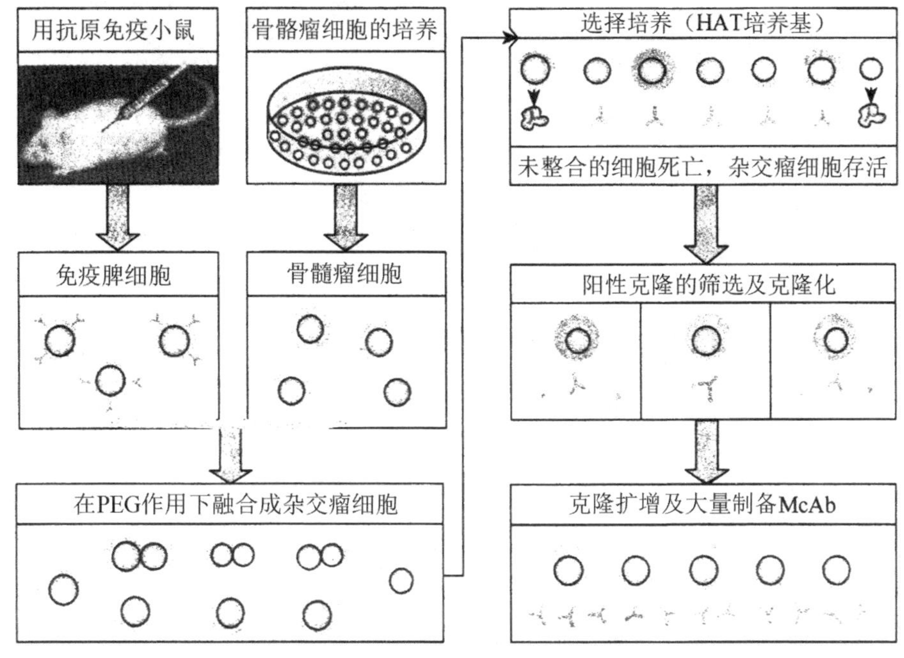

图 3-15 制备单克隆抗体技术流程图

表 3-2 杂交瘤细胞生成的各个阶段和所需时间

<table>
<tr><td rowspan="3">动物免疫阶段</td><td></td><td>初始免疫</td><td rowspan="2">2 周</td><td rowspan="3">1 个月
到 1 年</td></tr>
<tr><td rowspan="2">10 天</td><td>强化免疫</td></tr>
<tr><td>血清测试</td><td></td></tr>
</table>

续表

<table>
<tr><td rowspan="2">方法建立阶段</td><td rowspan="2"></td><td>筛选方法的建立与测试</td><td></td><td rowspan="2">最少 2 周</td><td rowspan="2">大约
1 个月</td></tr>
<tr><td>最后一次强化免疫</td><td rowspan="2">3 d</td></tr>
<tr><td rowspan="6">杂交瘤细胞
生成阶段</td><td rowspan="2">大约 1 周</td><td>细胞融合</td><td></td><td rowspan="6">大约
1 个月</td></tr>
<tr><td>筛选阳性克隆</td><td></td><td></td></tr>
<tr><td></td><td>阳性克隆扩增及冻存</td><td colspan="2"></td></tr>
<tr><td rowspan="3">大约 1 周</td><td>单细胞的克隆生长</td><td colspan="2"></td></tr>
<tr><td rowspan="2">筛选</td><td colspan="2">部分阳性细胞扩增</td></tr>
<tr><td colspan="2">大部冻存（保留最后所得的杂交瘤细胞）</td></tr>
</table>

以上每一阶段都有可能迅速顺利完成，但各阶段也都有其本身的问题，需在实验开始前予以充分考虑，以免影响全局。动物在注入抗原后，一旦出现良好的体液免疫应答，同时又已建立合用的筛选方法，并已通过血清对所建立筛选方法进行评价、确定方法，可开始杂交瘤细胞的制备。其过程大致为在细胞融合前数日，用抗原免疫动物；将从免疫动物得到的分泌抗体的细胞与骨髓瘤细胞相混合，进行细胞融合（有效的细胞融合约可得 $1/10^5$ 存活的杂交细胞）；将融合细胞用所选择的培养基限定稀释，置多孔培养板进行培养。在细胞融合后 1 周，即可对杂交瘤进行测试，从阳性培养孔所取的细胞先增殖，然后进行克隆化（即单克隆生长），杂交瘤的生成与克隆需要时间，很少的实例只需要 2 个月，有的甚至要 1 年时间。由于制备单克隆抗体过程中的每一步都对其后各步影响很大，因此均需注意选择最适宜的条件。例如，要注意抗原的选择及其性质，如细胞、蛋白质、半抗原等；根据抗原的性质和得量及对抗体的要求等，计划及建立免疫的途径和方式；选定抗体筛选的测试方法必须简单、可重复、特异，并可适用于单克隆抗体的最终使用（即免疫荧光、免疫沉淀、功能试验等中的应用）；要确定细胞培养的条件；细胞融合的方式应考虑杂交方法，细胞的选择和克隆的方式（限制性稀释或软胶法）等。

四、细胞重组技术

细胞重组是细胞工程中将细胞融合技术与细胞核质分离技术结合，即在融合介子诱导下，使胞质体与完整细胞合并，重新构成胞质杂种细胞的过程。

细胞重组技术是现代生物工程中令人瞩目的热点课题，细胞重组结合基因转移可以人为地使细胞表达新的性状和产生新的产物。

（一）细胞重组的方式

把通过细胞核质分离后得到的核体、胞质体或微核体与完整细胞融合，或者把核体引入胞质体，可以获得胞质杂种细胞、杂种细胞和重组细胞（图 3-16）。在细胞重组时，提供细胞核的细胞称为供体，供体可以是各种组织或器官的细胞。接受细胞核的细胞称为受体，受体可以是完整的细胞或胞质体，实验中大多用动物的卵子。

（1）动物的细胞重组。以仙台病毒或 PEG 作为融合诱导剂，以分离纯化的核体为供体，以无核的胞质体为受体，获得重组细胞。

（2）动物的细胞杂交。以仙台病毒或 PEG 诱导胞质体与完整细胞融合，获得胞质杂种细胞。

（3）向动物细胞内引入核体。以仙台病毒或 PEG 诱导核体与完整细胞融合，获得杂种细胞。

（4）向动物细胞内引入微核体。以仙台病毒或 PEG 诱导微核体与完整细胞融合，向细胞内引入少而完整的染色体，对分析哺乳动物细胞染色体的基因位置有重要意义。

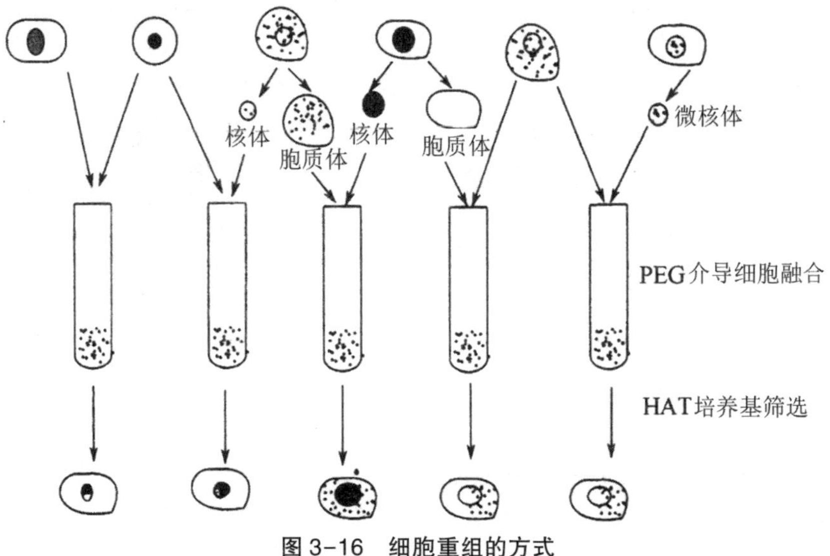

图 3-16 细胞重组的方式

（二）细胞重组的基本方法

最早的核质分离方法是用紫外线或激光照射将细胞的核破坏，再用微玻璃针或微吸管将其他细胞的核送入。紫外线或激光破坏细胞核的操作要求极高，要考虑光束的直径大小、照射距离、照射剂量、照射时间等因素。因此，随着技术的发展，紫外线或激光法被更方便、精确的方法取代。

1. 显微操作技术

显微操作需要借助显微操作仪来完成。用微吸管将细胞核连同周围少量的细胞质吸出，注入已去核的细胞中，使其融合。在这种显微操作的细胞核移植中，供体可以是各种组织或器官的细胞。受体大多是一个动物的卵子，因为其体积大、操作容易，而且含有丰富的细胞质，可为细胞的生长提供大量的营养物质，保证核移植后较高的细胞成活率。

2. 化学拆合法

化学拆合法是利用化学物质使细胞的核和细胞质分离，用于细胞重组，最常用的化学物质是细胞松弛素 B（cytochalasin B）。

1967 年，英国卡纳（Caner）在应用体外培养细胞系统进行抗癌抗生素的筛选时，意外地从一种霉菌（*Helminthosporium dematioideum*）培养物的滤液中分离到一种代谢产物，能诱发小鼠 L 细胞的排核作用并具有一些其他生物学效应。他把这种化合物定名为细胞松弛素（cytochalasin）。此后这一观察引起了细胞生物学者的莫大兴趣，并已在各种细胞类型中相继得到证实。

（1）细胞松弛素的结构和性质。细胞松弛素有多种不同的结构，目前已分离纯化的细胞松弛素有 A、B、C、D、E、F、G、H 等。以细胞松弛素 B 为例，其他细胞松弛素的结构与此极为相似。它们的共同特征：①中心是一个异吲哚环；②有一个大环与异吲哚环的 8 位、9 位两个碳原子相连，大环的碳原子数目和取代基数量可以变化；③在 10 位上有一个芳香基（酚或吲哚）取代；④在 5 位上可以被甲基取代，6 位可以被甲基或甲硫基取代，7 位是羟基或 6 位、7 位之间为环氧桥。迄今有关研究大多使用细胞松弛素 B，即 $C_{29}H_{37}NO_5$。

所有的细胞松弛素类化合物均不溶于水，易溶于二甲基亚砜和纯乙醇中。以目前常用的 CB 为例，它在二甲基亚砜溶液内的溶解情况是当温度为 24℃时，饱和液质量浓度为 371 mg/mL。用二甲基亚砜配制的细胞松弛素溶液，在正常条件下十分稳定，在 4℃保存 3 年，其活力仍保持不变。

（2）细胞松弛素的生物学效应。细胞松弛素对于活细胞具有不寻常的特殊效应。它们能干扰细胞质的分裂，引起细胞表面形状的改变和排出细胞核；抑制细胞的运动；阻碍细胞的吞噬或饮液；降低细胞的黏着程度；阻止神经细胞轴突的生长；影响葡萄糖和核苷酸的摄取；影响甲状腺素的分泌和生长激素的释放及影响细胞质的流动等，这些作用在药物撤除以后大多可以恢复。

卡特（Carter）声称，细胞松弛素是第一类被发现的能够阻断细胞质分裂而不干扰核分裂的化合物。将 L 细胞（小鼠成纤维细胞）培养于含有 0.5 μg/mL细胞松弛素 B 的培养液中，核正常分裂，开始时细胞也能凹陷并形成深沟，但此沟最终不能完全把细胞分成两个，在将要分离的两个子细胞之间仍有细胞质桥相连，随后细胞质桥增宽，凹沟终于消失，并成为双核细胞。此时细胞停止在原位不做移动，从外表上看好像发生了松弛作用，“细胞松弛素”便由此而得名。L 细胞在含有细胞松弛素 B 的培养液中能存活好几天，在此期间核仍能不断地分裂，于是形成多核细胞。L 细胞是贴壁生长的细胞，对于悬浮生长的细胞进行同样处理，也可得到类似的结果：细胞体积和核的数目都在增加，但细胞质不分裂。

高浓度的细胞松弛素能使离体或活体的多种细胞发生明显的表面形态的改变，其中之一是在细胞表面产生所谓的“癌疹”，当去掉药物之后，这种表面形态的改变几乎可完全恢复正常。戈德曼（Godman）等对细胞松弛素 D 作用于细胞引起发疱的过程进行了电镜扫描，当培养细胞接触细胞松弛素后几分钟，细胞周边出现小癌状或结节状突起，并迅速地在细胞的边缘聚成小簇，成簇的疱体突起再向细胞中央移动，并融合成许多大疱（此过程在低温中不能进行），疱中有核糖体，随后在细胞核的上方形成冠状结构。对于来源于表皮的细胞，这种疱的结集是持久的，而纤维细胞则容易引起排核，排核是细胞发癌的一种特殊表现。

不同类型的细胞对细胞松弛素 B 的敏感性颇不相同，一般来说，细胞发生排核作用的快缓和比率，取决于所使用的细胞松弛素 B 剂量的大小，以及处理时间的长短。

虽然细胞松弛素 B 对广泛的细胞活动具有抑制作用，但它却不明显影响细胞内的 DNA、RNA 和蛋白质的合成，它对细胞内 ATP 水平也无显著效应。十分重要的是，细胞松弛素 B 对细胞所产生的大多数影响是可逆的，在除去细胞松弛素 B 后，细胞在几分钟内就可恢复正常状态。

虽然细胞松弛素在化学结构和生物学效应上大体相似，然而它们之间在活力及某些作用方面也不尽一致，如细胞松弛素 C 和细胞松弛素 D 的活力就比细胞松弛素 A 和细胞松弛素 B 要大 10 倍左右，而细胞松弛素 A 与细胞松弛素 B 对血小板的影响也迥然不同。

（三）各种细胞重组原料的制备

1. 胞质体的制备

在一般情况下，细胞松弛素的自然脱核率很低，不超过 30%，脱核时间也比较长，需要 8 ～ 24 h，而且对有些细胞（如牛、猴的肾细胞）无脱核作用。用细胞松弛素脱核，辅以离心力后，各种细胞能在短时间内(15 ～ 30 min)大量去核，得到上百万动物细胞核和无核的胞质体，有些细胞株的去核率高达 99%，因此这种去核方法迅速得到了普及。

胞质体去掉细胞核后，不会立刻死亡，可以存活 16 ～ 36 h。在去核后的一段时间内，胞质体的形态和生物学行为与有核细胞近似，胞质体内一些细胞器的形态、结构、分布排列等都与有核细胞相似，而且细胞器的超微结构正常；质膜仍具有“识别”能力，一旦与邻近的细胞相接触，即会引发接触抑制，不会出现肿瘤细胞的“堆叠”样生长。由于去掉了细胞核，胞质体群体内没有 DNA 合成。但在细胞去核之前，有些 DNA 的复制、转录等活动已经开始和正在进行，所以在去核后的一段时间内，存在蛋白质代谢和低于有核细胞的线粒体 DNA 复制活力，而且去核细胞与有核细胞在多肽合成上没有显著差异。

胞质体可以贴壁、铺展。可以用胰酶或 EDTA 溶液把它从支持面上消化下来，在悬液中即能在融合诱导剂的作用下，把它与其他类型的完整细胞或核体融合，重新构成一个新的完整细胞。

2. 核体的制备

胞质分离得到的细胞核，带有少量胞质并围有质膜，称为“核体”，分离后的核体常常和完整细胞及胞质体混杂在一起。核体能重新再生其胞质部分，继续生长、分裂。所以在核质分离后，需要对获得的核体进行纯化。可以利用核体贴壁附着性弱（当再次在平皿上培养时，需 5 ～ 10 h 才能附着贴壁）、完整细胞附着性强（仅 2 h 就有 95% 细胞贴壁）的特点，用贴壁法纯化，获得大量的核体。

3. 微核体（微细胞）的制备

动物细胞用 0.1 μg/mL 秋水仙碱处理 48 h 以上时，就会形成一个个大小不同的微核，再用细胞松弛素使微核从细胞中分离出来，即可得到微核体。微细胞杂种细胞的制作过程如图 3-17 所示。

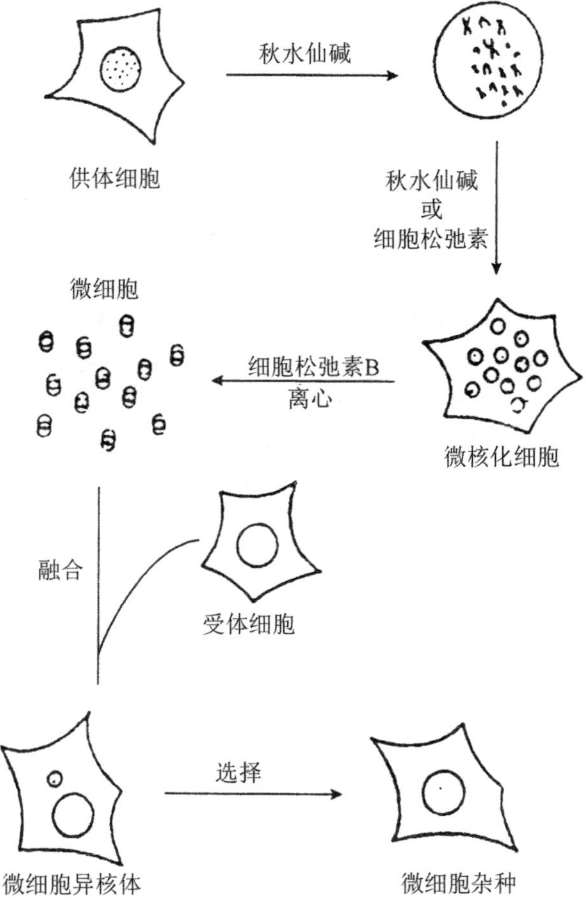

图 3-17　微细胞杂种细胞的制备

秋水仙碱，又称秋水仙素，是从百合科植物秋水仙中提取出来的一种生物碱。纯秋水仙碱呈黄色针状结晶，易溶于水、乙醇和氯仿。秋水仙碱能抑制有丝分裂，破坏纺锤体，使染色体停滞在分裂中期。在这样的有丝分裂中，染色体虽然纵裂，但细胞不分裂，不能形成两个子细胞，因而使染色体加倍。在细胞学、遗传学中常用于制备中期染色体。

秋水仙碱有剧毒，恶心、呕吐、腹泻、腹痛等胃肠反应是最常见的中毒症状，严重的时候出现血尿、少尿等肾脏损害，骨髓抑制及引起粒细胞缺乏，再生障碍性贫血等，所以使用时要注意自我防护。

五、动物克隆技术

（一）胚胎克隆技术

主要是指胚胎分割、胚胎融合及胚胎核移植技术等。

1. 胚胎分割技术

胚胎分割（embryo splitting）是将一枚胚胎用显微手术的方法分割成二分胚、四分胚甚至八分胚，经体内或体外培养，以得到同卵双生或同卵多生后代的技术，也是胚胎克隆的一种方法。

（1）分割器械。分割胚胎的工具可用显微玻璃针或显微分割刀。玻璃针可用直径为 2 ～ 3 mm 的玻管拉制，要求针柄部长 50 ～ 60 mm，针部长 40 mm，针尖用于切割部（相当于刀刃）的长度为 20 ～ 30 mm，直径约 15 μm,针柄和针体部呈 160°的弯角，以便操作［图 3-18（a）］。显微分割刀有用手术刀片或不锈钢剃须刀片改装磨制而成的显微手术刀。把刀片用小钳折成宽 3 ～ 4 mm、长 15 ～ 20 mm 的长条，在细油石或显微磨床上把尖端磨成割脚刀状［图 3-18（b）］或矛状［图 3-18（c）］的刀刃，分别用于垂直分割和水平分割。在磨制过程中要随时在显微镜下检查，刀刃要锋利且无缺口，刀体后端固定一个金属细柄，以便固定在操纵台上，也可以用盖玻片磨制玻璃显微刀片，还可以使用商品化的专用显微手术刀片进行胚胎分割。

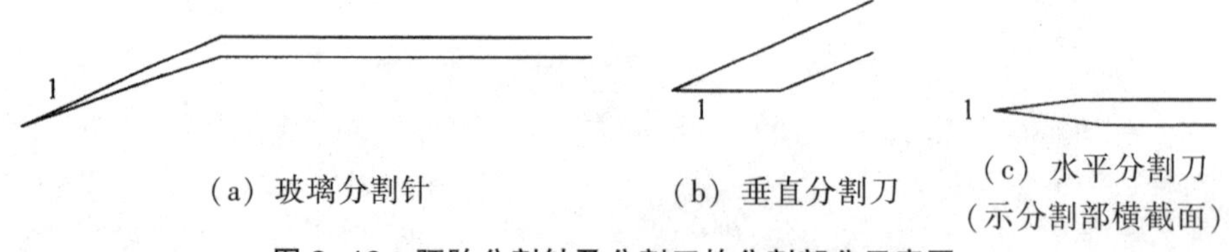

（a）玻璃分割针　（b）垂直分割刀　（c）水平分割刀（示分割部横截面）

图 3-18　胚胎分割针及分割刀的分割部分示意图

1—分割部位

（2）胚胎预处理。为了减少切割损伤，胚胎在切割前一般用链霉蛋白酶进行短时间处理，使透明带软化并变薄或去除透明带。

（3）胚胎分割。在进行胚胎切割时，先将发育良好的胚胎移入含有操作液滴的培养皿中，操作液常用杜氏磷酸缓冲液，然后在显微镜下用切割针或切割刀把胚胎一分为二。

桑葚胚之前的胚胎卵裂球较大，直接切割对卵裂球的损伤较大。常用的方法是用微针切开透明带，用微管吸取单个或部分卵裂球，放入另一空透明带中，空透明带通常来自未受精卵或退化的胚胎（图 3-19）。

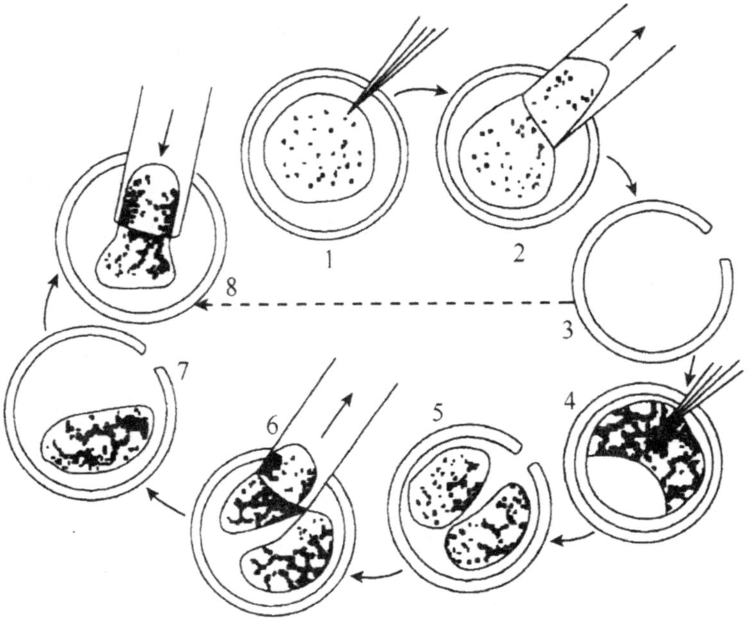

图 3-19　胚胎二分割步骤

1—切开未受精卵的透明带　2—用毛细管吸出内容物　3—空透明带

4—将胚胎分割为两群细胞　5—两枚半胚　6—吸出一枚半胚

7—原透明带内留存一枚半胚　8—将吸出的半胚移入空透明带内

（4）分割胚的培养。分割后的半胚需放入空透明带中或者用琼脂包埋移入中间受体在体内或直接在体外培养。半胚的体外培养方法基本上与体外受精卵的培养相同。体内培养的中间受体一般选择绵羊、家兔等动物的输卵管，输卵管在胚胎移入后需要结扎以防胚胎丢失。

（5）分割胚胎的保存和移植。胚胎分割后可以直接移植给受体，也可以进行超低温冷冻保存。由于分割胚的细胞数少，因此耐冻性较全胚差，解冻后的受胎率也低于全胚。

2. 胚胎融合技术

胚胎融合（embryo fusion）是指通过显微操作使 2 枚或 2 枚以上的受精卵或胚胎发育成为 1 枚胚胎的技术，由此发育而成的个体称为嵌合体（chimera）。胚胎所产生的嵌合体对发育生物学、免疫学、遗传学、医学和畜牧生产技术研究等具有十分重要的意义。哺乳动物嵌合体的研究报道主要有小鼠和绵羊，后来又建立了牛、猪、山羊嵌合体及大鼠-小鼠种间嵌合体和马-斑马属间嵌合体。

通过操作早期胚胎可制备出大量的嵌合体，但一些非哺乳类的脊椎动物，胚胎或胚胎细胞的融合常常因为身体某些部位的重复，或者是已经激活的胚胎细胞不能被完全置换，由此造成身体某些部位的畸形。

哺乳动物的实验性嵌合体一般是通过操作附植前的胚胎制作的，一般将两个或几个胚胎进行聚合（聚合性嵌合体），或者将细胞注射到囊胚（注射性嵌合体）。附植前早期胚胎嵌合体的制作方法可分为三种。

（1）早期胚胎聚合法。该方法可采用从发育到 2 细胞至桑葚期的胚胎，但最常用的为 8 细胞阶段的胚胎，发育太早或太晚的胚胎，由于细胞之间的联系过于紧密，因此很难进行聚合。具体操作为先将透明带去掉，然后将两枚裸胚聚合，在 CO_2 培养箱中培养，使之发育到囊胚，再移植给受体，获得嵌合体个体。聚合用的培养液大多是 0.05% ～ 1% 的植物血凝素（phytohaemagglutinin，PHA）。聚合过程有的在琼脂小凹中，有的用血凝滴定板，也有在液体石蜡中的小液滴中进行。一般在 PHA 中放置培养 10 ～ 20 min，也可先作用 3 ～ 5 min 后，再使两枚胚胎聚合。聚合后的胚胎用培养液洗两次，用 Brinst 液改良 PBS 液或 Witten 液等培养 20 ～ 24 h，使之发育到囊胚阶段，然后再移植给受体。

（2）分裂球聚合法。该方法常用于将发育阶段相同的两胚胎分裂球进行聚合，也可将发育阶段不同的胚胎分裂球聚合，制作嵌合体个体。通常是在一个透明带中，人为地将发育阶段不同胚胎的分裂球，或者分裂球与特殊的细胞（如肿瘤细胞）聚合在一起。按这种方式，使用 2 ～ 16 细胞期、桑葚胚后期的分裂球都可以培育出嵌合体个体。

（3）囊胚注入法。注入法制备嵌合体是指当哺乳动物的受精卵发育到囊胚阶段且已分化为两种明显不同的组织——内细胞团（ICM）和滋养层细胞以后，将目的细胞或细胞团注入囊胚腔，使注入细胞与内细胞团结合后共同发育，以获得嵌合体。也有人将某一囊胚的 ICM 完全用另一囊胚的 ICM 代替，这种方法称为囊胚重组，曾被成功地用来进行种间妊娠，制备的嵌合体其胎儿周围的胎膜是来自另一种动物。这种方法可广泛用于研究基因型已知的 ICM 的发育能力和具有不同基因型的滋养层细胞之间在个体发育中的相互关系。

3. 胚胎细胞核移植技术

胚胎细胞核移植技术主要是以胚胎卵裂球的细胞作为核供体，进行细胞核移植，其方法和体细胞核移植基本相同。

（二）体细胞克隆技术

体细胞克隆的技术程序与胚胎克隆基本相同，不同之处主要在于不是用胚胎卵裂球而是用胎儿细胞或成年动物体细胞作为核供体进行细胞核移植，得到的后代与供体细胞具有相同遗传性状（图3-20）。

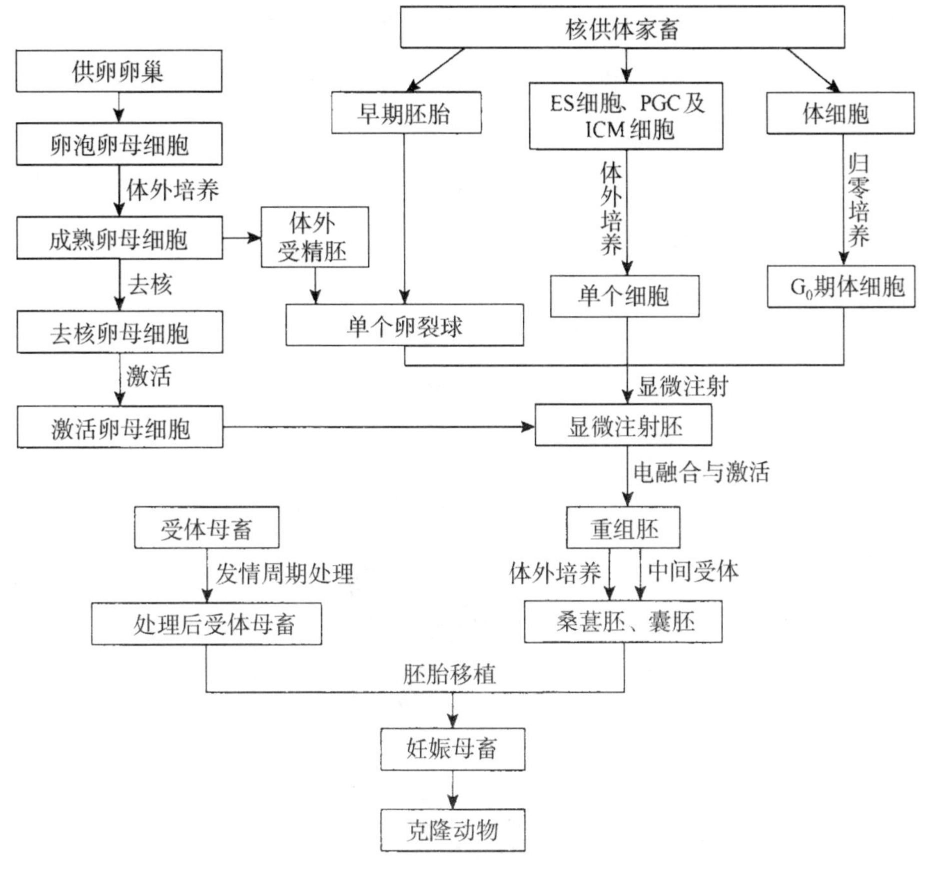

图3-20　动物克隆技术路线

Dolly羊与以往的克隆动物的最大区别是它的核供体是高度分化了的体细胞，而不是尚保留细胞全能性的早期胚胎细胞（图3-21）。Dolly羊的成功既证实了完全分化了的动物体细胞仍然保持着当初胚胎细胞的全部遗传信息，而且能够恢复全能性而形成完整个体。

但需要提醒的是，以单细胞培养出来的克隆动物并不是核供体动物的完全复制。众所周知，细胞核DNA并非包含机体全部的遗传信息，细胞质中线粒体DNA在机体某些遗传特征方面也起重要作用。细胞核含有成千上万的基因，细胞质线粒体DNA只有不到50个遗传基因，但其对动物大脑的发育和行为却有直接影响。在进行核移植时，如果只是把供体体细胞的核移入受体卵母细胞，得到的克隆动物有时和核供体动物完全不同。但若将线粒体DNA也移入去核卵母细胞，克隆动物与其体细胞提供者的行为就基本一致了。

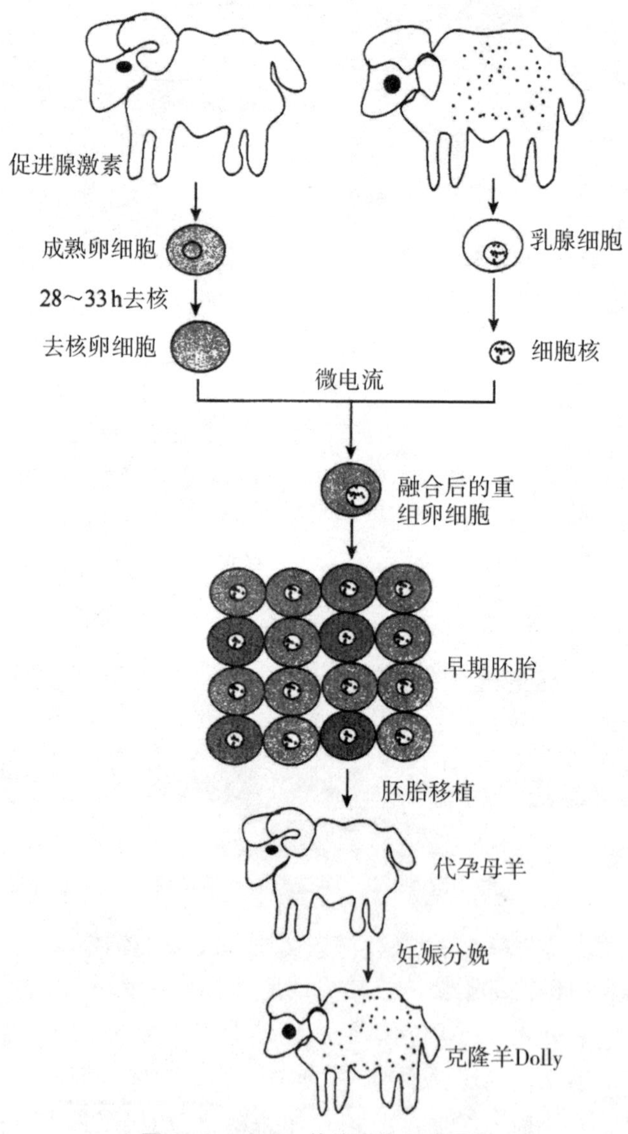

图3-21　Dolly羊的克隆示意图

第四节　细胞工程研究进展

一、干细胞研究

开展干细胞研究一般要经过以下三个阶段：①获得干细胞系。可以从动物或人的早期胚胎或各器官、组织中分离并经鉴定，且具有能在体外长期保持干细胞特性（一般应稳定传25代以上）的细胞。②对干细胞进行体外诱导分化。使用具有专一性的诱导物质诱导干细胞按预定的细胞类型方向分化，形成特定组织和器官，称为定向分化（directional different-tiation），也可利用基因工程手段引入外源目的基因（对原有致病基因进行置换改造），诱导干细胞定向分化。③诱导分化细胞的永生化。ES细胞被诱导分化的终末分化细胞或其前体细胞（progenitor），只能原代或短期培养，往往不能在体外增殖传代，不能成为永生的细胞系。因此，必须使ES细胞被诱导产生的分化细胞永生化（immortalization），并将上述分化细胞培育体系植入动物或人的相应器官或组织，使其传代。

（一）胚胎干细胞

胚胎干细胞是一类来自早期胚胎、原始生殖细胞或畸胎瘤组织的干细胞。在胚胎的发生发育中，当受精卵分裂发育成囊胚时，内层细胞团（inner cell mass）的细胞即为胚胎干细胞。胚胎干细胞具有形成该生物体所有组织和器官的能力，即具有“全能性”，因此被称为“万能”细胞。

干细胞研究不仅操作烦琐而且对实验者的实验技能要求很高，我国徐荣祥教授等另辟蹊径，在皮肤干细胞原位再生方面取得了原创性的重大突破。他们对被烧伤的皮肤进行适当处理后，成功地直接诱导上皮组织基底层的干细胞分化生成皮肤细胞，使受伤的皮肤得以迅速康复。该技术显示我国干细胞研究已率先进入组织和器官的原位干细胞修复和复制阶段。

（二）成体干细胞

胚胎干细胞逐渐定向分化，朝着特定的组织器官发展，失去全能性而变得比较专一，它们能继续发育成器官组织，如心脏、肺、皮肤、骨髓、血管、骨骼肌和肝脏等，它们只能发育分化成一个系统中的几种细胞，但不能生成其他系统的细胞，因此这些干细胞称为“多能”干细胞，如果继续分化发育，将生成更加专门化的细胞，即“专能”干细胞，如红细胞、肌细胞、神经细胞等。终端细胞失去了分裂繁殖能力，只能按一定的程序分化成具有特定的功能细胞或组织，完成专门的生理机能，如输送氧气、肌肉收缩、传递信息等，当“终端”细胞逐渐衰老、死亡，专能干细胞就产生新的终端细胞补充，从而使组织和器官保持生长和衰退的动态平衡。出生后的机体中除了专能干细胞外，仍保留了少量的多能干细胞，继续增殖分化。“多能”及“专能”干细胞统称为组织干细胞或成体干细胞。成体干细胞存在于机体的各种组织器官中，成年个体组织中的成体干细胞在正常情况下大多处于休眠状态，在病理状态或在外因诱导下可以表现出不同程度的再生和更新能力。

（三）诱导多能或全能干细胞

诱导性多能干细胞是借助基因导入技术将影响全能性的外源转录因子基因导入分化的体细胞，诱导其重新编程成为类似于胚胎干细胞的多能干细胞。

二、胚胎工程

胚胎工程是指对动物早期胚胎或配子所进行的多种显微操作和处理技术。主要是对哺乳动物的胚胎进行某种工程技术操作，然后让其继续发育获得人们所需要的成体动物的一种技术，包括体外受精、胚胎移植、胚胎分割移植、胚胎干细胞培养等技术。这些技术进一步挖掘动物的繁殖潜力，为优良牲畜的大量繁殖、稀有动物的种族延续提供有效的解决办法。在畜牧业和制药业等领域发挥重要的作用，具有广阔的应用前景。

（一）胚胎冷冻保存技术和移植技术

胚胎冷冻技术是在精子冷冻保存的基础上发展起来的。胚胎的冷冻实际上是一个脱水的过程，冷冻保存的关键是设法减少细胞内冰晶对胚胎造成的损伤。目前，山羊胚胎的冷冻主要采用常规慢速冷冻法、快速冷冻法和玻璃化冷冻法，冷冻的胚胎经解冻可用于移植。胚胎移植不受时间、地域限制，简化引种过程，防止疾病传播，还为建立优良动物的胚胎库提供了条件。家畜胚胎库的建立，可实现简便廉价的远距离胚胎运输，促进国际间的良种交换。

胚胎移植（embryo transfer，ET）是将良种母畜配种后的早期胚胎取出，移植到同种的生理状态相同的母畜体内，使之继续发育成为新个体。通过此技术，使优良品种或个体动物的快速扩繁、引种及种质资源保存。

近两年来，国内山羊、绵羊的胚胎移植数每年在3万枚以上，使国内种羊数目迅速扩大，为杂交改良打下了基础。有人预计今后几年中，纯种公羊数量将趋于饱和，养羊业将以种用为主逐步过渡到以生产商品肉羊为主，满足人们对优质羊肉的需要。例如，陕西神木县开展“肉用绵羊新品种（群）培育”项目，计划2020年，最终培育一个具有知识产权的肉用型绵羊新品种。现在全国年产犊牛约5000万头，按照农业部科技司推荐的方法计算，平均每头胚胎移植羊后代比土种羊每年增加经济效益3.5万元。以每年胚胎移植羊1%计算，年总经济效益将高达175亿元，市场潜力巨大。

（二）胚胎分割技术

胚胎分割（embryo bisection）是指借助显微操作技术或徒手操作方法切割早期胚胎成二、四等多等份再移植给受体母畜，从而获得同卵双胎或多胎的生物学新技术。来自同一胚胎的后代有相同的遗传物质，因此胚胎分割可看成动物无性繁殖或克隆的方法之一。在一般情况下，牛、羊细胞核移植产生后代的成功率在10%以下，而胚胎分割的半胚产仔率一般接近50%。胚胎分割技术可以与其他胚胎生物技术相结合，为胚胎转基因技术、性别鉴定技术提供活胚检查的方法，为胚胎嵌合、胚胎干细胞技术提供卵裂球分离的方法和手段。胚胎分割还可以获得遗传上同质的后代，为家畜育种研究提供有价值的材料。胚胎分割在畜牧生产上，可用来扩大优秀遗传特性的动物数量，提高胚胎移植技术的效率和效益；在科学研究方面，一卵双生或多生可为动物遗传学、发育生物学、动物育种学等提供宝贵的实验材料，可消除遗传差异，提高实验结果的准确性。胚胎分割也是胚胎嵌合、细胞核移植等生物工程的基础技术。将分割胚鉴定性别后，根据意愿决定另外部分是否移植，从而达到控制动物性别的目的。由此可见，进一步提高胚胎分割技术的生产效率、完善技术和培养系统，可以使这门技术继续发挥作用，为畜牧业生产服务。

三、染色体工程

染色体工程研究的范围主要包括染色体添加、削减和替代。染色体添加是指通过杂交或其他方法将一个物种的染色体导入受体物种染色体组。该技术不仅在改良植物的遗传基础、培育新品种上受到重视，而且也是基因定位、染色体转移等基础研究的有效手段。

目前，植物学家已经将染色体工程用于作物品种的改良，使其成为一种育种的新技术。科学工作者用染色体工程获得的小麦附加天蓝冰草的异附加系抗秆锈和叶锈病；冰草染色体替代的小麦染色体3D的异代换系能抗15种秆锈病生理小种；有黑麦6R的小麦异代换系抗白粉病；还有“小偃6号”是具有两个偃麦草染色体的小麦易位系，能抗各种锈病、耐干热风、丰产，已在生产上大面积推广应用。这些研究表明植物染色体工程在培育抗病新品种上有重要意义。

动物染色体工程主要采用对细胞进行显微操作的方法（如微细胞转移方法等），将人类需要的遗传性状集中在一起，来达到转移动物染色体，创造出新物种的目的。在高等动物中，由于多倍体或者染色体严重缺失与重复的个体都不容易成活，因此高等哺乳动物的染色体工程目前均是在细胞水平上采用细胞融合技术进行的。生物学家将某生物染色体片段进行重新组合，构成新的染色体，称为“人工染色体”。

目前我国已在上海开始进行转染色体工程的研究，主要是利用鼠制造人的抗体。研究人员通过去除鼠细胞内的有关抗体制造的基因群，再转入包含全套抗体基因群的人类染色体片段，培养出的人源化鼠就能制造整套人的抗体。构建人工染色体的目的，一方面是为了研究染色体的结构功能及维持染色体完整结构功能的各最小功能单位；另一方面，找到一种能稳定遗传且永久表达基因的基因治疗载体。目前有 4 种主要类型：酵母人工染色体、细菌人工染色体、人类人工染色体和植物人工染色体。“人工染色体”潜力无限，染色体工程一旦成熟，人类制造出能将垃圾变成氢气、降解海面油污、让纤维素变成葡萄糖和乙醇的生物也就不会是梦想了，这就是“转染色体工程”的魅力所在，也是国际生物技术研究发展的主要方向。

第四章　发酵工程

发酵的概念在工业方面有一定的区别。工业发酵是指利用微生物（主要是微生物）生产一切有用产品或将某些底物转化而达到某一目的的过程，如酱油的制造、啤酒酿造、食醋酿造都可以认为是工业发酵。在生物学方面，发酵的概念则更加严格，是指微生物细胞在无氧条件下，将有机物氧化释放的电子直接交给由底物不完全氧化产生的某些中间产物，部分释放能量，并有各种不同的中间产物生成的过程。微生物发酵过程中，有机物只是部分地被氧化，释放出小部分能量，大部分能量仍存在于中间产物中。

第一节　微生物的基本知识与发酵工程基础

一、微生物的特性

（一）代谢活力强

微生物体积虽小，但有极大的比表面积，因而微生物能与环境之间迅速进行物质交换，吸收营养和排泄废物，而且有最大的代谢速率。从单位重量来看，微生物的代谢强度比高等生物大几千倍到几万倍。

（二）繁殖快

一般的微生物是以裂殖的方式进行繁殖，如果在温度适中、湿度适中、营养物质丰富的情况下，微生物的繁殖时间大概在十几分钟就可以繁殖一代，这是其他生物界中无法比拟的生物活体。

（三）种类多，分布广

无论是在土壤、河流、空气中，还是在动、植物体内，均有各类微生物存在。目前已确定的微生物种类不到 10 万种，有研究表明，此还不足地球上微生物种类的 1%。

（四）适应性强，易变异

由于微生物的结构过于简单，是细胞直接和环境接触的，所以受环境的影响将会更加的敏感，如果引起遗传物质DNA变化时，微生物总体也会改变，甚至是死亡。有益的变异可为人类创造巨大的经济及社会效益，如产青霉素的菌种产生黄青霉，1943年时每毫升发酵液仅分泌约20单位的青霉素，而今早已超过了$5×10^4$单位。同样，有害的变异也给人类带来了巨大的困扰，如各种致病菌的耐药性突变，迫使人类不断地开发新药以应对微生物对原有抗生素的抗药性。

二、微生物的六大营养素

微生物的培养基种类繁多，它们营养之间存在着“营养上的统一性”（表4-1）。具体地说，微生物的营养要素有6种，即是碳源、氮源、能源、生长因子、无机盐和水。

表4-1　微生物和动物、植物营养要素的比较

营养要素＼生物类型	动物（异养）	微生物		绿色植物（自养）
		异养	自养	
碳源	糖类脂肪	糖、醇、有机酸等	二氧化碳、碳酸盐	二氧化碳、碳酸盐
氮源	蛋白质或其降解物	蛋白质或其降解物、有机氮化物、无机氮化物、氮	无机氮化物、氮	无机氮化物
能源	与碳源同	与碳源同	氧化无机物或利用日光能	利用日光能
生长因子	维生素	一部分需要维生素等生长因子	不需要	不需要
无机盐	无机盐	无机盐	无机盐	无机盐
水分	水	水	水	水

（一）碳源

凡能够提供微生物营养所需的碳元素（碳架）的营养源，称为碳源（carbon source）。碳源在微生物体内通过一系列复杂的化学变化合成细胞物质并为机体提供生理活动所需要的能量。细菌细胞中的碳元素占细胞重量的50%。微生物可利用的碳源范围是极其广泛的，具体见表4-2。

表 4-2　微生物的碳源谱

类型	元素水平	化合物水平	培养基原料水平
有机碳	C·H·O·N·X	复杂蛋白质、核酸等	牛肉膏、蛋白胨、花生饼粉等
	C·H·O·N	多数氨基酸、简单蛋白质等	一般氨基酸、明胶等
	C·H·O	糖、有机酸、醇、脂类等	葡萄糖、蔗糖、各种淀粉、糖蜜等
	C·H	烃类	天然气、石油及其不同馏分、石蜡油等
无机碳	C（?）	—	—
	C·O	CO_2	CO_2
	C·H·X	$NaHCO_3$、$CaCO_3$	$NaHCO_3$、$CaCO_3$等

X 指除 C、H、O、N 外的任何其他一种或几种元素。

在微生物发酵工业中，常根据不同微生物的营养需要，利用各种农副产品的淀粉，作为微生物生产廉价的碳源。这类碳源往往包含了几种营养要素，只是其中各要素的比例不一定适合各种微生物的要求（表4-3）。

表 4-3　糖蜜的化学成分

成分	含量/%	成分	含量/%
水	20	灰分（10 种）	12
蔗糖	35	含氮化合物*	3.5
葡萄糖	7	不含氮酸类**	5
果糖	9	蜡质、甾醇和磷脂	0.3
其他糖类（8 种）	3	色素（3 种以上）	—
其他还原物质	3	维生素（8 种）***	—

注：*包括 23 种氨基酸（Ala，Asp，Gln，Gly，Leu，Lys，Ser，Thr，Val 等）、3 种核苷酸和少量蛋白质。

**包括 5 种以上有机酸，如乌头酸、柠檬酸、苹果酸、甲基反丁烯二酸和琥珀酸等。

***包括生物素（1 ～ 3）、胆碱（880）、叶酸（0.3 ～ 0.4）、烟碱酸（17 ～ 30）、泛酸（20 ～ 60）、B_1（0.6 ～ 1.0）、B_2（2 ～ 3）、B_6（1 ～ 7）（以上括号内数据的单位均为 μg/g）。

（二）氮源

凡能提供微生物生长繁殖所需氮元素的营养源，称为氮源。一个细菌细胞中的氮元素占细胞干重的12%左右，是细胞的重要组成部分。与碳源相似，微生物能利用的氮源种类即氮源谱也是十分广泛的（表4-4）。

表4-4 微生物的氮源谱

类型	元素水平	化合物水平	培养基原料水平
有机氮	N·C·H·O·X	复杂蛋白质、核酸等	牛肉膏、酵母膏、饼粕粉、蚕蛹粉等
	N·C·H·O	尿素、一般氨基酸、简单蛋白质等	尿素、蛋白胨、明胶等
无机氮	N·H	NH_3、铵盐等	$(NH_3)_2SO_3$等
	N·O	硝酸盐等	KNO_3等
	N	N_2	空气

（三）能源

能源即能为微生物的生命活动提供最初能量来源的营养物或辐射能。

异养微生物的能源就是其碳源，因此，微生物的能源就显得十分简单。

化能自养微生物的能源物质都是一些还原态的无机物质，能氧化利用这些物质的微生物都是细菌。

（四）生长因子

生长因子是一类对微生物正常代谢必不可少且不能用简单的碳源或氮源自己合成的有机物。各种微生物与生长因子的关系可分为以下几类：

（1）生长因子自养型微生物：多数真菌、放线菌和不少细菌。

（2）生长因子异养型微生物：它们需要多种生长因子，如乳酸细菌、各种动物致病菌、原生动物和支原体等（表4-5）。

表4-5 一些细菌所需要的维生素

维生素	微生物菌种
硫胺素（B_1）	炭疽芽孢杆菌（*Bacillus anthracis*）
核黄素	破伤风梭菌（*Clostridium tetani*）

续表

维生素	微生物菌种
烟酸	流产布鲁氏杆菌（*Brucella abortus*）
吡多醛（B_6）	各种乳酸杆菌（*Lactobacillus* spp.）
生物素	肠膜状明串珠菌（*Leucomostoc mesenteroides*）
泛酸	摩氏变形杆菌（*Proteus morganii*）
叶酸	葡萄糖明串珠菌（*Leuconostoc dextranicum*）
维生素 K	产黑素拟杆菌（*Bacteroides melaninogenicus*）
钴胺素（B_{12}）	乳杆菌（*Lactobacillus* spp.）

（3）生长因子过量合成的微生物：有些微生物在其代谢活动中，会合成大量的维生素及其他生长因子，因此，它们可以作为维生素等的生产菌。最突出的是生产维生素的阿舒假囊酵母，其 B_2产量可达 2.5 g/L 发酵液，棉阿舒囊霉也生产维生素 B_2，谢氏丙酸杆菌生产维生素 B_{12}。

（五）无机盐

无机盐是微生物生长必不可少的一类营养物，它们为机体提供必需的金属元素。这些金属元素在机体中的生理作用有参与酶的组成、构成酶的最大活性、维持细胞结构的稳定性、调节与维持细胞的渗透压平衡、控制细胞的氧化还原电位和作为某些微生物生长的能源物质等。在配制培养基时根据微生物的需要添加无机元素。

（六）水

除了少数微生物如蓝细菌能利用水中的氢作为还原 CO_2时的还原剂外，其他微生物都不能利用水作为营养物，但它在微生物的代谢中起着重要作用。

水的生理功能有：①水是微生物细胞的重要组成成分，占活细胞总量的 90%左右；②机体内的一系列生理生化反应都离不开水；③营养物质的吸收与代谢产物的分泌都是通过水来完成的；④水的比热高，又是热的良好导体，因而能有效地吸收代谢过程中放出的热并迅速地散发出去，避免细胞内温度突然升高，故能有效地控制温度的变化。

三、菌种的选育技术

菌种是发酵食品生产的关键，性能优良的菌种才能使发酵食品具有良好的色、香、味等食品特征。菌种的选与育是一个问题的两个方面，没有的菌种要向大自然索取，即菌种的筛选；已有的菌种还要改造，以获得更好的发酵食品特征，即育种。因此菌种选育的任务是不断发掘新菌种，向自然界索取发酵新产品；改造已有的菌种，达到提高产量、符合生产的目的。

育种的理论基础是微生物的遗传与变异，遗传和变异现象是生物最基本的特性。遗传中包含变异，变异中也包含着遗传，遗传是相对的，而变异则是绝对的。微生物由于繁殖快速，生活周期短，在相同时间内，环境因素可以相当大地重复影响微生物，使个体较易于变异，变异了的个体可以迅速繁殖而形成一个群体表现出来，便于自然选择和人工选择。

（一）自然选育

自然选育是菌种选育的最基本方法，它是利用微生物在自然条件下产生自发变异，通过分离、筛选，排除劣质性状的菌株，选择出维持原有生产水平或具有更优良生产性能的高产菌株。因此，通过自然选育可达到纯化与复壮菌种、保持稳定生产性能的目的。当然，在自发突变中正突变概率是很低的，选出更高产菌株的概率一般来说也很低。由于自发突变的正突变率很低，多数菌种产生负变异，其结果是使生产水平不断下降。因此，在生产中需要经常进行自然选育工作，以维持正常生产的稳定。

自然选育也称自然分离，主要作用是对菌种进行分离纯化，以获得遗传背景较为单一的细胞群体。一般的菌种在长期的传代和保存过程中，由于自发突变使菌种变得不纯或生产能力下降，因此在生产和研究时要经常进行自然分离，对菌种进行纯化。其方法比较简单，尤其是单细胞细菌和产孢子的微生物，只需将它们制备成悬液，选择合适的稀释度，通过平板培养获得单菌落就能达到分离目的。而那些不产孢子的多细胞微生物（许多是异核的），则需要用原生质体再生法进行分离纯化。自然选育分为以下几步，下面一一介绍。

1. 通过表现形态来淘汰不良菌株

菌落形态包括菌落大小、生长速度、颜色、孢子形成等可直接观察到的形态特征。通过形态变化分析判断去除可能的低产菌落，将高产型菌落逐步分离筛选出来。此方法用于那些特征明显的微生物，如丝状真菌、放线菌及部分细菌，而外观特征较难区别的微生物就不太适用。以抗生素菌种选育为例：一般低产菌的菌落不产生菌丝，菌落多光秃型；生长缓慢，菌落过小，产孢子少；孢子生长及孢子颜色不均匀，产生白斑、秃斑或裂变；或生长过于旺盛，菌落大，孢子过于丰富等。这类菌落中也可能包含着高产型菌，但由于表现出严重的混杂，其后代容易分离和不稳定，也不宜作保存菌种。判断高产菌落的依据为：孢子生长有减弱趋势，菌落中等大小，菌落偏小但孢子生长丰富，孢子颜色有变浅趋势，菌落多、密、表面沟纹整齐，分泌色素或逐渐加深或逐渐变浅。

2. 通过目的代谢物产量进行考察

这种方法是在菌种分离或者诱变育种的基础上进行的，在第一步初筛的基础上对选出的高产菌落进行复筛，进一步淘汰不良菌株。复筛通过摇瓶培养（厌氧微生物则通过静置培养）进行，复筛可以考察出菌种生产能力的稳定性和传代稳定性，一般复筛的条件已较接近于发酵生产工艺。经过复筛的菌种，在生产中可表现出相近的产量水平。复筛出的菌种应及时保藏，避免过多传代而造成新的退化。

3. 进行遗传基因型纯度试验，以考察菌种的纯度

其方法是将复筛后得到的高产菌种进行分离，再次通过表观形态进行考察，分离后的菌落类型越少，则表示纯度越高，其遗传基因型较稳定。

4. 传代的稳定性试验

在生产中活化、逐级扩大菌种，必然要经过多次传代，这就要求菌种具有稳定的遗传性。在试验中一般需要进行 3 ～ 5 次的连续传代，产量仍保持稳定的菌种方能用于生产。在传代试验中，要注意试验条件的一致性，以便能正确反映各代间生产能力的差异。

通过自然发生的突变，筛选那些含有所需性状得到改良的菌种。随着富集筛选技术的不断完善和改进，自然育种技术的效率有所提高，如含有突变基因 naE、mutD、mutT、mutM、mutH、mutI 等的大肠杆菌突变率相对较高。酒精发酵是最早把微生物遗传学原理应用于微生物育种实践而提高发酵产物水平的成功实例。自然选育是一种简单易行的选育方法，可以达到纯化菌种、防止菌种退化、提高产量的目的，但发生自然突变率特别低。这样低的突变率导致自然选育耗时长，工作量大，影响了育种工作效率。

（二）诱变育种

在现代育种领域，诱变育种主要是提高突变菌株产生某种产物的能力。

1. 诱变育种的基本方法

诱变育种的方法主要有 3 种，下面一一介绍。

（1）物理因子诱变。物理诱变剂有很多种，包括紫外线、激光、低能离子、X 射线、γ 射线等。在上述诱变因子中，我们最常使用的是紫外线，它在诱变微生物突变方面可以发挥非常大的作用。DNA 和 RNA 的嘌呤和嘧啶在吸收紫外光方面具有很强的能力，一定程度下还可致死。相比 X 射线和 γ 射线来说，紫外线具有较少的能量，可以对核酸造成比较单一的损伤。故紫外线不仅可以造成转换、移码突变或缺失等，还可以在 DNA 的损伤与修复中发挥重要作用。

近些年，出现了新的物理诱变技术——低能离子的使用。该方法生物的生理损伤较小，同时还可以得到较高的突变率和更广的突变谱；使用的设备比较简单，成本比较低；不会对人体和环境造成危害和污染。目前，在微生物菌种选育中，选择注入的离子多为气体单质正离子，最常使用的是 N^+，除此之外，还有 H^+、Ar^+、O^{6+} 以及 C^{6+}。

（2）化学因子诱变。化学因子是一类引起 DNA 异变的物质，通过与 DNA 发生作用，将其结构改变。化学诱变剂有很多种，包括烷化剂、金属盐类等。其中，应用最广泛的化学诱变剂是烷化剂，它也是最有效的诱变剂。在突变率方面，化学诱变剂高于电离辐射；在经济方面，化学诱变剂优于电离辐射。但是需要注意的是，不论是化学诱变剂还是电离辐射，它们都有致癌作用，使用的时候需要小心。

（3）复合因子诱变。对于那些长时间使用诱变剂的菌株来说，它们会有一些副作用，包括诱变剂“疲劳效应”、延长生长周期、引起代谢速度缓慢、减少孢子量等。上述副作用非常不利于生产，因此在实际中对菌株进行诱变的时候，通常采用的方法是多种诱变剂复合、交叉使用。复合诱变方法有很多种，包括重复使用同一种诱变剂、同时使用两种或两种以上诱变剂、先后使用两种或两种以上诱变剂。通常情况下，复合诱变剂的使用效果优于单一诱变剂，复合诱变剂具有协同效应。

2. 诱变育种的影响因素

影响诱变育种的因素主要有 5 点，下面一一介绍。

（1）诱变剂的种类非常多，在实际选用诱变剂时，需要根据实际情况选择简便有效的诱变剂。使用诱变剂处理的微生物也要符合一定的要求，最好是以悬浮液状态呈现，细胞需要尽量分散。这种状态下可以使细胞诱变更加均匀，也有利于后期单菌落的培养，避免形成不纯的菌落。

（2）使用诱变剂处理的细胞最好是单核细胞，核质体越少越好。

（3）影响诱变效果的因素有很多种，微生物的生理状态是其中一种，微生物对诱变剂最敏感的时期是对数期。

（4）诱变剂的剂量。大多数诱变剂都具有杀菌作用，还可作杀菌剂使用。诱变剂合适的剂量是指在诱变育种时，在提高诱变率的基础上，还可以提高变异幅度，同时还能使得异变向正变范围偏移。若是使用的诱变剂剂量过低，那么发生的异变率过低；若是使用的诱变剂剂量过高，那么会杀死大量的细胞，影响特定的筛选。

（5）出发菌株是指用于育种的原始菌株，合适的出发菌株可以提高育种效率。一般多用生产上正在使用、对诱变剂敏感的菌株。

3. 高产菌株筛选

诱变育种的目的在于提高微生物的生产量，但对于产量性状的突变来讲，不能用选择性培养方法筛选。因为高产菌株和低产菌株在培养基上同样地生长，也无一种因素对高产菌株和低产菌株显示差别性的杀菌作用。

测定菌株的产量高低采用摇瓶培养，然后测定发酵液中产物的数量。如果把经诱变剂处理后出现的菌落逐一用上述方法进行产量测定，工作量很大。如果能找到产量和某些形态指标的关联，甚至设法创造两者间的相关性，则可以大大提高育种的工作效率。在诱变育种工作中应该利用菌落可以鉴别的特性进行初筛，例如在琼脂平板培养基上，通过观察和测定某突变菌菌落周围蛋白酶水解圈的大小、淀粉酶变色圈的大小、色氨酸显色圈的大小、柠檬酸变色圈的大小、抗生素抑菌圈的大小、纤维素酶对纤维素水解圈的大小等，估计该菌落菌株产量的高低，然后再进行摇瓶培养法测定实际的产量，可以大大提高工作效率。

上述这一类方法所碰到的困难是对于产量高的菌株，作用圈的直径和产量并不呈直线关系。为了克服这一困难，在抗生素生产菌株的育种工作中，可以采用抗药性的菌株作为指示菌，或者在菌落和指示菌中间加一层吸附剂吸去一部分抗生素。

一个菌落的产量越高，它的产物必然扩散得也越远。对于特别容易扩散的抗生素，即使产量不高，同一培养皿上各个菌落之间也会相互干扰，可以采用琼脂挖块法克服产物扩散所造成的困难。该方法是在菌落刚开始出现时就用打孔器连同一块琼脂打下，把许多小块放在空的培养皿中培养，待菌落长到合适大小时，把小块移到已含有供试菌种的一大块琼脂平板上，以分别测定各小块抑菌圈大小并判断其抗生素的效价。由于各琼脂块的大小一样，且该菌落的菌株所产生的抗生素都集中在琼脂块上，所以只要控制每一培养皿上的琼脂小块数和培养时间，或者再利用抗药性指示菌，就可以得到彼此不相干扰的抑菌圈。

（三）杂交育种

杂交育种是指 2 个基因型不同的菌株通过接合使遗传物质重新组合，从中分离和筛选具有新性状的菌株的方法。杂交育种往往可以消除某一菌株在诱变处理后所出现的产量上升缓慢的现象，因而是一种重要的育种手段。但杂交育种方法较复杂，许多工业微生物有性世代不十分清楚，故没有像诱变育种那样得到普遍推广和使用。

杂交育种的方法有 4 种，下面一一介绍。

1. 细菌杂交

将两个具有不同营养缺陷型、不能在基本培养基上生长的菌株，以 1×10^5cfu/mL的浓度在基本培养基中混合培养，结果可以有少量菌落生长，这些菌落就是杂交菌株。细菌杂交还可通过 F 因子转移、转化和转导等方式发生基因重组。

2. 放线菌的杂交育种

放线菌杂交是在细菌杂交基础上建立起来的，虽然放线菌也是原核生物，但它有菌丝和孢子，其基因重组方式近似于细菌，育种方法与霉菌有许多相似之处。

3. 霉菌的杂交育种

不产生有性孢子的霉菌是通过准性生殖进行杂交育种的。准性生殖是真菌中不通过有性生殖的基因重组过程。准性生殖包括 3 个相互联系的阶段：异核体形成、杂合二倍体的形成和体细胞重组（即杂合二倍体在繁殖过程中染色体发生交换和染色体单倍化，从而形成各种分离子）。准性生殖具有和有性生殖类似的遗传现象，如核融合，形成杂合二倍体，接着是染色体分离，同源染色体间进行交换，出现重组体等。

霉菌的杂交通过 4 步完成：选择直接亲本、形成异核体、检出二倍体和检出分离子。

（1）选择直接亲本。2 个用于杂交的野生型菌株即原始亲本，经过人工诱变得到的用于形成异核体的亲本菌株即称为直接亲本，直接亲本有多种遗传标记，在杂交育种中用得最多的是营养缺陷型菌株。

（2）异核体形成。把2个营养缺陷型直接亲本接种在基本培养基上，强迫其互补营养，使其菌丝细胞间吻合形成异核体。此外还有液体完全培养基混合培养法、完全培养基混合培养法、液体有限培养基混合培养法、有限培养基异核丛形成法等。

（3）二倍体的检出。一般有3种方法：①将菌落表面有野生型颜色的斑点和扇面的孢子挑出进行分离纯化；②将异核体菌丝打碎，在完全培养基和基本培养基上进行培养，出现异核体菌落，将具有野生型的斑点或扇面的孢子或菌丝挑出，进行分离纯化；③将大量异核体孢子接于基本培养基平板上，将长出的野生型原养型菌落挑出分离纯化。

（4）检出分离子。将杂合二倍体的孢子制成孢子悬液，在完全培养基平板上分离成单孢子菌落，在一些菌落表面会出现斑点或扇面，每个菌落接出一个斑点或扇面的孢子于完全培养基的斜面上，经培养纯化，鉴别而得到分离子。也可用完全培养基加重组剂对氟苯丙氨或吖啶黄类物质制成选择性培养基，进行分离子的鉴别检出。

（四）基因工程育种

基因工程育种是指利用基因工程方法对生产菌株进行改造而获得高产菌株，或者是通过微生物间的转基因而获得新菌种的育种方法。人们可以按照自己的愿望，进行严格的设计，通过体外DNA重组和转移等技术，对原物种进行定向改造，获得对人类有用的新性状，大大缩短了育种时间。

1. 基因工程育种的过程

重组DNA技术一般包括4步，即目的基因的获得、与载体DNA分子的连接、重组DNA分子引入宿主细胞和从中筛选出含有所需重组DNA分子的宿主细胞。作为发酵工业的工程菌株在此4步之后还需加上外源基因的表达及稳定性的考虑。

2. 基因工程育种的关键步骤

基因工程育种的关键步骤有4步，分别是获取目的基因、基因表达载体的构建、将目的基因导入受体细胞和检测并鉴定。

（1）获取目的基因。基因工程实施的第一步有2条途径：一是从供体细胞的DNA中分离基因，二是人工合成基因。

我们通常使用“鸟枪法”对基因进行直接分离。该方法使用限制酶对

DNA进行切割，分为多个片段，然后将片段分别载入运载体中，之后转入受体细胞，使得DNA片段在受体细胞内扩增，最后再使用一定的方法分离出带有目的基因的DNA片段。该方法的优点是操作简单，缺点是工作量大、具有盲目性。

对于含有不表达的DNA片段的真核细胞基因，通常使用的方法是人工合成。目前人工合成基因有2条途径：一是通过基因的转录与反转录形成单链DNA，然后在酶的作用下形成双链DNA，最终获得目的基因；二是根据蛋白质的序列，反推出需要的信使RNA序列，进一步反推出核苷酸序列，最后使用化学方法合成目的基因。

（2）基因表达载体的构建（即目的基因与运载体结合）。实施基因工程的第二步是基因表达载体的构建，也就是将目的基因与运载体结合的过程，换句话说就是不同来源DNA重新组合的过程。若使用的运载体是质粒，那么首先要使用限制酶对质粒进行切割，将其黏性末端露出。然后使用同一种限制酶对目的基因进行切割，产生相同的黏性末端，再将切下的目的基因接入质粒的切口处。然后使用一定量的DNA连接酶，使得2个黏性末端进行碱基互补配对，最终形成一个重组DNA分子。

（3）将目的基因导入受体细胞。实施基因工程的第三步是将目的基因导入受体细胞。将上一步形成的重组DNA分子引入受体细胞，进行扩增。在基因工程中，我们经常使用的受体细胞包括大肠杆菌、枯草杆菌、酵母菌以及动植物细胞等。一般使用细菌或病毒侵染细胞的方法将重组DNA分子转移到受体细胞中。目的基因在受体细胞内进行复制，短时间内获得大量的目的基因。

（4）检测并鉴定。基因工程的第四步是检测与鉴定。当目的基因导入受体细胞之后，为了确定其对遗传特性的表达是否稳定，我们需要对其进行检测和鉴定。并不是所有的受体细胞都可以摄入重组DNA分子，我们需要对其进行一定的检测来确定其是否导入了目的基因。

（五）基因组改组

基因组改组技术，又称基因组重排技术，是一种微生物育种的新技术。基因组改组只需在进行首轮改组之前，通过经典诱变技术获得初始突变株，然后将包含若干正突变的突变株作为第一轮原生质体融合的出发菌株，此后经过递推式的多轮融合，最终使引起正向突变的不同基因重组到同一个细胞株中。基因组改组技术是对整个基因组进行重组，不仅可以在基因组的不同位点同时进行重组，还可以通过多轮重组将多个亲本的优良基因重组到某一菌株上。基因组改组与传统的诱变方法相比具有高速、高效等优点。

基因组改组技术结合了原生质体融合技术和经典微生物诱变育种技术。具体方法如下：

（1）利用传统诱变方法获得突变菌株库，并筛选出正向突变株。

（2）以筛选出来的正向突变株作为出发菌株，利用原生质体融合技术进行多轮递推原生质体融合。

（3）最终从获得的突变体库中筛选出性状优良的目的菌株。

基因组改组技术是将包含若干正突变株的突变体作为每一轮原生质融合的出发菌株，经过递推式的多轮融合，最终使引起正向突变的不同基因重组到同一个细胞株中。通过传统微生物诱变育种技术与细胞融合技术的结合，基因组改组技术不对微生物基因进行人工改造，而利用原有基因进行重组。这是在传统育种、原生质体融合的基础上对微生物育种技术的一次革命性的创新。基因组改组技术不需对微生物的遗传特性完全掌握，只需了解微生物遗传性状就实现了微生物的定向育种，获得了大幅度正突变的菌株，成为发酵工程中的一种安全有效的育种工具。

（六）代谢控制育种

代谢控制育种兴起于20世纪50年代末，以1957年谷氨酸代谢控制发酵成功为标志，并促使发酵工业进入代谢控制发酵时期。近年来代谢工程取得了迅猛发展，尤其是基因组学、应用分子生物学和分析技术的发展，使得导入定向改造的基因及随后的在细胞水平上分析导入外源基因后的结果成为可能。快速代谢控制育种的活力在于以诱变育种为基础，获得各种解除或绕过微生物正常代谢途径的突变株，从而人为地使有用产物选择性地大量生成累计，打破了微生物调节这一障碍。

代谢育种在工业上应用非常广泛，可在13%葡萄糖培养基中累计L-亮氨酸至34 g/L。代谢控制育种提供了大量工业发酵生产菌种，使得氨基酸、核苷酸、抗生素等次级代谢产物产量成倍地提高，大大促进了相关产业的发展。

第二节　发酵过程的工艺控制

一、发酵培养基

培养基是微生物生长繁殖和生物合成各种代谢产物所需要的，按一定比例配制的多种营养物质的混合物。培养基的组成对菌体生长繁殖、产物的生物合成、产品的分离精制乃至产品的质量和产量都有重要的影响。需要注意的是考虑碳源、氮源时，要注意快速利用的碳（氮）源和慢速利用的碳（氮源）的相互配合，发挥各自优势，避其所短。还要选用适当的碳氮比，碳氮比不当还会影响菌体按比例地吸收营养物质，从而直接影响菌体生长和产物的形成，菌体在不同生长阶段，对其碳氮比的最适要求也不一样。由于碳既作碳架又作能源，因此用量要比氮多。一般发酵工业中碳氮比为（100：0.2）～（100：2.0），但在氨基酸发酵中，因为产物中含有氮，所以碳氮比就相对高一些。如果碳源过多，则容易形成较低的 pH 值；碳源不足，菌体衰老和自溶。氮源过多，则菌体繁殖旺盛，pH 值偏高，不利于代谢产物的积累；氮源不足，则菌体繁殖量少，从而影响产量。另外还要注意生理酸、碱性盐和 pH 缓冲剂的加入和搭配。根据该菌种生长和合成产物时 pH 值的变化情况，以及最适 pH 值所控制范围等，综合考虑选用什么生理酸、碱性物质及其用量，从而保证在整个发酵过程中 pH 值都能维持在最佳状态。

二、温度对发酵的影响及其控制

根据生长温度的不同，微生物可分为低温型、中温型和高温型。对某种特定的微生物，其生长温度又可分为最低、最适和最高 3 种。其生长最适温度和形成代谢产物的最适温度也往往不一样。因此在生产上发酵前期温度要满足菌体生长的要求，而后期温度要有利于发酵。同一菌种在不同菌龄对温度的敏感性也是不同的。一般幼龄的细胞对温度比较敏感。因此种子培养基发酵初期应当严格控制温度，而发酵后期对温度的敏感性较差，甚至能短时间忍受较高的温度。理论上，在整个发酵过程中不应只选择一个培养温度，而应根据发酵不同阶段，选择不同的培养温度。在生长阶段，应选择最适生长温度，在产物分泌阶段，应选择最适生产温度。例如，谷氨酸产生菌的最适生长温度为 30 ～ 34℃，而生产谷氨酸的最适温度为 34 ～ 36℃。因此，在种子培养阶段和谷氨酸发酵前期(0 ～ 12 h)长菌阶段，应满足菌体生长最适温度 30 ～ 32℃(北京棒状杆菌 Asl. 299)或 32 ～ 34℃(钝齿棒状杆菌 Asl. 542)，有利于菌体利用营养物质合成蛋白质、核酸等供菌体繁殖之用。在发酵中期、后期（12 h 以后）是谷氨酸大量积累阶段，菌体生长已基本停止，而谷氨酸脱氢酶的最适温度为 32 ～ 34℃（Asl. 299）或 34 ～ 36℃（Asl. 542），故发酵中、后期适当提高发酵温度对大量积累谷氨酸有利。

整个发酵过程中，物料的温度一般呈上升趋势。但在发酵开始时，因微生物数量少，产生的热量少，需加热提高温度，以满足菌体生长的需要，当微生物进入生长旺盛期，菌体进行呼吸作用和发酵作用放出大量的热，温度急剧上升，发酵后期逐渐缓和，释放的热量较少。若前期升温剧烈可能是杂菌感染。

为了使微生物在适宜的条件下生长和代谢，生产上必须采取措施加以控制，在发酵罐中可利用夹层或盘管，用蒸汽保温或用冷水、冷盐水降温，固体发酵则采用通风、散盘、摇瓶等措施降温；用提高室温及堆积等办法保温。

三、pH 值对发酵的影响及其控制

不同种类的微生物对 pH 值的要求不同，微生物生长的 pH 值也分为最低、最适、最高 3 种。而在不同的发酵阶段往往最适 pH 值也不同。在不同 pH 值的培养基中，其代谢产物往往也不完全相同。另外在生产中往往通过调节培养基的 pH 值范围，以达到抑制其他微生物生长，这样更利于某些工业生产的稳定进行。pH 值在发酵过程中是一个很敏感的因素，要注意正确控制和适当调节。

培养基中营养物质的代谢是引起 pH 值变化的重要原因，发酵液 pH 值的变化是菌体代谢的综合结果。发酵 pH 值随菌种的不同而各异，即使同一菌种，其生长最适 pH 值也与产物合成的合适 pH 值不同。例如，丙酮丁醇梭状芽孢杆菌发酵在 pH 值中性时，菌体生长良好，但产物产量很低，其实际发酵合适的 pH 值为 4 ～ 6。因此，在发酵过程中，要注意菌体生长与产物合成之间 pH 值的相互关系，选择合适的 pH 值。

四、溶解氧浓度的变化及其控制

溶解氧是好氧发酵控制最重要的参数之一。液体中的微生物只能利用溶解氧，而气液界面处的微生物除了利用溶解氧之外，还能利用气相中的氧。由于氧气在发酵液中的溶解度很小，仅为 0. 22 mmol/L，因此，为了提高溶氧浓度，需要不断通风和搅拌，才能满足好氧微生物对溶解氧的需求。溶解氧的大小主要是由通风量和搅拌转速决定。溶解氧的多少还与发酵罐的径高比、液层厚度、搅拌器型式、搅拌叶直径大小、培养基黏度、发酵温度和罐压等有关。在实际生产中，搅拌转速固定不变，通常用调节通风量来改变通风比，控制供氧水平。溶解氧的多少对菌体生长和产物的形成及其产量都会产生不同的影响。

培养液中维持微生物呼吸和代谢所需的溶解氧必须与微生物的耗氧相平衡，这样才能满足微生物对氧的利用。在好氧发酵的培养液中维持微生物呼吸的最低氧浓度，称为临界溶解氧浓度。在发酵时需要考虑每一种发酵产物的 $C_{临界}$ 和最适溶氧浓度，并使发酵液中的溶氧保持在最适溶氧浓度的范围内。最适溶解氧浓度的大小与菌体和产物合成代谢的特性有关，可由实验来确定。

五、菌体浓度与基质对发酵的影响及其控制

菌体浓度简称菌浓，是指单位体积培养液中菌体的含量。菌浓的大小与菌体生长速率有很大关系。菌体生长速率与微生物的种类和遗传特性有关，不同种类微生物的生长速率各有差异。细胞越复杂，分裂所需时间就越长。

菌浓的大小对发酵产物的产率影响很大。在适当的比生长速率下，发酵产物的产率与菌体浓度成正比关系，即发酵产物的产率

$$P = Q_{pm}c(X) \tag{4-1}$$

式中，Q_{pm} 为最大比生产速率；$c(X)$ 为菌体浓度。

菌浓越大，产物的产量也越大，但是，菌浓过高，营养物质消耗过快，会造成有毒代谢产物的积累，从而可能改变菌体的代谢途径，特别是使培养液中的溶解氧明显减少，并成为限制性因素。

六、CO_2对发酵的影响及其控制

CO_2是微生物的代谢产物，同时也是某些合成代谢的一种基质，它是细胞代谢的重要指标，对某些生产菌种的生长有刺激作用。但是，通常 CO_2对菌体生长具有抑制作用，使微生物对碳水化合物的代谢和呼吸速率下降。当排气中 CO_2的浓度高于4%时，微生物的糖代谢和呼吸速率下降。CO_2除影响菌体生长、形态和产物合成外，还可能影响发酵液的酸碱平衡，使发酵液的 pH 值下降，或与其他化学物质发生化学反应，或与生长必需金属离子形成碳酸盐沉淀，或氧的过分消耗引起溶解氧浓度下降等原因，这些因素均能间接地影响菌体生长和产物合成。由于 CO_2的溶解度比氧气大，因此随着发酵罐压力的增加，其含量比氧气增加得更快。因此，为了排除 CO_2的影响，必须考虑 CO_2在培养液中的溶解度、温度和通气情况。

CO_2浓度的控制主要看它对发酵的影响。如果 CO_2对发酵有促进作用，则应该提高其浓度；反之，如 CO_2对产物合成有抑制作用，就应设法降低其浓度。通过提高通气量和搅拌速率，在调节溶解氧的同时，还可以调节 CO_2的浓度。此外，CO_2的浓度也受发酵罐的罐压调节的影响。如果增大罐压，虽然溶解氧浓度增加了，但 CO_2的浓度也增加。而且 CO_2的溶解度比氧的溶

解度大得多，因此在较高罐压下，不利于液相中 CO_2 的排出，这对菌体代谢和其他参数也会产生影响。

七、泡沫对发酵的影响及其控制

在微生物好气发酵过程中，由于受通气和搅拌、微生物代谢及培养基的成分和理化性质等因素的影响，在通气条件下发酵液中产生许多泡沫，这是正常现象。产生泡沫是由于：①通气和搅拌作用；②微生物代谢的代谢和呼吸；③培养基中的起泡物质。当发酵感染杂菌和噬菌体时，泡沫异常增多。尽管泡沫是好氧发酵中的正常现象，但是泡沫过多会给发酵带来负面影响，如发酵罐的装料系数减少、氧传递系数减小等。若泡沫过多而不加以控制，导致大量“逃液”，造成经济损失，因此，控制泡沫是保证正常发酵的基本条件，工业上常采用机械消泡和化学消泡剂消泡或两种同时使用。

发酵工程的基本任务是高效地利用微生物所具有的内在生产能力，以较低的能耗和物耗最大限度地生产生物产品，因此必须对发酵过程实现有效的控制。发酵过程是通过各种参数的检测，对生产过程进行定性和定量的描述，以期达到对发酵过程进行有效控制的目的。微生物的生长代谢过程是动态变化过程，属于开放系统，即细胞是在不断地与外界环境进行各种物质交换。发酵参数可以正确地反映发酵条件和代谢的变化。特别是菌体生长代谢过程中 pH 值的变化，它是菌体生长和代谢的综合表现。通过在线或离线检测，可对各种参数进行有效控制。

第三节　生物反应器

一、生物反应器基本类型与特点

生物反应器是用于完成生物催化反应的核心设备。从广义上说，生物反应器涉及把动物体或植物体作为生物产品生产过程，如动物乳腺生物反应器。但迄今为止，真正有实用价值的还是利用微生物、动植物细胞或酶等进行生物化学反应的容器系统。小的生物反应器可小至一支试管斜面和一只培养皿，大的可大到几千立方米的发酵罐。通常情况下，生物反应器容积越大，生产效率越高。按所使用的生物催化剂不同，可将生物反应器分为酶反应器和细胞生物反应器。随着微生物工程和细胞工程的发展，这种广义的概念正逐渐趋向于更加专业化。范·坦普（van Brunt）提出，把培养细菌、酵母等微生物的生物反应器称为发酵罐，而把培养动、植物细胞的容器称为生物反应器。这种区分目前已被许多学者接受，但有时生物反应器和发酵罐的名称仍被混用。此外，还倾向于把一切实验室内用以小量培养的试管、平皿、方瓶、摇瓶和转瓶等“排斥”在生物反应器之外，而只是把那些能控制各种参数的、比较完善的容器系统才冠之以生物反应器的称呼，尽管它的体积有时也可以只有0.5 L或更小。

生物反应器通常都要杜绝杂菌和噬菌体等培养细胞以外的微生物污染。为了便于清洗、消除灭菌的死角，生物反应器内壁、管道焊接部位等都要求平整、光滑、无裂缝、无塌陷，并且在外界压力大于反应器内部压力时，有防止外部液体或空气进入反应器内的机制。工业使用的生物反应器还需要便于对反应器内部的温度、pH 值、氧气含量等基本参数进行控制。目前，生物反应器主要包括以下几种基本类型：

（1）搅拌式生物反应器（stirred-tank reactor），内含搅拌装置，如图 4-1（a）所示。

（2）气泡柱式生物反应器（bubble reactor），主要依赖以喷雾形式引入的空气或其他气体进行搅拌，如图 4-1（b）所示。

（3）气升式生物反应器（airlift reactor），含有内置或外置的循环管道，由引入的气体运动导致反应器内不同部位液体密度不同，使培养基进行混合并保持循环流动，如图 4-1（c）、图 4-1（d）所示。

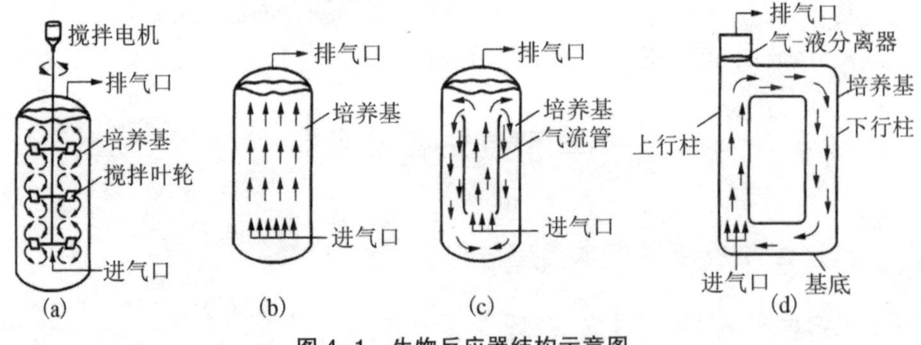

图 4-1　生物反应器结构示意图

（一）搅拌式生物反应器

搅拌式生物反应器是最传统，同时也是至今应用最广的生物反应器，具有很多优点：①操作条件灵活；②很容易购买；③气体运输效率和体积质量转移系数高；④已被实际使用证明可广泛用于各种微生物生长发酵；⑤放大容易。反应器的主要组成部分如图 4-2 所示。

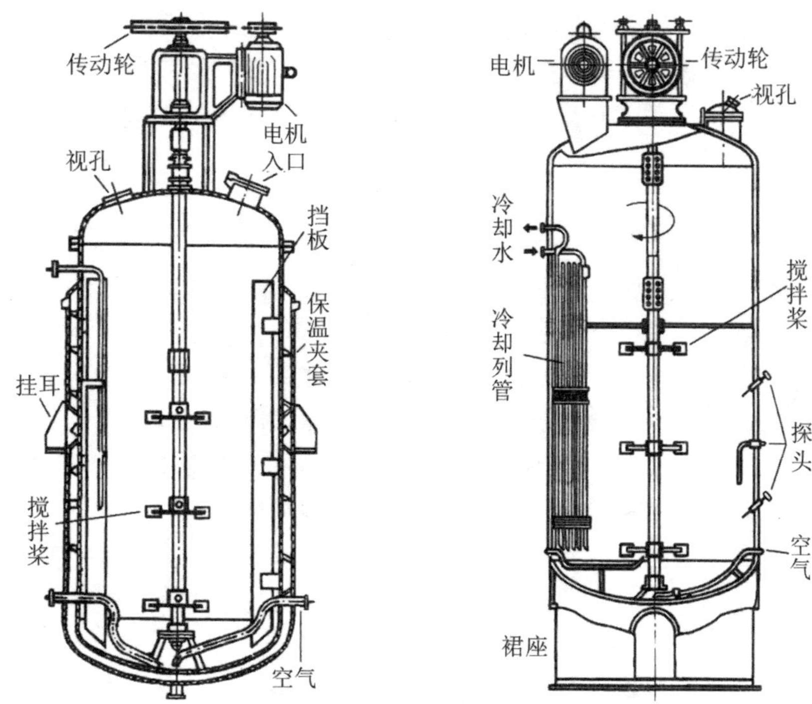

图 4-2　搅拌式生物反应器结构示意图

（1）壳体。提供一个密封的环境，罐内外不能有泄漏以防止杂菌污染；为了高温灭菌，要求罐体设计的使用压力要达到 0.3 MPa 以上；由于很多培养基对生物反应器有腐蚀和磨损作用，灭菌过程也会对生物反应器造成磨损，壳体多数采用不锈钢或玻璃制成。

（2）控温部分。罐上装有测温的传感器及冷却或加热用的夹套或盘管，以监测控制或移除发酵过程中产生的热量，维持反应器内部温度的稳定。

（3）搅拌部分。主要功能是使罐内物料良好混合，从而使菌体与营养物有充分的接触。同时，机械搅拌桨还有利于打碎气泡、强化传氧效率。顶部常常还有一个消泡的桨叶来消除搅拌产生的泡沫。

（4）通气部分。从罐的底部加压通入无菌空气，罐顶部有空气出口。为了克服液层的阻力并维持罐顶有适当的正压，入口空气压力常在 0.1 ~ 0.2 MPa（表压）之间。

（5）进料出料口。为投入发酵原料及把发酵产生液放出要设加料及出料口。此外为了操作中调节 pH 值、补充营养物还设有酸碱入口及补料口等。所有这些出入口以及所属管线在发酵前都要能良好灭菌，并要求有良好的密封性。

（6）量测系统。为监测发酵过程的进行，在发酵罐上还常安装各种传感器，如 pH 值、溶氧传感器等。生物发酵体系的这些传感器也是特殊设计的，一般要承受灭菌的条件而且长时间稳定。

(7) 附属系统。在罐上常装有视镜，以观察发酵液的情况。在罐内还常装有挡板以强化发酵液体的混合。

(二) 气泡柱式生物反应器

气泡柱式生物反应器中没有机械搅拌装置，高压气体由底部引入反应器，利用通气过程中空气泡上升产生的动力带动反应器中液体上升，从而使反应液体混合均匀（图 4-3）。气泡柱式生物反应器设计深度较大，这样空气在反应器中停留时间较长；在反应器中装有筛板，筛板可以阻挡气泡上升从而延长了气体在培养液中的停留时间，同时又能使气体重新分散。这类反应器具有结构简单、设备造价低、动力消耗少、操作成本低以及噪声小等优点，因而非常适合培养液体黏度小、含固体量少、耗氧量低的发酵过程。但是，气泡柱式生物反应器中气泡上升过程中会逐渐聚集变大导致气体分布不均匀；反应器需要很大的高度而必须安装在室外，并且需要高压气体才能克服罐内的静压力，而高压气体也会在培养基中产生大量气泡。由于气泡柱式生物反应器存在以上一些不足而限制了反应器操作条件的灵活性和有效性，也限制了反应器的大小。

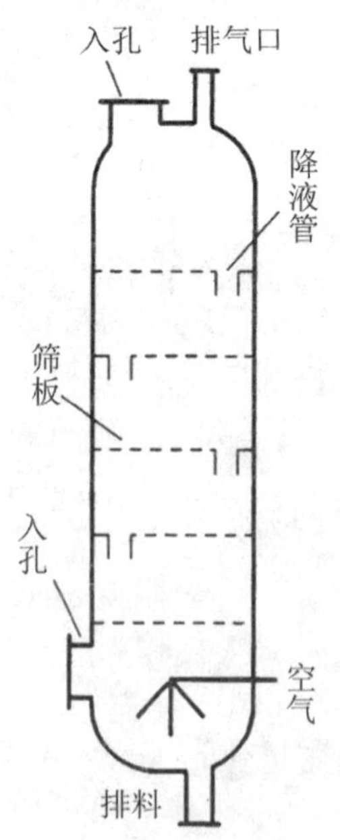

图 4-3 气泡柱式生物反应器

（三）气升式生物反应器

气升式生物反应器很容易进行工业放大，内部没有搅拌装置。这种装置的特点是在罐外设置液体循环管图 4-4（a）或在罐内部设置拉力筒图 4-4（b）或设置内挡板图 4-4（c）。气体从罐下部通入时，在通入空气的一侧由于液体密度降低使得液面上升，而没有通入空气的一侧液体密度较大造成液面下降，这样在整个反应器内液体循环流动。气体由底部一个垂直管道引入反应器，气体、液体在上升管道中向上流动到达顶部一个空间——气液分离器。在气液分离器中部分气体与液体分离，含气体较少的液体比重较大，下降到分开的垂直管道向下流动到底部。

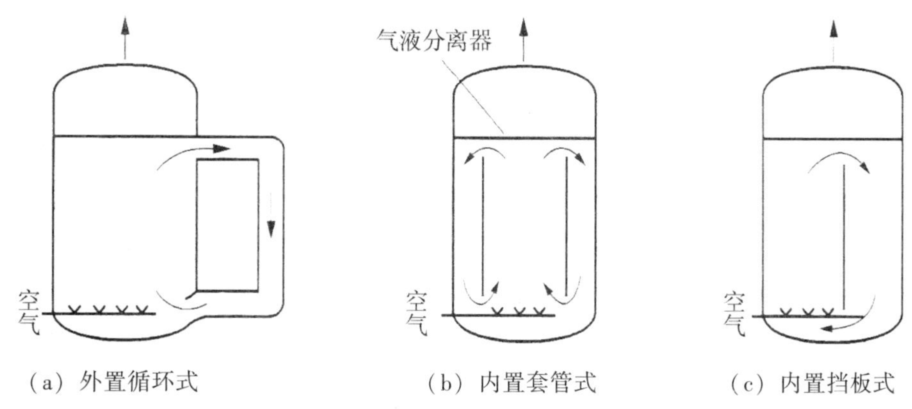

图 4-4　气升式生物反应器结构示意

（四）其他生物反应器

除了以上介绍的几种类型的生物反应器外，还有许多更加适合动物细胞、植物细胞大规模培养的生物反应器，如笼式通气搅拌生物反应器、流化床反应器、中空纤维反应器等。此外，用于重组微生物发酵的生物反应器还应带有严格防止微生物外泄的附件。

1. 笼式通气搅拌生物反应器

通气搅拌生物反应器是根据动物细胞培养时要求剪切力小、混合性能良好的特点开发出来的，主要有 Spier 笼式通气搅拌生物反应器、CelliGen 笼式通气搅拌生物反应器和 CellCul 双层笼式通气搅拌生物反应器等。

CelliGen 笼式通气搅拌生物反应器是 Spier 反应器的改良型（图 4-5），

主要改良是将笼式通气搅拌装置改良为笼式通气腔和消泡腔，在鼓泡通气过程中采用泡沫管进入液面上部由不锈钢制成的笼式消泡腔内，泡沫经钢丝网破碎分散气、液两部分，达到深层通气而避免泡沫的效果。目前该反应器已成功用于研究和生产。

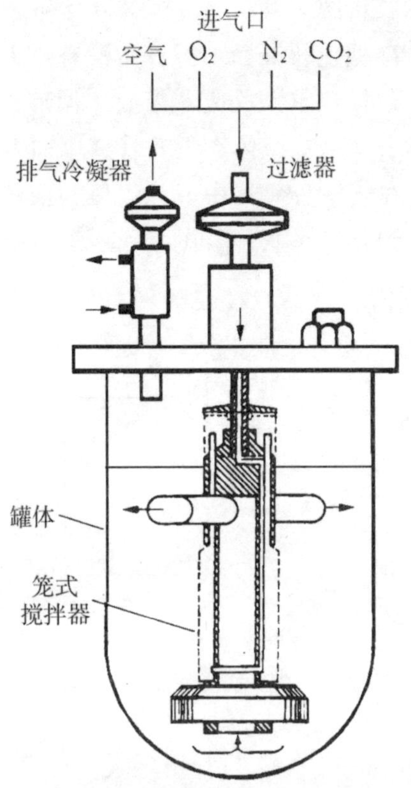

图 4-5　CelliGen 笼式通气搅拌生物反应器结构示意图

2. 流化床反应器

流化床生物反应器中液态化的固体是带有细胞的微载体颗粒。培养基通过反应器垂直向上循环流动不断供给细胞需要的营养成分，使细胞得以在微载体中生长；同时不断加入新鲜培养基和排除代谢产物或培养产物；循环系统中采用膜气体交换器，能快速供给高密度细胞培养所需要的氧气；反应器中的液体不断流动使细胞悬浮，同时又不损害细胞（图 4-6）。这种反应器传质性能良好，既可用于贴壁细胞培养，也可用于非贴壁细胞培养，培养细胞密度比其他生物反应器高出 1 ～ 2 个数量级。

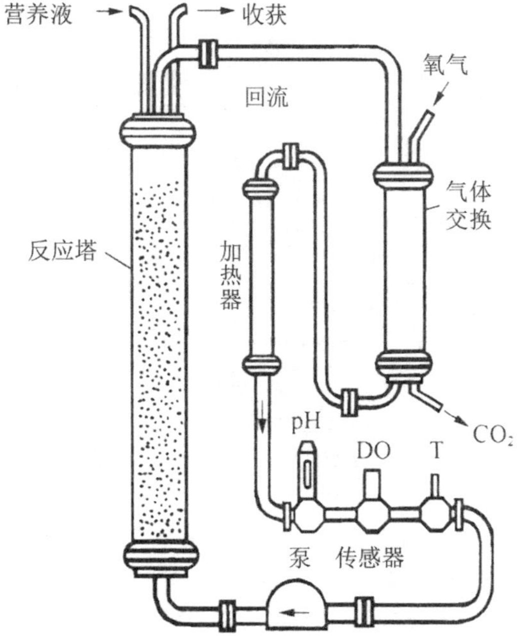

图 4-6　流化床生物反应器结构示意图

3. 中空纤维反应器

中空纤维膜生物反应器应用范围很广，既可用于贴壁细胞培养，也可用于非贴壁细胞培养，培养细胞密度可高达 10^9/mL（图 4-7）。如果控制系统不受污染，可长期进行运转。目前，已成功在这种反应器生长的细胞包

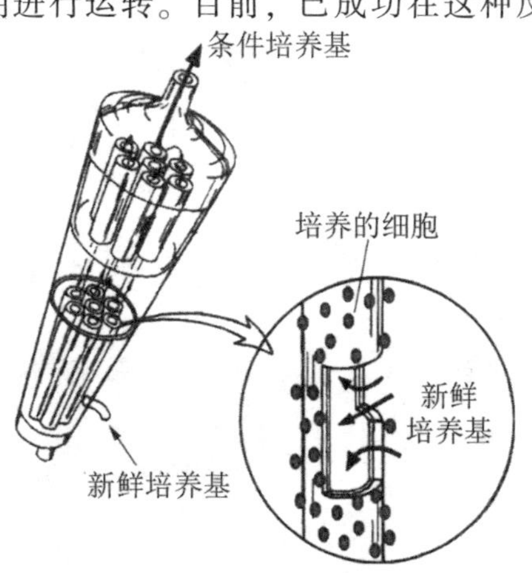

图 4-7　中空纤维生物反应器结构示意图

括杂交瘤细胞、淋巴细胞、多种癌细胞、成纤维细胞、CHO 细胞、BHK-2 细胞等，成功地用于多种免疫球蛋白、干扰素、激素、尿激酶、HBsAg 等多种病毒抗原蛋白、多种细胞因子的生产。

二、生物反应器设计原则

生物反应器的用途是给动、植物细胞或微生物的生长代谢提供一个最优化的环境，从而促使其生长，并在其生长代谢过程中产生出最大量、最优质的目标产物。它的结构、操作方式和操作条件与生物过程产品的质量、转化率及能量消耗有着密切的关系。为了达到使生物反应器简化管理、节省投资、降低生产成本以及便于自动化控制等目的，理想的生物反应器必须具备以下一些基本要求：

（1）制造生物反应器所采用的一切材料，尤其是与培养基、细胞直接接触的材料，对细胞必须无毒性。

（2）生物反应器的结构必须使之具有良好的传质、传热和混合性能。

（3）密封性能良好，可避免一切外来的不需要的微生物污染。

（4）对培养环境中多种物理化学参数能自动检测和控制调节，控制的精确度高，而且能保持环境质量的均一。

（5）可长期连续运转，这对用于培养动植物细胞的生物反应器显得尤为重要。

（6）容器加工制造时要求内面光滑，无死角，以减少细胞或微生物的沉积。

（7）拆装、连接和清洁方便，能耐高压蒸汽清毒，便于操作维修。

（8）设备成本尽可能低。

（9）适合工艺的要求，以获得最大的生产效率。

（10）生物反应器必需带有各种监控系统，重组微生物生物反应器必须带有防止培养微生物外泄的装置。

第四节　发酵工程的前景展望

目前，在能源、资源紧张，人口、粮食及污染问题日益严重的情况下，发酵工程作为现代生物技术的重要组成部分之一，得到越来越广泛的应用：①医药工业。用于生产抗生素、维生素等常用药物和人胰岛素、乙肝疫苗、干扰素、透明质酸等新药。②食品工业。用于微生物蛋白、氨基酸、新糖源、饮料、酒类和一些食品添加剂（柠檬酸、乳酸、天然色素等）的生产。③能源工业。通过微生物发酵，可将绿色植物的秸秆、木屑及工农业生产中的纤维素、半纤维素、木质素等废弃物转化为液体或气体燃料（乙醇或沼气），还可利用微生物采油、产氢及制成微生物电池。④化学工业。用于生产可降解的生物塑料、化工原料（乙醇、丙酮、丁醇、癸二酸等）和一些生物表面活性剂及生物凝集剂。⑤冶金工业。微生物可用于黄金开采和铜、铀等金属的浸提。⑥农业。用于生物固氮和生产生物杀虫剂及微生物饲料，为农业和畜牧业的增产发挥了巨大作用。⑦环境保护。可用微生物来净化有毒的高分子化合物，降解海上浮油，清除有毒气体和恶臭物质，处理有机废水、废渣等。

第五章　酶工程

酶工程是生物技术的重要组成部分，是随着酶学研究的迅速发展，特别是酶的应用推广使酶学和工程学相互渗透结合，发展而成的一门新的技术科学，是酶学、微生物学的基本原理与化学工程、环境科学、医学、药学和计算机科学有机结合而产生的综合科学技术。它是从应用的目的出发研究酶，拓展酶在多个领域的应用和推广。酶工程主要指天然酶和工程酶（经化学修饰、基因工程、蛋白质工程改造的酶）在国民经济各个领域中的应用，内容包括：酶的生产；酶的分离纯化；酶的改造；生物反应器。

第一节　酶学与酶工程

一、酶的性质与特点

酶是细胞产生的、受多种因素调控的、具有催化能力的生物催化剂。生物代谢中的各种生物化学反应都是在酶的作用下进行的；生物体的生长发育、繁殖、遗传、运动、神经传导等生命活动都与酶的催化作用密切相关。大部分的酶都位于细胞体内，有一些分泌至细胞外。在一个细菌细胞中就有 1 000 多种不同的酶，高级生物的细胞内含有更多种类的酶。迄今为止，人们已发现和鉴定出 4 000 多种生物酶，其中几百种已经获得结晶，并且每年都有新酶被发现。

与一般非生物催化剂相比，酶具有以下特点：①催化作用专一性强，只作用于一种底物或一类化学键或一种立体结构；②催化效率高，一个酶分子在 1 min 内能催化数百至数百万个底物分子的转化；③作用条件温和，能在常温、常压和低浓度条件下进行复杂的生化反应；④催化活性受到调节和控制，如激素调节、反馈调节、激活剂与抑制剂调节、异构调节、酶原激活、可逆共价修饰等；⑤容易失活，凡能使生物大分子变性的因素，如高温、强酸、强碱、有机溶剂、重金属盐等都能使酶失去催化活性。

除了一些具有催化活性的 RNA 外，大多数酶的化学本质通常都是蛋白质。并不是所有的蛋白质都是酶，只有具有催化作用的蛋白质才称为酶。与其他蛋白质一样，酶也具有很大的相对分子质量，一般从一万到几十万，甚至几百万。从化学组成上来看，酶可以分为单纯蛋白酶和结合蛋白酶 2

类。属于单纯蛋白质的酶类，除了蛋白质外，不含其他物质，如脲酶、蛋白酶、淀粉酶、脂肪酶、RNA 酶等；属于结合蛋白质的酶类，除了蛋白质外，还要结合一些对热稳定的非蛋白质小分子物质或金属离子，这些与酶蛋白结合的小分子称为辅酶，而未结合辅助因子的酶蛋白称脱辅酶。根据蛋白质的分子特点，可将酶分为 3 类：单体酶（一条多肽链组成的酶）、寡聚酶（由 2 个或更多亚基组成的酶）、多聚酶复合体（由多种酶通过非共价键彼此嵌合而成，催化反应依次连接）。

酶的催化作用一般是通过其活性中心的某些氨基酸残基的侧链基团先与底物形成一个中间复合物，随后再分解成产物并释出酶。与化学催化剂相似，酶也是通过降低反应所需的活化能来加速反应速率。酶促反应速率还与环境中的温度和 pH 值有关，各种酶在特定条件下都有其特定的最适温度和最适 pH 值。来自动物和植物的酶最适温度分别是 35 ～ 40℃ 和 40 ～ 50℃；大多数的酶超过 60℃ 将变性失活，少数来自微生物的酶可耐受较高的温度，如 Taq DNA 聚合酶最适温度高达 70℃。温度对酶促反应速度的影响表现为两方面：低于最适温度时，随温度升高反应速率加快；高于最适温度时，随着温度升高，酶蛋白变性失活，酶促反应速率下降。大多数酶的最适 pH 值为 6 ～ 8，其中微生物及植物来源的常在 pH 值为 4.5 ～ 6.5，动物来源的则为 pH 值为 6.5 ～ 8.0。但也有例外，如胃蛋白酶最适 pH 值为 1.5、肝脏精氨酸酶最适 pH 值为 9.7。

催化作用的高度专一是酶的特点之一，为解释酶作用的专一性，人们曾提出过很多假说。其中 1958 年提出的“诱导契合假说”能比较满意地说明酶的专一性，并且得到了很多实验结果的支持。该假说认为，当酶分子与底物分子接近时，酶蛋白接受底物诱导，其构象发生有利于底物结合的变化，酶与底物在此基础上互补契合进行反应。

由于酶的不稳定性及其制品的纯度各异，一般不以其质量和体积进行计量，酶活力大小或酶的含量可以用每毫升酶制剂或每克酶蛋白制剂含有多少酶活性单位（U/mL 或 U/g）来表示。酶活性单位（U，activity unit）定义是每分钟催化 1 μmol 底物进行转化所需要的酶量。酶的稳定性通常以其半衰期表示，即在一定条件下，溶液中的酶或固态的酶浓度或比活力下降至原来标定值的 1/2 时所经历的时间。半衰期越短，酶越不稳定。

二、酶工程简介

在酶工程研究中，与酶分子本身不直接有关的有两项重要内容：酶生物反应器的研究和酶抑制剂的研究。酶生物反应器往往可以提高催化效率，简化生产工艺，从而增加经济效益。结合固定化技术，已发展成酶电极、酶膜反应器、免疫传感器及多酶反应器等新技术。

第二节　酶的发酵生产

一、酶生物合成的基本理论

酶具有催化活性，但是除了“经典的酶”以外，某些生物分子，如RNA分子，也具有催化活性。所以酶的合成主要是RNA和蛋白质的生物合成过程。

酶的生物合成与蛋白质的合成一样，受许多因素的影响，也受多种调节和控制,其中转录水平的调节控制对酶的生物合成是至为重要的。如果某种生物细胞中的遗传信息的载体——DNA分子中存在某种酶所对应的基因，那么此种细胞就能够合成该种酶分子。因为DNA可以通过转录生成对应的RNA,然后再翻译成多肽链,经加工而成为具有完整空间结构的酶分子。

酶的生物合成受基因和代谢的双重调节控制。微生物酶的生物合成及其活性的调节控制机制可用图5-1表示。

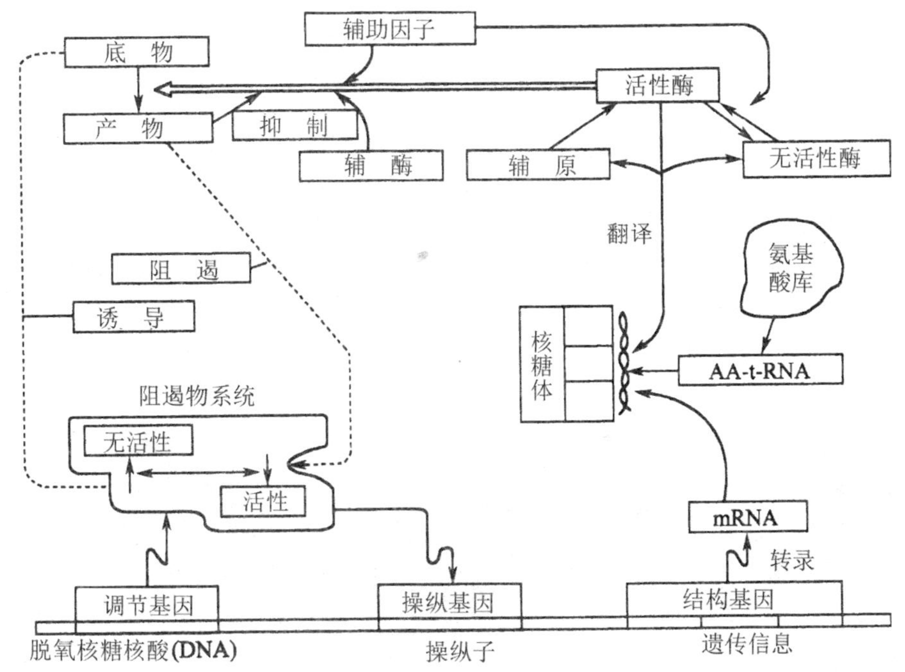

图5-1　微生物酶合成的调节与控制

根据基因调节控制理论，在DNA分子中，与酶合成有关的基因有4种，其中结构基因与酶有各自的对应关系。酶的合成也受基因控制，由基因决定形成酶分子的化学结构。结构基因中的遗传信息可转录成 mRNA 上的遗传密码，经翻译成为酶蛋白多肽链。

二、酶生物合成的模式

产酶细胞在一定条件下进行培养，其生长过程同样经历调整期、对数生长期、平稳期和衰退期 4 个阶段。通过分析酶的合成与细胞生长的关系，可以把酶的生物合成模式分为以下 3 种类型，如图 5-2 所示。

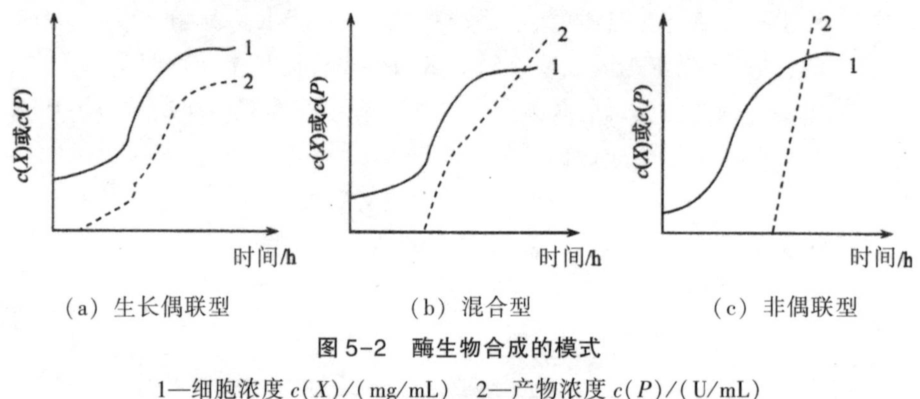

图 5-2 酶生物合成的模式

1—细胞浓度 $c(X)$/(mg/mL) 2—产物浓度 $c(P)$/(U/mL)

(一) 生长偶联型

酶的合成与细胞生长同步进行，细胞进入对数生长期时酶大量产生，细胞生长进入平衡期后，酶的合成随着停止，因此也称同步合成型。这一类型的酶其生物合成可以诱导，但不受分解代谢物和反应产物阻遏。而且去除诱导物或细胞进入平衡期后，酶的合成立即停止，表明这类酶所对应的 mRNA 是很不稳定的。例如，米曲霉由单宁或没食子酸诱导生成鞣酸酶或单宁酶就属于同步合成型。有的酶在细胞生长一段时间以后才开始合成，而在细胞进入平衡期后酶的合成也随着停止，称为中期合成型酶，其合成受反馈阻遏，而且其所对应的 mRNA 是不稳定的，如枯草杆菌合成碱性磷酸酶，合成反应受无机磷的阻遏，而磷又是细胞生长必不可少的物质，培养基中必然有磷存在。细胞生长到一定时间后，培养基的无机磷几乎被用完（低于 0.01 mol/mL）时，阻遏解除后，酶才开始大量合成。又由于碱性磷酸酶所对应的 mRNA 不稳定，其寿命只有 30 min 左右，因此当细胞生长进入平衡期后，酶的合成也随即停止。

（二）非偶联型

酶的合成与细胞的生长不相关，在细胞生长处于对数生长期时，酶不合成；只有当细胞生长进入平衡期后，酶才开始合成并大量积累。可能是由于受到分解代谢物的阻遏作用，当阻遏解除后，酶才开始大量合成，加上其所对应的mRNA稳定性高，因此能在细胞停止生长后，继续利用积累的mRNA进行翻译而合成酶。许多水解酶类都属于这一类型。例如，由黑曲霉产生的酸性蛋白酶时，细胞生长进入平衡期后，酶才开始合成大量积累。

（三）混合型

酶的合成伴随着细胞的生长而开始，但当细胞进入平衡期后，酶还可以延续合成较长的时间，细胞生长与酶的合成部分相关。该类酶可受诱导，但不受分解代谢物和产物阻遏，而且该类酶所对应的mRNA相对稳定，酶的合成可在细胞生长进入平衡期以后的相当长时间内继续进行。黑曲霉生产β-半乳糖醛酸酶，当以β-半乳糖醛酸或纯果胶为诱导物，该酶的合成为延续合成型。若以粗果胶（含一定葡萄糖）为诱导物，则该酶的合成推迟开始，若葡萄糖含量较多，就要在平衡期后，细胞用完葡萄糖后才开始合成。在此条件下，该酶的合成转为滞后合成型。

mRNA的稳定性及培养基中阻遏物的存在是影响酶合成模式的主要因素。其中mRNA稳定性高的，可在细胞停止生长后继续合成其所对应的酶；mRNA稳定性差的，就随着细胞生长的停止而终止酶的合成。酶的生物合成不受培养基中的某些物质阻遏的，可随细胞生长而开始酶的合成；相反，则要在细胞生长一段时间或在平衡期以后，阻遏解除，酶才开始合成。虽然微生物生长与产酶有一定的关系，但菌种变异或培养基改变，均可使酶的合成发生改变。芽孢杆菌形成胞外蛋白酶的能力比其他微生物强，而胞外蛋白酶的产生与芽孢的形成有密切关系。一般不能形成芽孢的突变株不能合成大量碱性蛋白酶，丧失了形成蛋白酶能力的突变株不能形成芽孢。

三、提高酶产率的措施

酶的发酵生产是以细胞大量产酶为主要目的。除了选育优良的产酶细胞，保证适宜的发酵工艺条件并加以调节控制外，还可以采取多种措施，如添加诱导物、控制阻遏物浓度、添加表面活性剂或其他产酶促进剂等，促进细胞产酶，获得最大的产物得率。

（一）添加诱导物

在产酶培养基中添加适当的诱导物，对于诱导酶的生产来说，可显著提高酶产量。一般来讲，诱导物可以是：①酶的作用底物或底物诱导物。例如，在利用白腐菌生产木质素过氧化物酶时，就必须加入白藜芦醇或苯甲醇作为诱导剂。又如青霉素是青霉素酰化酶的诱导物；蔗糖甘油单棕榈酸酯是蔗糖的类似物，它对蔗糖酶的诱导效果比蔗糖高几十倍等。②酶的反应产物，如纤维二糖可诱导纤维素酶的产生。酶底物类似物是最有效的诱导物，也称安慰诱导物，能够诱导细胞合成某种特定的酶，而它不是该酶作用真正底物，不能与酶结合。因此，安慰诱导物是一种不发生代谢变化的诱导物。

（二）添加表面活性剂和产酶促进剂

非离子型表面活性剂，如吐温（Tween）、特里顿（Triton）等，可积聚在细胞膜上，增加细胞的通透性，有利于酶的分泌，所以可增加酶的产量。例如，在霉菌发酵生产纤维素酶的培养基中，添加1%的吐温，可使产酶量提高1～20倍。在使用表面活性剂时，要注意其添加量。此外，添加表面适性剂有利于提高某些酶的稳定性和催化能力。

在酶制剂的生产过程中常加入产酶促进剂，即加入少量的某种物质能显著增加酶产量，作用并未阐明清楚的物质，如常用的产酶促进剂有吐温-80、植酸钙/镁、洗净剂LS、聚乙烯醇、乙二胺四乙酸（EDTA）等。例如，添加植酸盐可使霉菌蛋白酶和桔青霉磷酸二酯酶的产量提高20倍。聚乙烯醇、乙酸钠等对提高纤维素酶的产量也有效果等。产酶促进剂对不同细胞、不同酶的作用效果各不相同，要通过实验选用适当的产酶促进剂并确定一个最适浓度。

第三节　酶分子的修饰

一、酶蛋白侧链的修饰

蛋白质侧链上的功能基主要有氨基、羧基、巯基、咪唑基、酚基、吲哚基、胍基、甲硫基等。修饰上述每一种功能基都有好多种试剂可供利用，这里不详细介绍，只介绍那些应用广泛，又能达到某种特殊目的的试剂。好多试剂不是特别专一的。

根据化学修饰剂与酶分子之间反应的性质不同，修饰反应主要分为酰化反应、烷基化反应、氧化和还原反应、芳香环取代反应等类型。下面介绍化学修饰氨基酸残基的主要常用试剂。

（一）羧基的化学修饰

目前有几种修饰剂与羧基的反应，其中水溶性的碳二亚胺类特定修饰酶的羧基已成为最普遍的标准方法（图 5-3），它在比较温和的条件下就可以进行。但是在一定条件下，丝氨酸、半胱氨酸和酪氨酸也可以反应。

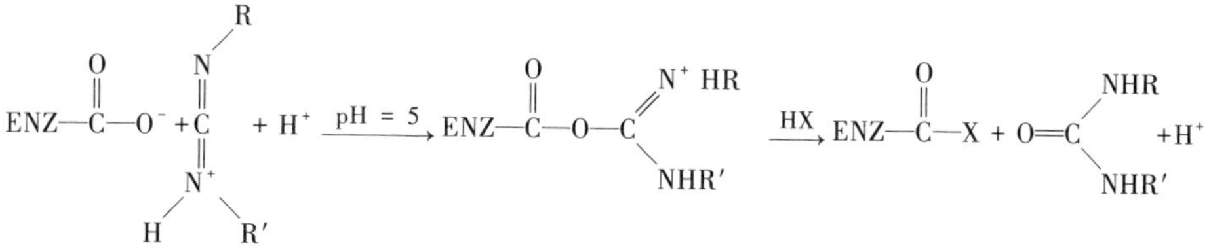

$$\mathrm{ENZ{-}\overset{O}{\overset{\|}{C}}{-}O^- + \overset{R}{\underset{}{N}}{=}C{=}N^+(H)(R') + H^+ \xrightarrow{pH=5} ENZ{-}\overset{O}{\overset{\|}{C}}{-}O{-}C(=N^+HR)(NHR') \xrightarrow{HX} ENZ{-}\overset{O}{\overset{\|}{C}}{-}X + O{=}C(NHR)(NHR') + H^+}$$

图 5-3　通过水溶性碳二亚胺进行酯化反应进行的羧基修饰

（式中 R，R′为烷基；HX 为卤素、一级或二级胺）

（二）氨基的化学修饰

赖氨酸的 ε -NH_2以非质子化形式存在时亲核反应活性很高，因此容易被选择性修饰，方法较多，可供利用的修饰剂也很多，如图 5-4 所示的部分修饰方法。

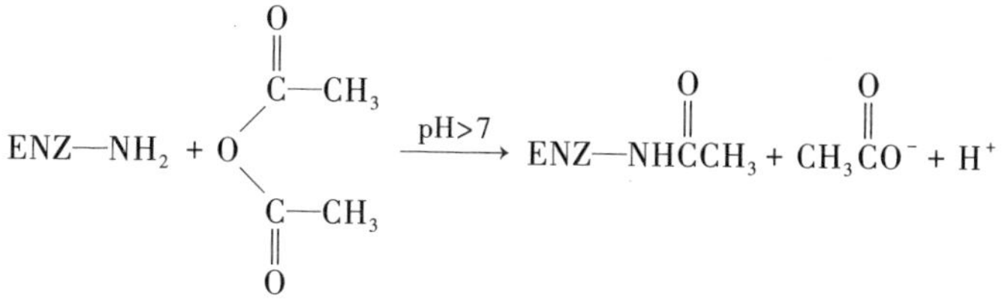

$$\mathrm{ENZ{-}NH_2 + O(\overset{O}{\overset{\|}{C}}{-}CH_3)_2 \xrightarrow{pH>7} ENZ{-}NH\overset{O}{\overset{\|}{C}}CH_3 + CH_3\overset{O}{\overset{\|}{C}}O^- + H^+}$$

（a）乙酸酐

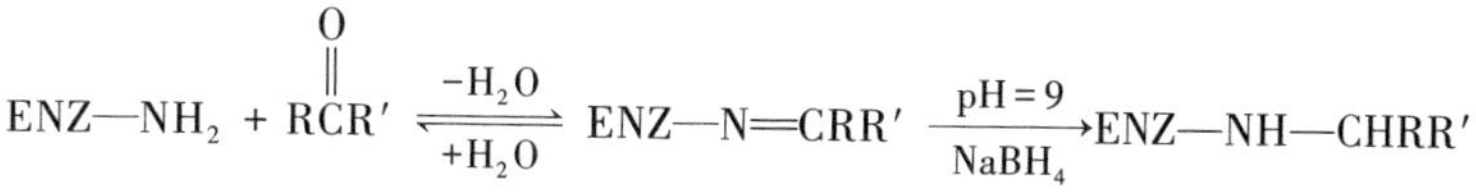

$$\mathrm{ENZ{-}NH_2 + R\overset{O}{\overset{\|}{C}}R' \underset{+H_2O}{\overset{-H_2O}{\rightleftharpoons}} ENZ{-}N{=}CRR' \xrightarrow[NaBH_4]{pH=9} ENZ{-}NH{-}CHRR'}$$

（b）还原烷基化

$$\mathrm{ENZ{-}NH_2 + (CH_3)_2N{-}C_{10}H_6{-}SO_2Cl \longrightarrow ENZ{-}NHO_2S{-}C_{10}H_6{-}N(CH_3)_2 + Cl^- + H^+}$$

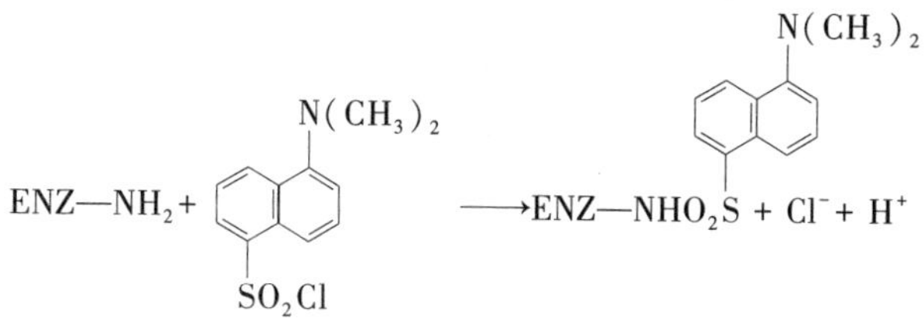

（c）丹磺酰氯（DNS）

图 5-4　氨基的化学修饰

（三）精氨酸胍基的修饰

具有两个临位羰基的化合物，如丁二酮、1,2-环己二酮和苯乙二醛是修饰精氨酸残基的重要试剂，因为它们在中性或弱碱条件下能与精氨酸残基反应（图 5-5）。精氨酸残基在结合带有阴离子底物的酶的活性部位中起着重要的作用。还有一些在温和条件下具有光吸收性质的精氨酸残基修饰剂，如 4-羟基-3-硝基苯乙二醛和对硝基苯乙二醛。

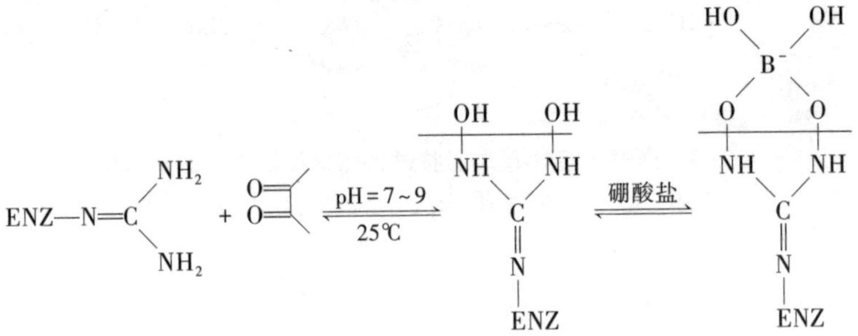

（a）丁二酮（在硼酸盐存在下）

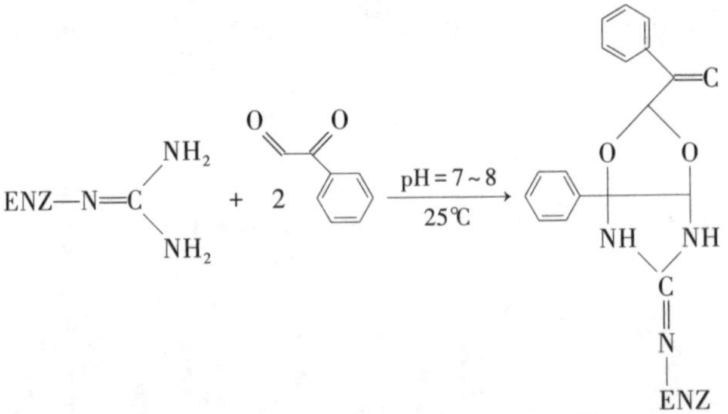

（b）苯乙二醛

图 5-5　胍基的化学修饰

（四）巯基的化学修饰

巯基在维持亚基间的相互作用和酶催化过程中起着重要的作用。因此，巯基的特异性修饰剂种类繁多，如图 5-6 所示。巯基具有很强的亲核性，在含半胱氨酸的酶分子中是最容易反应的侧链基团。

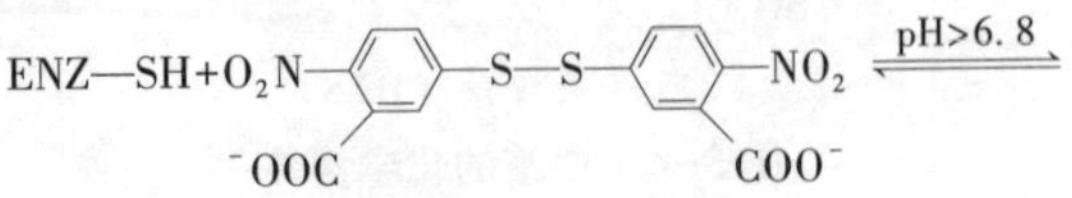

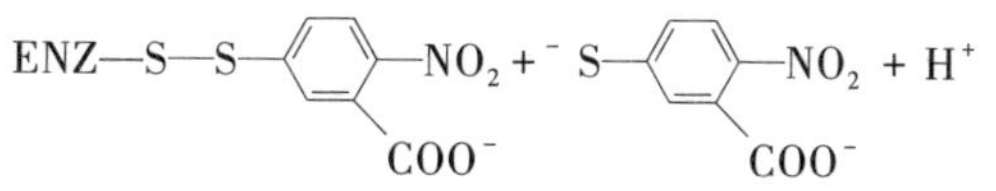

$$ENZ—S—S—C_6H_3(COO^-)—NO_2 + {}^-S—C_6H_3(COO^-)—NO_2 + H^+$$

（a）5，5′-二硫-2-硝基苯甲酸（DTNB）

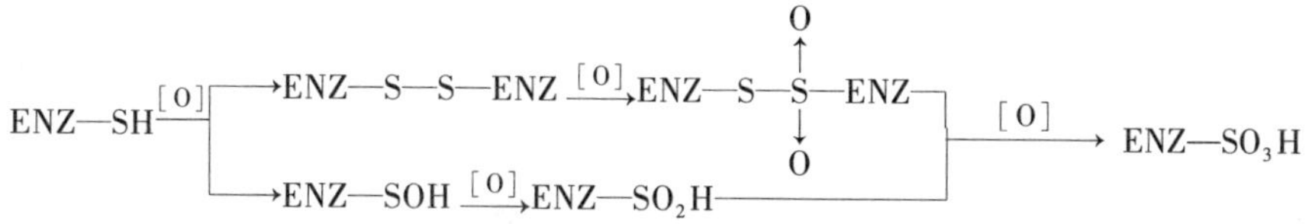

$$ENZ—SH \xrightarrow{[O]} ENZ—S—S—ENZ \xrightarrow{[O]} ENZ—S—S(O_2)—ENZ \xrightarrow{[O]} ENZ—SO_3H$$

$$ENZ—SH \xrightarrow{[O]} ENZ—SOH \xrightarrow{[O]} ENZ—SO_2H \xrightarrow{[O]} ENZ—SO_3H$$

（b）过氧化氢氧化

图 5-6　巯基的化学修饰

（五）组氨酸咪唑基的修饰

组氨酸残基位于许多酶的活性中心，常用的修饰剂有焦碳酸二乙酯（diethylpyrocarbonate，DPC）和碘乙酸（图 5-7），DPC 在近中性 pH 值下对组氨酸残基有较好的专一性，产物在 240 nm 处有最大吸收，可跟踪反应和定量。碘乙酸和焦碳酸二乙酯都能修饰咪唑环上的两个氮原子，碘乙酸修饰时，有可能将 N-1 取代和 N-3 取代的衍生物分开，观察修饰不同氮原子对酶活性的影响。

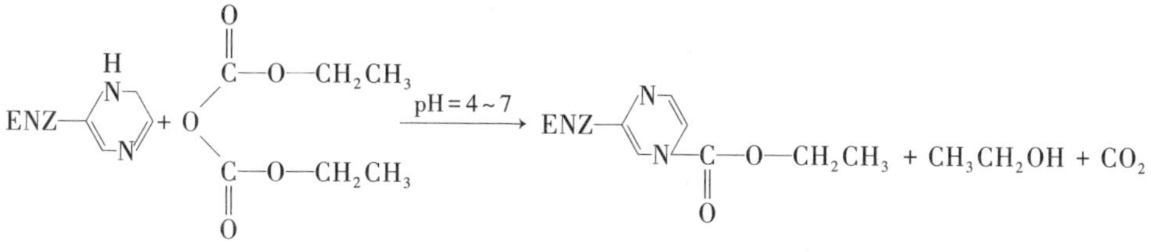

$$ENZ—Im(NH) + O[C(=O)—O—CH_2CH_3]_2 \xrightarrow{pH=4\sim7} ENZ—Im—N—C(=O)—O—CH_2CH_3 + CH_3CH_2OH + CO_2$$

（a）焦碳酸二乙酯

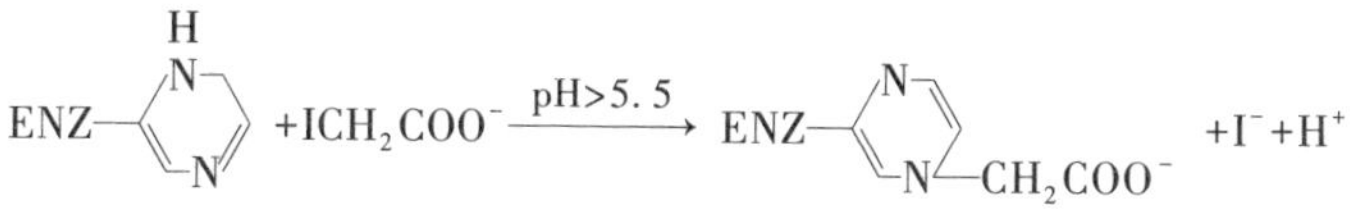

$$ENZ—Im(NH) + ICH_2COO^- \xrightarrow{pH>5.5} ENZ—Im—N—CH_2COO^- + I^- + H^+$$

（b）碘代乙酸

图 5-7　组氨酸咪唑基的化学修饰

（六）色氨酸吲哚基的修饰

色氨酸残基一般位于酶分子内部，而且比巯基和氨基等一些亲核基团的反应性差，所以色氨酸残基一般不与常用的一些试剂反应。

N-溴代琥珀酰亚胺（NBS）可以修饰吲哚基，并通过 280 nm 处光吸收的减少跟踪反应，但是酪氨酸存在时能与修饰剂反应干扰光吸收的测定。

2-羟基-5-硝基苄溴（HNBB）和 4-硝基苯硫氯对吲哚基的修饰比较专一(图 5-8)。但是 HNBB 的水溶性差，与它类似的二甲基（-2-羟基-5-硝基苄基）溴化锍易溶于水，有利于试剂与酶作用。这两种试剂分别称为 Koshland 试剂和 Koshland 试剂Ⅱ，它们还容易与巯基作用，因此，修饰色氨酸残基时应对巯基进行保护。

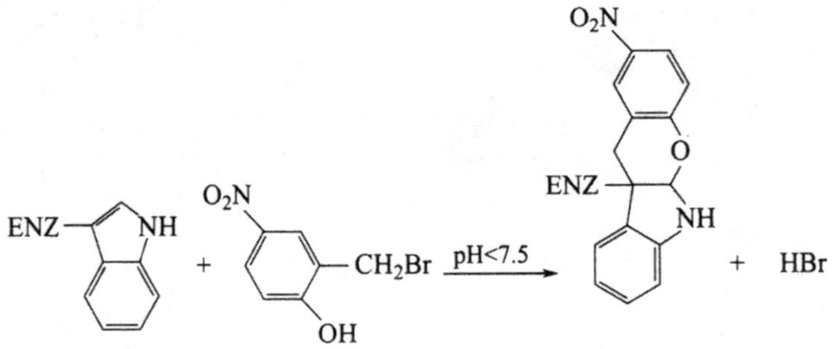

（a）2-羟基-5-硝基苄基或Koshland试剂(HNBB)

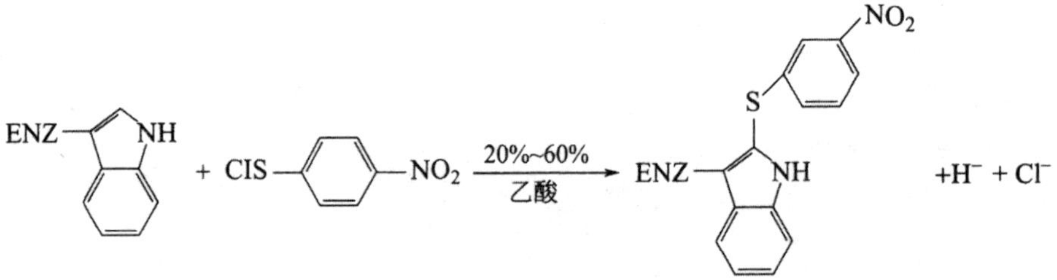

（b）4-硝基苯硫氯

图 5-8　吲哚基的化学修饰

（七）酪氨酸残基和脂肪族羟基的修饰

酪氨酸残基的修饰包括酚羟基的修饰和芳香环上的取代修饰。苏氨酸和丝氨酸残基的羟基一般都可以被修饰酚羟基的修饰剂修饰，但是反应条件比修饰酚羟基严格些，生成的产物也比酚羟基修饰形成的产物更稳定(图 5-9)。

（八）甲硫氨酸甲硫基的修饰

虽然甲硫氨酸残基的极性较弱，在温和的条件下，很难选择性修饰。但是由于硫醚的硫原子具有亲核性，所以可用过氧化氢、过甲酸等氧化成甲硫氨酸亚砜。用碘乙酰胺等卤代烷基酰胺使甲硫氨酸烷基化（图 5-10）。

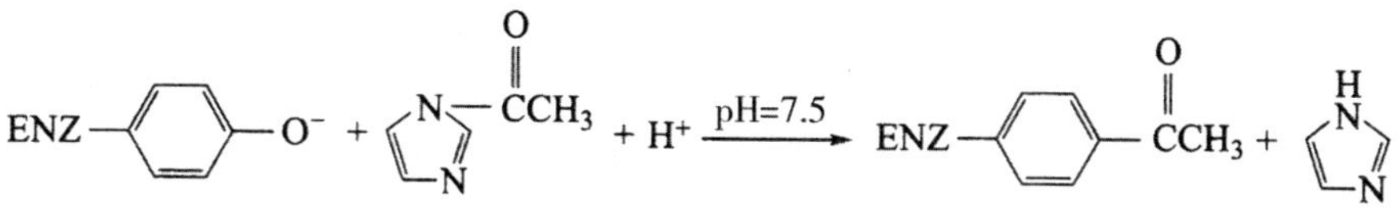

$$\text{ENZ}-\text{C}_6\text{H}_4-\text{O}^- + \text{CH}_3\text{CO}-\text{N}(\text{咪唑}) + \text{H}^+ \xrightarrow{\text{pH}=7.5} \text{ENZ}-\text{C}_6\text{H}_4-\overset{\text{O}}{\overset{\|}{\text{C}}}\text{CH}_3 + \text{咪唑}$$

（a）*N*–乙酰咪唑

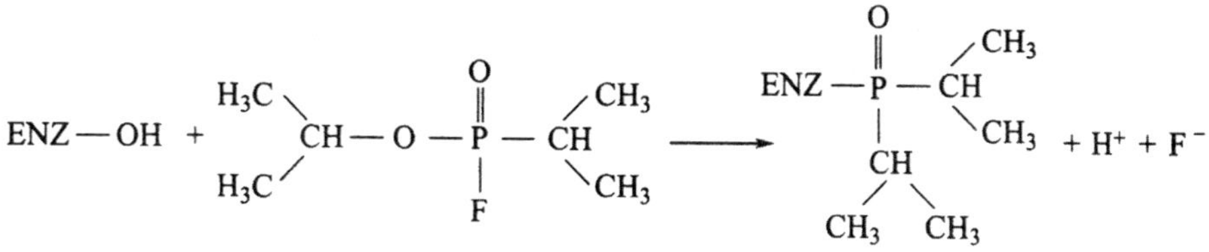

$$\text{ENZ}-\text{OH} + (\text{H}_3\text{C})_2\text{CH}-\text{O}-\overset{\text{O}}{\overset{\|}{\text{P}}}(\text{F})-\text{CH}(\text{CH}_3)_2 \longrightarrow \text{ENZ}-\overset{\text{O}}{\overset{\|}{\text{P}}}(\text{CH}(\text{CH}_3)_2)-\text{CH}(\text{CH}_3)_2 + \text{H}^+ + \text{F}^-$$

（b）二异丙基氟磷酸（DFP）

图 5-9 酚基和羟基的化学修饰\

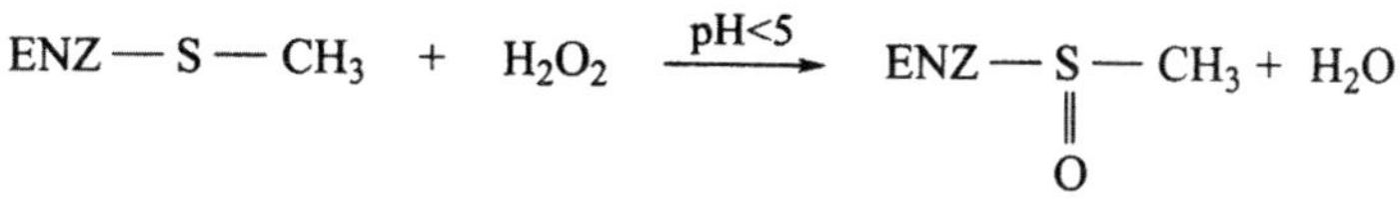

$$\text{ENZ}-\text{S}-\text{CH}_3 + \text{H}_2\text{O}_2 \xrightarrow{\text{pH}<5} \text{ENZ}-\underset{\text{O}}{\underset{\|}{\text{S}}}-\text{CH}_3 + \text{H}_2\text{O}$$

（a）过氧化氢

$$\text{ENZ}-\text{S}-\text{CH}_3 + \text{ICH}_2\overset{\text{O}}{\overset{\|}{\text{C}}}\text{NH}_2 \xrightarrow{\text{pH}<4} \text{ENZ}-\text{S}^+(\text{CH}_3)(\text{CH}_2\overset{\text{O}}{\overset{\|}{\text{C}}}\text{NH}_2) + \text{I}^-$$

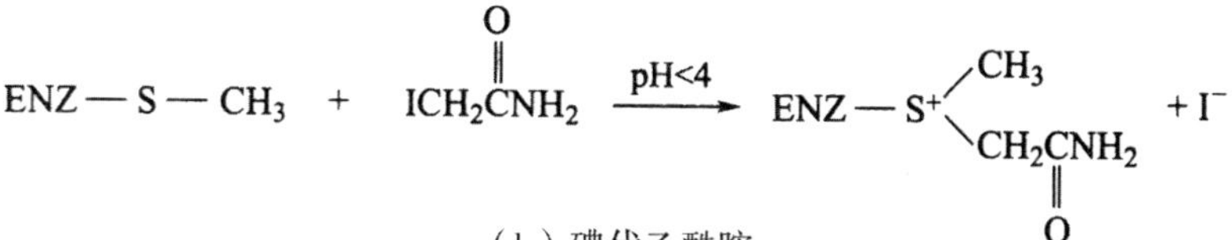

（b）碘代乙酰胺

图 5-10 甲硫基的化学修饰

二、酶的亲和修饰

（一）亲和标记

虽然已开发出许多不同氨基酸残基侧链基团的特定修饰剂并用于酶的化学修饰中，但是这些试剂即使对某一基团的反应是专一的，也仍然有多个同类残基与之反应。因此，对某个特定残基的选择性修饰比较困难。为了解决这个问题，开发了亲和标记试剂。

亲和试剂可以专一性地标记于酶的活性部位上，使酶不可逆失活，因此也称为专一性的不可逆抑制。这种抑制又分为 K_s 型不可逆抑制和 K_{cat} 型不可抑制。K_s 型抑制剂是根据底物的结构设计的，它具有和底物结构相似的结合基团，同时还具有能和活性部位氨基酸残基的侧链基团反应的活性基团。因此也可以和酶的活性部位发生特异性结合，并且能够对活性部位的侧链基团进行修饰，导致酶不可逆失活。这类修饰的特点有：①底物、竞争性抑制剂或配体应对修饰有保护作用；②修饰反应是定量定点进行的。这种修饰作用不同于基团专一性的作用方式（图 5-11）。

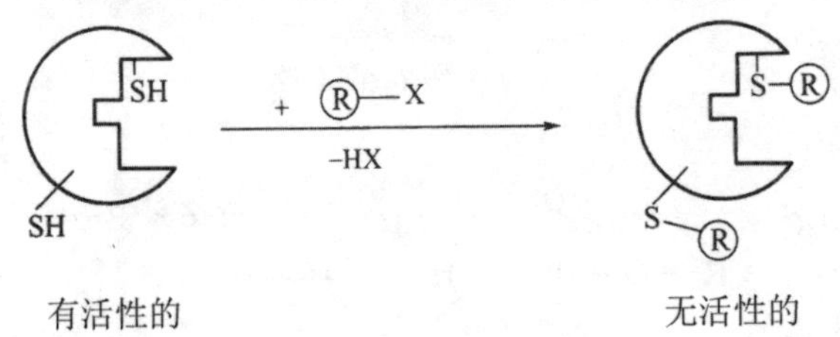

（a）基团专一性修饰

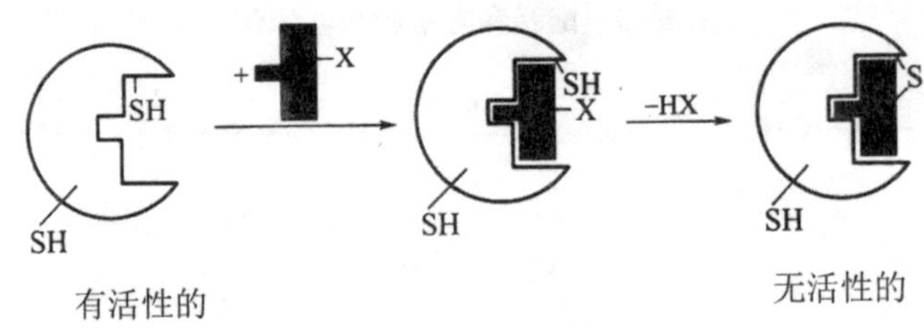

（b）位点专一性修饰——亲和标记

图 5-11　基团专一性与位点专一性

（二）外生亲和试剂与内生亲和标记

亲和试剂一般可分为内生亲和试剂和外生亲和试剂，前者是指试剂本身的某部分通过化学方法转化为所需要的反应基团，而对试剂的结构没有大的扰动；后者是把反应性基团加入到试剂中去，如将卤代烷基衍生物连到腺嘌呤上（图 5-12），氟磺酰苯酰基连到腺嘌呤核苷酸上（图 5-13）。

图 5-12　*N*-6-对-溴乙酰胺-苄基-ADP 的结构

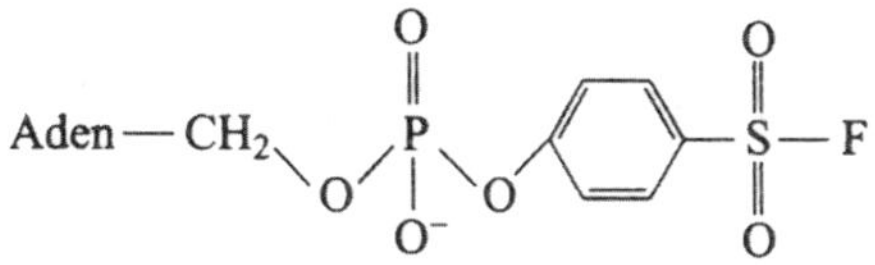

图 5-13　腺苷-5′-（对-氟磺酰苯酰磷酸）的结构（Aden 为腺苷）

三、酶化学修饰的应用

化学修饰酶在理论上为酶的结构与功能关系的研究提供了实验依据。自 20 世纪 70 年代末以来，用天然或合成的水溶性大分子修饰酶的报道越来越多。酶经过修饰后，会产生各种各样的变化，概括起来有：①提高生物活性（包括某些在修饰后对效应物的反应性能改变）；②增强自身在不良环境中的稳定性；③针对特异性反应降低生物识别能力，解除免疫原性；④产生新的催化能力（图 5-14）。

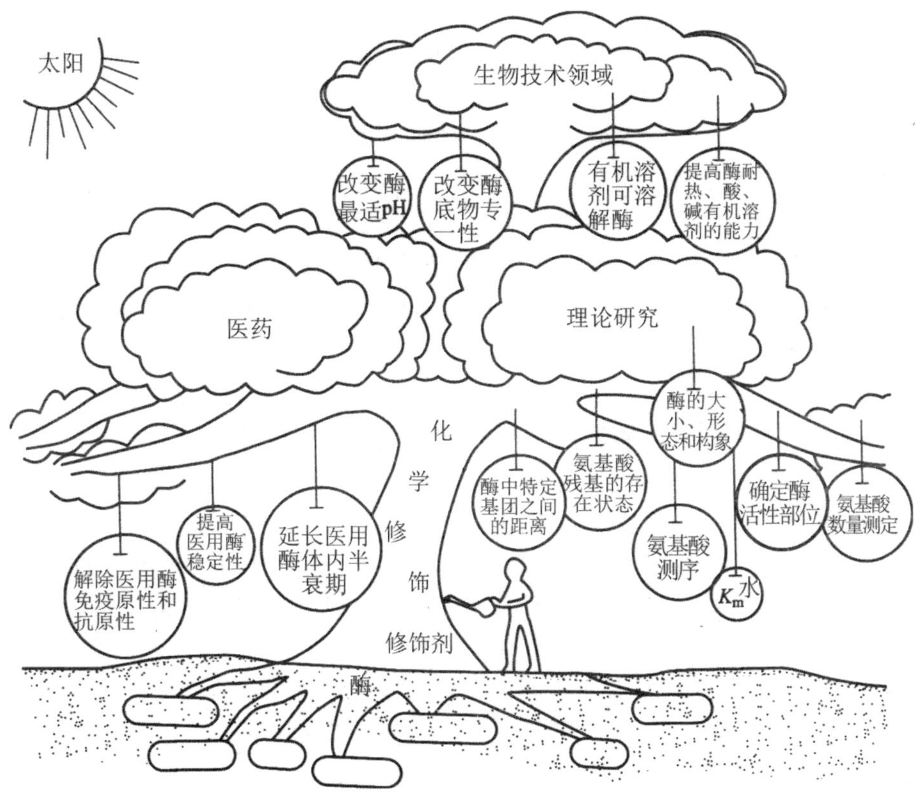

图 5-14　酶化学修饰应用

第四节　酶的定向进化

虽然已有许多酶分子的结构—功能关系已经明确，为定向改造天然酶提供了依据，但由于蛋白质的结构与功能的相互关系非常复杂，这极大地增加了合理设计的难度，更何况，对于很多要改造的酶分子来说，我们缺少对蛋白质结构与功能相互关系的了解，这在很大程度上阻碍了通过酶分子的合理性设计来获得新功能或新特性酶的思路，因而，对有些酶分子来说，非合理设计的实用性显得更强。采用非合理设计方案对酶分子进行改造，是利用了基因的可操作性，在体外模拟自然进化机制，并使进化过程朝着人们希望或需要的方向发展，从而使漫长的自然进化过程在短期内（几天或几个月）得以实现，以达到有效地改造酶分子并获得预期特征的进化酶的目的。

酶定向进化的实质是达尔文进化论在酶分子水平上的延伸和应用。在自然进化中，决定酶分子是否留存下来的因素可能是其存在的需求和适应优势，而在定向进化中是由人来挑选的，只有那些人们所需的酶分子才会被保留下来进入下一轮进化。酶分子定向进化的条件和筛选过程均是人为设定的，整个进化过程完全是在人的控制下进行的。

在分子水平上体外定向进化即为定向分子进化，又称为实验室进化或进化生物技术。定向分子进化的思想最初来自于 S. 斯皮格尔曼（S. Spiegelman）等和 W. 嘉丁纳（W. Gardiner）等，他们提出：进化方法适用于工程生物分子。1993 年 S. 考夫曼（S. Kauffman）提出分子进化的理论。随着多种生物技术和方法的成功运用和发展，如应用于蛋白质和多肽体外选择而发展起来的噬菌体展示技术，以及为有效选择功能核酸而发展起来的指数级富集的配体系统进化技术等，定向分子进化的概念渗透到整个科学界，引起了广泛的关注。自 20 世纪 90 年代初，定向进化已成为生物分子工程的核心技术。然而，定向进化的成功不只依赖于这门技术本身的潜力，还因为它有着其他技术无可比拟的优点，毕竟现今我们对蛋白质结构与功能的了解还非常有限。

从广义上讲，酶定向分子进化可被看作是突变加选择/筛选的多重循环，每个循环都产生酶分子的多样性，在人为设定的选择压力下从中选出最好的个体，再继续进行下一个循环。酶定向分子进化是从一个或多个已经存在的亲本酶（天然的或者人为获得的）出发，经过基因的突变或重组，构建一个人工突变体文库。构建突变体文库最直接的方法是应用易错 PCR （error-prone，epPCR）或饱和突变（saturation mutagenesis）等技术，在目的基因中引入随机突变。除此之外，应用 DNA 改组（DNA shuffling）技术或相关技术进行突变基因的重组可获得更多的多样性，并能迅速积累更多有益的突变。然而这些方法搜索到的顺序空间是有限的。同源基因之间的 DNA 改组又被称为族改组（family shuffling），可触及到顺序空间中未被涉猎的部分。此外，研究者开发出非同源基因之间产生嵌合体的各种策略和方法，进一步拓展了顺序空间。另一种体外构建多样性文库的方法是构建环境库。在这种方法中利用分离和克隆环境 DNA 来获取自然界中微生物的多样性，并且利用构建的文库来搜索新的生物催化剂。

建立多样性，如构建一个含有不同突变体的文库，之后便是将靶酶（预先期望的具有某些功能或特性的进化酶）从文库中挑选出来。这可以通过定向的选择（selection）或筛选（screening）两种方法来实现。选择法的优势在于检测的文库更大，通常可以进行选择的克隆数要比筛选法多 5 个数量级。对于选择而言，一个首要问题是如何将所需酶的某种特异的性状与宿主的生存联系起来。尽管筛选法检测的克隆数相对低，但随着相关技术的自动化、小型化和各种筛选酶的工作站的建立，筛选法日显重要。

天然酶在自然条件下已经进化了上亿年，但是酶分子本身仍然蕴藏着巨大的进化潜力，许多功能有待于发掘，这是酶体外定向进化的前提。酶分子的定向进化是体外改造酶分子的一种有效策略，属于蛋白质的非合理设计范畴。通过定向进化可以使获得的进化酶具备所需的性状，应用于不同的反应过程中。目前该技术已经成为生物研究者的常用手段之一。

一、基本策略

定向进化的思想是增加多样性，拓展顺序空间，积累有益突变。进化的过程就是连续的突变、选择或筛选循环，如图 5-15 所示，每一个循环都包括 3 个步骤：①目标酶基因扩增或重组；②增加序列多样性；③选择或筛选所需的突变体。酶分子的定向进化可概括为：定向进化=随机突变+正向重组+选择或筛选，重复进行突变/筛选的循环，直到获得所需特征的酶。

如前所述，酶定向进化是在一个或多个已经存在的亲本酶（天然的或者人为获得的）基础上进行的。在单一基因的突变和重组中，在待进化酶基因的 PCR 扩增反应中，向目的基因中随机引入突变，或再进行正向突变间的重组，然后构建突变库，凭借定向的选择或筛选方法排除不需要的突变体，最终从突变体库中选出预先期望的具有某些功能或特性的进化酶分子。多个同源基因之间的改组也称族改组，也是一种有效获得蛋白质新功能的方法。向单一基因内引入突变，使得遗传变化只是发生在单一分子内部的均属于无性进化（asexual evolution）；相反，突变是由多个基因重组产生的，遗传变化涉及多个分子的均属于有性进化（sexual evolution）。

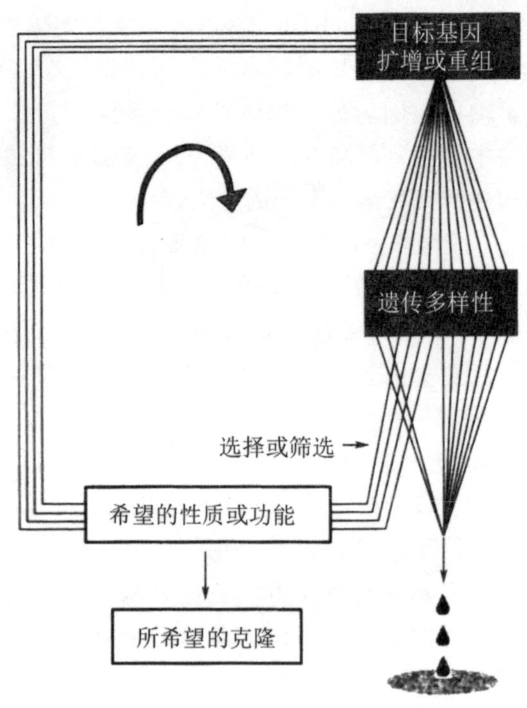

图 5-15　酶定向进化的基本过程

酶的性质或功能通过选择（或筛选）循环最佳化。每个循环由三相组成：①扩增；②多样化；③选择或筛选。扩增和多样化由分子生物学方法实现，如 PCR 或基因重组等，选择或筛选则需采用特异而灵敏的方法，如与靶标的特异结合或表型筛选法等。

定向分子进化的基本策略如图 5-16 所示。对于单一基因的操作，第一轮随机突变中所选择的突变体再重复进行随机突变和选择，以积累更多的有益突变［图 5-16（a）］，应用 DNA 改组或其他方法改进突变体的重组，可使有益突变组合并消除有害突变［图 5-16（b）］。当同源基因重组产生嵌合体时，可以产生新功能［图 5-16（c）］。

由此可见，酶定向分子进化的两个重要环节是多样性基因文库的构建和文库中所期望的进化酶的挑选。

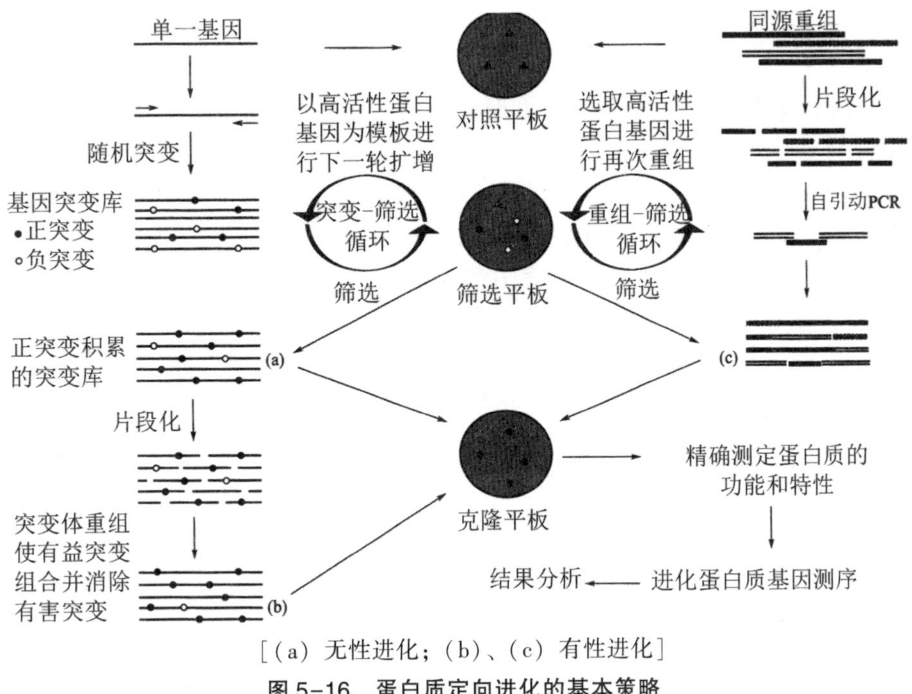

[（a）无性进化；（b）、（c）有性进化]

图 5-16　蛋白质定向进化的基本策略

二、多样化的基本方法

（一）易错 PCR

1993 年，弗兰西斯 · H. 阿尔诺尔德（Frances H. Arnold）应用分子进化的原理创造性地改进酶，发明了易错 PCR 技术，并将其应用于蛋白质的分子进化，宣告了蛋白质定向进化技术的诞生。易错 PCR 是指利用 Taq DNA 多聚酶不具有 $3' \rightarrow 5'$ 校正功能的特点，在特定条件下对待进化酶基因进行 PCR 扩增时，以较低的频率向目的基因中随机引入突变的一种技术。通过设定特殊的反应条件，例如提高镁离子的浓度，加入锰离子，改变体系中四种 dNPT 的浓度等，可以提高 Taq 酶的突变效率，从而在基因扩增时向目的基因中以一定的频率引入碱基错配，导致目的基因随机突变，形成突变体库，然后通过选择或筛选获得所希望的突变体。因此，构建突变体库的多样性是来自点突变。易错 PCR 技术是无性进化的主要手段。

目前已知，控制好突变率是获得理想突变体库的前提，突变率不应太高，也不能太低。

通常，经过一轮突变很难获得满意的结果，所涉猎的进化顺序空间很小，由此开发出连续易错 PCR（sequential error-prone PCR）方法，即将一轮 PCR 扩增得到的有益突变基因作为下一次 PCR 扩增的模板，连续反复地进行随机突变，使每一轮获得的小突变累计而产生重要的有益突变。有关学者等人对来自嗜碱芽孢杆菌的环糊精葡聚糖转移酶（cvclodextrin glucano-transferase，CGTase）进行了 3 轮易错 PCR 随机突变后，从突变库中筛选出理想的突变体，其水解活性较野生型酶提高了 15 倍，同时环化活性降低了 10 倍，为解决面包老化回生问题开发出一种良好的食品工业用进化酶。

该方法一般适用于较小的基因片段（小于 800 bp），对于较大的基因，应用该方法较为费力、耗时。尽管如此，它仍然不失为一种构建基因文库的常用方法。2004 年，T. 纳坎尼瓦（T. Nakaniwa）等就是用单一的易错 PCR 技术开展了果胶酸裂解酶的研究。

（二）DNA 改组

在蛋白质分子无性进化中，一个具有正向突变的基因在下一轮易错 PCR 过程中继续引入的突变是随机的，而这些后引入的突变仍然是正向突变的概率是很小的。于是在弗兰西斯·H. 阿尔诺尔德（Frances H. Arnold）提出了易错 PCR 技术仅一年之后，1994 年威廉·P. C. 施特墨尔（Willem P. C. Stemmer）提出了 DNA 改组（DNA shuffling）技术，将有性繁殖的优势引入到了蛋白质分子定向进化领域，继而发展成一种有效的不同基因片段之间的重组方法。

DNA 改组又称为有性 PCR（sexual PCR），是将一组密切相关的序列（通常是进化上相关的 DNA 序列或曾筛选出的性能改进的突变序列）片段化，再通过重组创造新基因的方法。若将已经获得的、存在于不同突变基因内的有益突变进行重组合，则可加速积累有益突变，构建出最大变异的突变基因库，最终可选择/筛选出最优化的突变体。因此，目前人们常把 DNA 改组与易错 PCR 结合，用于构建突变基因文库（图 5-17）。

利用 DNA 改组方法，威廉·P. C. 施特墨尔（Willem P. C. Stemmer）对 β-内酰胺酶进行了改造，以向培养物中添加头孢氨噻为选择压力，经三轮 DNA 改组和筛选得到了酶活力提高 32 000 倍的突变体。孙志浩等采用 DNA 改组与易错 PCR 相结合的方法对 β-泛解酸内酯水解酶定向进化研究，结果获得一株酶活力高且在低 pH 值条件下稳定性好的突变体，其酶活力是野生型酶的 515 倍，在 pH 值为 6.0 和 pH 值为 5.0 的条件下突变体酶的酶活残留分别为 75% 和 50%，而野生型酶只能保持原来的 40% 和 20%。

DNA 改组一方面可以创造更大的多样性，另一方面可以更快地将亲本基因群中的优势突变或有益突变尽可能地组合在一起，获得最佳突变组合，加快进化速度，最终使酶分子的某种性质或功能得到了进一步的进化，或是两个或更多的已优化性质或功能的组合，或是实现目的蛋白多种特性的共进化。DNA 改组的这种特性，尤其是在与易错 PCR 联用，进行多轮定向进化时极为有用。例如，为了增强来自特莫氏属的嗜热 β-糖苷酶的转糖苷活性以生产低聚糖，有学者采用 DNA 改组的方法对该酶进行定向进化，成功地获得了 β-转糖苷酶活性明显提高的进化酶。

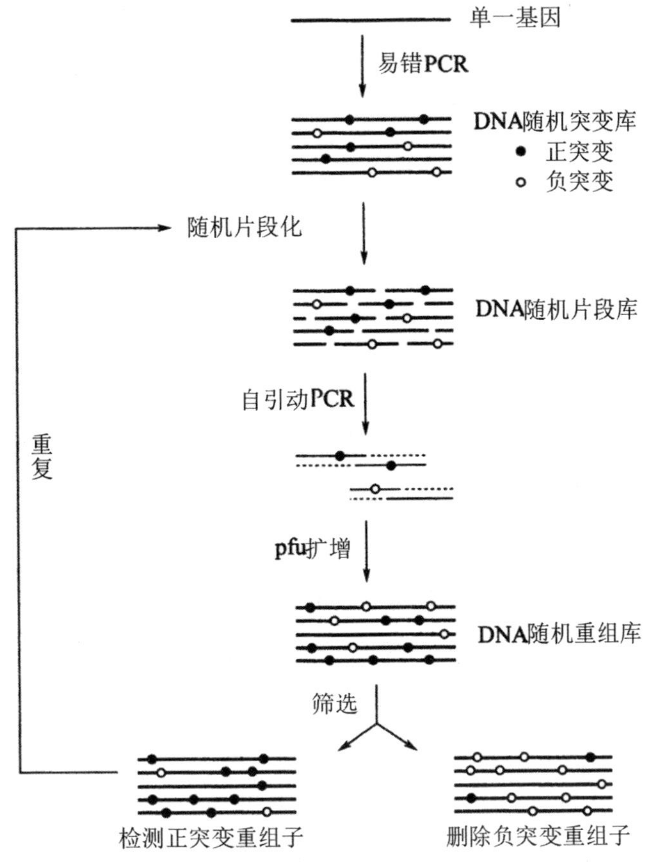

图 5-17　DNA 改组原理

DNA 改组是一种在无性进化基础上的有性进化技术，是一种蛋白质体外加速定向进化的有效方法，其中所有的母体基因通常都是来自同一基因的不同突变体，如来自易错 PCR 产生的突变体库。通常有益突变的比例都低于有害突变，因此，在定向进化时，每一轮进化中往往只能鉴定出一个最明显的有益突变体，作为母本进行下一轮进化，想要获得最佳的阳性突变体，就需要多轮连续的进化。但由于该法在 DNA 片段组装过程中也可能引入点突变，所以它对从单一序列指导进化蛋白质也是有效的。

（三）族改组

若从自然界中存在的基因家族出发，利用它们之间的同源序列进行DNA改组，以实现同源重组，则可极大提高集中有利突变的速度。1999年，研究者将DNA改组技术扩展到基因家族改组，并发展成一种有效的不同基因片段之间的重组方法，提出了族改组策略，极大地促进了定向进化技术的发展。

将DNA改组用于一组同源基因或进化上相关的基因时，称为"族改组"，有时也称为"DNA族改组"（图5-18）。族改组涉及一族同源序列或进化上相关的基因的嵌合，最典型的是相关种类的同一基因或单一种类的相关基因的嵌合。筛选这个嵌合基因库，选出最理想的克隆再进行下一轮改组。由于每一个天然酶的基因都经过了千百万年的进化，并且基因之间存在比较显著的差异，所以族改组能有效地产生所有母体有益性质的组合，制造出新的改进功能或性质的克隆。与随机突变相比，族改组只是交换或重组了亲本基因的天然多样性，因此，由族改组获得的突变重组基因库中既体现了基因的多样性，拓宽了顺序空间，又能最大限度地排除那些不需要的突变，并不增加突变库的大小和筛选难度，而是同样大小的库包含了更大的顺序空间，从而保证了对很大顺序空间中的有益区域进行快速定位以实现顺序的最佳化。周正等采用族改组的方法对青霉素G酰基转移酶定向进行改造，结果获得了酶活比野生型提高了40%的突变体。

在实际操作中，通常族改组的重组子的产率是较低的，其原因是在第一轮杂化中，退火时形成同源双链体（homoduplex）的频率较形成异源双链体（heteroduplex）的频率高图5-18（a），使得亲本基因再生的概率较嵌合基因形成的概率高得多。为了提高形成异源体的频率，设计了两种改进的族DNA改组技术：单股（ssDNA）族改组和限制酶消化的DNA改组图5-18（b）、图5-18（c）。在单股（ssDNA）族改组中，首先制备两个同源基因的ssDNA，其中一个是一个基因的编码链，另一个是另一个基因的非编码链。这两个ssDNA用DNase工消化，它们的片段用于族改组时，在第一轮杂化中会产生异源双链体图5-18（b）。在第二种方法中，内切酶消化的DNA片段在第一轮杂化中大部分形成同源双链体，只有少部分形成异源双链体，但只有异源双链体才能发生DNA延伸，最后扩增出嵌合DNA片段图5-18（c）。

目前，族改组是各种来源的同源基因重组广为应用的技术，已用于多种同源基因产生功能嵌合蛋白质库。例如，研究者应用族改组技术对超嗜热糖苷水解酶家族的两种同源性有限而耐热机制不同的酶进行重组改造，经三轮筛选后从含有 2 048 个β-糖苷酶的杂合体库中筛选出三个超嗜热的β-糖苷酶杂合体进化酶，它们的乳糖水解活性比两个亲本酶均有明显的提高。

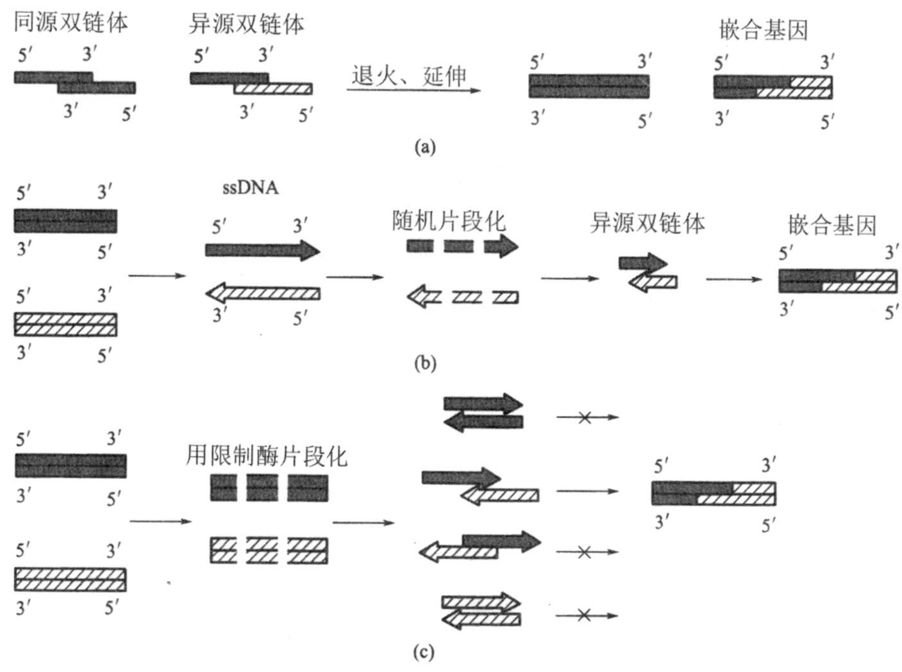

图 5-18 族改组中 DNA 杂合与延伸

（两族基因的 DNA 股以实线盒和斜线盒表示）

[（a）两种类型的退火：同源双链体（两股来自同一基因）和异源双链体（两股来自不同基因）。（b）为了防止在第一轮 PCR 中形成同源双链体，ssDNA 由两个基因制备。这些 ssDNA 用 DNase I 片段化后，只形成异源双链体。（c）用限制酶裂解 DNA 片段的族改组中，形成同源双链体和异源双链体，但前者不发生 DNA 延伸，而后者发生 DNA 延伸，形成嵌合 DNA 片段]

（四）体外随机引动重组

1998 年 F. H. 阿诺德（F. H. Arnold）等提出了另一种体外重组方法——体外随机引动重组（randompriming in vitro recombination，RPR）。RPR 是以单链 DNA 为模板，以一套合成的随机序列为引物，先扩增出与模板不同部位有一定互补的大量短 DNA 片段，由于碱基的错配和错误引导，在这些短 DNA 片段中会有少量的点突变，在随后的 PCR 反应中，它们互为模板和引物进行扩增，直至合成完整的基因长度。重复上述过程，直到获得理想的进化酶。体外随机序列引动重组的原理如图 5-19 所示。

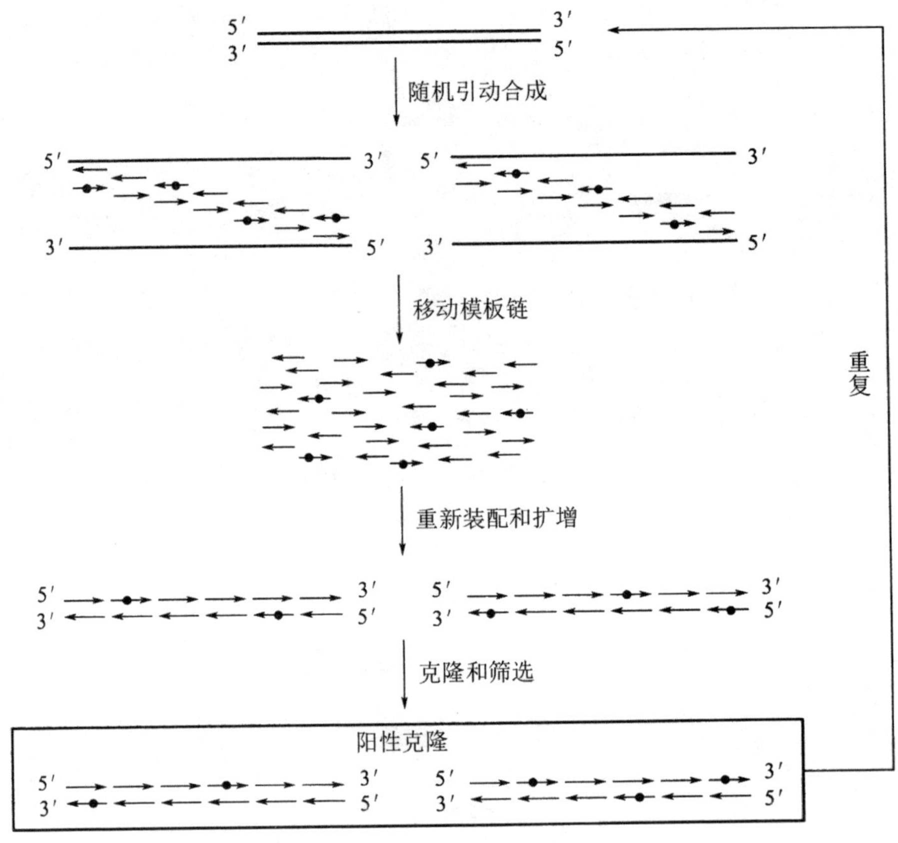

图 5-19　体外随机引动重组原理

（·表示错配位点）

K. 富鲁卡瓦（K. Furukawa）等通过两轮体外随机引动重组突变和选择，对联苯双加氧酶（Bph Dox）进行了分子改造，获得了功能明显改进了的突变酶。

（五）交错延伸

1998 年建立了交错延伸法（staggered extension process，StEP），用来定向进化目标酶。交错延伸的原理如图 5-20 所示。

交错延伸法中重组发生在一个体系内部，不需要分离亲本 DNA 和产生的重组 DNA。它采用的是变换模板机制，因此，这也是一种简便而且有效的进化方式。这也是逆转录病毒所采取的进化过程。例如，有学者应用交错延伸法定向分子进化枯草杆菌尿酸酶，结果得到了 2 个活力极大提高的突变体酶。

此外，随着酶分子定向进化的发展，在以上基本方法的基础上，又不断地发展出一些新的方法。虽然应用这些新方法已经有成功的实例，但仍没有易错 PCR 和 DNA 改组等常规方法应用得普遍。

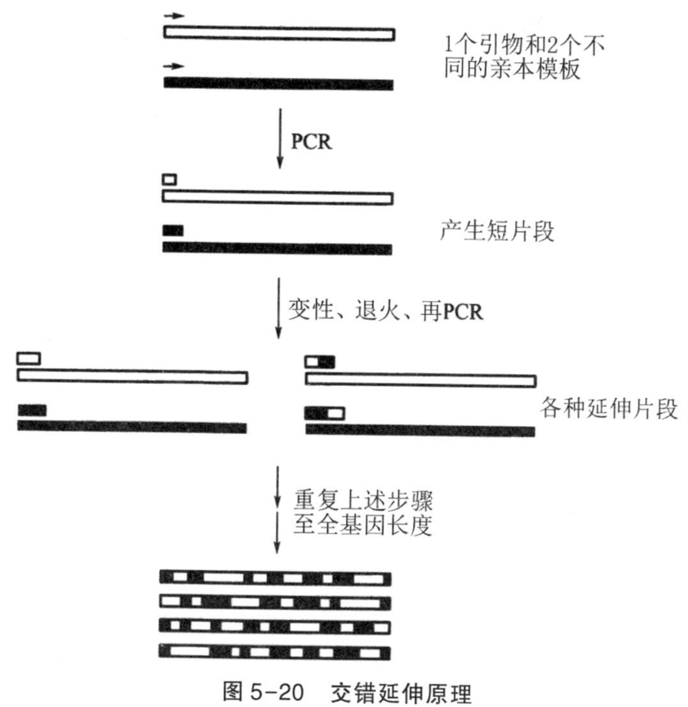

图 5-20 交错延伸原理

三、多样性文库的构建

酶的定向进化是在一个或多个已经存在的亲本酶（天然的或者人为获得的）的基础上进行的。随着分子生物学的飞速发展，在挑选目标酶分子时，已将组合的策略和进化思想联系在了一起，建立起一种利用“库”来获得目标酶的思想，即先构建天然酶的（突变）基因文库，然后从代表了多样性的基因文库中挑选出目标酶。此文库是多样性基因的一个系统或集合。这种思想最早是由 G. P. 史密斯（G. P. Smith）等在 1995 年提出的，当时 G. P. 史密斯等建立了一种噬菌体随机展示肽库（phage display random peptide library），用来筛选药物先导化合物。

前面多样化的基本方法中介绍的所有方法都可以用于获得一组多样性 DNA 片段，紧接着需要将其构建成可以稳定保持并随时扩增多样性基因的文库。创造合适的突变库是进行定向进化的关键一步，这就需要将这一组一定长度的 DNA 片段（天然的、突变的或合成的）克隆到特定的表达载体中，或导入某种宿主细胞中。利用库的原理获得目标酶的思想具有传统的筛选法无法比拟的优越性，在基础理论研究和实际应用中都有广泛的用途。

(一) 理想基因文库的要素

1. 亲本酶的选取

在构建基因文库时，亲本酶的选取直接关系到所建立文库的性质和特点，并在一定程度上决定了文库的本质，如生物种类，属原核生物、真核生物还是属于人类的等。

2. 基因文库的质量

基因文库的质量主要体现在两方面：文库的代表性和基因片段的序列完整性。

文库的代表性是指文库中包含的 DNA 分子能否完整地反映出来源基因的全部可能的变化和改变。文库的代表性如何可用文库的库容量来衡量，后者是指构建出的原始基因文库中所包含的独立的重组子克隆数。高质量的基因文库所需达到的库容量取决于来源基因中序列的总复杂度。因此，用任意基因来构建基因文库时，要以 99% 的概率保证文库中包含有目的基因的任何一种可能的突变信息。但在实际操作中，考虑到在构建基因文库过程中存在多种操作误差和系统误差，一个具有完好代表性的基因文库至少应具有 10^6以上的库容量。

(突变) 基因片段的序列完整性也是反映文库质量的一个重要指标。对于大多数真核基因，其编码的蛋白质都具有在结构上相对独立的结构域，这些结构在基因的编码区中有相对应的编码序列。因此，要从文库中分离获得目的基因的完整序列信息和功能信息，要求文库中的重组或突变 DNA 片段应尽可能完整地反映出天然基因的结构。当然，并非所有的基因文库都需要基因是完整的，比如在构建基因缺失文库时，就不能拘泥于这种要求。因此，在实际工作中，如何体现出文库中基因序列的完整性，需要依据研究的目的和具体要求来灵活考虑，并无固定的标准和要求。

(二) 构建基因文库的载体和宿主

在构建基因文库时，大肠杆菌是最常用的宿主菌，这是因为除了简单、易培养等优势外，还因为各种遗传工具对它都是有效的。但对于真核生物基因的功能鉴定，常用酵母等低等真核生物细胞或哺乳动物细胞作为宿主细胞，这样才能更真实地反映出基因编码产物的生物功能，尤其是与人类重大生理现象和重大疾病相关的功能基因的鉴定。

质粒（如 pBluescript 或 pET）是构建基因文库最常用的载体。质粒载体在基因克隆与重组中的优势在相关书籍中早有阐述，在此不必重复，但就用于构建文库而言，质粒的优点是在大肠杆菌中的拷贝数较高，对低表达的外源基因也能根据产物的活性进行检测。这一点非常重要，因为环境基因的活性表达往往依赖于天然启动子，而质粒载体自身的启动子可以替代天然启动子。

要想克隆大片段环境 DNA，就得使用 Cosmid、Fosmid 或 BAC 载体。由 Cosmid 或 Fosmid 构建的环境库，插入的 DNA 平均大小为 20 ～ 40 kb，BAC 库是 27 ～ 80 kb。BACs 是修饰质粒，包含了大肠杆菌 F 因子复制起点，其复制是受严格控制的，在每个菌体细胞中只保持 1 ～ 2 个拷贝数。BACs 载体能够稳定保持和复制的插入片段可高达 600 kb。BAC 和 Cosmid 库的不足之处是载体的拷贝数低，那些在大肠杆菌中低表达的基因就不容易用测定活性的方法检测到。

第五节 酶工程的应用进展

一、酶在食品工业中的应用

（一）改进啤酒工艺，提高啤酒质量

1. 固定化酶用于啤酒澄清

啤酒中含有多肽和多酚物质，在长期放置过程中会发生聚合反应，使啤酒变混浊。在啤酒中添加木瓜蛋白酶等蛋白酶，可以水解其中的蛋白质和多肽，防止出现混浊。但是，如果水解作用过度，会影响啤酒泡沫的保持性。研究用固定化木瓜蛋白酶来处理啤酒，既可克服蛋白酶的这一缺陷，又可防止啤酒的混浊。经处理后的啤酒在风味上与传统啤酒无明显差异。

2. β-葡聚糖酶提高啤酒的泡持性

啤酒原料大麦中含有一种被称为β-葡聚糖的黏性多糖，适量的β-葡聚糖是构成啤酒酒体和泡沫的重要成分，但过多的β-葡聚糖会使麦芽汁难以过滤，延长过滤时间，降低出汁率，易使麦芽汁混浊。在发酵阶段，过量的β-葡聚糖影响发酵的正常进行。如果成品啤酒中β-葡聚糖含量超标，容易形成雾状或凝胶沉淀，严重影响产品质量。在生产中添加β-葡聚糖酶来

降低β-葡聚糖含量，保障糖化和发酵的正常进行，提高啤酒的泡持性和稳定性。

二、在制药工业中的应用

目前，酶工程技术已成为新药开发和改造传统制药工艺的主要手段，利用酶工程转化生产的药物已近百种。酶工程技术在制药工业中的应用主要体现在抗生素类、氨基酸类、有机酸类、维生素类、甾体类、核苷酸类药物的生产中，其应用主要有以下几个方面。

（一）在抗生素类药物生产中的应用

在抗生素类药物生产中，酶工程可以生产6-氨基青霉烷酸（6-APA）（青霉素酰化酶）、7-烷基头孢烷酸（7-ACA）（头孢菌素酰化酶）、头孢菌素Ⅳ（头孢菌素酰化酶）、7-氨基脱乙酰氧头孢烷酸（7-ADCA）（青霉素V酰化酶）、脱乙酰头孢菌素（头孢菌素乙酸酯酶）等抗生素类药物。近年来，酶工程在抗生素生产上的研究主要有固定化产黄青霉（青霉素合成酶系）细胞生产青霉素和合成青霉素及头孢菌素前体物的最新工艺研究等。

（二）在有机酸类药物生产中的应用

在有机酸类药物生产中，酶工程可以生产L-苹果酸（延胡索酸酶）、L-（+）-酒石酸（环氧琥珀酸水解酶）、乳酸（乳酸合成酶系或腈水解酶）、葡萄糖酸（葡萄糖氧化酶和过氧化酶）、长链二羧酸（加氧酶和脱氢酶）、衣康酸（复合酶系）等有机酸类药物。

（三）酶工程在氨基酸类药物生产中的应用

酶工程在氨基酸类药物生产中的应用主要体现在可以生产L-酪氨酸及L-多巴（β-酪氨酸酶）、L-赖氨酸（二氨基庚二酸脱羧酶）、鸟氨酸（L-组氨酸氨解酶）、L-天冬氨酸（天冬氨酸合成酶）、L-丙氨酸（L-天冬氨酸-β-脱羧酶）、L-苯丙氨酸（L-苯丙氨酸氨解酶或苯丙氨酸转氨酶）、L-谷氨酸（L-谷氨酸合成酶）、L-色氨酸（色氨酸合成酶）、L-丝氨酸（转甲基酶）、谷氨酰胺（谷氨酰胺合成酶）、谷胱甘肽（复合酶系）等氨基酸类药物。

（四）在核苷酸类药物生产中的应用

应用酶工程可以生产的核苷酸类药物主要有5-核苷酸（5′-磷酸二酯酶）、ATP（氨甲酰磷酸激酶）、AMP（激酶加乙酸激酶）、CDP胆碱（复合酶系)、肌苷酸（腺苷脱氨酶)、NAD（焦磷酸化酶）等。

（五）在维生素类药物生产中的应用

应用酶工程可以生产的维生素类药物主要有2-酮基-L-古龙糖酸（山梨糖脱氢酶和L-山梨糖醛氧化酶或2,5-DKG还原酶)、CoA（CoA合成酶系)、肌醇（肌醇合成酶)、L-肉毒碱（胆碱酯酶）等。另外，由葡萄糖和山梨醇生产维生素和丙烯酰胺的方法也采用酶工程技术来进行。

酶工程作为生物工程的重要组成部分，其主要研究成果在制药工业中的应用是有目共睹的，其发挥的作用是世人公认的。随着基因组学和蛋白质组学等相关学科的发展，如何借助DNA重组和细胞、噬菌体表面展示技术进行特殊用途的新酶开发，如何采用固定化、分子修饰和非水相催化等技术来充分发挥酶的催化功能、扩大酶的应用范围、提高酶的应用效率，是酶工程制药发展的主要方向。

三、在疾病治疗方面的应用

酶可以作为药物治疗各种各样的疾病，而且具有疗效显著、副作用小的特点。

（一）蛋白酶

蛋白酶是催化肽键水解的一类酶，它为临床上使用最早、用途最广的药用酶之一。主要作用为：消化剂与消炎剂。

（二）超氧化物歧化酶（SOD）

它具有抗辐射作用，对红斑狼疮、皮肌炎、结肠炎等疾病有显著疗效。并且不管用什么给药方法，无任何明显的副作用，也不会产生抗原性，是一种多功能、低毒性的药用酶。

（三）溶菌酶

溶菌酶能够起到一定抗菌、消炎、镇痛的作用，而对人体副作用很小。它与抗生素联合使用，可以显著提高抗生素的治疗效果。酶除了能用于疾病治疗以外，在疾病诊断方面也应用广泛。

四、在发酵工业中的应用

在发酵工业中，纤维素酶有很高的应用价值。目前，其应用研究主要在酱油酿造和制酒工业。

(一) 酱油酿造

纤维素酶用于酱油酿造，可以改善酱油质量，缩短生产周期，提高产量。如在大豆粉中加入纤维素酶和半纤维素酶进行前处理，再以稀盐酸水解，可减少残余的糖类和提高氮的溶出率，还可提高酱油浓度，从而使酱色用量减少。另外，采用纤维素酶和黄曲菌混合制曲，可提高酱油的氨基酸、全氮、无盐固形物含量和出油率。

(二) 制酒工业

纤维素酶可提高酒精和白酒的出酒率，特别是对野生淀粉质原料进行发酵时需要纤维素酶和其他各种酶类，以提高淀粉利用率，并可降低醪液的黏度。

五、酶在纺织工业中的应用

生丝织物必须脱胶，去除外层丝胶，才能具有柔软的手感和特有的丝鸣现象。用植物蛋白酶如菠萝蛋白酶、木瓜蛋白酶以及黑曲霉酸性蛋白酶等处理羊毛，能使染色在低温下进行。其上色率同老工艺相当或略高，而毛纱强度显著提高。

六、酶在日用化工和制革工业中的应用

酶也常用于加酶洗涤剂、牙膏和化妆品中。冷霜等化妆品添加蛋白酶，可溶解皮屑，使皮肤柔软，促进新陈代谢，增加皮肤对药物的吸收。毛皮软化是制革中的重要工序，用蛋白酶将皮革纤维间质中的蛋白质和黏多糖溶解掉，可以使皮变得柔软轻松、透气性好。

七、酶在细胞工程、基因工程领域中的应用

酶在细胞工程、基因工程领域中更是扮演着重要的角色。

在细胞工程领域常用酶法破除细胞壁。例如，用黑曲霉、无根根霉等霉菌产生的果胶酶和木霉等产生的纤维素酶能进行植物细胞壁的破除；用蛋清或微生物产生的溶菌酶能进行细菌细胞壁的破除；用藤黄节杆菌等产生的葡聚糖酶和蛋白酶等可进行酵母细胞壁的破除；用细菌的葡聚糖酶和壳多糖酶可进行曲霉、青霉等霉菌的细胞壁破除；用芽孢杆菌产生的蛋白酶和链霉菌产生的几丁质酶可进行毛霉、根霉等霉菌的细胞壁破除。

在基因工程领域有用于切割 DNA 的限制性核酸内切酶（300 余种）、核酸外切酶、核酸酶，有用于拼接重组 DNA 的 DNA 连接酶。

八、用作酶传感器

酶传感器是由固定化酶和电化学装置（电极）配合而成，又称酶电极，是 20 世纪 70 年代后期发展起来的一种技术。

酶传感器由两部分组成：一部分是能与某种化合物进行特异反应的酶；另一部分是能控制化合物电荷变化的电极。例如，把葡萄糖氧化酶固定在能透过过氧化氢的薄膜上，酶与溶液中底物（待测）的葡萄糖接触后，反应所产生的过氧化氢通过薄膜到达铂电极（阴极），过氧化氢分解而转变为电信号，产生电流。此电流与底物浓度成正比，电极应答时间为十几秒，可测定 100 ～ 500 mg/L 的浓度。

酶传感器可以安装在发酵罐内进行直接、连续、动态的监测，即所谓“在线测量”，具有快速、敏感、在线、连续和动态等优点。

第六章　蛋白质工程

20 世纪 80 年代初，随着蛋白质晶体学和结构生物学的快速发展，人类可以通过对蛋白质结构与功能的了解，借助计算机辅助设计，利用基因定点诱变等高新技术改造基因，以达到改进蛋白质某些性质的目的。这些技术的融合，促使蛋白质工程这一新兴生物技术领域的诞生，为认识和改造蛋白质分子提供了强有力的手段。蛋白质工程的基本内容和目的可以概括为：以蛋白质结构与功能为基础，通过化学、物理和生物信息学等手段，对目标基因按预期设计进行修饰和改造，表达或合成新的蛋白质；对现有的蛋白质加以设计、定向改造、构建和最终生产出比自然界存在的蛋白质功能更优良，更符合人类需求的功能蛋白质。目前，蛋白质工程技术已在研究领域或农业、工业、医药等应用领域中进行了大量的研究，获得了一系列突破性研究进展，并已产生重大的社会和经济效益。

第一节　蛋白质分子设计和改造

蛋白质是分子生物学与生物化学的研究重点之一，大量蛋白质被分离纯化，研究人员测定了它们的结构、性质、生物学功能。通过有关基因组的研究，人们也可以推测出一些未知蛋白质的结构和功能。采用定点诱变等技术对编码蛋白质的基因进行核苷酸密码子的插入、删除、置换或改组，其结果为蛋白质分子的设计改造提供了新的方案。因此，可以认为蛋白质工程是基因工程的重要组成部分，或第二代基因工程。

一般情况下，往往需要经过很多次探索才能达到改进蛋白质性能的预期目标。计算机科学和图象显示技术的迅猛发展使得蛋白质结构分析、三维结构预测与模型构建、分子设计和能量计算等理论与技术得到长足发展，为蛋白质定向改造的分子设计提供了必要条件和重要手段。

总体而言，蛋白质分子设计大致可分为功能设计和结构设计两方面。在蛋白质分子设计的实践中，常依据改造部位的多少将蛋白质分子设计分为 3 类：①定点突变或化学修饰，是指在已知结构的天然蛋白分子多肽链内确定的位置上进行一个或少数几个氨基酸残基的改变或化学修饰。这类设计只是进行小范围改造，以研究和改善蛋白质性质和功能；置换、删除或插入氨基酸主要是通过基因操作来实现的。这种设计方法是目前蛋白质工程中使用最广的方法。②拼接组装设计法，是指对来源于不同的蛋白质结构域（domain）进行剪裁、拼接、组装，以期望能转移相应的功能，获得具有新特性的蛋白质分子。这类设计需要对蛋白质分子进行较大的改造，当前也主要是从基因水平上操作完成。③从头设计全新蛋白质，是指从设计氨基酸序列结构开始，设计出自然界不存在的全新蛋白质，使之具有特定的空间结构和功能。这类设计可参考已有类似蛋白质结构，或完全依赖已知的蛋白结构从基因水平上表达出全新蛋白质，或直接化学合成全新的蛋白质。

一、蛋白质分子改造（基于天然蛋白质结构的分子设计）

从已知蛋白质的上述关系，可用来推测一级结构改变对空间结构和生物学功能的影响。但由于目前对蛋白质结构的规律认识非常有限，这种推测也并不可靠，常常是差之毫厘失之千里。于是研究人员考虑在实验室模拟生物分子进化，通过随机变异和目标功能的选择，多次重复，进而获得改进性能的蛋白质。

目前，对蛋白质所做的改造主要包括以下几方面：①改变酶促反应的底物浓度（K_m）与最大反应速度（V_{max}），从而改变酶的催化效率。②改变酶在非水溶性溶剂中的反应性，使得酶蛋白可以在非生理条件下作用。③提高酶对底物的亲和力，增强酶的专一性，减少副反应。④改变酶的别构调节部位，减少反馈抑制，提高产物的产率。⑤改变酶的专一性以适应特殊需要。⑥改变蛋白质 pH 值、温度稳定范围，从而改变蛋白质作用条件和延长保存期限。⑦提高蛋白质抗氧化能力。⑧根据需要改变酶的底物专一性。⑨改变蛋白质作用的种属特异性（如嵌合抗体、人源化单克隆抗体）。

改造已有蛋白质结构，通常需要经过以下几个步骤：①分离纯化需要改造的目的蛋白；②对已经纯化的蛋白进行氨基酸测序、X 衍射分析、核磁共振分析等一系列测试，尽可能获得更多的结构与功能关系的数据；③通过蛋白质序列设计核酸引物或探针，从 cDNA 文库或核基因文库获得编码该蛋白的基因序列；④设计改造方案，改造基因序列（定点诱变或分子拼接）；⑤将经过改造的基因插入适当的载体在宿主细胞中进行表达；⑥分离纯化表达产物，进行功能检测，评价是否达到预期目标。

二、全新蛋白质分子设计

全新蛋白质分子设计最早采用的方法是所谓的序列简化法（minimalist

approach)，其特点是尽可能使设计的复杂性最小，通常只用少数几个氨基酸，设计的序列往往具有一定的对称性和周期性。该方法使设计复杂性减少，并能检测出一些蛋白质折叠的规律和方式。现在很多设计依然采用这种方法。随后，马特（Mutter，1988）首先提出了模板组装合成设计途径（template assembled synthetic protein approach，TASP)，其主要思路是将各种蛋白质二级结构片段通过共价键连接到一个刚性模板分子上，形成一定的三级结构。这一途径绕过了蛋白质三级结构设计中的难关，通过改变二级结构中的氨基酸残基来研究蛋白质中远程作用力，是研究蛋白质折叠规律和进行蛋白质全新设计规律探索的有效手段。

研究人员还从热力学第一定律出发进行蛋白质分子设计，即按热力学第一定律从头设计一个全新的氨基酸序列，它能折叠成一个预期的结构，如托马斯（Thormas，1994）设计合成的β二聚体结构，理查森（Richardson，1997）设计合成了一个64个氨基酸组成的β折叠结构，德格拉多（Degrado）和艾森伯格（Eisenberg，1998）合作设计合成的4α螺旋结构，斯特鲁瑟斯（Struthers）设计合成的不用Zn^{2+}稳定的锌指结构ββα5，奥瑞迪诺（Offredil）设计合成的由216个氨基酸组成的α/β筒状蛋白质，库尔曼（Kuhlman）设计成功一个Top 7α/β的新蛋白，丹尼尔（Daniel）利用β氨基酸成功构建了一个螺旋结构组成的β肽束，其氨基酸序列和结构都是新颖的。这些研究工作表明了简单蛋白从头全新设计的可能。

为了提高蛋白质分子设计的速度和效率，研究人员已经开发了很多种自动化设计方法。现已有不少现成的蛋白质分子设计软件，如SYBYL、BIOSYM等国外的一些大型软件，以及PEPMODS系统（北京大学来鲁华）、PMODELING程序包（中国科学院生物物理研究所陈润生和上海生物化学研究所丁达夫）等一些国内软件。

第二节 蛋白质工程几种重要的研究方法

一、基因定点诱变技术

基因定点诱变技术（site-specific mutagenesis）是基因工程和蛋白质工程中关键技术之一。虽然常规的诱变、选择方法也可用于设计所需的蛋白质，但用常规诱变方法无法预测哪个核苷酸产生变化，因而产生的突变蛋白数量很多，且大多数氨基酸的替换会降低酶的活性，因此常规诱变方法通常很少使目标蛋白向好的方面改变。基因定点诱变技术则可以专一地改变基因中某个或某些特定的氨基酸，从而有效地改造或创造新的蛋白，生产出具有工业应用和医药应用所需性状的蛋白。

定点诱变的方法有很多种，有的是改变特定核苷酸，有的则是对一段最可能影响蛋白质功能的基因序列进行随机突变，产生一系列突变蛋白。以下简要介绍实验室较为常用的两种方法。

（一）用 M13 DNA 进行的寡核苷酸介导的诱变

DNA 化学合成技术的发展使寡聚核苷酸合成十分方便，于是在单链噬菌体 DNA 体外复制的基础上产生了寡聚核苷酸介导的定点诱变技术。该项技术主要包括以下步骤（图 6-1）：①制备单链 DNA 模板（将外源基因插入 M13 载体复制型双链 DNA 的克隆位点，转化 *E. coli* 制备噬菌体单链 DNA 模板）。②合成寡聚核苷酸（作为诱变的寡聚核苷酸除定点诱变的错配碱基外，其余部分应与模板完全配对）。③寡聚核苷酸与模板退火合成异源性双链 DNA，用 Klenow 酶或 T4 连接酶封闭缺口。④闭环异源性双链 DNA 分子富集。⑤转染宿主细胞进行复制，产生两类复制双链 DNA，一类是野生型的，另一类是突变型的。⑥对突变体进行筛选和鉴定（在严格的

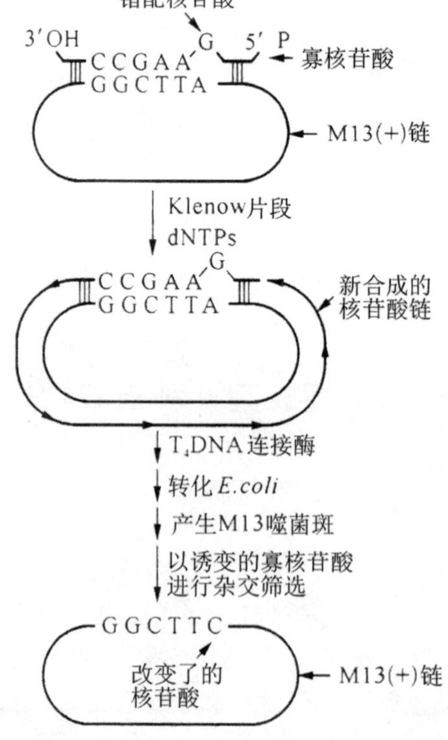

图 6-1　M13 DNA 进行的寡核苷酸介导的诱变

条件下，以最初诱变的寡核苷酸链作为探针，通过杂交鉴定筛选出突变体。分离出双链 M13 DNA 后，将突变基因克隆到 *E. coli* 表达载体上，在 *E. coli* 中生产改变了的蛋白，经过蛋白质分离纯化，然后检测突变的效果）。

（二）寡核苷酸介导的 PCR 诱变

随着 PCR 技术的成熟，定点诱变中也采用了 PCR 技术。利用 PCR 进行定点诱变可使突变体大量扩增，同时也能提高诱变率。该方法具体做法是（图 6-2）：将目的基因克隆到质粒载体上，质粒分别置于两个试管中，每管各加入两个特定的 PCR 引物（一个引物与基因内部或附近的一段序列完全互补，另一个引物与基因外部的一段序列互补，但有一个核苷酸发生了改变）；两管中不完全配对的引物与两条相反的链接合（即两个突变引物是互补的）。由于两个反应中引物位置不同，经 PCR 扩增后，产物有不同的末端。将两管 PCR 产物混合、变性、复性，则每条链就会与另一管中的互补链退火，形成有两个切口的环状 DNA，转入 *E. coli* 后者两个切口均可被修复。如果同一管中的两条 DNA 结合，会形成线性 DNA 分子，不能在

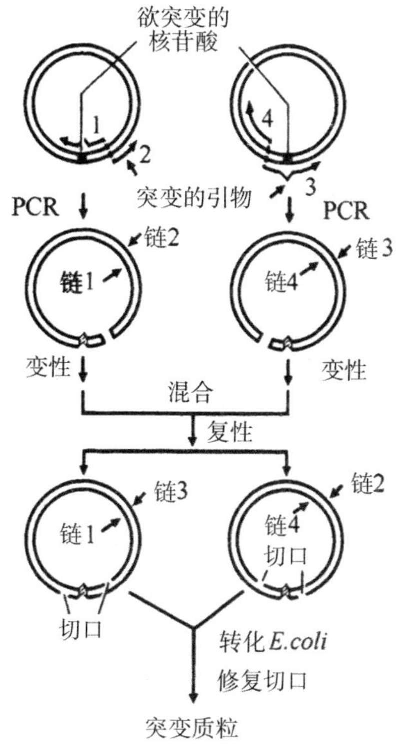

图 6-2　通过 PCR 的寡核苷酸介导诱变

*E. coli*中稳定存在。只有环状 DNA 在能在 *E. coli* 中稳定存在，而绝大多数环状 DNA 分子都含有突变基因。该方法不用将基因克隆到 M13 载体上，也不用将 M13 载体上的突变基因再亚克隆到表达载体上，因而简单实用。

二、蛋白质晶体学方法

促成蛋白质工程诞生的基础研究领域之一是蛋白质晶体学，即应用单体 X 射线衍射方法测定蛋白质、核酸等生物大分子的三维空间结构，并研究它们的结构和功能的科学。第一张蛋白质晶体的 X 射线衍射照片拍摄于 1934 年。1954 年，帕图兹（Pertuz）发现了用单晶衍射法测定蛋白质晶体结构的途径——同晶置换法（用重原子替代蛋白质中部分原子制备晶体进行衍射分析）。1960 年，肯德鲁（Kendrew）等将该法应用于肌红蛋白晶体的结构测定，解析出了第一个蛋白质的三维结构（如无特殊说明，后文中结构一词均指三维结构），到 1967 年，已经测定出 5 个蛋白质的结构。此后，每年测定出结构的蛋白质数目几乎成指数上升。1976 年，第一部全面介绍蛋白质晶体学方法及其取得的成就的蛋白质晶体学专著出版。随着科学技术的进步，特别是计算机硬、软件和数据收集技术的发展，蛋白质晶体学的研究方法和技术也取得了长足的进展，研究的广度和深度不断增加。20 世纪 70 年代末，已测出了近 300 个生物大分子和生物大分子复合物的结构，其中包括酶和执行各种功能的蛋白质、t-RNA 和病毒等。这对理解生物大分子结构的本质及其结构与功能的关系起了极为重要的作用。进入 80 年代，蛋白质工程、药物设计和合成疫苗设计等新型生物技术的出现，给予生物大分子结构和功能的研究以新的巨大推动力，使蛋白质晶体学开始从一门纯粹的基础研究学科扩展为有广阔应用前景的研究领域。

（一）单晶体 X 射线衍射法

目前还没有一种方法能用来直接观察蛋白质分子的原子和基团排列。迄今为止研究蛋白质结构所取得的成就主要是通过间接的单晶体 X 射线衍射法取得的。单晶体 X 射线衍射法能够提供完美和精确的结构信息，可以给出分子中几乎所有原子的位置和热运动参数。至少在短时间内，单晶体衍射法仍将是测定复杂生物大分子精确结构的常规方法。但是，单晶衍射法存在的局限性使其应用受到一定的限制。

用单晶体衍射法定生物大分子的结构，必须先将被研究的蛋白质、核酸或其他生物结构培育成单晶体。虽然人们已经积累了不少经验，但要生长出适用的单结晶却并非易事。这是对晶体学方法应用的最大限制，目前也是该方法运用过程中最薄弱的环节。

应用单晶体衍射法测定的结构是静态图像，这是该方法的另一个弱点。用单晶体衍射法获得的结果是时间和空间平均的结构，这与生物动力学过程中的瞬间结构是有差异的。然而，强光源的应用和数据收集手段的改进，已使得 X 射线衍射法有可能研究毫秒级甚至更短时间里发生的构象变化。另外，随着蛋白质晶体学修正技术的发展和完善，单晶衍射法将能提供更多的结构动力学资料。

蛋白质晶体学方法的研究周期长，结构测定步骤繁多，通常要完成一个完全未知蛋白质结构的测定，需要进行晶体生长，重原子衍生物制备，数据收集和处理，位相测定，电子密度图解释以及结构修正等。获得结构后，还要花更多的精力分析结构，从而得到有关蛋白质的结构规律及结构与功能关系的信息。因此，要完成一个蛋白质晶体学研究周期，必须有多方面的知识或人员配合。

（二）二维核磁共振方法

20 世纪 50 年代的发展二维核磁共振波谱技术（nuclear magnetic resonace，NMR）是一种涉及有外磁场存在的情况下某些原子核吸收射频（radio frequency）能量的波谱技术。目前，将 NMR、距离几何、计算机分子动力学模拟技术结合已可以不依赖于晶体衍射独立地测定分子质量在 20 kDa以下的蛋白质和核酸片段在溶液中的空间结构。

NMR 和单晶体 X 射线衍射结晶学是目前能够在原子水平上揭示蛋白质和其他大分子三维结构仅有的两种技术。X 射线衍射法能给出高分辨率图象，但需要晶体，而 NMR 则可以研究溶液中蛋白质结构，并且 NMR 还能提供大量有关动态的信息。NMR 方法和蛋白质结晶学可互为补充。

（三）蛋白质的序列分析

人们对蛋白质结构和功能关系的了解仍然是建立在蛋白质一级结构分析的基础上的。从 20 世纪 50 年代开始，由于蛋白质序列分析技术上的长足进展，使人们有可能完成多种蛋白质的氨基酸序列分析。DNA 序列分析虽然可以快速提供肽链骨架的结构信息，但 DNA 序列不能提供二硫键的位置、辅基的结合位点以及经翻译后加工的结构信息，蛋白质序列分析仍然是了解蛋白质结构及其生物功能的化学基础。因此，对一个蛋白质生物合成的全面了解，即从基因表达的调控直到最后生物功能的调控，需要在蛋白质化学家、分子生物学家和蛋白质晶体学家的共同合作下才能圆满完成，这种合作由于蛋白质工程的出现而更感迫切。目前只有很少数蛋白质完成了从 DNA 序列分析、氨基酸序列分析和 X 射线晶体学分析的全面研究。

氨基酸序列数据的增加速度和测序的效率成正比。20 世纪 50—60 年代，一个研究小组平均每周只能完成一个氨基酸残基位置分析，因为他们需要分析许多重叠肽的氨基酸序列。70 年代出现了自动顺序降解技术，改变了氨基酸序列分析的策略，将测序效率提高了 2 个数量级。目前已完成序列分析的蛋白质的 95% 以上的分子质量都小于 40 kDa，而随着分子量的增加，测序效率大减；因此，高分子量蛋白质的序列分析需要更有效的策略和更精确的技术。当前，蛋白质序列分析的发展趋势是用超微量样品完成长链蛋白质的氨基酸序列。

第三节　蛋白质组技术研究进展

1982 年，安德森（Anderson）提出了绘制人类蛋白质图谱的设想。1986 年第一个蛋白质序列数据库 SWISS-PROT 在瑞士日内瓦大学建立。1994 年，澳大利亚麦考瑞（Macquanie）大学威尔金斯（Wilkins）和威廉姆斯（Williams）率先将蛋白质组（proteome）定义为“基因组所表达的全部蛋白质及其存在的方式”。这个概念的提出标志着一个新的学科——蛋白质组学（proteomics）的诞生，即定量检测蛋白质水平上的基因表达，从而揭示生物学行为（如疾病过程、药物效应等）和基因表达调控机制的学科。

一个生物只有一个确定的基因组，而蛋白质组在不同的时空条件下，随着生物体细胞类型、发育时期、生理状态、环境改变而变化。生物体的蛋白质组未必与基因组存在一一对应的关系，由于基因剪接、蛋白质翻译后修饰、蛋白质剪接等作用，一个基因可以对应多个 mRNA，一个 mRNA 也常常对应多个蛋白质，蛋白质的数量远远多于基因的数量。2001 年，HGP 序列测定结果提供的 DNA 数据揭示了基因组的精细结构，同时人们也认识到基因的数量是有限的，结构是相对稳定的，这与生命活动的复杂性和多样性存在巨大的反差。科学家也认识到，基因只是携带遗传信息的载体，基因组学虽然在基因活性和疾病相关性等方面为人类提供了有力的根据，但由于基因表达的方式错综复杂，同样一个基因在不同条件、不同时期起到完全不同的作用，且具有相同基因组的个体形态差异非常之大。因此，研究生命现象、阐明生命活动规律仅仅了解基因组是不够的，还必须对基因的产物——蛋白质的数量、结构、性质、相互关系和生物学功能进行全面深入的研究，才能进一步了解这些基因的功能是什么，它们是如何发挥这些功能的，才能在基因遗传信息与生命活动之间建立直接的联系。于是，一个以“蛋白质组”为研究对象的生命科学新时代到来了。

一、蛋白质组学研究内容

蛋白质组学是在 HGP 发展的基础上，应用各种技术手段研究蛋白质组的一门交叉学科，主要是从整体水平研究细胞内蛋白质组成、结构及其自身特有的活动规律。蛋白质组学的研究内容主要包括表达蛋白质组学、结构蛋白质组学和功能蛋白质组学。表达蛋白质组学（expression proteomics）研究某种细胞、组织中蛋白质表达的整体变化，也就是研究机体在生长、发育、疾病和死亡的不同阶段中，细胞与组织蛋白质表达图谱的变化。主要目标是对亚细胞结构、细胞、组织等生命结构层次中所有蛋白质的分离、鉴定及其图谱化，并寻找特定条件下蛋白质组所发生的变化，如表达量、翻译后修饰、亚细胞水平定位等。其主要支柱技术为双向凝胶电泳、质谱技术和生物信息学。结构蛋白质组学（structural proteomics）是指对上述全部蛋白质精确的三维结构测定，以及对蛋白质结构与功能关系的分析。功能蛋白质组学（functional proteomics）则主要通过分离蛋白质复合体系统地研究蛋白质之间的相互作用，以建立细胞内传导通路的复杂网络图。

二、蛋白质组学的应用与发展

随着整合样品、分级处理、质谱鉴定及数据软件分析平台为一体的蛋白质组学研究系统的不断推陈出新，以及适合大规模蛋白质组学数据分析的生物信息学平台的建立，蛋白质组学已经成为生命科学研究中的支撑技术之一。

在应用研究方面，蛋白质组学研究也显示出广阔的应用前景。蛋白质组学研究特别是定量蛋白质组学研究将为人们更加完整地揭示生长、发育、代谢调控等生命规律和严重疾病的发生机制，为人类进行疾病的诊断、防治和开发新型药物提供重要的理论基础。对肿瘤组织和正常组织的蛋白质进行比较分析研究，寻找肿瘤特异性标志物，以揭示肿瘤的发病机制，或作为早期诊断、分子分型、疗效和预后的判断依据。研究疾病特异性蛋白的翻译后修饰，为疾病提供新的治疗方案等。

迅速发展的蛋白质组学研究虽然已经取得了一系列可喜的成果，但同时也面临困难与挑战。目前蛋白质组学研究存在的问题主要表现在以下方面：

（1）现有的技术手段在通量、灵敏度、准确性等方面难以满足蛋白质组学研究的需要。蛋白研究技术远比基因组研究技术要复杂和困难。不仅氨基酸残基数量多于核苷酸残基（20/4），而且蛋白质有着复杂的翻译后修饰，如糖基化、磷酸化等，给分离纯化带来困难。此外，通过表达载体进行蛋白质体外扩增也并非易事，从而难以制备大量的蛋白质。现有的技术手段只能分析和鉴定大约 1/3 的高丰度和中丰度蛋白质，高丰度背景下的低丰度蛋白质的高效分离、富集以及特效的鉴定分析问题，规模化蛋白质后修饰谱的选择性鉴定和结构分析问题、通量化蛋白质相互作用和连锁图以及功能验证问题等是对蛋白质组学研究的严重挑战。

（2）重大疾病发生、发展的蛋白质组学研究尚未形成系统，研究策略亟待完善。目前尚未对相关疾病蛋白群功能分析和对疾病发展不同阶段蛋白质表达变化规律予以足够的关注，还不能提供足够的信息来阐明疾病的病理生理机制。在疾病分子标志物的发现与确证上，缺乏大人群、大样本验证，因而还不能真正广泛应用于临床的预警和诊断。

（3）蛋白质组学研究结果与基因组学研究结果不够一致，离散性较大。由于疾病问题的复杂性和目前研究技术手段不够完善，不同实验室用蛋白质组学技术发展的疾病分子标记物和药物靶标存在较大差异，利用蛋白质组学发展的分子标记物和药物靶标与通过基因组学、转录组学研究发现的分子标记物和药物靶标也有较大的离散性。直到现在，研究人员对这种离散性依然没有很好的解释。

（4）蛋白质组学研究方法中多种技术并存，不同技术整合与互补不够，研究方法不够一致。近年来，蛋白质组学已经用于各种生命科学领域，研究对象覆盖原核微生物、真核微生物、植物和动物等范围，涉及各种重要的生物学现象，如信号传导、细胞分化、蛋白质折叠等。在未来的发展中，蛋白质组学研究领域将更加广泛。因此，除了发展新技术方法外，应更加强调各种技术间的整合与互补，以适应不同蛋白的不同特性。同时更加应注重与其他学科之间的交叉，形成系统的研究体系。

第七章　现代生物技术应用

前面几章介绍了现代生物技术的理论知识，本章就针对这些理论知识的应用实例进行详细阐述，以便使读者对现代生物技术的了解更加深刻。

第一节　现代生物技术在现代食品工业中的应用

一、转基因食品

随着世界人口的迅猛增长及生活质量的日益提高，传统的农业生产技术（如杂交技术和诱导突变技术）已不能满足人们对物质生活的需求。为了解决这些问题，人们把目光投向了具有广阔发展前景的生物技术产品——转基因食品。科学家们对利用基因工程手段改善农作物的品质，如口感、营养、质地、颜色、形态、酸甜度及成熟度等方面具有浓厚的兴趣。利用转基因技术可以有目的地将有利的遗传物质转移到生物细胞内，使这些有机体获得有利的特性，如具有产量高、营养高和抗病能力强等优点，使得人们得到各种各样从未见过或听过的食物，如图 7-1 所示。

转基因食品的话题曾经在科研、经济、贸易乃至政治、文化伦理领域引起过激烈争论，但无论拥护者还是反对者，谁都没有拿出令人信服的证据来说服对方。总而言之，科技产业界倾向于支持在良好的科研基础上把转基因技术应用于食品生产，而多数绿色环保人士则持反对态度。欧盟国家对转基因农产品大多予以严格限制，如保鲜番茄，在英国研制成功却无人敢投入应用；而在美国，转基因技术已经成为农业经济的一个新增长点。尽管转基因食品是好是坏“名分”未定，说法不一，但不可否认，转基因技术已经在人们的日常生活中发挥着不可或缺的作用。

二、现代生物技术在未来食品工业上的应用

现代生物技术在食品工业中的应用越来越广泛，它不仅用来制造某些特殊风味的食品；还用于改进食品加工工艺和提供新的食品资源。食品生物技术已成为食品工业的支柱，是未来发展最快的食品工业技术之一，具有广阔的发展前景和美好的未来。现代生物技术在食品工业中的应用将会

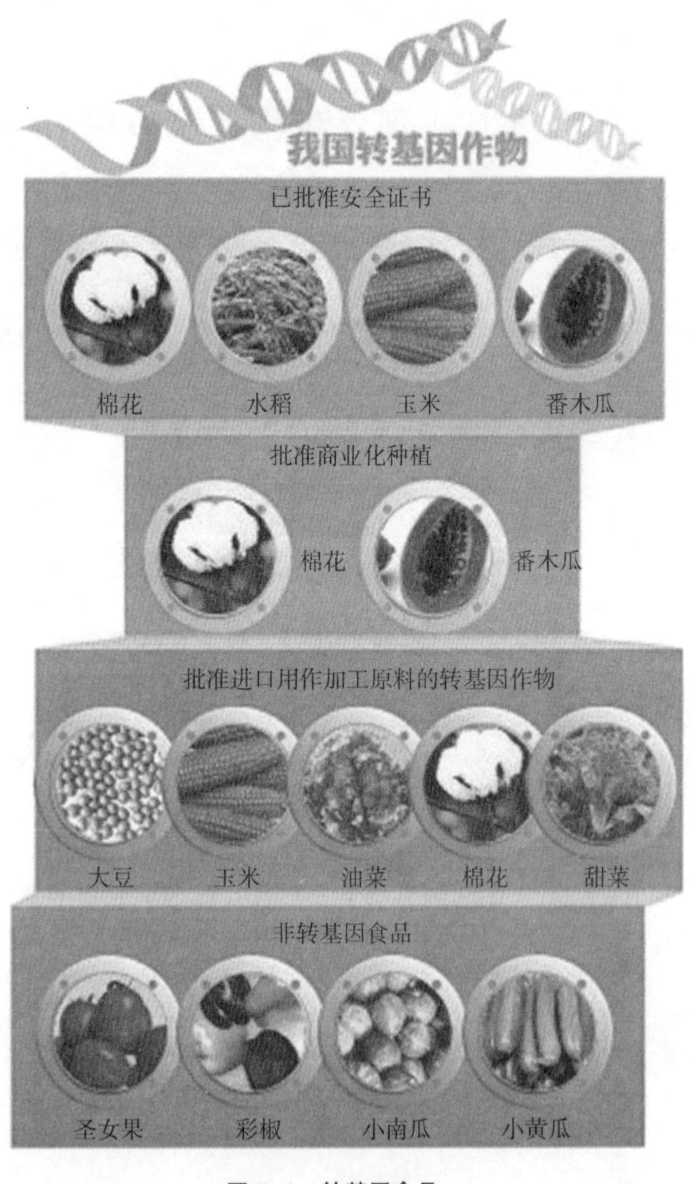

图 7-1　转基因食品

呈现以下 4 个热点。

（一）大力开发食品添加剂新品种

根据国际上对食品添加剂的要求，今后要从以下两方面加大开发的力度：①用生物法代替化学合成法生产食品添加剂，迫切需要开发的有保鲜剂、香精香料、防腐剂、天然色素等；②要大力开发功能性食品添加剂，如具有免疫调节、延缓衰老、抗疲劳、耐缺氧、抗辐射、调节血脂、调整肠胃功能的组分。

（二）发展微生物的保健食品

微生物食品有着悠久的历史，酱油、食醋、饮料、酒、蘑菇等属于这个领域，它们与双歧杆菌饮料、酵母片剂、发酵乳制品等微生物医疗保健品一样，有着巨大的发展潜力。利用微生物生产食品具有独特的特点，微生物繁殖过程快，在一定条件下可大规模生产，要求营养物质简单。食用菌的投入与产出比高于其他经济作物，食用菌不仅营养丰富，还含有许多保健功能成分，应大力发展食用菌保健食品。

（三）螺旋藻食品

螺旋藻是世界上最早开发利用的丝状蓝藻，富含人体所需 18 种氨基酸，54 种微量元素，多种维生素及亚麻酸、亚油酸和多种藻类蛋白质，是人和动物理想的纯天然的优质蛋白质食品。联合国粮食及农业组织已将螺旋藻列入 21 世纪人类食品资源开发计划，我国也将螺旋藻的研发列为工作重点。

（四）开发某些虫类高蛋白质食品

昆虫蛋白质也是优质的新食物源。例如，中华稻蝗的蛋白质含量占虫体干重的 73.5%，其氨基酸组成与鸡蛋蛋白质相似而被称为完全蛋白。此外，蟋蟀、蝉、蝴蝶、蚂蚁的蛋白质含量也分别占干重的 75%、72%、71% 和 67%，都具有食用价值。苍蝇的幼虫（蛆）富含 62% 左右的蛋白质及各种氨基酸，从蛆壳中还可以提取纯度很高的几丁质。可以说，昆虫食品是人类较为理想的高营养食品。有望成为人类重要的保健食品来源，利用生物技术开发昆虫类高蛋白质食品具有广阔的前景。

第二节　现代生物技术在农业领域的应用

农业是世界上规模最大和最重要的产业，现代生物技术正在引发一场农业革命，它将使动、植物品种不断增加，并使得在成本大量减少的情况下获得更高品质的产品。

一、生物技术在植物种植业中的应用

（一）培育抗逆农作物

自然环境提供了植物生长、发育、繁殖所必需的物质基础，同时环境又会给植物造成很大的选择压力。这些不利环境使许多植物消亡，也使不少植物品种发生遗传变异来适应恶劣环境。以往所采用的一些定向选择方法，如在一定环境压力下利用随机筛选或诱变、植物组织培养、原生质体融合、细胞杂交等，又存在盲目性较大、筛选效率不高、获得优良亲本植物受到种间限制等不足。因此，非常需要利用现代生物技术来培育抗逆性植物。

1. 培育抗虫作物

虫害是危害农作物高产的重要因素之一，全球每年因虫害造成的损失高达数千亿美元。长期采用化学杀虫剂控制虫害，尤其是不合理地滥用化学抗虫剂，已经出现了严重的问题：①很多害虫对多种常用的化学杀虫剂产生了抗性；②化学杀虫剂大量滞留造成环境严重污染，使许多益虫、以捕虫为生的鸟类、爬行类、两栖类，甚至哺乳动物受到危害。因此，人们对全球范围内控制使用化学杀虫剂的呼声日益增高。

要有效控制使用化学杀虫剂，可以采用两种办法：①利用生物杀虫剂替代化学杀虫剂；②利用基因工程技术将抗虫基因转入植物体内，培育出新的抗虫植物品种。这两种方法中以第二种方法更具优点：①抗虫基因仅存在于植物体内，向外环境扩散的可能性小，并且通常情况下只杀死害虫而对其他生物没有影响，安全性较高；②对整个植物全株都具有保护作用，使得一些难以被化学或生物杀虫剂作用到的部位如根部等都能受到保护；③培育成功的抗虫植物具有持续的抗虫性，无须在一个生长期内喷洒多次，从而降低成本。

目前，向植物内转入的抗虫基因主要有两种：一种是具有杀虫作用的原毒素（toxin）基因，存在于苏云金杆菌伴孢晶体中，这些蛋白质被称为Bt毒蛋白或杀虫晶体蛋白（ICP）或δ内毒素，它的杀虫范围相对较窄些；另一种就是将蛋白酶抑制剂（proteinase inhibitor）编码基因转入植物体内，由于蛋白酶抑制剂是通过抑制植物蛋白的水解作用而影响昆虫食物的消化、吸收而导致昆虫死亡，所以具有广谱杀虫作用。蛋白酶抑制剂在基因工程中使用方便，并且抗虫范围广、不易使昆虫产生抗性以及对人畜无害，但在植物中表达量较低。因此，提高产物表达量是其商业化应用的关键。

2. 培育抗病毒作物

除虫害是危害农作物高产外，植物病毒也常常造成农作物大幅度减产。近年来，科学家们在抗病毒作物研究中已取得了多方面的成就，发展了很多不同的方法来获得抗病毒转基因植物。其中应用最早和范围最广的方法是利用弱毒株病毒外壳蛋白基因或其他基因转化植物，使植物获得对强病毒株的抗性。1986 年，比奇（Beachy）等首先将外壳蛋白基因用于培育抗病毒植物新品种，他们将 TMV 的外壳蛋白基因转入烟草得到了对 TMV 有抗性的转 TMV 外壳蛋白基因的植株；他们进行的转基因番茄实验也取得了成功。此后，很多科学家用同一种方法进行了大量外壳蛋白介导的保护作用研究。目前，采用“病毒外壳蛋白基因”方法来提高植物对多种病毒抗性的研究已经取得了丰硕成果，研究工作包括烟草花叶病毒（TMV）、苜宿花叶病毒（AMV）、黄瓜花叶病毒（CMV）、烟草条纹病毒（TSV）、烟草脆裂病毒（TRV）、烟草蚀刻病毒（TEV）、马铃薯 X 病毒（PVX）等 10 组 20 余种病毒；成功培育了烟草、苜宿、番茄、马铃薯等多种抗病毒转基因植物。此外，还有科学家研究了 CMV 外壳蛋白基因反义 RNA 介导的病毒抗性、利用缺损的复制酶基因获得病毒抗性、干扰植物运动蛋白阻断病毒在植物内传播获得病毒抗性，以及中国科学家率先进行的将卫星 RNA 转入植物防治病毒病的研究等。

3. 培育抗除草剂作物

虽然已经使用大量的除草剂，但农作物仍然因杂草丛生而减产不少。原因在于许多除草剂不能区别庄稼与杂草，一些除草剂必须在野草生长以前就要施用。培育抗除草剂的转基因植物是一条既能克服以上缺点，又具有良好前景的有效途径。基因工程技术的发展使得这种途径成为可能。

科学家们已经对如何培育抗除草剂植物提出了不少办法：①抑制植物对除草剂的吸收；②降低除草剂敏感蛋白与除草剂的亲和力；③使植物过量产生除草剂敏感蛋白，其产量足以使在除草剂存在的情况下能发挥正常功能；④使植物在正常代谢过程中具有灭活除草剂的能力。

4. 培育抗环境压力作物

干旱会给农业产业带来严重损失，有时甚至是毁灭性的损失。其他许多逆境条件如高盐（碱）、低温等都会造成农作物大量减产。因此，成功地培育出抗旱、抗盐植物新品种，对改造盐碱地及培育抗低温植物都具有重要意义。

高盐可以使植物脱水，产生与干旱类似的效果。在培育抗干旱反应中具有意义的基因多数可用于培育抗盐植物，尤其是那些具有与植物调节渗透压有关的蛋白基因，对培育基因工程抗盐植物具有非常重要的意义。近年来，在植物抗干旱反应机制与抗干旱植物培育方面已经取得了很多具有价值的成果。

低温不仅限制了许多农作物的栽种范围，冻害还会造成农作物减产。对农作物采用烟熏、覆盖、灌水、保护种植地或喷洒生长调节剂等传统措施虽然具有一定的作用，但解决问题的根本办法是培育出具有抗寒能力的新型植物。低温对植物细胞造成损伤的主要原因是造成细胞内膜中双层脂质流动性降低，最后损伤植物细胞膜结构而影响植物生活。生物膜双层脂质上的脂肪酸不饱和程度决定生物膜双层脂质分子是否能保持流动性；不饱和脂肪酸含量越高，细胞抗冻能力越强。研究发现，甘油-3-磷脂酰转移酶（glycerol - 3 - phosphade acyl tranferase）能催化酰基载体蛋白（acyl carrier protein，ACP）将酰基转移到甘油-3-磷脂 C1 上，合成细胞膜上的磷脂酸；甘油-3-磷脂酰转移酶对作用底物的选择性决定脂肪酸的饱和程度。于是，研究人员克隆出甘油-3-磷脂酰转移酶基因，并将基因转入烟草、水稻、甜椒、玫瑰等植物，结果获得转入基因的植物都表现出一定的抗寒特性。此外，研究人员还从一些生活在高寒水域的鱼类中分离出一些特殊的抗冻蛋白及其基因，并尝试将这些基因转入植物以培育出抗寒植物新品种。目前，世界上已经获得多种转鱼抗冻基因的植物，其抗寒能力都得到不同程度的提高。此外，人们还可以从其他动物体内获得抗冻蛋白基因并在植物中进行表达。

近年来，从事培育各种抗逆植物工作的科学家人数不断增加，研究工作包括耐逆基因、耐寒基因、耐盐基因等多种基因，以及 Na^+-运输与耐盐性、Na^+-H^+反向运输蛋白与耐盐性、胁迫威胁、抗逆育种策略研究等众多方面。这些研究为基因工程抗逆植物的培育与应用开辟了道路。

（二）改良农作物品质

随着人们生活水平日益提高，对饮食质量的要求也越来越高。因此，科学家们不仅要关注农作物的产量，更要关注农作物的质量。现代生物技术的发展使得科学家们可以将一些传统育种方法不能培育出来的生物学性状通过基因工程手段引入到作物中。如将单子叶植物的某些生物学特性导入双子叶植物中，或将双子叶植物的某些生物学特性导入单子叶植物中，以提高植物的营养价值；通过对油料作物的基因改造来改进食用油或非食用油脂肪酸成分；或将甜味蛋白基因引入作物以改善蔬菜、水果的口味等。

有几种氨基酸如赖氨酸（Lys）、甲硫氨酸（Met）等在人体和其他多数动物体内不能合成而必须从食物中摄取才能获得，人们将这几种氨基酸称为必需氨基酸（essential amino acid）。作为人类主要食物来源的谷物和豆类种子中所含的氨基酸种类，尤其是赖氨酸、甲硫氨酸含量有限，因此，研究人员尝试对种子储存蛋白的编码基因进行改造，使氨基酸组成发生改变。除了转入蛋白基因方法外，还可以通过对氨基酸合或途径中的各种酶进行改造从而增加种子中某种氨基酸的合成能力，提高相应氨基酸在储存蛋白中的含量。

油类是人类从植物中获得的另一大类物质，世界上提供油料的4种主要植物——大豆、向日葵、油菜和油棕榈中，油菜是最容易进行基因改造的作物，也是最早成功地进行基因转化的植物之一，其基因转化技术也相当成熟。迄今为止，世界上种植的良种油菜有1/3是转基因产品。另一种成功地进行基因转化的植物是大豆。这些转基因产品中特定脂肪酸的含量都大为提高。

有些水果和蔬菜虽然营养价值很高但却不太好吃，这无疑对食品工业是大为不利的。研究人员发现，非洲的一种被称作应乐果的植物中含有一种甜蛋白（monelin），其甜味比蔗糖大105倍，并且因为是蛋白质而不会在代谢中具有与蔗糖相同的作用，使得其成为蔗糖理想的替代品。于是，研究人员采用化学合成方法得到了这种甜蛋白基因，转入番茄、莴苣等植物中进行表达，结果在转基因植物果实中检测到了基因产物的表达。如果这种基因工程方法使食品变甜的综合味觉试验良好，将适应于多种水果和蔬菜。此外还可通过基因工程方法获得新的糖类，如环糊精（cyclodextrins，CD）就有可能成为一种新的甜味物质应用于食品工业。研究表明，将环糊精糖基转移酶（cyclodextrins glycosyl transferase，CGT）转入植物可以使植物中获得环糊精。

（三）雄性不育与杂种优势利用

植物雄性不育可以是细胞质基因造成（细胞质雄性不育，cytoplasmic male sterilty，CMS），也可以是细胞核基因造成（细胞核雄性不育，nuclear-encoded male sterilty，NMS）。CMS主要与线粒体基因组变化有关，而线粒体基因组在植物中完全由母系遗传。通过将携带CMS母本与普通的父本杂交，就可以获得100%雄性不育的后代。CMS同时也受到细胞核基因的影响，细胞核中的恢复基因（restore factor gene，RF）是主要影响CMS的细胞核基因，将RF基因转入父本基因组，可以使CMS的F1后代重新获得育性。因为可以用CMS和RF基因控制育性，所以CMS是目前获得雄性不育系的常用方法。科学家们已经采用这种方法成功培育了甜菜、向日葵、水稻、小麦、高粱、油菜、小米等雄性不育系。在CMS基础上，科学家们建立了三系育种体系：不育系（雄蕊花药不育而不能完成授粉，雌蕊可育）、保持系（给不育系授粉，杂种后代保持雄性不育）、恢复系（含恢复基因，给不育后代授粉后其后代可育），其中不育系的寻找和培育是关键。20世纪70年代，中国科学家首先在水稻中发现野败型雄性不育系并实现了三系配套，大面积用于农业生产后，使粮食产量大幅度提高。以后，在小麦、棉花、油菜、土豆等多种作物中相继发现雄性不育系并广泛应用。

在核基因组中，与NMS有关的核基因是由于基因突变导致的。由于利用NMS难以获得100%的雄性不育植株，因而实际中很少使用。研究发现，有些NMS基因还常常受到外界环境因素如光照、温度等影响。1973年，中国科学家首次发现光周期敏感性不育水稻系农垦58S，这种NMS水稻系在夏季长光照条件下表现为NMS，因而可作为种子母本；在秋季短日照条件下育性恢复正常，并且可以自交结籽用来保种；再配上恢复系即是目前杂交水稻生产中常用的二系杂交法。与上述三系育种法相比，二系杂交育种法不仅可以大大降低成本，也容易形成杂种优势因而得到农业界和育种界的高度重视。

杂种优势（heterosis，hybrid vigor）是指不同亲本之间通过杂交得到的杂种一代（F1）的性状优于亲本的现象。然而，多次杂交后植物的杂种优势往往会丢失，所以在农业生产中通常只用F1代，并且要求在育种时避免作物自交。避免作物自交的常规方法主要是人工去雄和寻找雄性不育植物，但这些做法费时、费力，有些两性小花植物如水稻、小麦等难以用人工方法去雄。随着现代生物技术不断发展，研究人员已经可以用多种方法培育出雄性不育植物，这些方法包括基因工程技术、远缘杂交细胞重组技术、辐射诱变、体细胞诱变、植物组织培养技术、植物原生质体融合技术、体细胞杂交等。雄性不育及杂种优势的利用已经成为现代农业提高产量、改良品质的一个重要途径，其理论研究和实际应用都受到全世界广泛关注。在中国雄性不育及杂种优势的利用已经列入国家“863”计划等多项重大科研计划之中，并且已经取得了巨大成就。

（四）花卉基因工程

长期以来，人们都非常重视一些重要花卉如玫瑰、康乃馨、兰花、郁金香、菊花等花卉的培育工作，并一直希望改进花卉的外观和保存时间。在优良花卉品种培育方面，基因工程技术正发挥着越来越大的作用。随着现代生物技术的发展，采用基因工程方法改变花卉颜色、花期及花形等已经成为现实。目前人们已经成功地将外源基因转入玫瑰、矮牵牛、康乃馨、兰花、郁金香、菊花等花卉，培育出了许多用传统园艺方法难以获得的新花卉品种。

花的颜色是由植物所合成的色素决定的。如黄酮类物质是花色素中最常见的一种，形成花色素种类取决于黄酮类物质代谢途径中间产物不同的化学结构。因此，利用基因工程方法对黄酮类物质合成途径中的某些酶的基因进行改造，就可能培育出色泽独特的花卉。研究人员将黄酮类物质合成途径中的一种或几种酶的反义 RNA 转入矮牵牛，得到了许多花色独特、花形新颖的转基因矮牵牛。将来源于玉米的编码二氢黄酮醇-4-还原酶（dihydroflavonol-4-reductase，DFR）基因转入矮牵牛，获得了橙色花卉新品种。利用基因工程方法不仅能完全改变花卉的颜色，还可以改变花卉颜色的深浅。例如，将查尔合成酶（chalcone synthase，CHS）基因转入单一颜色的矮牵牛、玫瑰、菊花等，转基因植物花卉表现出深浅不同的颜色。虽然科学家们目前还不能预测对花卉颜色进行基因修饰的结果，但随着研究工作的深入开展，人类终将可以控制花卉颜色和式样。

在花卉产业中除颜色外，对花卉的花形、大小、开花时间等都提出了一定的要求。这些要求都可以通过基因工程技术得以实现。目前，全球花卉业年产值超过 1 亿美元，现代基因工程技术将使花卉产业的前景更为广阔。

二、生物技术在动物养殖业中的应用

（一）动物遗传性状改良

畜牧业是国民经济重要产业之一，家畜和家禽的生长速度是畜牧业最重要的经济指标之一。帕尔米特（Palmiter）等报道（1982 年）“超级小鼠”后，这种技术很快被用于转基因家畜的研究。1985 年，美国学者用转移 GH 基因、GRF 基因和 IGF-1 基因的方法成功地生产出转基因兔、羊和猪；德国研究人员使用人的 GH 基因生产出转基因兔、猪。在以后的 4—5 年之间，又有许多学者生产出转基因羊、猪等一大批转基因动物。由于受到“超级小鼠”的巨大鼓舞，1980—1990 年的 10 年间，全球对转基因动物的研究进入一个高潮时期，产生了一系列的重大的技术突破。在致力于创造快速生长家畜的同时，研究人员对利用家畜个体作为生物反应器表达特定的基因以生产高附加值产品也进行了大量研究。其中最为成功的是利用乳腺作为生物反应器生产医用蛋白。

除了改良动物生长特性和利用乳腺作为生物反应器外，研究人员对提高家畜利用粗饲料的能力、通过提高半胱氨酸合成能力从而提高羊毛产量、培养抗病家畜、对猪进行遗传改造使之成为人类器官移植的器官供体动物、改造牛奶特性使之更适合于人类需要方面也同样做了大量的工作。

自从卡佩基（Capecchi）等研究人员（1987 年）首次成功地利用定向基因转移技术（gene targeting）在小鼠 ES 细胞中实现基因定点突变以来，这项技术使人们可将预先设计好的 DNA 序列插入选定的目标基因座，或用预先设计好的 DNA 序列去取代基因座中相应的 DNA 序列，直接作用于靶基因而不涉及基因组其他基因，从而可精确地对基因组进行修饰。基因定向整合只能在细胞中完成，经过基因修饰的细胞需要变成动物，只有在活的动物体才能观察与检测其遗传性能。体细胞克隆技术的出现，使人们可以能动地改造动物基因组。这是因为，一方面可以用定向基因转移技术对基因座上的基因结构部分和调控部分进行修改，并把经过基因修饰的细胞变成动物个体；另一方面可将获得理想基因修饰的细胞进行大量繁殖，并使它们克隆出一批动物；再一方面由于是在基因座上对基因进行修改，这种修饰相当于一次自发的基因突变，可以成批地生产。基因定点整合技术与体细胞克隆技术相结合培育动物品种既可节约时间，又效果切实。因为采用体细胞克隆技术，基因转移工作可在实验室体细胞系中完成，不受畜群条件和季节限制；基因整合和表达检测也可在细胞中完成，而无须等到幼畜出生后再进行。常规动物育种是一个缓慢的过程，例如，育成一个鸡品种需要 10 年光阴，育成一个优良的猪品种要花费 20 年时间，如要培育成一个优良的大家畜品种则要花费几代人的努力。所以，基因定点整合技术与体细胞克隆技术结合将会引发一场动物育种技术的巨大革命。

（二）动物性别控制

动物性别控制对畜牧业、家禽养殖业、水产养殖业等方面具有极为重要的经济意义。由于人工受精技术普及，使公畜需量日益减少。从经济角度来看，母畜的经济价值比公畜高，进行性别控制可提高雌性个体，如奶牛、奶羊、母鸡的数量，又可减少饲料消耗；肉牛、肉羊、肉猪等家养动物则是雄性动物增重快、肉质优，可通过性别控制多产雄性后代以提高经济效益。

此外，通过性别控制还可防止动物性连锁疾病发生。家畜性别控制可通过采用 X、Y 精子分离技术和胚胎性别鉴定技术实现，较低等的动物性别控制可采用性反转、人工雌核或雄核发育、种间杂交、三倍体不育等方法来实现。

（三）扩大优良动物品种生产

优良的家畜和家禽品种是重要的生产资料，更是农业生产力的重要组成部分。自从家畜和家禽被驯化的几千年来，人类就在不断地进行优良品种的选择，以使它们具有更高的经济性状。如今的优良家养动物品种几乎成为生产高价值蛋白质的加工厂。例如，一头优良的奶牛每年泌乳量可达10t，其中含蛋白质3%、脂肪4%、乳糖5%，还有大量的维生素和矿物质。又如，一头兼用品种的绵羊，既产羊毛又产羊肉，还能分泌至少2 t羊奶。常规育种技术虽然有效，但存在周期太长、费事、费力等不足。人工受精是一种成功的育种技术，可有效地利用优良公畜的遗传影响，使一头优良的公畜一生可产生百万或更多的后代；但是，这种技术难以充分利用优良母畜的遗传性状，特别是单胎动物，如牛、羊等。在过去的几十年中，研究人员在利用母畜方面做出了巨大的努力，成功地发展出超数排卵、胚胎切割、胚胎移植、试管动物等多种胚胎技术。但这些技术涉及操作环节过多，结果并不尽如人意。体细胞克隆技术为有效利用优良家畜，尤其是优良母畜个体遗传资源提供了新的手段，可以认为这一技术在充分利用雌性动物在动物群体中的作用方面是一个革命性的进步。理论上，克隆技术可以把一个动物个体复制成无数个个体，但实践过程中必须考虑到动物遗传多样性问题。此外，体细胞克隆技术问世不久，成功率较低，技术体系还有待于进一步完善。

（四）动物遗传资源保存

保存现有的遗传资源是一项非常紧迫且又十分困难的工作，尤其是动物遗传资源的保存则更为困难。目前，野生动物物种的保存主要依靠设立自然保护区，家养动物物种的保存主要依赖保种场。重要原因之一是作为遗传资源保存的动物物种往往都不具备较高的经济价值，因而主要靠政府出资进行。长此以往，许多动物物种都处于濒临灭绝的危险之中。我国政府也十分重视对动物遗传资源的保护，既投入大量资金进行了常规技术保种，也资助了新技术保种的尝试；在农业部领导下建立了“全国畜牧兽医总站畜牧草品种资源保存和利用中心”，采用冷冻精液和冷冻胚胎技术保存家畜和家禽物种资源。但是，由于保存精液和胚胎技术本身的问题，设备条件要求也很高，难以把所有品种都保存起来。体细胞克隆技术问世使动物物种资源的保存看到了新的希望。因为体细胞克隆技术可以使一个动物体细胞变成一只动物，而且体细胞不仅可重现动物，还可自身增殖。那么，要保存一个动物物种，只要预先拟定需要保存的动物个体数量，再在每头动物身上采集足够数量的体细胞进行永久保存。当需要重现某种动物时，只需要同种或异种体细胞克隆，就可以得到这种动物，将所有动物物种保存起来就可得以实现。

第三节　现代生物技术在环境保护中的应用

一、环境生物修复机理

为了恢复环境的原有使用价值，我们会使用物理、化学或生物方法对环境进行修复处理，用这些方法去除有毒污染物 。生物修复对环境的修复功能利用的是微生物的代谢活动，使环境中的有毒有害物质转化为无毒无害物质，从而使环境能够部分恢复或者完全恢复到原有的状态。

生物修复可以消除或减弱环境中污染物的毒性，可以减少污染物对人类健康的影响，还可以减少污染物对生态系统的影响。这项技术的关键在于精心选择、合理设计操作的环境条件，促进或强化在天然条件下本来发生很慢或不能发生的降解或转化过程。

（一）优点

生物修复技术与物理修复、化学修复相比，具有以下优点：

(1) 生物修复可以直接在现场进行处理，物理修复和化学修复多数不可以，如此就可以缩减运输费，并且会减少人接触污染物的机会，从而减少污染物危害人体健康的可能性。

(2) 通常生物修复是在污染物所在的原位进行的，减少污染物对环境的破坏，并可在一些难以处理的地方（如建筑物下、公路下）进行，在生物修复时场地照常可以进行生产活动。

(3) 生物修复技术可以与别的处理技术相结合，处理一些难度较大的复合污染问题。

(4) 生物修复处理污染物的过程速度快，费用较低。

（二）缺点

当然生物修复也有其局限性和缺点，表现在以下几个方面：

(1) 不是所有的污染物都能使用生物修复，有的污染物不易或根本不能被生物降解，如多氯代化合物和重金属等。

(2) 有些化学物质经过微生物作用后其产物的毒性和移动性反而增加，如三氯乙烯在厌氧条件下发生一系列的还原脱卤作用，产物之一的氯乙烯是致癌物。因此，若没有对微生物降解过程进行全面的了解，有时情况会比原来更糟。

（3）生物修复是一种高科技的处理方法，在实施前需要进行全面的评价和论证，造成费用的增加。

（4）有些情况下不适合采用生物修复技术，如一些低渗透性的土壤往往不适合生物修复。

（5）项目执行时检测指标除化学监测项目外，还需要微生物监测项目。

（三）三个原则

使用生物修复技术必须遵循的原则有：①使用适合的微生物，所选的微生物必须具有生理和代谢能力，并且可以利用自身的代谢能力对污染物进行降解；②在适合的地点进行，生物修复进行时要在有污染物并且微生物可以发挥作用的地点；③在适合的环境条件下进行，环境不仅要满足微生物的生长繁殖要求，还要使微生物的生长活动和代谢活动处于最佳状态。

二、生物修复微生物

（一）土著微生物

生物修复的基础是微生物具有分解和转化环境污染物的能力。在自然环境中，存在着各种各样的微生物，在遭受有毒有害物质污染后，实际上就面临着对微生物的驯化过程，有些微生物不适应新的生长环境，逐渐死亡；而另一些微生物逐渐适应了这种新的生长环境，它们在污染物的诱导下，产生了可以分解污染物的酶系，进而将污染物降解转化为新的物质，有时可以将污染物彻底矿化。目前，在大多数生物修复工程中实际应用的都是土著微生物，主要原因是微生物在环境中难以长期保持较好的活性，并且工程菌的利用在许多国家受到立法上的限制。

（二）外来微生物

土著微生物生长速度缓慢，代谢活性低，或者由于受污染物的影响，会造成土著微生物数量急剧下降，在这种情况下，往往需要一些外来的降解污染物的高效菌。采用外来微生物接种时，都会受到土著微生物的竞争，因此外来微生物的投加量必须足够多，成为优势菌种，它们才能迅速降解污染物。这些接种在环境中用来启动生物修复的微生物称为先锋微生物，它们所起到的作用是催化生物修复的限制过程。现在国内外的研究者正在努力扩展生物修复的应用范围。一方面，他们在积极寻找具有广谱降解特性、活性较高的天然微生物；另一方面，研究在极端环境下生长的微生物，试图将其用于生物修复过程，将会使生物修复提高到一个新的水平。

（三）基因工程菌

目前许多国家的科学工作者对基因工程菌的研究非常重视，现代微生物技术为基因工程菌的构建打下了坚实的基础。现在可以采用遗传工程手段将降解多种污染物的降解基因转入到一种微生物细胞中，使其具有广谱降解能力，或者增加细胞内降解基因的拷贝数来增加降解酶的数量，以提高其降解污染物的能力。

三、污水的生物处理技术

现在存在的微生物中有很多都可以分解和转化有机物等污染物，污水中的有机物也可以用微生物分解，使污水中呈溶解状态和胶体状态的有机污染物转化为稳定的无害物质。经过多年的实践证明，这种用微生物处理污水的方式非常有效。在利用微生物分解污水中有机物时，我们可以在污水处理装置中人为地创造适宜微生物生长的条件，让微生物聚集在污水处理装置中，通过微生物的代谢作用，迅速把污水中的污染物分离出来，或者是转化成无害的物质，从而使污水得到净化，达到我国污水的排放标准。

处理污水的微生物根据对氧气的需求情况，分为好氧菌、兼性厌氧菌和厌氧菌。在处理污水的过程中，如果主要利用的是好氧菌和兼性厌氧菌，那么就称为好氧生物处理法；如果主要利用的是厌氧菌和兼性厌氧菌，那么就称为厌氧生物处理法。

污水中有机物的生化处理总过程：污水中存在的有机物首先会附着在微生物的体外，细胞会分泌胞外酶，这些胞外酶会将有机物分解为可溶性的物质，这些可溶性物质和污水中原有的可溶性有机物混在一起，透过微生物细胞壁和细胞质膜被菌体吸收，然后再渗入细胞内。在细胞体内，微生物会进行一系列的生化作用，包括氧化作用、还原作用、分解和合成等，把刚才吸收的一部分有机物转化为微生物自身需要的营养物质或者组成新的微生物体。好氧性处理时，把另一部分有机物氧化分解为简单的无机物，如 CO_2 和 H_2O 等；厌氧型处理时，把另一部分有机物分解为具有还原性的物质，如 H_2S、CH_4、NH_3等。分解的同时会释放出供微生物生长繁殖和生理活动的能量。分解之后的物质，若是对环境无害的产物随水排出。

当然，污水中有机物消耗完的情况也会发生，此时，有些微生物就会把自身的细胞物质当成基质，对其进行氧化作用释放能量。当污水中有机物不足时也会发生这种情况。对自身氧化的微生物的结局就是死亡，因为饥饿而死亡，它们死亡之后的“身体”就会成为另一部分微生物的分解对象。这一过程也会产生一些不能被分解的物质，这部分物质会随着污水中不能被降解的物质一起排出污水处理装置。

（一）生物膜法

生物膜法处理污水的主体是生物膜，它是由各种各样的微生物黏附在载体上之后会形成的一层薄膜状物质，该物质具有黏性，是微生物的混合体。

生物膜和人一样也具有生长过程，它的“一生”会经历形成、生长、成熟和衰老脱落等阶段。一般情况下的生物膜的厚度在 2 ～ 3 mm 之间，当出现 BOD 负荷大、水力负荷小的情况时，生物膜厚度会增加。使生物膜脱落的情况有两种：一是生物生长老化；二是水流的速率增加。在生物膜脱落的位置会形成新的生物膜，弥补脱落处，最终形成完整的生物膜。

使用生物膜法处理污水时，最常用的形式是生物滤池。生物滤池为附着型或固定膜型反应器。早期为低负荷生物滤池，现在为高负荷生物滤池，简单称之为生物滤池，后来又发展了若干改进型固定膜反应器，如生物转盘、生物流化床、曝气生物滤池等。不论是哪种固定膜反应器，它们所利用的微生物种类基本上一样，它们的作用方式也基本一样。

一般情况下普通的生物滤池中生物膜的微生物群落有三种：一是生物膜生物；二是膜面生物；三是滤池扫除生物。生物膜生物主要是起到净化和降解的作用，以菌胶团为主，浮游球衣菌、藻类等为辅；膜面生物的作用是促进滤池净化速率、提高污水处理的整体效率，以固着型纤毛虫和游泳型纤毛虫为主；滤池扫除生物的作用是去除滤池内的污泥、防止出现堵塞情况，以轮虫、线虫等为主。

1. 生物膜法的作用机理

在成熟的生物滤池中，沿着水流的方向，微生物的组成达到稳定和平衡状态，微生物对有机物的分解也达到稳定和平衡状态。生物滤池的上层位置主要是生物膜生物和膜面生物，污水进入生物滤池后，污水中的大分子有机物会被生物膜生物和膜面生物吸附，并将其分解为小分子的有机物。与此同时，生物膜生物和膜面生物还会对溶解在水中的有机物和小分子物质进行吸收，并对这些吸收到体内的物质进行氧化分解作用，这个过程产生的营养物质会被生物膜生物和膜面生物用来构建自身的细胞。此时，经生成生物膜氧化分解之后的产物，会流入下一层，然后下一层的生物再次对其进行氧化分解作用，分解产物为 CO_2 和 H_2O。老化脱落的生物膜被滤池扫除生物吞噬，游离的细菌也被滤池扫除生物吞噬。

2. 生物膜法的优点

与活性污泥法相比，生物膜法有以下优点：

（1）生物种类具有多样性，生物膜中可以生存世代时间长的微生物。

（2）产生的污泥少，食物链长，后生动物摄食细菌和原生动物，使最后积累在生物膜中的生物量小，同时形成的生物膜脱落污泥比活性污泥易于处理。

（3）节省能源，生物膜法处理中，不需要活性污泥法那样用大功率的风机给活性污泥充氧，因而可以节省运行成本。

（二）甲烷发酵

1. 烷发酵的基本原理

使用厌氧技术处理污水的成本非常低，而且厌氧技术处理污水的同时还能做到能源的回收利用，具有积极的环境和经济价值。

把污水厌氧生物处理原理是：在无氧条件下，依靠厌氧微生物（包括兼性微生物）的代谢作用完成对污染物去除与转化。它主要用于高浓度有机污水的处理和污泥的厌氧消化法处理，常为厌氧发酵。

目前比较公认的理论是三段发酵理论。

第一阶段——水解与发酵。发酵性细菌群将复杂的大分子、不溶性有机物水解为小分子、可溶解的有机物，然后渗透进入细胞内，产生有挥发性的有机酸、醇类等。例如，纤维素、淀粉等水解为糖类，再酵解为丙酮酸；将蛋白质水解为氨基酸，再脱氨成有机酸和氨；脂类水解为各种低级脂肪酸和醇，如乙酸、丙酸、丁酸、乙醇、CO_2、H_2、NH_3、H_2S 等。

第二阶段——产酸产氢。产氢和产酸细菌把第一阶段的产物进一步分解为乙酸和氢气。

第三阶段——产甲烷。这一阶段有两类可以生成甲烷的菌类：一类是产甲烷菌利用 CO_2 和 H_2 或 CO 和 H_2 合成甲烷；另一类是产甲烷菌利用甲酸、乙酸、甲醇及甲基胺裂解为甲烷。

2. 厌氧活性污泥的培养

厌氧活性污泥的组成是兼性厌氧菌、厌氧菌和有机物质。因为厌氧性的甲烷菌生长速度很慢，世代时间长。所以厌氧活性污泥的驯化培养时间较长。

厌氧活性污泥的菌种来源有同类水质处理厂的厌氧活性污泥、污水处理厂的浓缩污泥以及禽畜粪便等。先经驯化后培养，然后逐渐增加进水量，直至形成颗粒化的成熟厌氧活性污泥。

四、微生物在废气治理中的应用

目前存在废气处理方法有两大类：一类是理化法，另一类是生物法。理化法包括物理和化学两种，比如吸附、吸收、氧化等。生物法是目前最经济有效的方法，植物净化和微生物净化都属于生物净化。植物净化是利用植物吸收大气中的 CO_2 等污染物，转化之后，释放出氧气，从而达到净化空气的目的；微生物净化是利用一定的装置进行废气的处理。处理过程中会利用到好氧微生物和厌氧为微生物，故可分为好氧微生物处理和厌氧微生物处理。

生物处理法因其适用范围广、处理设备简单、处理费用低而得到广泛应用，尤其适用于对有机废气的净化处理。

根据介质性质的不同，废气微生物处理的基本形式有两种：一种是生物洗涤，另一种是生物过滤。生物洗涤使用的生物洗涤器内的介质为液态；生物过滤使用的是固态介质，生物过滤包括生物滤池和生物滴滤池。

（一）微生物洗涤

微生物洗涤也可以说是微生物吸收工艺。生物洗涤法使用的装置一般都是由两部分组成：一部分是洗涤器，另一部分是生物反应器。吸收是一个物理过程，吸收的速度很快，水在容器内的停留时间只有短短的几秒，喷淋塔、鼓泡塔等是常用的吸收设备。

生物反应的过程很慢，已经吸收了挥发性水的废水进入反应器，通常情况下，这种状态的废水会在反应器内停留十几个小时。生物反应器内的过程可以使用活性污泥法和生物膜法来进行，对反应器内的废水要进行好氧处理。

生物悬浮液以喷淋的形式从吸收塔的顶部进步吸收室，溶解废气中的污染物和氧，在吸收室中，生物悬浮液吸收了污染物中的有机物，把此时的生物悬浮液引入再生反应器中，然后通入空气充氧再生。悬浮液吸收的有机物在微生物的氧化作用下被分解，最终进入活性污泥池，被活性污泥除去。

（二）生物滤池

最早使用的废气处理技术就是生物滤池。生物滤池的滤料具有吸附性，滤料多为土壤、木屑、堆肥、活性炭或者其中几种混合的物质。不是所有的吸附性质材料都可以成为滤料，滤料必须具有以下特点：①良好的透气性；②适度的通水性；③适度的持水性。

废气经过加压、增加湿度、调节温度、去除颗粒物等操作之后，从底部进入反应器，进入的时候通过布气廊道，生物处理装置内有填料，微生物附着在填料的表面，利用这些附着微生物的新陈代谢作用将废气中的有害物质转化为 CO_2、H_2O、NO_3^- 和 SO_4^{2-}，处理后的气体从反应器顶部排出。

生物滤池处理废气具有别的处理方式没有的特点，通常别的处理方式都有两个反应器，而生物滤池处理技术只用一个反应器，而且生物相和液相都不流动，废气和液体的接触面积非常大。因为生物滤池的资金投入非常少，启动、运行的费用低，适于处理挥发性有机污染物，所以，生物滤池技术被广泛应用于工业产生的挥发性污染物的处理。

生物滤池的填料层是土壤、堆肥、活性炭等具有吸附性的滤料。生物滤池因其较好的通气性和适度的通水和持水性，以及丰富的微生物群落，能有效地去除烷烃类化合物，如丙烷、异丁烷、酯类及乙醇等。生物易降解物质的去除效果更佳。

（三）生物滴滤池

生物滴滤池适用于生物滤池和生物洗涤相间的处理技术，生物滴滤池内的填料主要是表面面积很大的惰性材料，该填料的唯一作用就是为生物生长提供载体。

1. 生物滴滤池的工艺流程

处理中的传质与分解主要有以下几个过程：

(1) 气体从生物滴滤器的底部进入填料层，然后与回流水接触，即废气与水相、固相（滤料）接触，污染物从废气向固液混合相传输，溶于水，从而完成传质转移过程。

(2) 污染物被最大限度地吸收进入液相，溶解在水中，被微生物吸收。

(3) 进入微生物的污染物，在微生物体内代谢过程中作为能源和营养物质被分解为 CO_2、H_2O 和中性盐等。

滴滤床开始运行时，只在循环液中接种微生物，但很快在滤料表层形成生物膜层。

2. 生物滴滤池的特点

生物滴滤池的内部是惰性材料，孔和孔之间的间隔比较大、产生的摩擦阻力比较小、寿命长，而且该惰性材料的唯一作用是生物载体。

污染物的吸收和生物降解在同一反应器内进行，设备简单，操作条件可灵活控制。

生物滴滤池内安装有温度控制装置，该装置会在气体温度低于20℃时自动开启热风机，调控容器内的温度，当温度回升到适宜温度时就会自动停止。微生物生长的适宜温度是25℃。

五、微生物在固体污染处理中的应用

对有机固体的生物处理是利用微生物的酶对有机固体废物进行处理，把有机固体废物转化为无害物质的技术。微生物处理固体废物的过程和在污水中是类似的，区别在于对污、废水的处理，有机物呈溶解态或胶体状态，环境为流体，而对于垃圾的处理，有机物呈固体，微生物只能从表面将有机物逐步分解，会使部分有机物“液化”。

微生物可以对有机固体废物中的有机物进行降解和转化，可以转化为腐殖肥料、沼气和其他物质，从而做到固体废物的无害化和资源化。利用微生物处理固体废弃物的主要方式有堆肥法、沼气发酵和卫生填埋等。

（一）堆肥法

堆肥是利用微生物人为地将可分解的有机物转化为腐殖质的过程。根据微生物对氧气需求程度可分为好氧堆肥和厌氧堆肥，我们现在所使用的堆肥技术大多数都是好氧堆肥。好氧堆肥实际上是有机基质的微生物发酵过程。堆肥主要利用的微生物是细菌、放线菌、真菌等。

有机固体废弃物主要含有纤维素、半纤维素、脂类、蛋白质等，它的理化性质见表7-1。有的固体废物会加入粪水一起处理，粪水的理化性质如表7-2。

表7-1　垃圾的理化性质（所测得数值为占有机和无机成分的百分比）

项目	pH值	水分/%	总固体/%	挥发物/%	碳/%	氮/%	速效氮/%	容重/（$t\cdot m^{-3}$）	孔隙率/%
数值	8	27.84	72.2	19.54	13.4	0.45	0.03	0.45	30

表7-2　粪水的理化性质

项目	密度	pH值	水分/%	总固体/%	挥发物/%	碳/%	氮/%	速效氮/%
数值	1.1	8.8	98.5	1.5	82.3	0.45	0.23	0.2

1. 好氧堆肥

好氧堆肥是在通气的情况下，利用好氧微生物对固体废物中的有机物进行分解。通常情况下，好氧堆肥过程中的温度在 50 ～ 60℃，有时也会达到 80 ～ 90℃。故好氧堆肥又称高温堆肥。

好氧堆肥的过程：①生活垃圾中的部分有机物是可溶解的，在堆肥过程中，这些溶解的有机物会被微生物直接吸收利用；②可溶性物质被吸收之后，剩下的不溶性物质会吸附在微生物体的表面，微生物会分泌胞外作用的酶，将这些不溶物分解，产物为可溶性物质，然后再被吸收利用。

微生物利用自身的代谢作用和合成作用将一部分已被吸收的有机物氧化为无机物，在此过程中会释放能量，这部分能量被用来支持微生物的生长活动；另一部分有机物被微生物转化为营养物质，用来合成新的细胞物质，完成微生物生长繁殖过程。

好氧堆肥过程包括以下 3 个阶段：

(1) 升温阶段。升温阶段的温度大约在 15 ～ 45℃，此阶段一般会经历 1 ～ 3 d。升温阶段是堆肥过程的初期阶段，优势菌群为中温和需氧性微生物，嗜温型微生物较为活跃，细菌、真菌和放线菌是此阶段的主要菌种。细菌的作用对象是水溶性单糖，纤维素和半纤维素用放线菌和真菌分解。细菌、真菌和放线菌通过分解有机物获取营养支持自身的生长繁殖，在分解有机物的同时还会释放出能量，部分能量转化为热能，使得堆料的温度不断上升。

(2) 高温阶段。高温阶段的温度大约在 45 ～ 65℃,大概会进行 3 ～ 8 d。此阶段的温度过高，超过了嗜温型微生物的生存温度，它们会出现失去活性或者死亡的情况。对于嗜热型微生物而言，缺少竞争菌种，又有适宜的温度，很快就会成为优势菌种。嗜热型微生物会继续分解堆肥中剩余的有机物，升温阶段生成的有机物也会被其分解。我们已经知道细菌的生长繁殖阶段分为对数生长期、减速生长期和内源呼吸期，高温阶段的微生物生长过程与细菌类似。微生物在经历了 3 个时期之后，堆肥内开始形成腐殖质，腐殖质的形成过程与有机物的分解相对应。此时的堆肥的状态趋于稳定。

(3) 降温阶段或腐熟阶段。降温阶段的温度一般低于 50℃，持续 20 ～ 30 d。在内源呼吸后期，只剩下部分较难分解的有机物和新形成的腐殖质，此时微生物的活性下降；发热量减少，温度下降。降温阶段的堆肥内存在的是腐殖质和少数很难被分解的有机物，处于此阶段的微生物活性会慢慢下降；发热量减少，温度下降。因为温度的降低，嗜热微生物不适宜生存，嗜温微生物较适宜生存，所以嗜温微生物会再一次成为优势菌种，进一步分解残留的难分解的有机物，腐殖质不断增多且稳定化，此时堆肥过程进入腐熟阶段，需氧量大大减少，含水率也降低，堆肥物空隙增大，氧扩散能力增强，只需自然通风即可。

2. 厌氧堆肥

厌氧堆肥分为产酸阶段和产气阶段，堆肥中的有机物在产酸菌的作用下，产生有机酸、醇、二氧化碳、氨气、硫化氢等物质，产酸阶段产生的有机酸和醇在产气阶段中的甲烷菌的作用下转化成二氧化碳和甲烷。这两个阶段都是放热过程，都有细胞物质产生，都是在无氧的条件下借助厌氧微生物完成的。

（二）卫生填埋法

卫生填埋就是把需要处理的垃圾放在填埋场中，利用微生物的有机物的降解作用，对垃圾中的有机物进行降解，从而达到垃圾无害化的过程。此方法所使用的填埋场要求做过防渗处理。

卫生填埋垃圾中有机污染物分解可分为 3 个阶段。

1. 好氧分解阶段

把垃圾装入填埋场时会进行覆土和压实处理，但是在后续不断有新垃圾的倒入会进入大量的空气。在初期阶段，对有机物进行分解作用的微生物主要是好氧微生物，将聚合物分解为单体，然后再利用有氧呼吸作用转化为 CO_2、NO_3^-、SO_4^{2-}、H_2O 和一些较简单有机物。在堆体内的氧气被耗尽时，反应进入第二阶段——厌氧阶段。

2. 厌氧分解不产甲烷阶段

在此阶段发挥作用的微生物主要是兼性厌氧微生物或厌氧微生物。一部分微生物进行厌氧发酵，将上一阶段的有机物分解为简单的有机物；一部分微生物进行无氧呼吸，利用 NO_3^-、SO_4^{2-} 等生成 NH_3、N_2、H_2S 等。此阶段最重要的微生物是产氢产乙酸菌和同型产乙酸菌。

3. 厌氧分解产甲烷阶段

产甲烷菌是一类专性厌氧的古细菌，在沼气发酵中主要有两类：氧化氢的产甲烷菌和裂解乙酸的产甲烷菌。它们将上一阶段生成的乙酸、H_2、CO_2转化为 CH_4。此阶段稳定地产生沼气。

垃圾填埋场相当于是一个巨大的厌氧生物反应器，有很多因素可以影响这个反应器的反应效率，比如垃圾组成、填埋方式、场地的环境等。这些影响因素有一些是不可控制的，因此卫生填埋是一个难控制降解速度的垃圾处理方式。

六、环境生物修复的发展前景

环境生物修复技术是一项很有前景的环境污染治理技术。世界上利用生物修复技术的时间不是很长，欧洲的生物修复技术发展较快。我国的生物修复技术还处于起步阶段，随着我国国家综合国力的增强、人们认识的提高、国家各项制度的完善、国家和企业对污染治理投入的增加，我国生物修复技术将会有广泛的应用和质的飞跃。

第八章　现代生物技术安全性思考

很长时间以来，人类社会一直都在安全地利用生物技术产品与工艺。然而，随着现代生物技术迅猛发展，尤其是基因工程技术和细胞工程技术长足发展，人们对其可能产生的后果越来越感到忧心忡忡，生物技术安全作为国际社会所面临的最紧迫的问题已日趋明显。从根本上讲，生物技术安全就是“控制与粮食和农业，包括林业和水产有关的所有生物和环境风险”，涉及粮食安全，以及动植物生命与医药卫生等领域。该风险几乎包罗所有范围，从转基因作物、外来品种和传入的动植物害虫，到生物多样性侵蚀、跨界牲畜疾病的扩散，生物武器以及“疯牛”病等。本章主要讨论现代生物技术及其产品的安全性问题。

第一节　现代生物技术安全性

一、生物安全

（一）生物安全的含义

生物安全的概念有狭义和广义之分。狭义生物安全是指现代生物技术的研究、开发、应用，以及转基因生物的跨国越境转移，各类转基因活生物体释放到环境中可能对生物多样性、生态环境和人体健康、生存环境及社会生活等产生的潜在不利影响。广义生物安全性涵盖了狭义生物安全的概念，并且包括了更广泛的内容；涉及内容大致可分为人类健康安全、人类赖以生存的农业生物安全、与人类生存有关的环境生物安全 3 个方面。因此，广义生物安全涉及多个学科和领域，包括预防医学、生物技术制药、环境保护、植物保护、野生动物保护、生态、农药、林业等，而管理工作分属各个不同的行政管理部门。迄今为止，国内外由于生物安全问题造成对人类及其对环境危害的事例不胜枚举。

自 20 世纪 90 年代以来，多种转基因植物和基因工程药物进入大规模商业化应用。随着转基因生物的不断出现和大规模应用，新的风险因素也不断地被引入，一些小规模试验中不甚显著的问题会在大规模播种或大规模使用中暴露出来，并可能对人或环境产生直接或间接的影响。因此，生物安全问题日益受到人们的高度关注，同时也对生物安全的评价提出了新的要求。

（二）生物安全控制措施

生物安全控制措施是为了加强现代生物技术工作的安全管理，防止基因工程产品在研究开发及其商业化生产、储存和使用中涉及对人类健康和生态环境可能产生的潜在危险所采取的相关防范措施。通过这些措施，将现代生物技术工作中可能发生的潜在危险降到最低程度。在开展基因工程工作的实验研究、中间试验、环境释放和商业化生产前，都应通过安全评价，并采取相应的安全控制措施。

1. 生物安全控制措施的类别

按控制措施的性质可分为物理控制、化学控制、生物控制、环境控制、规模控制；按工作阶段可分为试验室控制、中间试验与环境释放控制、商品储存/销售/使用控制、应急措施、废弃物处理和其他等。

2. 控制措施的针对性

应根据相应基因工程生物物种的特性采取有效的预防措施，尤其应从国内实际出发，研究适合我国技术、经济和科技水平的切实有效的生物安全控制措施。

3. 控制措施的有效性

生物安全控制的实效取决于生物安全控制措施的有效性，而控制措施的有效性取决于以下 4 个方面：①安全评价的科学性和可靠性；②根据评价确定的安全等级，采用与当前科技水平相适应的控制措施；③确定的安全控制措施是否得到认真贯彻落实；④建立长期的或定期的监测调查和跟踪研究。

二、转基因植物生物安全

转基因植物就是运用 DNA 重组技术将外源基因整合于受体植物基因组，改变其遗传性状后所产生的植物及其后代。转基因植物通常至少含有一种非近缘物种的遗传基因，如其他植物种、病毒、细菌、动物，甚至人类基因。

1983 年世界上第一例转基因植物——转基因烟草问世，1986 年抗虫和抗除草剂的转基因棉进入田间试验，1994 年美国农业部（USDA）和美国食品和药物管理局（FDA）批准第一个延迟成熟期的转基因番茄“Flavr Savr”进入商品化种植。此后，转基因作物商业化种植发展非常迅速。迄今为止，国外批准商业化应用的各类转基因植物已超过百种，仅美国和加拿大就超过50种；其中大部分与杂草及病虫害防治有关，如抗除草剂（草苷磷、草丁磷、磺酰脲、咪唑啉酮等）的玉米、大豆、棉花、油菜、亚麻等，抗玉米螟的玉米，抗棉铃虫和红铃虫的棉花，抗马铃薯甲虫的马铃薯，抗病毒的西葫芦、番木瓜等。美国是转基因农作物发展最快、种植面积最大的国家，阿根廷位居世界第二，加拿大位居世界第三。除以上3个国家外，转基因植物种苗植面积较多的国家还有中国、澳大利亚、墨西哥、西班牙、法国和南非等。

（一）转基因植物的分类

现在，转基因植物主要应用于农业和医药领域，其中更多的是在农业领域。在农业领域主要是向农作物转入各种有用基因，特别是抗有害生物（病原体、害虫、杂草等）、抗逆（干旱、盐碱、寒冷、炎热等）、增进农产品产量和品质、改变生长发育特征、提高光合效率等方面的基因，获得符合人类需要的种质，培育新品种。医药领域主要是利用转基因植物作为“植物生物反应器”生产疫苗和医用蛋白等。据不完全统计，国外已在植物中成功表达了人的促红细胞生成素、表皮生长因子、干扰素、生长激素、单克隆抗体、HBsAg等几十种药用蛋白或多肽。

（二）转基因植物的安全性

植物转基因技术可以更为精确、更有可预测性地控制基因的导入，并且可以在非近亲植物物种中进行基因转移，而这些是传统的育种方法难以做到的。在转基因作物带来重大经济和社会效益的同时，人们也对其可能产生的潜在危害提出了质疑。

1. 外源基因对受体植物的影响

大多数的转基因植物的实验中都会使用两种基因：标记基因和目的基因。转基因植物实验中使用的标记基因可分为选择基因和报告基因。选择基因又可分为抗生素抗性、抗除草剂和植物代谢。在转基因植株中，大多数标记基因会表达相应的酶或其他蛋白，它们可能对植株产生有害影响。在实验室中，标记基因赋予转基因植物绝对的选择优势。那么，在田间自然环境下这种选择压力是否继续存在？例如，转入抗卡那霉素基因的转基因植株需要环境中有一定浓度的卡那霉素存在才能发挥选择优势，某些土壤微生物虽然可以产生卡那霉素，但产量低至难以检测的水平。因此，自然田间环境下标记基因并不能使转基因植物表现出这种选择优势。抗除草剂基因能编码改变除草剂作用的酶或解毒酶，通常情况下，这些酶的表达低于植物总可溶性蛋白表达量的 10%，并且催化的反应仅以除草剂为底物，这些基因对植物本身是无害的。

由于在受体植株中外源基因插入位置是随机的，其拷贝数也不确定(多数为 1 个，也会出现 2 个或多个拷贝)，这将对植物产生两方面的影响：可能导致转入基因的失活或沉默，也可能会使受体植物的基因表现出插入失活。如果插入失活表现在植物的某种主要基因上，可能会改变植物的代谢或引起植物代谢紊乱，致使有害物质在植物体内积累。就转基因植物而言，理论上几乎不可能产生这种影响，但自然界自发的插入突变一直存在，传统育种中也常用插入突变来创造变异。只是通过自然筛选或人工筛选淘汰不利突变而保留有利突变。这些原理和经验亦同样适合于转基因植物。

2. 转基因作物的潜在生态风险

关于转基因作物的潜在生态风险，早在 1992 年公布的《生物多样性公约》条款中就已明确提出来。《生物多样性公约》要求制定或采取办法，酌情管制、管理或控制由生物技术改变的活生物在使用和释放时可能产生的危险。转基因植物在生态学方面主要存在的风险包括转基因植物本身带来的潜在风险和转基因植物通过基因流对其他物种造成的影响，可能对环境产生不利影响。具体包括转基因植物成为杂草的可能性、转基因植株对近缘物种存在的遗传胁迫、抗虫转基因植物带来的潜在风险、抗病毒转基因植物带来的潜在风险、转基因植株对生态环境其他方面的影响等。

三、转基因食品安全性

人们对转基因生物的另外一种担心是由转基因生物制造的食品对人体健康的影响。转基因生物作为食品进入人体，可能会出现某些毒理作用和过敏反应；转基因生物使用的抗生素标记基因可能使人体对很多抗生素产生抗性；转入食品中的生长激素类基因可能对人体生长发育产生重大影响，有些影响需要经过长时间才能表现和监测出来；转基因微生物可能与其他生物交换遗传物质，产生新的有害生物或增强有害生物的危害性，以致引起疾病的流行等。近年来，国际上尤其是欧洲对转基因食品的安全性的争议一直都在持续。

世界卫生组织（WHO）召开的第二届生物技术与食品安全性专家咨询会议（1996 年，罗马）主要目的就是对现代生物技术（如重组 DNA 技术）

产生的动物、植物、微生物来源的食品、食品成分、食品添加剂对人类安全性提出咨询报告，向会员国及其食品规范委员会提出建议，以进一步制定国际生物技术食品安全管理条理。会议根据国际经济发展合作组织(OECD) 1993 年提出的食品安全性分析“实质等同”原则——“评价转基因食品的安全性目的在于评价其与非转基因的同类食品比较的相对安全性，而不是要了解该食品的绝对安全性”。在与传统食品和食品成分进行充分比较后，该原则将基因工程食品划分为 3 种：①基因工程食品实质上完全等同；②除某些特定差异外，其余实质等同；③在实质上完全不具有等同。原则还对各种类基因工程食品提出了安全分析的标准。会议对过敏性、转基因动植物、重组微生物和食用生物表达药物或工业化合物等专题进行了讨论，并得出结论：“生物技术生产的食品安全性不比固有的传统食品安全性低。”

美国科学院的一个调查委员会对用于动物的转基因技术进行为期 1 年的研究后（2002 年 8 月）声明：克隆和转基因动物生产的食品和医药产品没有明显的健康风险。食用克隆动物及其产品产生过敏反应的可能性很低，但如果发生过敏反应，对一些特殊人群风险很大。因此，该委员会建议，转基因动物生产的食品可以投放市场，但政府应该采取严格的监管措施保证这些食品的安全性。

目前，商业化的转基因食品已经在世界各地销售多年，但尚没有关于转基因食品对人类健康产生危害的实质性报道。然而，随着转基因食品种类的增加和普遍使用，风险性可能会不断增加，转基因食品在投放市场之前必须经过严格论证。

第二节 现代生物技术与社会伦理问题

中文的“克隆”一词是从英文“clone”音译而来，而英文的“clone”又来自于希腊文的“klon”，意为用来繁殖的小枝或枝条。在英文里克隆是指无性繁殖系，一般是指从同一个个体经过无性繁殖而来的、具有与母体完全相同的遗传基因的后代及由这些后代所组成的群体，克隆的本质特征是生物个体在遗传组成上的完全一致性。克隆一词有两方面的含义：一方面是指一个遗传背景完全一致的群体；另一方面则是指克隆的过程。

对植物而言，克隆是指由体细胞直接再生出新个体，或由小枝条或芽直接再生成的新个体。在这种无性生殖中，新个体的产生不仅不需要经过受精过程，而且完全不需要生殖细胞参与作用。今天在种植业中，许多优良品种都是以克隆技术进行繁殖的。

对于动物而言，以前认为动物的体细胞都没发育的全能性，只有卵子才具有发育成个体的能力，故动物克隆是指由人工将体细胞核移植到去除了细胞核的卵子里，然后发育而形成的新个体。核移植技术又分为两类：难度较小的核移植技术，核取自胚不分化细胞，具有实用性，可较快培养克隆动物。难度较大的核移植技术，核取自分化了的体细胞，所以又称体细胞克隆技术。由于体细胞分化以后，其核失去了全能性，即大量的基因处于静止不能表达的状态。要采用一种称为“血清饥饿法”的方法对体细胞休眠处理，以恢复体细胞核的全能性，才能有可能以体细胞为材料克隆成动物。体细胞克隆动物“多莉”的成功，是生命科学中的奇迹。

一、克隆技术的社会伦理

“克隆羊”风波一度震惊全球，成为世界各大新闻媒体争相报道的热点，自从克隆羊“多莉”诞生以来，有关克隆技术的伦理学争论就一直喋喋不休。世界上的各种政治组织和各国政府都明确反对生殖性克隆，而科学家则对克隆技术的不完善心存疑虑。为了克服克隆过程中的伦理学障碍和技术缺陷，科学家在核移植技术的基础上，又发展了异种核移植技术、诱导多能干细胞技术等。诱导多能干细胞可以分化成各种组织，甚至能发育成个体，这些方法使克隆技术不再破坏胚胎，避免了伦理学纠纷。尽管科学技术不断进步和发展，但是人们对克隆人仍有很多不解和困惑。从自主、不伤害、行善和公正等四大生命伦理学原则着手，在技术层面上提出了尽管克隆人不会搞乱人际关系，不会减少人类基因多样性，也不会克隆出类似希特勒的战争狂人，但是，人类的生殖性克隆却剥夺了克隆人的自主性，对克隆人的生理和心理都有所伤害，违反了公正和行善的原则。因此，是否可以克隆人在伦理上仍是需要长期讨论的问题。

（一）克隆人的社会伦理

1. 关于人类尊严和人权问题

“人的尊严”的概念是克隆立法的基础。伦理学家指出，克隆人一定会侵犯人的尊严。将克隆人作为人体器官的工厂是对生命的最大不尊重，因为“人”不仅是在系统发育谱上属于脊柱动物门、哺乳动物纲、灵长科、人科、人属的人，还是心理、社会的人。因此，人是生物、心理、社会的集合体，具有特定环境下形成的特定人格。而克隆人只是与他的亲本有着相同基因组的复制体，而人的特殊心理、行为、社会特征和特定的人格是不能复制的，也是克隆不出来的。所以，克隆人不是完整的人，而是一个丧失自我的人。根据支持克隆人的动机和目的，都只是把克隆人“物化”和“工具化”。全世界都异口同声地谴责这种把克隆人物化和工具化的违反人权、损害人类尊严的行为。从整体而言克隆人就是一个健全的人。但是，克隆人可能因自己的特殊身份而产生心理缺陷，这样就会形成新的社会问题。自然出生的人，其相貌、基因组、社会环境都是先天赋予的，而不是被人为指定的；而克隆人的这一切及可能被歧视的身份都是别人赋予的，这对克隆人是不公平的，实际上是被伤害的，克隆人本身在社会上的地位的不确定性，也是其精神痛苦的原因之一。

在使用克隆人进行器官移植时，为了获取器官而造人。首先，这种行为制造人类首先是将人予以手段化、道具化，这与本来的人的存在是完全不同的。其次，被制造出来的克隆人是无法被认为是正常的具有独立人格的人，只能是被认为是某人的复制品，得不到人格的尊重。再次，作为无性繁殖的克隆技术而制造出来的人，会对人类秩序与家族秩序造成混乱。最后，克隆技术存在相当大的风险。因此欧美国家也出台了禁止克隆人的法案，重要原因即在于保障人的生命与身体。

2. 关于人体试验的伦理问题

目前，克隆技术并不成熟，为了更加成熟，就必须进行大量的实验。虽然早期可以用动物进行实验，但这一过程必然要过渡到人体。既然是做实验就必然面临很多不确定的因素，只有经过了大量的失败才能成功。“多莉”也是经历了许多次失败才从434对实验细胞中培养出来的仅有的一头。如果用人体来做实验，必然要克隆出大量不正常的人，包括怪胎、残疾人、有生理缺陷、心理缺陷、遗传缺陷的人，并且在克隆人的后代中会发生什么不幸的事情还难以预测，况且实验过程伴随着被实验的母亲的大量的流产等，所有这些都给这一代人和后一代人带来痛苦，当初为了解除克隆羊“多莉”早衰的痛苦而将其安乐死，假如克隆人出现了各种各样的畸形和病痛，人们如何面对？

3. 关于人类基因库的多样性受损害的问题

有性繁殖会不断增加新基因的出现，人是循有性生殖的途径出生的，维系着人类这个物种的基因多样性，但是，如果通过克隆技术大规模地进行人的复制，这将会导致基因多样性的丧失，危害整个物种的安全，或者完全通过克隆技术来繁衍人类，则是另外一个问题了。从生物多样性上来说，大量基因结构完全相同的克隆人可能诱发新型疾病的广泛传播，对人类的生存不利。

人类物种有丰富的基因库，构成人类基因库的多样性，使个体之间在性状与能力上的内在的自然调节和自动平衡，这就是自然基因生态平衡。社会上有各种各样的人，从事着各种不同的工作，这就构成一个系列的平衡。当然人是社会的动物，决定人的行为的不仅有基因遗传，而且有后天的发育及社会环境与教育因素。单从基因这方面看，遗传学已经向人们表明人的性状与能力在个体之间有着多样性的差异，并且这些差异及其固有的正态分布，造成自然的基因生态平衡。如果无性繁殖克隆人代替了人类的有性繁殖的话，就会导致人类过分干预自然过程，破坏人类自己的基因库，破坏人类的多样性和自动调节，这是一个生态伦理的问题；应该注意人不是自然界的主人，不能像征服者一样去统治自然界，人只是自然界的一部分，必须与自然界协调发展，这个问题现在应该提到伦理学的高度来认识。应该说，保护人类基因库的安全，如同保护人类生存的生态环境一样，要遵循新的伦理原则。

总之，克隆人所带来的伦理问题，有一些是传统的伦理问题，如人的尊严、人的权利、家庭伦理、人的社会责任和公德之类的问题；还有一些则属于新伦理问题，如后代人权问题，自然伦理、生态伦理和环境伦理问题及人在自然界中的地位问题，这些问题的研究有助于伦理学的发展。

克隆人会引发的一系列社会问题。首先，从社会伦理角度看，用克隆技术培育具有特定生理性状的人，对于作为自然物种一部分的人类发展是一种过强的干预。这种干预可能影响人类人种的自然构成和自然发展。而且，这种技术如果是为了生产商品化的人体器官而克隆人，其社会后果就更难以预料。其次，从家庭伦理角度看，将克隆技术用于人的繁殖，会加剧家庭多元化的发展，还会从根本上改变人的亲缘关系，可能引起人伦关系发生模糊、混乱乃至颠倒，进而冲击传统的家庭观、权利和义务观。再次，从遗传学上看，它破坏了人拥有独特基因型的权力，从而增大了这个物种被消灭的风险。

（二）动物克隆技术所面临的问题

动物克隆技术的出现震撼了整个世界，给畜牧生产、人类疾病的基因治疗等带来了巨大的变化，改善了人类的生活和健康水平。但科学家对克隆技术的认识远没有完结，已有越来越多的证据表明，克隆健康的动物远比想象的更为困难，克隆技术还存在很大的风险。

动物克隆实验的成功仍然具有极大的偶然性和随机性。目前克隆动物的成功率很低，大概只有1%～6%，大部分胚胎不能发育到个体，而且发育为个体后异常发育频频出现。例如，在培育“多莉”的过程中，科学家从克隆出的277个绵羊胚胎中最终成功使母羊受孕并生产的只有“多莉”一个，成功率只有0.36%。而且，克隆动物基因组重新编程的机制尚不清楚，克隆技术效率低。现有克隆动物技术已经出现了许多严重问题，包括克隆动物发育迟缓、心肺存在缺陷、免疫系统功能不全等先天性疾病或体形过大等基因上的缺陷。克隆羊、克隆牛和克隆鼠都存在体形过度庞大的问题。而且，克隆牛、克隆羊、克隆猪也存在发育不良、免疫系统缺陷和心肺功能不健全的问题。即使没有以上问题，生产克隆动物费用昂贵，距大规模应用还有一定距离。另外，由于动物的体细胞的最多分裂次数是有限制的，而且每一次分裂都会在其染色体上留下年龄标记，这种母体的真实复制品的生理年龄也可能会与它的实际出生年龄不一致，即克隆动物个体可能出现早衰现象，因此，通过体细胞克隆所得到的生物体与通过正常两性生殖产生的生物体在生存能力上可能存在差异。克隆动物器官进行器官移植同样存在诸多伦理问题，如猪作为人类器官的供体，一个移植了猪器官的人，是否会导致出现猪的行为？如果一个人接受多器官移植，这个人还是他本人吗？他原有的法律地位还存在吗？还承担原有的社会责任吗？社会上对接受动物器官移植的人不会歧视吗？

动物克隆是动物辅助生殖技术研究领域跨时代的进步，在优秀动物个体复制、濒危动物保护及细胞分化研究中应用广泛。近年来报道了动物手工克隆技术（handmade cloning，HMC），即应用无透明带去核双半卵进行动物克隆的新方法，摆脱了昂贵的显微操作系统，做到全程手工操作。HMC的应用极大简化了核移植的操作程序，提高了核移植的总体效率，核移植向畜牧生产转化又迈进了一大步。

二、后基因组计划的伦理原则及道德规范

超越“后基因组时代”的伦理困境，人类必须增强法律意识和道德责任感，建立、健全各种规章、制度，加强统一规范管理，对科研、医务人员个体而言，还应形成高尚的道德伦理理念，用良心和尊严履行“救死扶伤”的崇高职责，即使在受威胁的情况下，也坚决不做违反人道主义的事情。防止歧视，保护隐私，贯彻知情同意，实现公正是“后基因组时代”人类发展技术过程中强烈的道德愿望。为了实现人类的美好愿望，将伦理、法律的考量置于技术发展的过程之中已经展示了巨大的理论意义和实际意义。

由于技术具有过程性的特点，因此人类的道德伦理也渗透在技术的研发及应用的全过程中。作为实践技术主体的人类为了有效解决生物技术发展中的伦理难题，也必须建立基本的伦理原则和统一的道德规范。生物芯

片技术的应用在当前涉及内容最紧密的是人体实验的基本原则，科学家应在患者知情、自愿选择的前提下，严密进行科学研究的各项准备，将风险降低到最小限度，并保护个人隐私，不对个人的心理、精神和人格产生严重的影响和致命的损害。当然，已有的伦理原则及法律规范仍然具有巨大的约束效力，在实践中仍然是科学共同体的行为准则。但是，不断丰富、完善和发展新的条例、规范，建构新的伦理原则仍是人类摆脱生物技术伦理困境的重要任务。《人类基因组与人权问题的世界宣言》，国际人类基因组组织（HUGO）伦理委员会发表了关于利益分享的声明，各国政府结合本国的社会文化背景及具体实际，制定的一系列生物技术研究与发展的行为准则，都以强烈的道义和责任感为世界各国的科学家严格遵守。例如，2009 年 3 月，奥巴马声明一定要慎重对待干细胞研究，建立并执行严格的指导方针，不允许滥用行为，也绝不接受生殖性克隆。我国科技决策者也意识到问题的重要性，早在国家“863 计划”设立相关的伦理学研究内容。在伦理审查机制方面，要考虑捐赠者和接受者的利益，避免对捐赠者的胁迫和引诱，研究者应在实验前用准确、清晰、通俗的语言向受试者如实告知研究目的、预期的益处和潜在的风险，受试者在充分知情和自愿的情况下在知情同意书（或胚胎捐献同意书）上签字。

总之，国际社会及各国政府的制约是确保生物技术健康发展的必要条件，而科学共同体的个人行为规范是确保生物技术造福于人类的决定性因素。科学共同体的个人觉悟、道德情操、思想品格、献身科学的勇气及高尚的人文精神，都将对 21 世纪生物技术的发展起到极大的推动作用。

参考文献

[1] 宋思扬，楼士林. 生物技术概论［M］. 北京：科学出版社，2014.

[2] 安利国. 细胞工程［M］. 2版. 北京：科学出版社，2009.

[3] 董德祥. 疫苗技术基础与应用［M］. 北京：化学工业出版社，2002.

[4] 顾健人，曹雪涛. 基因治疗［M］. 北京：科学出版社，2002.

[5] 焦炳华，孙树权. 现代生物工程［M］. 北京：科学出版社，2007.

[6] 刘谦，朱鑫泉. 生物安全［M］. 北京：科学出版社，2002.

[7] 刘庆昌，吴国良. 植物细胞培养［M］. 北京：中国农业大学出版社，2003.

[8] 孙彦. 生物分离工程［M］. 2版. 北京：化学工业出版社，2005.

[9] 汪世华. 蛋白质工程［M］. 北京：科学出版社，2008.

[10] 王廷华. 抗体理论与技术［M］. 北京：科学出版社，2005.

[11] 武鑫伟. 生物技术在农业方面的应用研究［J］. 乡村科技，2018（28）：63-64.

[12] 王卓，张潇源，黄霞. 煤气化废水处理技术研究进展［J］. 煤炭科学技术，2018，46（09）：19-30.

[13] 彭禹菘. 浅析生物技术在环保中的应用［J］. 化工管理，2018（25）：24.

[14] 田帅. 生物制药技术在制药工艺中的应用［J］. 生物化工，2018，4（04）：129-131.

[15] 陈大明，王莹，濮润，等. 生物技术时代：新规律、新发展和新路径［J］. 生命科学，2018，30（08）：891-895.

[16] 韩乐杨. 用环保生物技术治理大气污染的新进展［J］. 科教文汇（中旬刊），2018（07）：126-127.

[17] 常向利. 环境保护工作中生物技术的具体应用［J］. 建材与装饰，2018（32）：176-177.

[18] 王峰，李忠，苗贵东. 基因编辑技术在水产生物中的研究进展［J］. 兴义民族师范学院学报，2018（03）：112-121.

[19] 李佳然. 现代生物技术在人类生活中的应用［J］. 农家参谋，2018（11）：242.

[20] 张志文. 污水处理生物技术应用［J］. 城市建设理论研究（电子版），

2018（16）：75.
[21] 简锦泉. 挥发性有机废气生物处理技术研究进展［J］. 环境与发展，2018，30（03）：41，43.
[22] 冷华超. 生物技术在环境保护中的应用及前景［J］. 绿色环保建材，2018（03）：36.
[23] 刘东，张春玉，阚君满，等. 玉米秸秆生物降解研究进展［J］. 科技风，2018（08）：197-198.
[24] 李何. 生物技术在环境保护中的应用策略［J］. 中国资源综合利用，2018，36（11）：148-150.
[25] 王令敏. 生物技术在农业种植中的推广应用分析［J］. 江西农业，2018（22）：33.
[26] 冯家勋，白先放，何勇强，等. 生物技术专业创新人才培养模式探索与实践［J］. 安徽农业科学，2018，46（31）：222-225.
[27] 邹尔沁. 生物技术在海洋领域的应用［J］. 科技经济导刊，2018，26（32）：90，89.
[28] 陶美霞，陈明，胡兰文，等. 生物技术在处理氨氮废水中的研究进展［J］. 现代化工，2018，38（12）：24-28.
[29] 阿尔祖古丽，马桂兰，阿依木古丽，等. 动物细胞无血清培养技术研究进展［J］. 甘肃畜牧兽医，2018，48（10）：22-24.
[30] 张小娟，郭凤琴，郭庆瑞，等. 生物技术在玉米育种中应用研究的初探［J］. 农业科技通信，2018（10）：4-6.
[31] 李知芬. 生物技术在农业种植中的推广应用［J］. 吉林农业，2018（24）：29.
[32] 左传宝. 农业种植中生物技术的推广应用刍议［J］. 农业与技术，2018，38（22）：132.
[33] 位朋飞. 农业种植中生物技术的应用概述［J］. 农家参谋，2018（23）：50.